低レベルプログラミング

C11とアセンブラを使ったIntel x64アーキテクチャの理解と実効性能の高いプログラミングモデル

[著]
Igor Zhirkov
[監訳]
吉川邦夫

本書内容に関するお問い合わせについて

このたびは翔泳社の書籍をお買い上げいただき、誠にありがとうございます。弊社では、読者の皆様からのお問い合わせに適切に対応させていただくため、以下のガイドラインへのご協力をお願いいたしております。下記項目をお読みいただき、手順に従ってお問い合わせください。

●ご質問される前に

弊社 Web サイトの「正誤表」をご参照ください。これまでに判明した正誤や追加情報を掲載しています。

正誤表　　　　　http://www.shoeisha.co.jp/book/errata/

●ご質問方法

弊社 Web サイトの「刊行物 Q & A」をご利用ください。

刊行物 Q & A　　http://www.shoeisha.co.jp/book/qa/

インターネットをご利用でない場合は、FAX または郵便にて、下記"翔泳社 愛読者サービスセンター"までお問い合わせください。

電話でのご質問は、お受けしておりません。

●回答について

回答は、ご質問いただいた手段によってご返事申し上げます。ご質問の内容によっては、回答に数日ないしはそれ以上の期間を要する場合があります。

●ご質問に際してのご注意

本書の対象を越えるもの、記述個所を特定されないもの、また読者固有の環境に起因するご質問等にはお答えできませんので、あらかじめご了承ください。

●郵便物送付先および FAX 番号

送付先住所　〒 160-0006 東京都新宿区舟町 5
FAX 番号　03-5362-3818
宛先　　（株）翔泳社 愛読者サービスセンター

※本書に記載された URL 等は予告なく変更される場合があります。
※本書の出版にあたっては正確な記述につとめましたが、著者や出版社などのいずれも、本書の内容に対してなんらかの保証をするものではなく、内容やサンプルに基づくいかなる運用結果に関してもいっさいの責任を負いません。
※本書に掲載されているサンプルプログラムやスクリプト、および実行結果を記した画面イメージなどは、特定の設定に基づいた環境にて再現される一例です。
※本書に記載されている会社名、製品名はそれぞれ各社の商標および登録商標です。
※本書では TM、Ⓡ、Ⓒは割愛させていただいております。

Original English language edition published by Apress, Inc.
Copyright Ⓒ 2017 by Apress, Inc.
Japanese-language edition copyright Ⓒ2018 by Shoeisha Co., Ltd.
All rights reserved.
Japanese translation rights arranged with Waterside Productions, Inc. through Japan UNI Agency, Inc., Tokyo

著者について

Igor Zhirkov は、サンクトペテルブルクの ITMO (国立情報技術機械光学研究大学：http://en.ifmo.ru/) で「System Programming Languages」を教えている。これは大成功を収め、ACM-ICPC の「国際大学対抗プログラミングコンテスト」で 6 度目の優勝を遂げている。

彼は、Saint Petersburg Academic University で学び、ITMO の大学院から修士号を授かっている。現在は博士号論文の一部となる「verified C refactorings」の研究を行いながら、フランスのナントにある IMT Atlantique で、C の「Bulk Synchronous Parallelism」ライブラリを正式にまとめる仕事をしている (https://en.wikipedia.org/wiki/Bulk_synchronous_parallel)。

主な興味の対象は、低レベルプログラミング、プログラミング言語理論、型理論である。他に、ピアノを弾くこと、カリグラフィー、芸術、科学哲学に興味がある。

テクニカルレビュアーについて

Ivan Loginov は、サンクトペテルブルクの ITMO (University of Information Technologies, Mechanics and Optics) で、リサーチとレクチャーの仕事を行い、コンピュータサイエンスの学士号を持つ学生たちに「Introduction to Programming Languages」を教えている。

彼は ITMO 大学から修士号を授かっている。彼の研究分野は、コンパイラ理論、言語のワークベンチ、分散および並行プログラミング、そして新しい教育技術と、その IT への応用である。

現在彼は、「a cloud-based modeling toolkit for system dynamics」に関する PhD 論文を書いている。

彼の趣味には、トランペットを吹くことや、ロシアの古典文学を読むことも含まれている。

謝辞

　幸運にも私が出会った、とても多くの人々は優れた才能に恵まれ、しかも本当に熱心に私を援助してくださり、想像もしていなかった知識の領域に向けて私を指導してくださいました。

　私のもっとも敬愛する数学の先生、Vladimir Nekrasov に感謝いたします。教科と彼の影響によって私は、より深く論理的に考えられるようになったのです。

　私を信じてくださり、私の教科を助けてくださり、講義もしていただくなど、この何年かお世話になっている、Andrew Dergachev に感謝いたします。Boris Timchenko、Arkady Kluchev、（親切にも本書のテクニカルビューアになってくれた）Ivan Loginov、そして ITMO の、すべての同僚たちから、私の教科を作るうえで、何らかの援助をいただきました。

　私が教えることになった生徒たち全員のフィードバックに、そしてときには援助してくれたことに、感謝します。私がいまこれを書いているのは、あなたがたのおかげです。何人かの生徒たちには、本書のドラフトをレビューしてもらいました。とくに Dmitry Khalansky と Valery Kireev からは有益な指摘を受けました。

　私にとって Saint-Petersburg Academic University で過ごした年月は、間違いなく人生で最良の年月です。世界のリーディングカンパニーで働いている専門家の皆さんや、私よりずっとスマートな他の学生さんたちと一緒に勉強するほど素晴らしい機会を得たことは、いままでありません。Alexander Kulikov、Andrey Ivanov、そしてロシアにおけるコンピュータサイエンス教育の質に貢献している皆様に、心から感謝いたします。また、数多くのことを教えていただいた、私のスーパーバイザ、Dmitry Boulytchev と、Andrey Breslav、そして JetBrains の Sergey Sinchuk に感謝します。

　また、フランスでの私の同僚たち、Ali Ed-Dbali、Frédéric Loulergue、Rémi Douence、Julien Cohen に感謝しています。

　第 17 章で本当に必要なフィードバックをいただいた、Sergei Gorlatch と Tim Humernbrum に感謝します。おかげで、ずっと統一された理解しやすいバージョンに改訂することができました。本書の不完全だったところを直すのに、もっとも有益な力を与えてくれた、Dmitry Shubin に特別な感謝を捧げます。

　データの可視化とインフォグラフィックス（infographics）を専門とする私の友人 Alexey Velikiy と、彼のエージェンシー、CorpGlory.com に、とても感謝しています。本書のためにベストなイラストレーションを作っていただきました。

　私のささやかな成功の影には、家族や友達からいただいた無限のサポートがあります。あなたがたなしには、何も達成できなかったでしょう。

　最後になってしまいましたが、Apress のチーム、Robert Hutchinson、Rita Fernando、Laura Berendson、Susan McDermott、その他の皆様に感謝します。このプロジェクトと私を信頼してくださり、本書を実現するために、できる限りのことを、していただきました。

前書き

　この本の目的は、低いレベルのプログラミングという領域について堅実な洞察を得られるように、読者を援助することです。注意深く読んでいただき、下記の能力を身につけていただくことを望みます。

- アセンブリ言語で自由自在に書くことができる。
- Intel 64 のプログラミングモデルを理解する。
- C11 で、保守が容易で堅牢なコードを書ける。
- コンパイルのプロセスを理解し、アセンブリリストを解読できる。
- コンパイルされたアセンブリコードのエラーをデバッグできる。
- 適切な計算モデルを使うことで、プログラムの複雑さを大きく減らせる。
- 性能が重視されるコードを書ける。

　技術書には、参考のための本と、学習のための本の 2 種類があります。この本は、間違いなく後者です。とても内容の濃い本なので、情報を正しく咀嚼するため継続して読むことを強く推奨します。新しい情報を素早く記憶するためには、すでに親しんでいる情報との関連が重要です。だから本書では、可能な限り、それぞれの章の説明を、それまでの章で学んだ情報をもとにして行っています。

　読者は、プログラミングを学ぶ学生から、中程度から高程度のプログラマ、そして低水準プログラミングに取り付かれたマニアまで想定しています。この本を読むのに必要なのは、バイナリと 16 進法の基本的な理解と、Unix コマンドの基礎知識です。

■問題と解答

本書を読んでいると、数多くの「問題」に遭遇することになります。ほとんどの問題は、いま学んだばかりのことについて、もう一度考えていただくためのものですが、なかには話題に関係のあるキーワードを示して、あなたが自分で調べることを促すものもあります。

　これらの問題に対する回答は、われわれの GitHub で示していきます（英語です）。GitHub には、ほかにも、本書のすべてのリストと「課題」のためのコード、アップデートや、その他の補足が入っています。

　詳しい情報は、原著の GitHub (https://github.com/Apress/low-level-programming) を読んでください。

　Debian Linux がインストールされ、必要なコンフィギュレーションを施した仮想マシン（GUI のあるものと、ないもの）へのリンクもあるので、システムの設定に時間を費やすことなく、すぐに実習を開始できます。詳しい情報は、2.1 節を参照してください。

本書は、コンピュータとは何かという、単純だけれど核心となる考えから始まります。そこで、計算モデル (model of computation) とコンピュータアーキテクチャ (computer architecture) の概念を説明します。それからコアとなるモデルを広げていき、最後には、プログラマから見た「いまどきのプロセッサ」を記述するのに十分なモデルに到達します。

第 2 章からは、Intel 64 のための、本物のアセンブリ言語でプログラミングを始めます。古い 16 ビットのアーキテクチャには依存しません（歴史的な理由で、これを教えるケースが多いのですが）。これによって、アプリケーションと OS の、システムコールというインターフェイスを通じての相互作用を見ることができ、エンディアンなど特定のアーキテクチャに固有の詳細も観察できます。

いまでも一部は使われているレガシーアーキテクチャの概要を簡単に述べた後で、仮想メモリについて、非常に詳しく学習します。とくに、`procfs` を使って仮想メモリを利用する方法、`mmap` システムコールを使うアセンブリコードの例を示します。

それからコンパイル処理の話に入り、前処理（プリプロセッシング）や、静的および動的なリンクの概要を説明します。割り込みとシステムコールの機構を、もっと詳しく調べた後にある、第 1 部の締めくくりは、さまざまな計算モデルに関する章です。ここでは有限状態マシンの例を示し、スタックマシンの例として Forth 言語の完全に機能するコンパイラを、アセンブリ言語だけで実装します。

第 2 部は、すべて C 言語についてです。最初に、この言語の概要を述べ、プログラムを書き始めるのに必要となる計算モデルについてのコアな理解を築きます。

次の章では、C の型システムを学習し、さまざまな型付け (typing) の例を見た後で、最後にポリモーフィズム（多態性）を論じ、C でさまざまな種類のポリモーフィズムを実現する実装例を示します。

その次にプログラムを正しく構築する方法として、複数のファイルに分割することを学び、それがリンクの処理に与える影響を見ます。その次の章は、メモリ管理と入出力についてです。

それから、どの言語にもある 3 つの側面、すなわち構文 (syntax)、意味 (semantics)、用法 (pragmatics) を論じますが、とくに構文と用法に焦点を絞ります。言語のソースコードが、どのように抽象的な構文木 (syntax tree) に変換されるのか、C 言語における「未定義」(undefined) の動作と「未指定」(unspecified) の動作は、どう違うのか、そしてコンパイラが生成するアセンブリコードに、どのような効果があるかを調べます。第 2 部の終わりには、コーディングの「良い習慣」(good practices) についての章を置きました。これで読者は、特定の要件に従って、コードをどのように書けば良いかを理解できます。第 2 部の締めくくりとなる課題は、ビットマップファイルの回転と、カスタムメモリアロケータです。

第 3 部は、第 1 部と第 2 部を繋ぐ「架け橋」となります。ここでは呼び出し規約 (calling conventions) やスタックフレームのようなコンパイル変換の詳細に立ち入り、C 言語の高度な機能のうち、たとえば予約語の `volatile` や `restrict` など、アセンブリについての理解を要する機能を論じます。それから、スタックバッファのオーバーフローなど、古典的なローレ

ベルのバグも、いくつか説明します（これらは、プログラムの望ましくない動作を引き起こす目的で悪用されることがあります）。

次の章では、共有オブジェクトを詳しく調べます。アセンブリのレベルから、それらを学習し、Cとアセンブリで書かれた共有ライブラリの最小限の実例を提供します。それから、コードモデル（code model）という、扱われることが比較的少ない話題を論じます。この章では、現在のコンパイラが実行できる最適化を調べて、読みやすく高速なコードを生成する方法を学びます。

また、特殊用途のアセンブリ命令を利用したり、キャッシュの利用を最適化するなど、性能を向上させるテクニックの概要も提供します。それから、画像用にセピアフィルタを実装する課題があります。ここでは特殊な SSE 命令を使い、その性能を計測します。

最後の章ではマルチスレッドを紹介します。ここで使う `pthreads` ライブラリと、メモリモデルと、命令並び替え（リオーダリング）の知識は、マルチスレッドプログラミングをする人なら誰でも知っておくべきことです。また、メモリバリアの必要性も強調します。

付録には、`gdb`（デバッガ）、`make`（ビルド自動化システム）の簡単なチュートリアルのほか、リファレンスとして、もっとも頻繁に使われるシステムコールの表と、本書の各部で提供される性能テストの再現に役立つシステム情報が入っています。これらは必要なときに読めば良いのですが、`gdb` については、第 2 章でアセンブリプログラミングを始めたら、すぐに使って慣れておくことを推奨します。

この本のイラストレーションには、複雑な相互作用を示すベクタグラフィックスを生成するため、Alexey Velikiy による VSVG ライブラリが多く使われています（http://www.corpglory.com）。そのライブラリと、本書のイラストレーションのためのソースコードは、VSVG の GitHub（https://github.com/corpglory/vsvg）にあります。

本書が、あなたにとって有益な本となり、楽しい読書になることを、願っています！

目次

著者について ・・・・・・・・・・・・・・・ iii
テクニカルレビュアーについて ・・・・・・・・ iii
謝辞 ・・・・・・・・・・・・・・・・・・・ iv
前書き ・・・・・・・・・・・・・・・・・・ v

第1部　アセンブリ言語とコンピュータアーキテクチャ　1

第1章　コンピュータアーキテクチャの基礎　3
1.1　コア・アーキテクチャ ・・・・・・・・・ 3
1.2　進化 ・・・・・・・・・・・・・・・・ 6
1.3　レジスタ ・・・・・・・・・・・・・・ 9
1.4　プロテクションリング ・・・・・・・・・ 16
1.5　ハードウェアスタック ・・・・・・・・・ 17
1.6　まとめ ・・・・・・・・・・・・・・・ 19

第2章　アセンブリ言語　21
2.1　環境を設定する ・・・・・・・・・・・・ 21
2.2　"Hello, world"を書く ・・・・・・・・ 22
2.3　例：レジスタの内容を出力する ・・・・・ 28
2.4　関数コール ・・・・・・・・・・・・・ 32
2.5　データを扱う ・・・・・・・・・・・・ 36
2.6　例：文字列の長さを求める ・・・・・・・ 40
2.7　課題：入出力ライブラリ ・・・・・・・・ 42
2.8　まとめ ・・・・・・・・・・・・・・・ 45

第3章　レガシー　49
3.1　リアルモード ・・・・・・・・・・・・ 49
3.2　プロテクトモード ・・・・・・・・・・ 51
3.3　Longモード：最小限のセグメンテーション ・・ 56
3.4　レジスタの部分アクセス ・・・・・・・・ 57
3.5　まとめ ・・・・・・・・・・・・・・・ 59

第4章　仮想メモリ　　　　　　　　　　　　　　　　　　61

- 4.1　キャッシュ ・・・・・・・・・・・・・・・・・・・・・・ 61
- 4.2　動機 ・・・・・・・・・・・・・・・・・・・・・・・・・ 62
- 4.3　アドレス空間 ・・・・・・・・・・・・・・・・・・・・・ 63
- 4.4　機能 ・・・・・・・・・・・・・・・・・・・・・・・・・ 63
- 4.5　例：無効なアドレスをアクセスする ・・・・・・・・・・・ 65
- 4.6　効率 ・・・・・・・・・・・・・・・・・・・・・・・・・ 68
- 4.7　実装 ・・・・・・・・・・・・・・・・・・・・・・・・・ 68
- 4.8　メモリマッピング ・・・・・・・・・・・・・・・・・・・ 73
- 4.9　例：ファイルをメモリにマップする ・・・・・・・・・・・ 73
- 4.10　まとめ ・・・・・・・・・・・・・・・・・・・・・・・・ 77

第5章　コンパイル処理のパイプライン　　　　　　　　　　79

- 5.1　プリプロセッサ ・・・・・・・・・・・・・・・・・・・・ 80
- 5.2　変換処理 ・・・・・・・・・・・・・・・・・・・・・・・ 91
- 5.3　リンク ・・・・・・・・・・・・・・・・・・・・・・・・ 92
- 5.4　課題：辞書を作る ・・・・・・・・・・・・・・・・・・・ 108
- 5.5　まとめ ・・・・・・・・・・・・・・・・・・・・・・・・ 111

第6章　割り込みとシステムコール　　　　　　　　　　　　113

- 6.1　入出力 ・・・・・・・・・・・・・・・・・・・・・・・・ 113
- 6.2　割り込み ・・・・・・・・・・・・・・・・・・・・・・・ 116
- 6.3　システムコール ・・・・・・・・・・・・・・・・・・・・ 120
- 6.4　まとめ ・・・・・・・・・・・・・・・・・・・・・・・・ 122

第7章　計算モデル　　　　　　　　　　　　　　　　　　　125

- 7.1　有限状態マシン ・・・・・・・・・・・・・・・・・・・・ 125
- 7.2　Forth マシン ・・・・・・・・・・・・・・・・・・・・・ 135
- 7.3　課題：Forth のコンパイラとインタープリタ ・・・・・・・ 145
- 7.4　まとめ ・・・・・・・・・・・・・・・・・・・・・・・・ 154

第 2 部 プログラミング言語 C　　　157

第 8 章 基礎　　　159

- 8.1 はじめに ・・・・・・・・・・・・・・・・・・・・・・159
- 8.2 プログラムの構造 ・・・・・・・・・・・・・・・161
- 8.3 制御の流れ ・・・・・・・・・・・・・・・・・・・・165
- 8.4 文と式 ・・・・・・・・・・・・・・・・・・・・・・・・171
- 8.5 関数 ・・・・・・・・・・・・・・・・・・・・・・・・・・175
- 8.6 プリプロセッサ ・・・・・・・・・・・・・・・・・177
- 8.7 まとめ ・・・・・・・・・・・・・・・・・・・・・・・・179

第 9 章 型システム　　　181

- 9.1 C の基本的な型システム ・・・・・・・・・181
- 9.2 タグのある型 ・・・・・・・・・・・・・・・・・・・205
- 9.3 各種プログラミング言語のデータ型 ・・・211
- 9.4 C における多相性 ・・・・・・・・・・・・・・・215
- 9.5 まとめ ・・・・・・・・・・・・・・・・・・・・・・・・220

第 10 章 コードの構造　　　223

- 10.1 宣言と定義 ・・・・・・・・・・・・・・・・・・・・223
- 10.2 他のファイルのコードをアクセスする ・・・226
- 10.3 標準ライブラリ ・・・・・・・・・・・・・・・・・232
- 10.4 プリプロセッサ ・・・・・・・・・・・・・・・・・234
- 10.5 例：動的配列の要素の和 ・・・・・・・・・240
- 10.6 課題：連結リスト ・・・・・・・・・・・・・・・242
- 10.7 static キーワード ・・・・・・・・・・・・・・・244
- 10.8 リンケージ ・・・・・・・・・・・・・・・・・・・・・245
- 10.9 まとめ ・・・・・・・・・・・・・・・・・・・・・・・・246

第 11 章 メモリ　　　249

- 11.1 再びポインタについて ・・・・・・・・・・・249
- 11.2 メモリモデル ・・・・・・・・・・・・・・・・・・・255

11.3　配列とポインタ · 258
　　　11.4　文字列リテラル · 261
　　　11.5　データモデル · 263
　　　11.6　データストリーム · 266
　　　11.7　課題：高階関数とリスト · 269
　　　11.8　まとめ · 272

第12章　構文と意味と実際　　　　　　　　　　　　　　　　　275

　　　12.1　プログラミング言語とは何か · 275
　　　12.2　構文と形式文法 · 276
　　　12.3　意味（セマンティクス） · 287
　　　12.4　実際（プラグマティクス） · 292
　　　12.5　C11におけるアラインメント · 296
　　　12.6　まとめ · 298

第13章　良いコードを書くには　　　　　　　　　　　　　　　301

　　　13.1　選択の基準 · 301
　　　13.2　コードを構成する要素 · 303
　　　13.3　ファイルの編成とドキュメント · 308
　　　13.4　カプセル化 · 310
　　　13.5　不変性 · 313
　　　13.6　アサート · 314
　　　13.7　エラー処理 · 315
　　　13.8　メモリ割り当てについて · 318
　　　13.9　柔軟性について · 318
　　　13.10　課題：画像の回転 · 320
　　　13.11　課題：カスタムメモリアロケータ · 324
　　　13.12　まとめ · 327

第3部　Cとアセンブラの間　329

第14章　変換処理の詳細　331

- 14.1　関数コールのシーケンス　331
- 14.2　`volatile` 変数　340
- 14.3　非局所的なジャンプと `setjmp`　343
- 14.4　`inline` 関数　348
- 14.5　`restrict` ポインタ　349
- 14.6　厳密な別名のルール　351
- 14.7　セキュリティの問題　352
- 14.8　保護機構　356
- 14.9　まとめ　358

第15章　共有オブジェクトとコードモデル　361

- 15.1　動的なロードとリンク　361
- 15.2　再配置とPIC　364
- 15.3　例：Cの動的ライブラリ　364
- 15.4　GOTとPLT　366
- 15.5　プリローディング　373
- 15.6　シンボル参照のまとめ　375
- 15.7　サンプル　376
- 15.8　どのオブジェクトがリンクされるか　383
- 15.9　最適化　387
- 15.10　コードモデル　390
- 15.11　まとめ　400

第16章　性能　403

- 16.1　最適化　403
- 16.2　キャッシング　419
- 16.3　SIMD命令　429
- 16.4　SSE/AVX拡張命令　429
- 16.5　まとめ　436

第 17 章 マルチスレッド　　　　　　　　　　　　　　　　439

- 17.1 プロセスとスレッド・・・・・・・・・・・・・・・・・439
- 17.2 マルチスレッドは何が難しいのか・・・・・・・・・・・440
- 17.3 実行の順序・・・・・・・・・・・・・・・・・・・・441
- 17.4 強弱のメモリモデル・・・・・・・・・・・・・・・・442
- 17.5 並び替えの例・・・・・・・・・・・・・・・・・・・444
- 17.6 volatile の対象・・・・・・・・・・・・・・・・・・446
- 17.7 メモリバリア・・・・・・・・・・・・・・・・・・・447
- 17.8 pthreads の紹介・・・・・・・・・・・・・・・・・・449
- 17.9 セマフォ・・・・・・・・・・・・・・・・・・・・・472
- 17.10 Intel 64 は、どのくらい強いのか・・・・・・・・・・474
- 17.11 ロックしないプログラミングとは・・・・・・・・・・478
- 17.12 C11 のメモリモデル・・・・・・・・・・・・・・・・481
- 17.13 まとめ・・・・・・・・・・・・・・・・・・・・・・486

第 4 部 付録　　　　　　　　　　　　　　　　　　　　489

第 18 章 付録 A：gdb を使う　　　　　　　　　　　　491

第 19 章 付録 B：make を使う　　　　　　　　　　　　501

- 19.1 単純な Makefile・・・・・・・・・・・・・・・・・・501
- 19.2 変数を導入する・・・・・・・・・・・・・・・・・・503
- 19.3 自動変数・・・・・・・・・・・・・・・・・・・・・505

第 20 章 付録 C：システムコール　　　　　　　　　　507

- 20.1 read・・・・・・・・・・・・・・・・・・・・・・・507
- 20.2 write・・・・・・・・・・・・・・・・・・・・・・・508
- 20.3 open・・・・・・・・・・・・・・・・・・・・・・・509
- 20.4 close・・・・・・・・・・・・・・・・・・・・・・・510
- 20.5 mmap・・・・・・・・・・・・・・・・・・・・・・・510
- 20.6 munmap・・・・・・・・・・・・・・・・・・・・・・512
- 20.7 exit・・・・・・・・・・・・・・・・・・・・・・・・512

第 21 章　付録 D：性能テストの情報　　513

第 22 章　付録 E：参考文献　　517

22.1　原著 ･････････････････････････････････ 517

22.2　訳者による追加の参考文献 ･･････････････････ 520

索　引 ･････････････････････････････････････ 526

第 1 部

アセンブリ言語とコンピュータアーキテクチャ

第1章
コンピュータアーキテクチャの基礎

　コンピュータの基礎となっている機能について、この章で概略を理解しよう。ここではコンピュータのコアモデルを記述し、それに対する拡張を列挙し、そのうち2つ（レジスタとハードウェアスタック）を詳しく紹介する。これによって、次の章でアセンブリプログラミングを始める準備が整う。

1.1　コア・アーキテクチャ

1.1.1　計算モデル

　プログラマの仕事は何だろう。たぶん最初に考えるのは「アルゴリズムと、その実装を構築すること」だろう。つまりわれわれは、あるアイデアをつかみ、次にコーディングする。それが一般的な考え方だ。

　では、たとえば散歩に出るとか買い物をするとかいった、日常的な「ルーチン」（手順）を記述するアルゴリズムを構築できるだろうか。難しい課題ではなさそうだ。多くの人が喜んで自分の解答を寄せるだろう。けれども、それらは、どれも根本的に異なっているだろう。あるものは、「ドアを開ける」とか「鍵を持って出る」とかいった行動を扱うが、ほかのものは、ただ「家を出る」として、詳細を略すだろう。それどころか、また別のアルゴリズムは、人間の腕や脚の動きを詳細に記述し、筋肉の収縮パターンさえも記述するだろう。

　寄せられた解答が、これほど異なる理由は、最初の質問が不完全だからだ。

　すべてのアイデアは（アルゴリズムも含めて）、それを表現する方法を必要とする。ある新しい観念を記述するのに、われわれは、それとは異なる、より単純な観念を使う。悪循環を避けたいから、説明はピラミッド型になり、各レベルを水平方向に広げることになるだろう。けれども説明のピラミッドは無限に構築できない（説明は有限でなければならない）。だから基本的な、プリミティブな観念のレベルを限度とする。それは、それより広がらないように意図的に選んだレベルだ。したがって、そのような基本を選択することが、何かを説明するときに欠

かせない要件である。

　つまり行動アルゴリズムの構築は、その構成要素となる「基本的な行動」の集合を定義しない限り、不可能なのだ。

　「計算モデル」(model of computation) は、基本的な演算 (basic operations) と、それぞれのコストの、集合である。

　「コスト」は一般に整数で、アルゴリズムの複雑さを評価するため、すべての演算のコストを組み合わせて計算するのに使われるのだが、本書では計算の複雑さは論じない。

　ほとんどの計算モデルは「抽象機械」(abstract machine) でもある。それは、命令がモデルの基本的な演算に対応するような「仮想のコンピュータ」を記述する、という意味だ。その他のモデル、「決定木」(decision tree) などは、本書で扱う範囲を超える[1]。

1.1.2　フォン・ノイマン・アーキテクチャ

　ひとまず 1930 年代に遡ってみよう。現在のようなコンピュータが、まだ存在しなかった時代だ。人々は、計算を自動的に行う何らかの方法を求めており、さまざまな研究者たちが、それぞれ違った方法で、そのような自動化を達成しようとしていた。その代表的な例が、チャーチの「ラムダ計算」や、チューリングマシンであり、これらは想像上のコンピュータを記述する典型的な抽象機械だった。

　そのうち、ある一種類の機械が、すぐに優勢となった。それがフォン・ノイマン・アーキテクチャの計算機（ノイマン型コンピュータ）だ。

　「コンピュータアーキテクチャ」(computer architecture) は、コンピュータシステムの機能と構造と実装を記述する。それは（わずかな詳細も省略しない計算モデルと比べて）比較的高いレベルの記述である。

　フォン・ノイマン・アーキテクチャには、2 つの決定的な強みがあった。電子部品が非常に不安定で寿命も短かった当時の世界において、これは頑強であったし、プログラミングが容易でもあったのだ。

　簡単に言うと、これは、共通バス (common bus) に接続された 1 個のプロセッサと 1 個のメモリバンクで構成されるコンピュータだ。コントロールユニット（制御装置）がメモリから読み込んだ（フェッチした）命令を、CPU（中央処理装置：central processing unit）が実行する。必要な計算は ALU（算術論理演算装置：arithmetic logic unit）が行う。メモリには、データも保存される。図 1-1 と図 1-2 を見ていただきたい。

---

[1] **訳注**：決定木についてはエイホ他 [100] を参照。

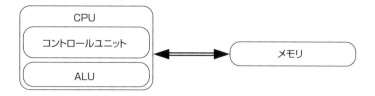

図1-1：フォン・ノイマン・アーキテクチャの概要

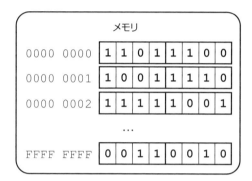

図1-2：フォン・ノイマン・アーキテクチャのメモリ

このアーキテクチャの主要な機能を、次にあげる。

- メモリにはビットだけが保存される。「ビット」（bit）は情報の単位で、0 または 1 に等しい値を持つ。
- メモリには、コード化された命令（encoded instruction）と、操作の対象となるデータの、両方が保存される。コードとデータを区別する手段はなく、どちらも実際にはビット列である。
- メモリは、複数のセル（cell）に入れて組織化し、ラベルとして、順番にインデックスを付ける（たとえばセル#43 は、セル#42 の後にある）。インデックスは 0 から始まる。セルのサイズは、さまざまである。フォン・ノイマン自身は、それぞれのビットに固有のアドレスを振るべきだと考えたが、現在のコンピュータは、メモリセルのサイズを 1 バイト（8 ビット）としている。だから、0 番目のバイトにはメモリの最初の 8 ビットが入る（以下同様）。
- プログラムは、次々にフェッチされる命令群で構成される。命令の実行は、特別なジャンプ命令を実行しない限り、シーケンシャルに行われる。

プロセッサの「アセンブリ言語」（assembly language）とは、バイナリにコード化された命

令（マシンコード）の、それぞれに対応する「ニーモニック」(mnemonic) で構成されたプログラミング言語だ。これによって、マシンコードでのプログラミングは、ずっと容易になる。なぜならプログラマは、命令のバイナリコードを暗記する必要がなく、それぞれの名前とパラメータだけを覚えればよいことになるからだ。

ただし、命令のパラメータは、サイズもフォーマットも、それぞれ異なることが許される。

アーキテクチャは計算モデルと違って、必ずしも命令集合を厳密に定義するわけではない。

現在の一般的なパーソナルコンピュータ（PC）は、この古典的なフォン・ノイマン・アーキテクチャを持つコンピュータから進化したものだ。その進化を調べて、今のコンピュータが、図 1–1 に示したような単純な機構と、どのように異なっているかを見ておこう。

 メモリの状態と、レジスタの値で、（プログラマから見た）CPU の状態を完全に記述できる。命令を理解することは、メモリとレジスタに対する、その効果を理解することを意味する。

1.2　進化

1.2.1　フォン・ノイマン・アーキテクチャの欠点

先ほど述べたシンプルなアーキテクチャには、深刻な欠点がある。

まず最初に、このアーキテクチャは、全然インタラクティブ（対話的）ではない。プログラマにできることは、ただメモリを手作業で編集し、その内容を、なんとかして視覚化する程度だ。初期のコンピュータは回路が大きく、ビットは本当に手で反転できたから、それが普通だった。

さらに、このアーキテクチャは、マルチタスクに適していない。あなたのコンピュータが、とても遅いタスク（たとえばプリンタの制御）を実行していると考えよう。そのタスクが遅いのは、プリンタが、もっとも遅い CPU よりも、ずっと遅いからだ。このため CPU は、デバイスの応答を待つのに、99%近くの時間を費やさなければならず、それはリソースの（具体的には CPU タイムの）浪費である。

それから、誰もがどんな種類の命令でも実行できるので、ありとあらゆる「予期せぬ振る舞い」が起こりえる。オペレーティングシステム（OS）の目的の 1 つは、リソース（たとえば外部のデバイス）を管理して、複数のユーザーアプリケーションが同じデバイスを同時に扱うことで生じるカオスを防ぐことにある。だから、すべてのユーザーアプリケーションが、入出力やシステム管理に関する命令を実行できないようにしたい。

もう 1 つ、メモリと CPU では性能が大きく異なる、という問題がある。

昔のコンピュータは、ただ単純なだけでなく、すべての構成部分を含む存在として設計されていた。メモリも、バスも、ネットワークインターフェイスも、あらゆるものが同じ技術者チー

ムによって作られていた。どのパーツも、その特定のモデルだけで使う特殊なパーツだから、互換性など決める必要がなかった。そういった状況では、誰も、他のパーツより高い性能を発揮するパーツを作ろうと努力しない。それでコンピュータ全体の性能が上がるわけではないからだ。

けれども、アーキテクチャが、いくらか安定するにつれて、ハードウェア開発者たちは、コンピュータを構成する個々のパーツを独自に作り始める。当然彼らは、売れるように、それらの性能を向上させようとする。けれども、すべてのパーツが簡単に、安上がりに[2]高速化できるわけではなかった。そのせいで、CPU は、すぐにメモリより、ずっと高速になった。メモリの高速化も、他の種類の回路を選べば可能だったが、それではあまりにも高価だったのだ [12]。

システムが複数の異なるパーツで構成され、それらの性能が大きく異なるとき、もっとも遅い部分が「ボトルネック」(bottleneck) となりかねない。だとしたら、もっとも遅い部分を、もっと高速な同等品で置き換えれば、システム全体の性能が、かなり向上するだろう。そこが、アーキテクチャを大きく変更すべき部分なのだ。

1.2.2 Intel 64 アーキテクチャ

本書では、Intel 64 アーキテクチャのみを記述する[3]。

Intel は、その主なプロセッサファミリーを 1970 年代から開発している。それぞれのモデルは、過去のモデルとのバイナリ互換性を保つように作られてきた。したがって、現在のプロセッサでも、古いモデルのために書かれてコンパイルされたコードを実行できる。このため、実に大量のレガシーがある。プロセッサは、数多くのモードで動作できる（リアルモード、プロテクトモード、仮想モードなど）。以下、とくに明示しない限り、本書では CPU が最新の、いわゆる「Long モード」で、どのように動作するかを述べる。

1.2.3 アーキテクチャの拡張

Intel 64 には、フォン・ノイマン・アーキテクチャからの複数の拡張 (extension) が組み込まれている。そのうちもっとも重要なものを、素早く一覧できるよう次にあげておく。

レジスタ群 レジスタは CPU チップ上に直接置かれたメモリセルである。回路的には、ずっと高速だが、より複雑で高価でもある。レジスタのアクセスにはバスを使わない。応答時間は非常に短く、通常は CPU サイクル 2 つに等しい。「1.3 レジスタ」を参照。

ハードウェアスタック 一般にスタック (stack) というのはデータ構造の一種で、2 つの演算をサポートする。「プッシュ」(push) はスタックのトップ（一番上）に要素を積み上げ、

---

[2] 技術者が、どのソリューションを選ぶかは、技術的な制限ではなく経済的な理由による場合も多いということに注意。

[3] これは、x86_64 とも、AMD64 とも（あるいは x64 とも）呼ばれる。

「ポップ」(pop) はトップに積まれている要素を取り出す。ハードウェアスタックは、この抽象を、特別な命令と、スタックの最後の要素を指し示す1個のレジスタによって、メモリ上に実装する。スタックは計算に使われるだけでなく、プログラミング言語でローカル変数の保存や関数コールのシーケンスを実装するのにも使われる。「1.5 ハードウェアスタック」を参照。

割り込み　割り込み (interrupt) 機能を使うと、プログラムの「外部イベント」を基準として、そのプログラムの実行順序を変更することができる。あるシグナル（外部または内部の信号）をキャッチすると、プログラムの実行がサスペンド（中断）され、いくつかのレジスタが保存され、CPU は、その状況を処理するための特別なルーチンの実行を開始する。割り込みが発生する（そして、それを処理する適切なコードが実行される）、典型的な状況を、次に列挙する。

- 外部デバイスからのシグナル
- ゼロによる除算
- 無効な命令（CPU が、命令のバイナリ表現を認識できないとき）
- 非特権モードで、特権命令を実行しようとしたとき

詳しい記述は「6.2 割り込み」を参照。

プロテクションリング（リングプロテクションとも呼ばれる）　CPU は常に、「プロテクションリング」(protection ring) と呼ばれるリング（同心円の輪）のうち、どれかに対応する状態にある。それぞれのリングは、そこで許可される命令の集合を定義するものだ。レベル 0 のリングは、CPU の命令すべての実行を許可するので、もっとも大きな特権を持つ。レベル 3 のリングは、もっとも安全な命令群だけを許可し、ここで特権命令を実行しようとすると割り込みが発生する。ほとんどのアプリケーションは、このレベル 3 のリングのなかで動作するから、極めて重要なシステムデータ構造（たとえばページテーブルなど）を変更することができず、OS を経由せずに外部デバイスを扱うこともできない。その他の 2 つのリング（レベル 1 とレベル 2）は、その中間に位置するが、現在のオペレーティングシステムでは使われていない。「3.2 プロテクトモード」も参照。

仮想メモリ（virtual memory）　これは物理メモリの上に置かれた抽象で、複数のプログラムにメモリを、より安全かつ効率的に分配し、個々のプログラムを互いに隔離するのに役立つ。詳しくは、「4.2 動機」を参照。

ほかに（たとえばキャッシュやシャドーレジスタなど）プログラマが直接アクセスできない拡張もあり、それらの一部も、本書で言及することになる。

表 1-1 は、フォン・ノイマン・アーキテクチャの拡張のうち、現在のコンピュータで見られるものについての情報をまとめたものだ。

表1-1：フォン・ノイマン・アーキテクチャ：現在の拡張

問題	解決策
遅いメモリに問い合わせないと何もできない	レジスタ、キャッシュ
対話性の欠如	割り込み
複数の手続きに含まれるコードを隔離する（あるいは個々の文脈を保存する）ためのサポートがない	ハードウェアスタック
マルチタスク：どんなプログラムでも、すべての命令を実行できてしまう	プロテクションリング
マルチタスク：プログラムが互いに隔離されていない	仮想メモリ

■**情報源** 命令セットとプロセッサのアーキテクチャを、書籍で完全にカバーすべきではない。多くの本が、命令セットについて膨大な情報を含むよう努力するが、それらは、すぐに古くなってしまう。そして本が無用なまでに膨れあがる。

本書では、しばしば『Intel 64 and IA-32 Architectures Software Developer's Manual』（参考文献の [15]）を参照するので、いますぐ入手しておこう。

命令の記述を、それが書かれている「原典」からコピーしたところで何の価値もない。情報源を使うことに慣れてしまうのが賢明だ。

このドキュメントの Volume 2 は、命令セットを完全にカバーしていて、目次も非常に便利なものだ。命令セットについての情報には、必ずこれを使っていただきたい。それは、「とても良い習慣」というだけでなく、本当に信頼できるソースに当たるということなのだ。

アセンブリ言語については、インターネットに数多くの教材があるけれど、最近アセンブラを使う人が少ないこともあって、しばしば非常に情報が古く、64 ビットモードを全然カバーしていなかったりする。古いモードに存在する命令には、しばしば更新されたバージョンが Long モードに存在していて、使い方が違う場合がある。だから、命令の記述をサーチエンジンで探して読もうという誘惑には、強く抵抗すべきなのだ。

1.3 レジスタ

CPU とメモリの間のデータ交換は、ノイマン型コンピュータにおける計算で決定的に重要だ。命令をメモリからフェッチする必要があり、オペランドもメモリからフェッチする必要がある。ある種の命令では結果もメモリに保存される。これがボトルネックとなり、CPU がメモリチップからのデータ応答を待つときに CPU タイムが浪費される。ひっきりなしに待つのを防ぐために、プロセッサには自分自身のメモリセルが備わっていて、それらは「レジスタ」（resister）と呼ばれる。レジスタは数が少ないが高速だ。一般にプログラムは、ほとんどの場合、使用するメモリセルの集合が十分に小さくなるよう書かれる。この事実は、ほとんどのケースで CPU がレジスタを相手にするようにプログラムを書けることを示唆する。

レジスタはトランジスタがベースだが（SRAM）、メインメモリ（main memory）のセルにはキャパシタが使われている（DRAM）。メインメモリをトランジスタで実装して、ずっと高速な回路にすることも可能だけれど、技術者たちが計算の高速化に別の手段を選ぶのには、いくつか理由がある。

- レジスタは高価である。
- 命令コードには、レジスタの番号がエンコードされている。より多くのレジスタをアドレッシングするには、命令のサイズを拡大する必要がある。
- レジスタは、アドレッシングの回路を複雑にする。回路が複雑になると高速化が困難になる。「大きなレジスタファイルを 5GHz で駆動する」など、容易なことではない。

当然ながら最悪のケースでは、レジスタを使うことによって、かえってコンピュータが遅くなる。もし計算を行う前に、すべてをレジスタにフェッチする必要があり、それらを後でメモリにフラッシュしなければいけないとしたら、いったい何が得なのか？

技術者なら覚えのあることだろうが、平均的なケースのために性能を向上させると、ワーストケースの性能が落ちるという状況は存在する。それでもたいがいはうまくいくが、リアルタイムシステムを構築するときは、ワーストケースのシステム応答時間に制約が課されるので、許されない。そういうシステムではイベントに対して特定の時間内に応答することが要求されるので、ワーストケースの性能を、その他のケースで性能を向上するために低下させるというのは、選択肢に入らないのだ。

プログラムは一般に、ある特定の性質を持つように書かれる。それは、（たとえばループや関数やデータの再利用といった）プログラミングの一般的なパターンを使うことの結果であって、別に自然の法則ではない。その性質は「参照の局所性」（locality of reference）と呼ばれる概念で、主に時間的な局所性と、空間的な局所性の 2 つがある。

「時間的局所性」（temporal locality）は、あるアドレスへのアクセスが、時間的に集中しやすいという性質である。

「空間的局所性」（spatial locality）とは、アドレス X をアクセスした後には、その X に近いメモリ（たとえば $X-16$ とか、$X+28$ とか）がアクセスされやすいという性質だ。

これらの性質は、あるかないかのバイナリではない。より強い（あるいは、より弱い）局所性を示すプログラムを書くことが可能である。

典型的なプログラムでは、次のパターンが使われる。ある処理で使うデータの集合（ワーキングセット）は小さく、レジスタ群に入れておくことができる。それらのデータをフェッチして、いったんレジスタ群に格納したら、しばらくの間、それらで作業し、その後で結果をメモリにフラッシュする。メモリに格納されたデータをプログラムが使うことは、稀である。このデータを使う必要があるときは、次の理由で性能が落ちるからだ。

- データをレジスタにフェッチする必要がある。
- もし全部のレジスタが、まだ使うことのあるデータで満たされたら、その一部を退避させる必要が生じるだろう。つまり、一時的に割り当てたメモリセルに、その内容を保存する必要が生じる。

1.3.1 汎用レジスタ

ほとんどの場合、プログラマが相手にするのは「汎用レジスタ」(general purpose register)だ。これらのレジスタには互換性があり、多種多様なコマンドで利用できる。

これらは64ビットレジスタで、r0 … r15 という名前を持つ。そのうち前半の8個は別の名前で呼ぶことができ、それらの名前は、ある種の特別な命令で持つ意味を表している。たとえば r1 は、rcx とも呼ばれるが、その"c"は cycle(回数)を意味する。この rcx を回数カウンタとして使う命令ループが存在するが、それは**オペランドを明示的に受け取らない**。もちろん、こういうレジスタの特別な意味(たとえばループ命令のカウンタ)は、対応するコマンドのドキュメントに書かれている。そのすべてを表1-2にあげる。また、図1-3も参照されたい。

表1-2:64ビットの汎用レジスタ

名前	別名	説明
r0	rax	一種の「アキュムレータ」(accumulator) として算術命令で使われる。たとえば div 命令は2つの整数での除算に使われるが、1個のオペランドを取るだけで、第2のオペランドに rax が暗黙のうちに使われる。div rcx を実行すると、2つのレジスタ、rdx と rax に分割して入れた128ビット長の大きな数を rcx で割った結果が、rax に書かれる。
r3	rbx	「ベース」(base) レジスタ。初期のプロセッサモデルで、ベースアドレスに使われたことから。
r1	rcx	ループの回数(cycles)に使われる。
r2	rdx	入出力処理の間、データ(data)を格納する。
r4	rsp	スタックポインタ。ハードウェアスタックのもっとも上にある要素のアドレスを格納する。「1.5 ハードウェアスタック」を参照。
r5	rbp	スタックフレームのベースポインタ。「14.1.2 呼び出し規約」を参照。
r6	rsi	ストリング操作コマンド(たとえば movsd)のソース側インデックス。
r7	rdi	ストリング操作コマンド(たとえば movsd)のデスティネーション側インデックス。
r8…r15	なし	後に追加された。ほとんどが一時的な値の格納に使われる。ただし、ときには暗黙のうちに使われる。たとえば r10 は、syscall 命令が実行されるとき、CPUフラグの保存に使われる。「第6章割り込みとシステムコール」を参照。

図1-3：Intel-64 の概要（レジスタ群）

 メインメモリ上に実装されるハードウェアスタックと違って、レジスタ群は、まったく違う種類のメモリである。だから、すべてのメインメモリセルに存在するアドレスが、レジスタには存在しない。

　これらの別名のほうが、歴史的な理由によって、より一般的である。参考のために、両方の名前を列挙し、名前を覚えるためのヒントを書いておこう。ただし、これらはあくまで参照の意味で示す記述であり、いますぐ暗記する必要はない。

　rsp と rbp は、普段は**使いたくない**レジスタだ。それは、非常に特殊な用途があるからだが（不用意に使うとスタックとスタックフレームを壊してしまう。それについては後述する）、算術演算を直接行うことは可能なので、これらも汎用レジスタに分類されている。

表 1-3 に、汎用レジスタの一覧を示す（今度はインデックスの順に並べた）。

表1-3：64 ビット汎用レジスタと別名

r0	r1	r2	r3	r4	r5	r6	r7
rax	rcx	rdx	rbx	rsp	rbp	rsi	rdi

レジスタ全体のうち、一部だけをアクセスすることが可能である。それぞれのレジスタにつき、下位 32 ビット、下位 16 ビット、下位 8 ビットを、それぞれアドレッシングできる。

r0 から r15 までの名前を使うときは、そのレジスタ名に適切なサフィックス（接尾辞）を追加すればよい。

- d は「ダブルワード」で、下位 32 ビットを意味する。
- w は「ワード」で、下位 16 ビットを意味する。
- b は「バイト」で、下位 8 ビットを意味する。

たとえば、

- r7b は、レジスタ r7 の最下位バイト、
- r3w は、レジスタ r3 の下位 2 バイト、
- r0d は、レジスタ r0 の下位 3 バイトを意味する。

これらの小部分は、別名でもアドレッシングできる。

図 1-4 に、ワイドな汎用レジスタが、どう区分されるかの例を示す。rax のほか、rbx、rcx、rdx も、同じパターンで一部をアクセスできる。それらは名前の中の 1 文字（rax の "a"）が変わるだけだ。その他の 4 つのレジスタでは、最下位ワードの上位バイトをアクセスできない（rax では ah という名前によってアクセス可能）。また、rsi、rdi、rsp、rbp では、最下位バイトの命名規約が、少し異なっている。

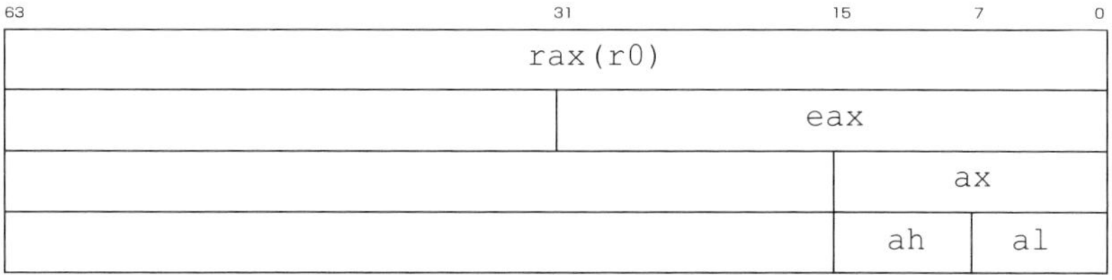

63	31	15	7	0
rax(r0)				
	eax			
		ax		
			ah	al

図1-4：rax レジスタの分解

- `rsi` と `rdi` の最下位バイトは、`sil` と `dil` である（図 1-5）。
- `rsp` と `rbp` の最下位バイトは、`spl` と `bpl` である（図 1-6）。

実際に r0-r7 という名前を見ることは、稀である。たいがいのプログラマは、最初の 8 個の汎用レジスタに、必ず別名を使う。これにはレガシーと「意味の豊かさ」という理由がある。`rsp` のほうが、`r4` よりも、ずっと多くの意味を連想させるのだ。その他 8 個（r8-r15）には、必ずインデックスによる命名規約を使う。

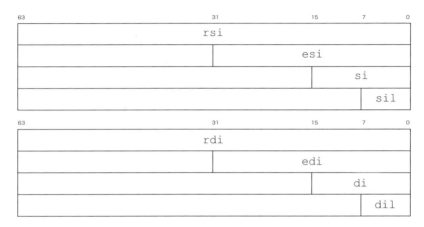

図1-5：rsi と rdi の分解

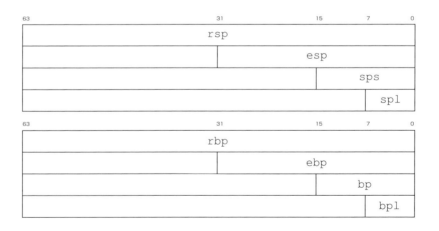

図1-6：rsp と rbp の分解

■**書き込みにおける不統一**　レジスタの小部分からの読み込みは、どれも当然と思われる動作をする。ところが、32 ビットの部分への書き込みでは、64 ビットレジスタの上位 32 ビット

が、ゼロビットで埋められる。たとえば eax にゼロを書けば、rax 全体に 0 が書かれる。その他の（たとえば 16 ビットに対する）書き込みは、意図したとおりに働き、他のビットに影響を与えない。このように不統一であることの説明は「3.4.2 CISC と RISC」で述べる。

1.3.2 その他のレジスタ

その他のレジスタは、それぞれ特殊な意味を持つ。一部のレジスタはシステム全体に重要な意味を持つので、OS だけに書き換えが許されている。

プログラマには、rip レジスタへのアクセス権限がある。この 64 ビットレジスタには、常に、次に実行すべき命令のアドレスが格納されている。分岐命令（たとえば jmp）は、実際にそれを書き換える。どの命令でも実行するたびに、rip には次に実行すべき命令のアドレスが格納される。

 命令のサイズは、それぞれ異なっている。

もう 1 つアクセス可能なレジスタとして、rflags がある。これにはプログラムの現在の状態（たとえば最後に行った算術演算の結果が負だったか、オーバーフローが発生したか、など）を反映するフラグが入る。このレジスタの下位に当たる部分は、eflags（32 ビット）および flags（16 ビット）という名前で呼ばれる。

■問題 1　そろそろドキュメント [15] をもとに、初歩的なリサーチをやってみよう。Volume 1 のセクション 3.4.3 で、rflags レジスタについて調べてほしい。CF, AF, ZF, OF, SF などというフラグの、それぞれの意味は何だろうか？ OF と CF の違いは何か？
　最初の問題だけ、訳者の解答を書いておく。上記ドキュメントの「Figure 3-8 EFLAGS Register」と「3.4.3.1 Status Flags」を見よう。ZF は、結果がゼロのときセットされる。SF は、結果が負であったことを示す。AF は、結果の下位 4 ビットに関するもので BCD 演算に使われる特殊なもの。問題の CF（Carry Flag）は、符号付き演算の結果としてキャリー（繰り上げ）またはボロー（借り）が生じたときセットされる。OF（Overflow Flag）は、符号なし演算の桁あふれ（オーバーフロー）を示す。著者による解答（英文）は、GitHub の questions/answers/001.md にある（以下同様）。

これらの主要レジスタのほか、浮動小数点演算や、複数のオペランドに対して同じ操作を同時に行う特別な並列演算命令のための、レジスタ群もある。これらの命令は、しばしばマルチメディア関連の用途で使われる（マルチメディアのデコーディングアルゴリズムを高速に実行する役に立つ）。対応するレジスタは、128 ビット幅で、xmm0 から xmm15 と名付けられている。これらについては後述しよう。

一部のレジスタは、標準ではない拡張として登場したが、すぐ後に標準となった。これらは「モデル固有レジスタ」（MSR：model-specific registers）と呼ばれている。詳しくは、「6.3.1 モデル固有レジスタ」を参照。

1.3.3 システムレジスタ

一部のレジスタは、OSが使うために特別に設計されていて、計算に使う値ではなく、システム全体のデータ構造に必要な情報を格納している。それらの役割は、OSとCPUの共生フレームワークをサポートすることだ。すべてのアプリケーションが、そのフレームワーク内で実行されるので、個々のアプリケーションは、システムそのものからも、他のアプリケーションからも、十分に隔離される。また、リソースの管理が、プログラマから見て、かなりトランスペアレント（透明）な方法で行われる。

これらのレジスタが、アプリケーションそのものからはアクセスできないこと（少なくとも、アプリケーションが、これらを変更できないこと）が、極めて重要である。これが、「特権モード」の目的である（「3.2 プロテクトモード」を参照）。

ここで、それらのレジスタの一部をあげておく。それぞれの意味は、後で詳しく説明しよう。

- `cr0`と`cr4`は、さまざまなプロセッサモードと仮想メモリに関連するフラグを格納する。
- `cr2`と`cr3`は、仮想メモリのサポートに使われる。詳しくは「4.2 動機」と「4.7.1 仮想アドレス構造」を参照。
- `cr8`（別名`tpr`）は、割り込み機構の微調整に使われる（「6.2 割り込み」を参照）。
- `efer`は、プロセッサのモードと拡張（たとえばLongモードやシステムコールの処理）を制御するのに使われる、もう1つのフラグである。
- `idtr`は、割り込みディスクリプタテーブル（IDT：interrupt descriptors table）のアドレスを格納する（「6.2 割り込み」を参照）。
- `gdtr`と`ldtr`は、グローバルおよびローカルのディスクリプタテーブル（GDTとLDT）のアドレスを格納する（「3.2 プロテクトモード」を参照）。
- `cs`、`ds`、`ss`、`es`、`gs`、`fs`は、いわゆる**セグメントレジスタ**（segment register）である。これらが提供するセグメンテーション機構は、もう長年にわたってレガシーと考えられているが、その一部は今でも特権モードの実装に使われている。「3.2 プロテクトモード」を参照。

1.4 プロテクションリング

「プロテクションリング」(protection ring) は、セキュリティと堅牢性のため、アプリケーションの能力を制限する目的で設計された機構の 1 つだ。これらは、Unix の直系の先祖である Multics OS のために発明された。複数のリングが、それぞれ特権レベルに対応する。各種の命令は、1 つ以上の特権レベルにリンクされていて、他のレベルでは実行できない。そして現在の特権レベルが、何らかの方法で（たとえば特殊なレジスタの中に）格納される。

Intel 64 には 4 つの特権レベルがあるが、そのうち **2 つだけ**が実際に使われている。つまり、リング 0（最大の特権）と、リング 3（最小の特権）だ。中間のリングは、ドライバや OS サービスのために使うつもりで計画されたが、一般に人気のある OS は、このアプローチを採用しなかった。

Long モードでは、現在の「プロテクションリング番号」が、cs レジスタの下位 2 ビットに格納される（また、ss の下位 2 ビットにも同じ値が書かれる）。これを変更できるのは、割り込みまたはシステムコールを処理するときだけだ。したがってアプリケーションは、自分の特権レベルを上げて任意のコードを実行することができない。できるのは、割り込みハンドラを呼び出すか、システムコールを実行することだけだ。詳しくは、「第 3 章 レガシー」を参照。

1.5 ハードウェアスタック

データ構造についての一般的な話なら、スタックはデータ構造の一種であり、2 つの演算を持つコンテナである。つまりスタックのトップに新しい要素を積む「プッシュ」と、トップの要素をスタックから取り出す「ポップ」を持つ。

このようなデータ構造に対してハードウェアのサポートがあるわけだが、スタック専用のメモリが別にあるのではない。要するに、2 つのマシン語命令（push と pop）および 1 個のレジスタ（rsp）によって実装された、一種のエミュレーションだ。rsp レジスタには、スタックのもっとも上にある要素のアドレスが格納される。そして命令は次のように実行される。

- push <引数>
    1. 引数のサイズ（許されるのは 2 バイトか 4 バイトか 8 バイト）に従って、rsp の値から 2 か 4 か 8 が減算される。
    2. 引数がメモリに格納される。そのアドレスは、今更新した rsp を先頭とする。
- pop <引数>
    1. スタックの一番上にある要素が、レジスタまたはメモリにコピーされる。
    2. rsp に、引数のサイズが加算される。

これを加えたアーキテクチャを、図 1–7 に示す。

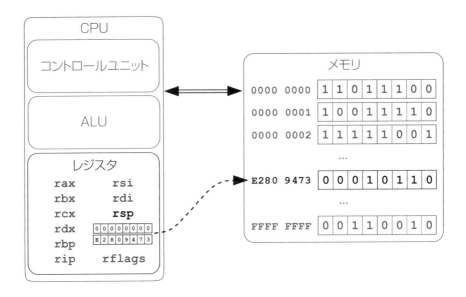

図1-7：Intel 64 のレジスタとスタック

　ハードウェアスタックは、高いレベルの言語で関数コールを実装するのに、とても便利なものだ。関数 A が、もう 1 つの関数 B を呼び出すとき、スタックを使って演算のコンテクスト（文脈）を保存し、B が終了したら、それに戻すことができる。

　次に、ハードウェアスタックの重要な側面をあげるが、これらはたいがい記述から容易に推測できる。

1. 「空のスタック」というような状況は存在しない。たとえプッシュを 1 度も実行していなくても、ポップのアルゴリズムは実行される。スタックの「一番上」に当たるゴミを返すだけだろう。
2. スタックは、アドレス 0 に向けて成長する。
3. ほとんどすべてのオペランドは符号付き整数とみなされるので、符号ビットが拡張される場合がある。たとえば、引数を 0xB9 として push を実行すると、その結果として次のようなデータ単位がスタックに置かれる。
0xffb9 か 0xffffffb9 か 0xffffffffffffffb9
push は、デフォルトではオペランドのサイズに 8 バイトのサイズを使う。したがって、push -1 という命令は、0xffffffffffffffff をスタックに格納する。
4. スタックをサポートするアーキテクチャのほとんどは、そのトップを何らかのレジスタで定義するという原則に従っているが、使うアドレスの意味が異なる場合がある。ある種のアーキテクチャでは、「次の要素」すなわち次のプッシュが書き込まれるアド

レスである。別のアーキテクチャでは、「最後の要素」すなわちスタックに積まれた要素のアドレスである。

■ **Intelのドキュメント：命令の記述を読む方法**　まず、[15] の Volume 2 を開く。次に、push 命令に対応するページを見つける。その最初に表がある。ここで調べたいコラムは、Opcode、Instruction、64-Bit Mode、Description だ。Opcode フィールドは、ある命令のマシンコード（演算コード）を定義する。見てわかるように、これにはオプションがあり、それぞれのオプションに、それぞれ異なる記述（Description）がある。つまり、ときにはオペランドが異なるだけでなく、Opcode そのものが異なる場合がある。

　Instruction は、命令のニーモニックと、許可されるオペランドの型を記述する。ここで r は任意の汎用レジスタを、m はメモリの場所を、imm は、イミディエイト値（たとえば 42 や 1337 といった整数型の定数）を意味する。そして、数はオペランドのサイズを定義する。もし特定のレジスタだけが許されるのなら、それらの名前を示す（以下に例をあげる）。

- `push r/m16` － 汎用の 16 ビットレジスタか、メモリから取った 16 ビットの数値を、スタックにプッシュする。
- `push CS` － セグメントレジスタ cs をプッシュする。

Description というコラムには、その命令の効果が簡単に説明されている。これだけでも、命令を理解して使うのに十分な情報であることが多い。

- `push` の説明を読んでみよう。オペランドの符号が拡張されないのは、いつだろうか? ヒント：zero-extended という言葉に注目すること。符号が拡張されるのは sign-extended だ。
- `push rsp` 命令が、メモリとレジスタに与える、すべての影響を説明してみよう。ヒント：rsp はスタックポインタである。

1.6　まとめ

　この章では、まずフォン・ノイマン・アーキテクチャの概要を述べた。次に、現在のプロセッサを記述するのに適する機能を、このモデルに追加した。ここではレジスタとハードウェアスタックについて、詳しく述べた。そろそろ、アセンブリ言語でのプログラミングを始めよう。次の章は、そのためにある。いくつかプログラムの例を見ながら、（エンディアンやアドレッシ

ングモードといった）アーキテクチャの新しい機能を指摘し、ユーザーとの対話処理を行う*nix用の単純な入出力ライブラリを設計するのだ。

- ■問題 2　　フォン・ノイマン・アーキテクチャの主な原則は?
- ■問題 3　　レジスタとは?
- ■問題 4　　ハードウェアスタックとは?
- ■問題 5　　割り込みとは?
- ■問題 6　　フォン・ノイマンのモデルの主な問題点で、現在の拡張が解決しているのは?
- ■問題 7　　Intel 64 の主な汎用レジスタは?
- ■問題 8　　スタックポインタの目的は?
- ■問題 9　　スタックは空になるか?
- ■問題 10　スタック内の要素を数えられるか?

第2章 アセンブリ言語

この章ではアセンブリ言語の学習を開始し、徐々に複雑な Linux 用プログラムを書いていこう。そのなかで、あらゆる種類のプログラムの書き方に影響を与えるような、アーキテクチャの詳細（たとえばエンディアンなど）も見ていく。

本書のために、*nix システムを選んだのは、Windows よりもアセンブリ言語でプログラムを書くのが、ずっと簡単だからだ。

2.1 環境を設定する

プログラミングは、実際に行わなければ学ぶことができないものだ。今すぐ、アセンブリ言語のプログラミングを始めよう。

アセンブラと C 言語の課題に、われわれは次の構成を使った。

- オペレーティングシステム：Debian GNU\Linux 8.0
- アセンブラ：NASM 2.11.05
- C コンパイラ：GCC 4.9.2
  C のプログラムからアセンブリを生成するのに使ったバージョンが、これである。Clang コンパイラを使ってもよい。
- ビルドシステム：GNU Make 4.0
- デバッガ：GDB 7.7.1
- テキストエディタ：好きなものを選べばよいが、構文が強調されるのが望ましい。われわれが勧めるのは、vim だ。

自分でシステムをセットアップしたい場合は、どれでもお好きな Linux ディストリビューションをインストールすればよいが、必ず上記のプログラムがインストールされるようにしよ

う[1]。

われわれが知る限り、Windows Subsystem for Linux も、すべての課題を行うのに適しているから、これをインストールした後、必要なパッケージを apt-get でインストールすればよい。公式なガイドは、

https://msdn.microsoft.com/ja-jp/commandline/wsl/install-win10

にある。

原著の GitHub（https://github.com/Apress/low-level-programming）には、次のものがある。

- ツールチェイン全体をインストールした、構成済みの仮想マシン（VM：virtual machine）が 2 つ用意されている。片方はデスクトップ環境を含むが、もう片方は SSH（Secure Shell）経由でアクセスできる最小限のシステムだけである。
- 本書のリスト、問題の答え、課題のソリューションなども入っている。

2.1.1 サンプルコードを使う

この章では数多くのコードサンプルが現れる。これらをアセンブルし、ロジックの把握が難しければ gdb を使ってステップ実行をしてみよう。これはコードの学習に、とても役に立つ。付録 A に、gdb を素早く学ぶためのチュートリアルがある。また、付録 D に、性能テストに使ったシステムについての情報がある。

2.2 "Hello, world" を書く

2.2.1 基本的な入出力

Unix は、「すべてをファイルにする」という考えを実践している。ここで**ファイル**（file）というのは大きな意味で、バイトストリームとみなすことが可能なものなら、どれでも当てはまる。ファイルを通じて、次のような抽象が得られる。

- HDD や SSD にあるデータのアクセス
- プログラム間のデータ交換
- 外部デバイスとの相互作用

---

[1] **訳注**：訳者が検証に使ったマシンの環境も、ほとんど同様である。プロセッサは Intel Pentium 4 という古いものだが、OS は 64 ビットだ。2017 年 9 月での主なバージョンを上げると、Ubuntu 16.04 LTS、NASM 2.11.08, GCC 5.4.0, Make 4.1, GDB 7.11.1, Python 2.7.12。

まずは伝統的に、単純な"Hello, world!"プログラムから書き始めよう。これはターミナル画面にメッセージを出して終了するだけだが、このように何らかの文字を画面に表示するプログラムは、それがハードウェアの上で直接実行され、オペレーティングシステムの援助がまったく得られないのであれば、容易なことではない。オペレーティングシステムの目的は（他にもあるが）リソースを抽象化して管理することであり、文字の表示は、まさにその1つである。OSは、外部デバイス、他のプログラム、ファイルシステムなどとの通信を処理する一群のルーチンを提供する。プログラムは通常、オペレーティングシステムをバイパスして、自分が制御するリソースと直接やりとりすることが**できない**。それができるのは**システムコール**だけであり、それこそがOSがユーザーアプリケーションに提供するルーチン群である。

Unixでは、プログラムがファイルを開くとすぐに、その**ディスクリプタ**（descriptor：記述子）によって、そのファイルを識別する。ディスクリプタというのは、単なる整数（42とか999とか）にすぎない。ファイルは`open`システムコールを呼び出すことで、明示的にオープンされる。ただし3つの重要なファイルだけは、プログラムを開始すると即座にオープンされるので、勝手に管理できない。その3つとは、`stdin`と`stdout`と`stderr`であり、ディスクリプタは、順に0、1、2である。`stdin`は入力の処理に、`stdout`は出力の処理に使う。`stderr`はプログラムの実行プロセスに関する情報（たとえばエラーや自己診断などのステータス）を出力するもので、計算などの結果を返すためのものではない。

デフォルトにより、キーボード入力は`stdin`に、ターミナル出力は`stdout`にリンクされる。したがって、"Hello, world!"は`stdout`に書かなければならない。

そこで、`write`システムコールを呼び出す必要がある。これは、**指定アドレス**から始まる**指定バイト数**のメモリを、**指定ディスクリプタ**（この場合は1）のファイルに書き込む。これらのバイトデータは、所定の表（ASCIIテーブル）を使ってエンコードされた文字列である。テーブルの各エントリは、1文字であり、このテーブルへのインデックスがASCIIコードである（0から255までをインデックスの範囲とする）。

リスト2-1に、アセンブリプログラムの最初の完全な例を示す。

リスト2-1：hello.asm

```
global _start

section .data
message: db 'hello, world!', 10

section .text
_start:
    mov rax, 1          ; システムコールの番号を rax に入れる
    mov rdi, 1          ; 引数 #1 は rdi: 書き込み先 (descriptor)
    mov rsi, message    ; 引数 #2 は rsi: 文字列の先頭
    mov rdx, 14         ; 引数 #3 は rdx: 書き込むバイト数
    syscall             ; この命令がシステムコールを呼び出す
```

このプログラムは、行 6 から 9 まで（コードの 1 行目から 4 行目）にある正しい引数とともに、`write` システムコールを呼び出す。このプログラムが実際に行うのは、ただそれだけだ。次の節で、このサンプルプログラムの細部を詳しく説明しよう。

2.2.2 プログラムの構造

フォン・ノイマンのマシンでは、1 つのメモリがコードとデータの両方に使われて、そのどちらかは判別不可能である。けれどもプログラマとしては、その 2 つを区切りたい。アセンブリプログラムは通常、複数の**セクション**（section）に分割される。それぞれのセクションに独自の用途がある。たとえば `.text` セクションには命令を入れる。`.data` セクションは、**グローバル変数**（global variable）のためにある。これらは、そのプログラムを実行している間はいつでも利用できるデータだ。複数のセクションを何度も切り替えて書くことが可能であり、コンパイルされて実行可能なプログラムでは、すべてのデータが、それぞれのセクションに対応して、一箇所にまとめられている。

数によるアドレス値を避けるために、プログラマは**ラベル**（label）を使う。これらは要するに、読みやすい名前であり、アドレスである。ラベルは任意のコマンドの前に置き、通常は 1 個のコロンを間に置く。このプログラムでは、`_start` というラベルが、行 5（コードの 1 行目の前）に置かれている。

変数という概念は、より高いレベルの言語で典型的なものだ。アセンブリ言語では、変数と手続き（プロシージャ）の概念が、それほど厳密に区別されない。それよりラベル（またはアドレス）という言葉を使うのが便利だ。

1 個のアセンブリプログラムを、複数のファイルに分けることができるが、そのうち 1 つには、必ず `_start` というラベルを入れる。これが**エントリポイント**（entry point）であり、最初に実行すべき命令に付けるマークである。

このラベルには、`global` 宣言が必要だ（行 1）。その意味は、後に明らかになる。

コメント（comment）はセミコロンから始まり、その行の末尾まで続く。

アセンブリ言語は、マシンコードに直接マップされるコマンドで構成されるが、この言語の構成要素すべてがコマンドではない。他の要素は、変換処理を制御するためのもので、**ディレクティブ**（directive）と呼ばれるのが普通だ[2]。

われわれの "hello, world!" では、`global`、`section`、`db` の 3 つがディレクティブだ。

`db` ディレクティブは、バイトデータを作るのに使う。データは通常、次の 4 種類のディレクティブのうち、1 つを使って定義される。

- `db` − バイト

---

[2] NASM のマニュアルでは、ディレクティブのうち、ある特別な部分集合に「擬似命令」（pseudo instruction）という名前も使っている。

- `dw` –いわゆるワード。それぞれの大きさが 2 バイトに等しい
- `dd` –ダブルワード。4 バイトに等しい
- `dq` –クオドワード (quad word)。8 バイトに等しい

以上の例を、リスト 2–2 に示す。

リスト2–2：data_decl.asm

```
section .data
    example1: db 5, 16, 8, 4, 2, 1
    example2: times 999 db 42
    example3: dw 999
```

`times <n> <cmd>` というのは、プログラムのコードで`<cmd>`を`<n>`回繰り返せというディレクティブだ。`<n>`回コピー&ペーストするのと同様で、CPU への命令にも使える。

データは、どのセクションの内側でも（たとえ .text セクションであっても）作ることができる。前述したように、CPU から見ればデータも命令も同じものであり、そう仕向ければ、CPU はデータを「コード化された命令」として解釈する。

これらのディレクティブを使うと、リスト 2–3 のように、いくつかのデータオブジェクトを並べて定義することができる。ここでは文字シーケンスの後に、10 という値のバイトが 1 個ある。

リスト2–3：hello.asm

```
message: db 'hello, world!', 10
```

アルファベットの文字、数字、その他のキャラクタは、ASCII でエンコードされている。プログラマたちが、そのテーブルを使うことに合意しているからだ。それぞれのキャラクタにユニークな番号（ASCII コード）が割り当てられている。ここでは `message` というラベルに対応するアドレスから始めて、"hello, world!" という文字列の、すべての文字に対応する ASCII コードを格納するが、さらに 10 という値の 1 バイトを追加してある。なぜ 10 かというと、改行を示すのに 10 というコードの特殊文字を出力するという決まりがあるからだ。

 Note アセンブリ言語は、一般に大文字と小文字を区別しないが、ラベルの名前は違う。`mov` も `mOV` も `Mov` も同じ命令だが、`global _start` と `global _START` は別のラベルだ。セクション名も、大文字と小文字が区別される。`section .DATA` と `section .data` は、別のものだ。

■ **word の混乱** コンピュータにとってもっともネイティブな整数型を「マシンワード」(machine word) と呼ぶのは、ごく一般的な用語だ。われわれは 64 ビットのコンピュータをプログラミ

ングしているのであり、そのアドレスは 64 ビットで、汎用レジスタも 64 ビットである。だから、そのマシンワードのサイズが 64 ビット（または 8 バイト）を考えるのは、とても便利である。

Intel アーキテクチャ用のアセンブリ言語では、**ワード**という言葉を 16 ビットのデータエントリに、ずっと使ってきた。古いマシンでは、それがマシンワードだったからだ。不幸なことに、レガシーのせいで、これが今でも昔と同じように使われている。だから 32 ビットデータがダブルワード（double word）、64 ビットデータがクオドワード（quad word）と呼ばれている。

2.2.3 基本的な命令

mov 命令は、ある値をレジスタまたはメモリに書き込む。値は、他のレジスタまたはメモリから取るか、あるいは直接の数値（イミディエート）でもよい。ただし、

1. mov では、メモリからメモリのコピーができない。
2. ソース側とディスティネーション側の両方のオペランドが、同じサイズでなければならない。

syscall は、*nix システムで**システムコール**（system call）を実行するのに使う命令だ。入出力の処理はハードウェアに依存するし、同時に複数のプログラムによって使われるかもしれない。だからプログラマは、OS を介さずにそれらを直接制御することが許されていない。

システムコールには、それぞれユニークな番号がある。実行には、次の手順が必要だ。

1. rax レジスタにシステムコールの番号を入れる。
2. 引数は、以下のレジスタに入れる。
   rdi、rsi、rdx、r10、r8、r9。
   システムコールは 6 個を超える引数を受け取ることができない。
3. syscall 命令を実行する。

レジスタを初期化する順序は問わない。

ところで、syscall 命令が rcx と r11 の内容を書き換えることに注意しよう。その理由は、後で出てくるだろう。

先ほど "Hello, world!" プログラムを書いたときは、単純な write のシステムコールを使った。これが受け取る引数は、次の 3 個である。

1. **ファイルディスクリプタ**（file descriptor）

2. バッファのアドレス（書き込むバイト列を、ここを先頭にして並べてある）
3. 書き込むバイト数

われわれの最初のプログラムをコンパイルするには、そのコードを `hello.asm` というファイルに保存し、次のコマンドをシェルから発行する。

```
> nasm -felf64 hello.asm -o hello.o
> ld -o hello hello.o
> chmod u+x hello
```

コンパイルのプロセスと、その段階については、第 5 章で詳細に述べる。まずは、"Hello, world!" を走らせよう[3]。

```
> ./hello
hello, world!
Segmentation fault
```

意図した出力が得られたのは明らかだが、どうやらこのプログラムはエラーを起こしたようだ。何がいけなかったのだろう。システムコールを実行した後も、このプログラムは走り続けている。われわれは `syscall` の後に命令を書かなかったが、それに続くメモリセルには、何かランダムな値が入っていたに違いない。

あるメモリアドレスに何も置かなければ、そこには確実に、一種のゴミが（ゼロでも、有効な命令でもないものが）入っていると考えよう。

プロセッサには、これらの値が意図的に命令をエンコードしたものか、判定することなどできない。CPU は自分の役割に従って、それを解釈しようとする。なにしろ `rip` レジスタが、それを指しているからだ。これらのゴミが正しい命令をエンコードしている可能性は非常に少ないので、コード 6 の割り込み（無効な命令）が発生するだろう[4]。

では、どうすればいいのか。リスト 2-4 に示すように、最後に `exit` システムコールを使う必要がある。これでプログラムは正常に終了する。

---

[3] これらのリストを含む、すべてのソースコードは、原著の GitHub (https://github.com/Apress/low-level-programming) にある。構成済みの仮想マシンのホームディレクトリにも格納されている。

[4] たとえそうならなくても、命令を実行しているうちにプロセッサは、割り当てられている仮想アドレスの末尾に到達する (4.2 節を参照)。その事態を収拾することなど不可能だから、最終的にはオペレーティングシステムがプログラムを終了させるだろう。

リスト2-4：hello_proper_exit.asm

```
section .data
message: db 'hello, world!', 10

section .text
global _start

_start:
    mov rax, 1          ; 'write' の syscall 番号
    mov rdi, 1          ; stdout のディスクリプタ
    mov rsi, message    ; 文字列のアドレス
    mov rdx, 14         ; 文字列のバイト数
    syscall

    mov rax, 60         ; 'exit' の syscall 番号
    xor rdi, rdi
    syscall
```

- ■問題 11　　`xor rdi, rdi` とは、何をする命令だろうか？
- ■問題 12　　このプログラムのリターンコードは何だろう？
- ■問題 13　　exit システムコールの第 1 引数は？

2.3　例：レジスタの内容を出力する

では、もう少し高度なことをやろう。rax レジスタの値を 16 進フォーマットで出力するのが、リスト 2-5 に示すプログラムだ。

リスト2-5：rax の値をプリントする：print_rax.asm

```
section .data
codes:
    db '0123456789ABCDEF'

section .text
global _start
_start:
    ; この 1122... という数字は 16 進表記
    mov rax, 0x1122334455667788

    mov rdi, 1
    mov rdx, 1
    mov rcx, 64
    ; 4 ビットを 16 進の 1 桁として出力していくために、
    ; シフトと論理和（AND）によって 1 桁のデータを得る。
    ; その結果は 'codes' 配列へのオフセットである。
.loop:
```

2.3 例：レジスタの内容を出力する

```
        push rax
        sub rcx, 4
        ; cl はレジスタ（rcx の最下位バイト）
        ; rax > eax > ax =  (ah + al)
        ; rcx > ecx > cx =  (ch + cl)
        sar rax, cl
        and rax, 0xf

        lea rsi, [codes + rax]
        mov rax, 1

        ; syscall で rcx と r11 が変更される
        push rcx
        syscall
        pop rcx

        pop rax
        ; test は最速の'ゼロか?'チェックに使える
        ; マニュアルで'test'コマンドを参照
        test rcx, rcx
        jnz .loop

        mov rax, 60 ; 'exit' システムコール
        xor rdi, rdi
        syscall
```

rax の値をシフトして、0xF というマスクとの論理和（AND）を求めることによって、この大きな数字から 16 進の 1 桁を得る。それぞれの桁は 0 から 15 までの数だ。それをインデックスとし、code というラベルのアドレスに加えると、それを表現する文字を得られる。

たとえば rax が 0x4A のとき、インデックスは 0x4（4_{10}）と 0xA（10_{10}）である。

第 1 のインデックスからは、文字"4"のコード（0x34）が、第 2 のインデックスからは、文字"a"のコード（0x61）が、それぞれ得られる。

■問題 14　　上記のサンプルであげた ASCII コードが正しいことをチェックしよう。

syscall 命令の前後で行っているように、ハードウェアスタックを使ってレジスタの値を退避／復旧することができる。

■問題 15　　sar と shr の違いは? Intel のドキュメント [15] で調べよう。
■問題 16　　数を、10 進以外の方法で（ただし NASM が理解できるように）書くには、どうすればいいだろうか。NASM のドキュメント [27] をチェックしよう。

プログラムが実行を開始するとき、ほとんどのレジスタの値は、よく定義されていない（まったくランダムな場合もある）。初心者には「ゼロで初期化されている」という思い込みから生じるミスが多いので注意。

2.3.1　局所的なラベル

ところで、.loop というラベル名には、1個のドットで始まるという特徴がある。そういうラベルはローカルだ。ラベル名は、ローカル（局所的）である限り、名前の衝突を起こすことなく再利用が可能である。

最後に使った、ドットのないグローバルラベルが、それに続くローカルラベルのベースとなる（次にグローバルラベルが現れるまで）。.loop というラベルのフルネームは、_start.loop だ。この名前を使えば、どこからでも（他のグローバルラベルが現れた後でも）、それをアドレッシングすることが可能である。

2.3.2　相対アドレス

メモリは、単なる直接的なアドレスより複雑な方法で、アドレッシングできる。

リスト2-6：相対アドレッシング：print_rax.asm

```
lea rsi, [codes + rax]
```

角カッコ（square brackets）は、**間接的なアドレッシング**（indirect addressing）を意味するもので、その中にアドレスを書く。

- `mov rsi, rax` － rax が rsi にコピーされる。
- `mov rsi, [rax]` － rax に格納されているアドレスを先頭とするメモリ内容（8個の連続したバイト）が、rsi にコピーされる。だが、どうして 8 バイトをコピーするとわかるのだろうか。ご存じのように、mov の 2 つのオペランドは同じサイズであり、rsi のサイズは 8 バイトである。アセンブラは、この事実を知っているので、メモリから 8 バイトを取り出せばよい、と推論できる。

lea と mov という 2 つの命令には、意味に違いがある。lea は、「実効アドレスをロードせよ」(load effective address) という意味だ。これによって、あるメモリセルのアドレスを計算し、そのアドレスを、どこかに格納することができる。ただし、その計算は、（後述するように）厄介なアドレスモードとの関係もあり、必ずしも単純明快ではない。たとえばアドレスが、数個のオペランドの和になることもある。

リスト 2-7 は、lea と mov が何をするかを、簡単なデモで示すものだ。

リスト2-7：lea_vs_mov.asm

```
; rsi <- ラベル'codes' のアドレス（数値）
mov rsi, codes

; rsi <- 'codes' というアドレスから始まるメモリの内容
; rsi は 8 バイト長なので、連続する 8 バイトが取られる
mov rsi, [codes]

; rsi <- address of 'codes' のアドレス
; この場合は、mov rsi, codes と等しいが、
; アドレスは複数の部分を含むことができる
lea rsi, [codes]

; rsi <- (codes+rax) から始まるメモリの内容
mov rsi, [codes + rax]

; rsi <- codes + rax
; これは次の 2 つを組み合わせたものと等しい
; -- mov rsi, codes
; -- add rsi, rax
; 1 回の mov で、これはできない！
lea rsi, [codes + rax]
```

2.3.3 実行の順序

すべてのコマンドは順番に実行されるが、ジャンプ命令は例外である。無条件のジャンプ命令として、`jmp <addr>`というのがある。これは、`mov rip,<addr>`の代わりだと考えてもよい[5]。

条件ジャンプは、`rflags`レジスタの内容に依存する。たとえば`jz <address>`は、ZF（ゼロフラグ）がセットされているときにだけ、`address`にジャンプする。

ジャンプ命令の条件となるフラグを設定するには、`test`または`cmp`命令を使うのが普通だ。`cmp`は第 1 オペランドから第 2 オペランドを差し引くが、その結果はどこにも保存しない。ただし、結果に基づいて適切なフラグをセットする（たとえば、もし 2 つのオペランドが等しければ、ゼロフラグをセットする）。`test`も同様だが、こちらは引き算の代わりに倫理和（AND）を使う。

リスト 2-8 に示す例は、もし `rax < 42` ならば `rbx` に 1 を、そうでなければ 0 を書く。

リスト2-8：jumps_example.asm

```
    cmp rax, 42
```

---

[5] ただし、この動作を mov コマンドを使ってエンコードすることは不可能だ。それが実装されていないことを、Intel のドキュメントで確認しよう。
訳注：これは [15] の Volume 1「3.5 INSTRUCTION POINTER」に書かれている。

```
    jl yes
    mov rbx, 0
    kmp ex
yes:
    mov rbx, 1
ex:
```

レジスタの値がゼロかどうかを調べるには、test <reg>,<reg>命令を使うのが一般的な（そして高速な）方法だ。

それぞれの算術フラグFについて、少なくとも2つのコマンドが存在する。j<F>と、jn<F>だ。たとえばサインフラグなら、jsとjnsがある。

その他の便利なコマンドに、次のものがある。

1. ja（jump if above）/jb（jump if below）。これらは2つの符号なし整数をcmpで比較した後にジャンプするためのものだ（比較の結果、前者は大きいとき、後者は小さいときにジャンプする）。
2. jg（jump if greater）/jl（jump if less）は符号付きの比較に用いる（比較の結果、前者は大きいとき、後者は小さいときにジャンプする）。
3. jae（jump if above or equal）やjle（jump if less or equal）も、同様である（前者は、符号なしの比較で大きいか等しいとき、後者は、符号付きの比較で小さいか等しいときにジャンプする）。

一般的なジャンプ命令を、いくつかリスト2-9に示す。

リスト2-9：ジャンプ命令：jumps.asm

```
    mov rax, -1
    mov rdx, 2

    cmp rax, rdx
    jg location
    ja location        ; この2つは別のロジック！

    cmp rax, rdx
    je location        ; rax = rdx ならばジャンプ
    jne location       ; rax = rdx でなければジャンプ [rax != rdx]
    ...
```

■**問題 17**　jeとjzの違いは？

2.4　関数コール

　ルーチン（関数）は、プログラムのひとかたまりのロジックを隔離して、ブラックボックスとして使えるようにするもので、抽象を提供するのに必要な機構だ。「抽象」(abstraction) は複雑なアルゴリズムを不透明なインターフェイスの下にカプセル化し、より複雑なシステムの構築を可能にする。

　関数コールを実行するには、`call <address>` という命令を使う。これが実行するのは、次のコードとまったく同じ処理だ。

```
    push rip
    jmp <address>
```

　こうしてスタックに積まれたアドレス（そのときの `rip` の内容）は、**リターンアドレス** (return address) と呼ばれる。

　どの関数も、引数を無制限に受け取ることができる。最初の 6 個の引数は、レジスタ `rdi`、`rsi`、`rdx`、`rcx`、`r8`、`r9` に入れて渡される。まだ引数があれば、それらは逆順にスタックに積まれて渡される。

　どこでルーチンが終わるのかは、明白ではない。はっきり言えるのは、`ret` 命令が関数の終了を意味するということだ。その意味は、`pop rip` と完全に等しい。

　当然ながら、`call` と `ret` の機構は、スタックの状態が注意深く管理されている場合に限って正しく働く、とても壊れやすいものだ。スタックが、関数の実行が開始されたときと、まったく同じ状態でなければ、`ret` を呼び出すべきではない。そうでなければプロセッサは、スタックのトップにあるものをなんでもリターンアドレスとみなし、それを `rip` の新しい内容として使うのだから、まず間違いなくゴミを実行する結果になる。

　では次に、関数が使うレジスタについて述べよう。関数を実行すると、**レジスタが変更されるかもしれない**のは明らかだ。レジスタを守る規約として、次の 2 種類がある。

- **呼び出し先退避レジスタ**は、呼び出されたプロシージャ自身が退避／復旧する。つまり該当するレジスタを関数内で変更するのなら、その関数で元に戻す必要がある。その "callee-saved"（呼び出し先退避）レジスタは、`rbx`、`rbp`、`rsp`、`r12-r15` の、合計 7 個のレジスタである。
- **呼び出し元退避レジスタ**は、関数を呼び出す側が、呼び出し前に退避し、呼び出し後に復旧する。呼び出し前の値が不要になる場合は、退避／復旧する必要はない。上記の 7 個以外のすべてのレジスタが、"caller-saved"（呼び出し元退避）レジスタである。

　この 2 つのカテゴリは「規約」(convention) なので、プログラマ自身が次のように守る必要がある。

- 「呼び出し先退避レジスタ」を保存／復旧する。
- 「呼び出し元退避レジスタ」が関数の実行中に変更されるかもしれないことを、常に意識する。

■**バグのもと**　よくある間違いは、「呼び出し元退避レジスタ」を呼び出し前に保存せず、関数からリターンした後で使う、というものだ。次のことを忘れないようにしよう。

1. rbx、rbp、rsp、r12-r15 を変更したら、必ず元に戻す。
2. その他のレジスタを、関数呼び出しの試練から守りたければ、呼び出す前に自分で保存する。

　関数は**値を返す**（return a value）ことができる。この値（戻り値）は、そもそも関数を書いて実行する理由として、普通は第一に考えるものだ。たとえば、ある値を引数として受け取り、その 2 乗を返す関数を書くことができるだろう。

　その実装方法だが、値を返すには、関数が実行を終了する前に、その値を rax に入れる。もし値を 2 つ返す必要があれば、第 2 の戻り値に rdx を使うことが許されている。

　したがって、関数呼び出しのパターンは、次のようになる。

- 関数呼び出しで壊されたくない「呼び出し元退避レジスタ」を、すべて保存する（これには push を使える）。
- 引数をレジスタに入れる（rdi、rsi など）。
- call によって、関数を呼び出す。
- 関数がリターンしたら、rax に戻り値が入っている。
- 呼び出す前に退避したレジスタを復旧する。

■**なぜ規約が必要なのか**　関数はロジックの塊を抽象化するのに使われる。これによって、その内部の実装については、完全に忘れることができ、しかも**必要なときは変更できる**。そのような変更は、外側のプログラムからは完全にトランスペアレントでなければならない。上記の規約に従うことで、どの関数を、どこから呼び出しても、その効果について確信を持つことができる（「呼び出し元退避レジスタ」は変更されるかもしれない。「呼び出し先退避レジスタ」は保存される）。

　システムコールにも値を返すものがある。注意してドキュメントを読もう！

　rbp と rsp は、決していじってはならない。これらは実行中に、暗黙のうちに使われるのだ。ご存じのように、rsp はスタックポインタとして使われる。

■**システムコールの引数** システムコールの引数は、関数とは異なるレジスタ集合に格納する。関数コールでは第 4 の引数を `rcx` に入れるが、システムコールでは第 4 の引数を `r10` に入れる！ なぜかというと、`syscall` 命令が暗黙のうちに `rcx` を使うからだ。そしてシステムコールは、6 個を超える引数を受け取ることができない。

前記の規約に従えば、関数を呼び出す場所でバグが生じないように、その関数を変更することができる。

では次に 2 つ関数を書こう。`print_newline` は、改行キャラクタをプリントする。`print_hex` は、ある数を受け取って、それを 16 進フォーマットでプリントする（リスト 2-10）。

リスト2-10：print_call.asm

```
    section .data

    newline_char: db 10
    codes: db '0123456789abcdef'

    section .text
    global _start

    print_newline:
        mov rax, 1              ; 'write' システムコールの ID
        mov rdi, 1              ; stdout ファイルのディスクリプタ
        mov rsi, newline_char   ; 書き込むデータの場所
        mov rdx, 1              ; 書き込むバイト数
        syscall
        ret

    print_hex:
        mov rax, rdi
        mov rdi, 1
        mov rdx, 1
        mov rcx, 64             ; rax レジスタをシフトするビット数
    iterate:
        push rax                ; rax の値を退避
        sub rcx, 4              ; rcx: 60, 56, 52, ... 4, 0
        sar rax, cl             ; rax を cl ビットだけ右に回転シフト
                                ; （cl レジスタは、rcx の最下位バイト）
        and rax, 0xf            ; 下位 4 ビット以外のビットをクリア
        lea rsi, [codes + rax]  ; 16 進数の文字コードを取得

        mov rax, 1              ; 'write'

        push rcx                ; syscall は rcx を壊す
        syscall                 ; rax = 1 -- 'write' の ID
                                ; rdi = 1 (stdout)
                                ; rsi = 文字コードのアドレス
        pop rcx
```

```
        pop rax                 ; rax の値を復旧
        test rcx, rcx           ; rcx = 0 なら全部の桁を表示した
        jnz iterate

        ret
_start:
        mov rdi, 0x1122334455667788
        call print_hex
        call print_newline

        mov rax, 60
        xor rdi, rdi
        syscall
```

2.5 データを扱う

2.5.1 エンディアン

先ほど書いた関数を使って、メモリに入れた値を出力してみよう。値の格納に 2 つの方法を使う。1 番目は 64 ビットの値を普通に書き、2 番目は 8 バイトに分けて書いたものだ（リスト 2-11）。

リスト2-11：endianness.asm

```
section .data
demo1: dq 0x1122334455667788
demo2: db 0x11, 0x22, 0x33, 0x44, 0x55, 0x66, 0x77, 0x88

section .text

_start:
        mov rdi, [demo1]
        call print_hex
        call print_newline

        mov rdi, [demo2]
        call print_hex
        call print_newline

        mov rax, 60
        xor rdi, rdi
        syscall
```

このプログラムを実行すると、どうだろう、demo1 と demo2 では、まったく違う結果が得られるではないか。

```
> ./endianness
1122334455667788
8877665544332211
```

複数バイトとして書いた数は、**逆順**になっている！

それぞれのバイトに格納される値のビットの順序は変わらないが、8個のバイトは、最下位から最上位に向けて格納されるのだ。

このルールが適用されるのはメモリ演算だけだ（レジスタには、バイトが普通の順序で格納されると考えてよい）。バイト列をどのように格納するかは、プロセッサごとに異なる規約によって決まる。

- **ビッグエンディアン**（big endian）：複数バイトの数値は、最上位バイトを先頭としてメモリに置かれる。
- **リトルエンディアン**（little endian）：複数バイトの数値は、最下位バイトを先頭としてメモリに置かれる。

先ほどの例で見たように、Intel 64 はリトルエンディアンの規約に従う。一般に、どちらの規約を採用するかは、ハードウェア技術者が下す選択の問題だ。

これらの規約は、配列や文字列には影響をおよぼさない。ただし、1文字が1バイトではなく2バイトでエンコードされる場合は、その2バイトが逆順に置かれる。

リトルエンディアンの長所は、数値をワイドなフォーマット（たとえば8バイト）から、より狭いフォーマットへと変換するとき、空の上位バイト列を無視できるということだ。たとえば、demo3: dq 0x1234 があるとしよう。この数値を dw に変換するには、demo3 と同じアドレスから、1個の dword の値を読めばよい。完全なメモリレイアウトを、表2-1に示す。

表2-1：LE（リトルエンディアン）と BE（ビッグエンディアン）の、クオドワード数値 0x1234

アドレス	値（LE）	値（BE）
demo3	0x34	0x00
demo3 + 1	0x12	0x00
demo3 + 2	0x00	0x00
demo3 + 3	0x00	0x00
demo3 + 4	0x00	0x00
demo3 + 5	0x00	0x00
demo3 + 6	0x00	0x12
demo3 + 7	0x00	0x34

ビッグエンディアンは、ネットワークパケットの中でネイティブフォーマットとして使われることが多い（TCP/IP など）。また、Java VM の内部数値フォーマットでもある。

ミドルエンディアンは、あまり知られていない概念だが、たとえば 128 ビットの数値を格納するのに、次のような順序を採用する場合がある（まず下位の 8 バイトが逆順に置かれ、続けて上位の 8 バイトが逆順に置かれる）。

7 6 5 4 3 2 1 0, 16 15 14 13 12 11 10 9 8

2.5.2 文字列

ご承知のように、文字列は ASCII テーブルを使ってエンコードする。それぞれの文字に 1 個のコードが割り当てられる。そして**文字列**（string）は言うまでもなく、文字コードのシーケンスだ。ただし、文字列の長さを知らせる方法は、定まっていない（次の 2 つが一般的だ）。

1. 文字列の先頭に、その長さを明示的に示すデータを置く方法。
   ```
   db 27, 'Selling England by the Pound'
   ```
2. 特殊な文字で文字列の終わりを示す方法。これには伝統的にゼロというコードが使われている。この形式は、**ヌルで終わる文字列**（null-terminated string）と呼ばれる。
   ```
   db 'Selling England by the Pound', 0
   ```

2.5.3 定数の事前計算

次のようなコードは、とくに珍しいものではない。

```
lab: db 0
...
    mov rax, lab + 1 + 2*3
```

NASM は、カッコとビット演算を含む算術演算をサポートしている。演算式には、コンパイラが理解できる**定数**（constants）だけを入れることができる。これを使えば、そういう式をすべて事前に計算し、その結果を（定数として）実行コードに埋め込むことが可能だ。このような式は、実行時に計算されるのではない。もし実行時に同様な計算をするのなら、add や mul といった命令を使う必要がある。

2.5.4 ポインタとさまざまな形式のアドレッシング

ポインタ（pointer）はメモリセルのアドレスで、メモリまたはレジスタに格納できる。ポインタ自身のサイズは 8 バイトだが、それが指し示すデータのほうは、通常いくつものメモリセルを（つまり、いくつかの連続的なアドレスを）占める。ポインタは、それが指し示すデータの長さについて、何の情報も持っていない。ある値をどこかに書こうとするとき、そのサイズが指定されず、推論することもできなければ（たとえば、mov [myvariable], 4 など）、コンパイルエラーになる。このような場合は次のように、サイズを明示的に指定する必要がある。

```
section .data
test: dq -1

section .text

    mov byte[test], 1     ; 1
    mov word[test], 1     ; 2
    mov dword[test], 1    ; 4
    mov qword[test], 1    ; 8
```

■問題 18　　上にあげたリストにある 4 個のコマンドを、それぞれ実行した結果、test の値はどうなるか？

次に、命令のオペランドを、どのようにエンコードできるかを学ぼう。

1. イミディエイト（直接の値）
   命令自体は、メモリに置かれる。オペランドも、いわば命令の一部であり、それらの部分も独自のアドレスを占める。多くの命令は、オペランドの値そのものを含むことができる。10 という値を rax レジスタに入れるには、次の方法を使う。
   `mov rax, 10`
2. レジスタ経由
   次の命令は、rbx の値を rax にコピーする。
   `mov rax, rbx`
3. メモリを直接アドレッシングする
   次の命令は、10 番目のアドレスから始まる 8 バイトのデータを rax にコピーする。
   `mov rax, [10]`
   アドレスをレジスタから取ることもできる。
   `mov r9, 10`
   `mov rax, [r9]`
   アドレスを事前に計算することもできる。
   `buffer:   dq 8841, 99, 00A`
   `...`
   `mov rax, [buffer+8]`
   上の命令でアドレスを事前に計算できるのは、**ベース**（base：ここでは buffer）と**オフセット**（ここでは+8）の両方が、コンパイラが知っている定数だからだ。それなら結果も、ただの定数である。
4. ベース＋（インデックス＊スケール）＋ディスプレースメント
   ほとんどのアドレッシングモードは、このモードに還元できる。ここでのアドレスは、

次の各部をもとに計算される。
- 「ベース」(base) は、イミディエートまたはレジスタ
- 「スケール」(scale) は、1、2、4、8のどれかに等しいイミディエート
- 「インデックス」(index) は、イミディエートまたはレジスタ
- 「ディスプレースメント」(displacement：意味はオフセットと同じ) は、常にイミディエート

リスト2-12 に、各種のアドレッシングを示すサンプルをあげる。

リスト2-12：addressing.asm

```
    mov rax, [rbx + 4* rcx + 9]
    mov rax, [4*r9]
    mov rdx, [rax + rbx]
    lea rax, [rbx + rbx * 4]        ; rax = rbx * 5
    add r8, [9 + rbx*8 + 7]
```

■**データのサイズ**　byte や word などは、型指定子のようなものと考えてよい。たとえばスタックには、16ビット、32ビット、64ビットのうち、どれかの数値をプッシュできる。push 1 という命令には、オペランドが何ビットかを示す情報がない。ところが mov word[test], 1 という命令は、[test] が word であることを示している。それと同様に、push word 1 には、数値をエンコードするフォーマットについての情報が入っている。

2.6　例：文字列の長さを求める

まずは、ヌルで終わる文字列の長さを計算する関数を書こう。

まだ何かを標準出力にプリントするルーチンがないが、そういうときに値を簡単に見る方法がある。exit システムコールは、終了コード（終了ステータス）を受け取る。そして、シェルで最後に返された終了コードは、$?を使って調べることができる[6]。

```
> true
> echo $?
0
> false
> echo $?
1
```

では、上記の false コマンドを真似るアセンブリプログラムを書いてみよう（リスト 2-13）。

---

[6]　**訳注**：詳しくは bash[119] の「特殊パラメータ」を参照。

リスト2-13：false.asm

```
global _start

section .text
_start:
    mov rdi, 1
    mov rax, 60
    syscall
```

文字列の長さを計算するプログラムに必要な道具が揃った。リスト2-14に、そのコードを示す。

リスト2-14：文字列の長さ: strlen.asm

```
global _start

section .data

test_string: db "abcdef", 0

section .text

strlen:                     ; この関数は、ただ1個の引数を rdi から受け取る
                            ; （われわれの規約による）
    xor rax, rax            ; rax に文字列の長さが入る。最初にゼロで初期化
                            ; しなければランダムな値になってしまう

.loop:                      ; ここから、メインループが始まる
    cmp byte [rdi+rax], 0   ; 現在の文字／記号が終結のヌルかどうかを調べる。
                            ; ここで'byte' 修飾が絶対に必要（cmp の
                            ; オペランドは左右必ず同じサイズ）。
                            ; 右側のオペランドがイミディエートでサイズの情報が
                            ; ないので、メモリから何バイト取り出してゼロと比較
                            ; すればよいのか、'byte' がなければ不明である。

    je .end                 ; ヌルを見つけたらジャンプする

    inc rax                 ; そうでなければ次の文字へ（カウントアップ）

    jmp .loop

.end:
    ret                     ; 'ret' に到着したとき、rax に戻り値が入っている

_start:
    mov rdi, test_string
    call strlen
    mov rdi, rax
    mov rax, 60
    syscall
```

このうち重要な部分（そして、後に残す唯一の部分）は、`strlen`関数だ。次のポイントに注目しよう。

1. `strlen`はレジスタを書き換えるので、`call strlen`を実行したら、レジスタの値が変わっているかもしれない。
2. ただし`strlen`は、`rbx`も、その他の「呼び出し先退避レジスタ」も変更しない。

■問題19　次に示すリスト2-15のバグを指摘せよ。

リスト2-15：バグ入り strlen：strlen_bug1.asm

```
global _start

section .data
test_string: db "abcdef", 0

section .text

strlen:
.loop:
    cmp byte [rdi+r13], 0
    je .end
    inc r13
    jmp .loop
.end:
    mov rax, r13
    ret
_start:
    mov rdi, test_string
    call strlen
    mov rdi, rax
    mov rax, 60
    syscall
```

2.7　課題：入出力ライブラリ

そろそろ、何か見栄えのするものを作り始めたいが、その前に、基本的なルーチンを何度も繰り返してコーディングする必要がないようにしておこう。今のところ、われわれは何も持っていない。キーボード入力さえ、たいへんな苦労だ。そこで、基本的な入出力関数の、小さなライブラリを構築しよう。

それにはまず、次にあげる命令について、Intelのドキュメント[15]を読む必要がある。前述したように、これらはすべて、Volume 2に詳しく記述してある。

・xor	排他的論理和
・jmp, ja など	ジャンプ
・cmp	オペランドを比較
・mov	データ転送
・inc, dec	インクリメント／デクリメント
・add, imul, mul, sub, idiv, div	四則演算（先頭の i は符号なしの意味）
・neg	符号の反転（2 の補数）
・call, ret	プロシージャ呼び出し／復帰
・push, pop	スタックのプッシュ／ポップ

これらのコマンドはコアになるものだから、よく理解しておく必要がある。Intel 64 は何千という数のコマンドをサポートしているが、今、はまり込む必要は、もちろんない。システムコールと、上記の命令を組み合わせれば、たいがい何でもできるのだ。

また、read システムコールのドキュメントも、読んでおく必要がある[7]。そのコードは 0 だ。それ以外は、write と同様である。何かわからないことがあれば、本書の付録 C を読むといい。

lib.inc を編集し[8]、スタブとして入っている xor rax, rax 命令の代わりに関数定義の命令群を挿入しよう。それに必要な関数群の定義を、表 2-2 に示す。この順番で実装していくことを、お勧めする。すでに書いた関数を呼び出すことによって、自分で書いたコードを再利用できるからだ。

正しく実装できたか、test.py で自動的に確認できる。ただ実行すればテストをやってくれる。

n 文字の文字列をメモリに格納するには、ヌルで終結させるため、$n+1$ バイトが必要であることに注意。プログラムをステップ実行して、レジスタの値やメモリの状態を観察する方法を知るには、付録 A を読もう。

---

[7] 訳注：man read を参照。LINUX システムコールについての解説書は、Love[144] など。i386 システムの場合についての記述も、その「1.1.1 システムコール」に少しある。ただし、Rochkind[156] の「1.9 システムコールの使用」に、こう書かれている。「UNIX のマニュアルは、かつてはアセンブリ言語と C の両方でシステムコールを説明していたが、UNIX が PDP-11 以外のマシンに移植されたときに、アセンブリ言語の記述は省略された」（福崎俊博訳）。LINUX システムコールの記述も C 言語のために書かれている。

[8] 訳注：原著 GitHub の low-level-programming-master には、assignments/1_io_library の下に stud と teacher というフォルダがある。lib.inc というファイルは両方に入っている。前者は骨組みだけで、これをベースに編集する。後者は「解答」で、訳者の環境でもテスト済み。テスト用の Python スクリプトが、同じフォルダに入っている。Python が正常にインストールされていれば、test.py を起動するだけでテストできる。

表2-2：入出力ライブラリ関数

関数	定義
`exit`	終了コードを受け取り、現在のプロセスを終える。
`string_length`	文字列へのポインタを受け取り、その長さを返す。
`print_string`	ヌルで終わる文字列へのポインタを受け取り、それを stdout にプリントする。
`print_char`	第1引数として文字コードを直接受け取り、それを stdout にプリントする。
`print_newline`	10（0xA）の改行コードをプリントする。
`print_uint`	8バイト長の符号なし整数を10進フォーマットで出力する。スタック上にバッファを作成し[12]、そこに除算の結果を格納すると良い。剰余を10で割り、その商に対応する10進桁数をバッファ内に入れる。それぞれの桁数を ASCII コードに変換することを忘れないように（たとえば 0x04 は、0x34 になる）。
`print_int`	符号付き8バイト長の整数を10進フォーマットで出力する。
`read_char`	1文字を stdin から読んで、それを返す。入力ストリームの終わりに到達したら、0 を返す。
`read_word`	バッファのアドレスとサイズを引数として受け取る。ワード（単語）を stdin から読む（ワードは空白文字以外の文字で構成される[13]）ワードはバッファに入れるが、指定されたサイズより大きくなる場合は、処理を中止して 0 を返す。そうでなければバッファのアドレスを返し、ワードの長さを `rdx` に入れて返す。なお、この関数はバッファの文字列をヌルで終わるべきだろう。
`parse_uint`	ヌルで終わる文字列を受け取り、その先頭から、1個の符号なし整数を取り出すように「構文解析」（parse）の努力をする。解析した数を `rax` で、その文字数を `rdx` で返す。
`parse_int`	ヌルで終わる文字列を受け取り、その先頭から、1個の符号付き整数を取り出すように「構文解析」の努力をする。解析した数を `rax` で、その文字数を `rdx` で返す。（符号があれば、それも文字数として数える）。符号と数字の間に空白があってはならない。
`string_equals`	2つの文字列へのポインタを受け取り、比較を行う。文字列が等しければ 1 を、そうでなければ 0 を返す。
`string_copy`	文字列へのポインタ、転送先バッファへのポインタ、バッファの長さを受け取り、文字列をバッファにコピーする。もし文字列がバッファに入れば転送先アドレスを、そうでなければ 0 を返す。

2.7.1 自己評価

テストの前に、あるいは、予期しない結果に遭遇したときに、次のクイックリストを読もう。

1. 関数名のラベルはグローバル、その他のラベルはローカルのはずだ。
2. レジスタに「デフォルトで」ゼロが入ると考えてはいけない。
3. 「呼び出し先退避レジスタ」を使うのなら、自分で保存と復旧をしなければいけない。

---

[12] 実際には、`rsp` からバッファサイズを引くことでスタックにメモリを割り当てる。

[13] ここではスペース（0x20）、水平タブ（0x09）、LF（0x0A）、CR（0x0D）を「空白文字」（whitespace characters）としよう。**訳注**：空白文字以外はバッファに入れてよい、という意味。

4. 必要ならば、関数を呼び出す前に「呼び出し元退避レジスタ」を保存し、呼び出しの後に復旧すること。
5. バッファは.dataに作らず、スタックに割り当てること。そうすれば必要に応じてマルチスレッドにも対応できる。
6. 関数は引数を、次のレジスタで受け取る。rdi, rsi, rdx, rcx, r8, r9
7. 数をプリントするときは、いちいち1桁ずつプリントするのではなく、文字列に変換してから print_string を使おう。
8. parse_int と parse_uint が、正しく rdx を設定していることをチェックしよう。これは次の課題で、非常に重要となる。
9. すべての "parse" 関数と read_word は、入力が [Ctrl]-[D] で終了されても正しく動作すること。

うまく書けば、このライブラリのコードは 250 行を超えないだろう。

■問題 20　　print_newline を、print_char を呼び出さないように（そのコードをコピーすることもしないで）書き直せるだろうか。末尾呼び出し最適化（tail call optimization）についての記事がヒントになる。

■問題 21　　print_int を、print_uint を呼び出さないように（そのコードをコピーすることもしないで）書き直せるだろうか。末尾呼び出し最適化（tail call optimization）についての記事がヒントになる。

■問題 22　　print_int を、print_uint を呼び出さないように（そのコードをコピーすることも、jmp も使わずに）書き直せるだろうか。それには命令1つと、コードの巧妙な配置だけが必要だ。コルーチン（co-routines）についての記事がヒントになる。

2.8　まとめ

この章では理論から実践に移り、アセンブラへの基本的な知識を応用した。アセンブリに対する恐れがあったとしても、それは克服できたものと思いたい。これは極端なまでに冗長な言語だけれど、使うのが難しいわけではないのだ。すでに分岐や反復の方法を学び、基礎的な四則演算やシステムコールを実行した。そればかりか、さまざまなアドレッシングモードを見て、リトルエンディアンとビッグエンディアンも学んだ。これから先の課題では、われわれが構築した小さなライブラリを使って、ユーザーとの対話処理を行っていく。

■問題 23　　次にあげるレジスタには、どういう関係があるか。
rax, eax, ax, ah, al

■問題 24　　　r9 レジスタの一部にアクセスするには、どうすればよいか？
■問題 25　　　ハードウェアスタックの使い方は？ 利用できる命令は？
■問題 26　　　次にあげる命令のうち、正しくないのはどれか。そして、その理由は？
- `mov [rax], 0`
- `cmp [rdx], bl`
- `mov bh, bl`
- `mov al, al`
- `add bpl, 9`
- `add [9], spl`
- `mov r8d, r9d`
- `mov r3b, al`
- `mov r9w, r2d`
- `mov rcx, [rax + rbx + rdx]`
- `mov r9, [r9 + 8*rax]`
- `mov [r8+r7+10], 6`
- `mov [r8+r7+10], r6`

■問題 27　　　呼び出し先退避レジスタを列挙せよ。
■問題 28　　　呼び出し元退避レジスタを列挙せよ。
■問題 29　　　rip レジスタの意味は？
■問題 30　　　SF は、何のフラグか？
■問題 31　　　ZF は、何のフラグか？
■問題 32　　　次にあげる命令の効果を述べよ。
- `sar`
- `shr`
- `xor`
- `jmp`
- `ja, jb, その他`
- `cmp`
- `mov`
- `inc, dec`
- `add`
- `imul, mul`
- `sub`
- `idiv, div`
- `call, ret`
- `push, pop`

- ■問題 33　　　ラベルとは何か。サイズはあるのか?
- ■問題 34　　　ある整数値が、ある範囲 (x, y) に含まれるかどうかを、どうすればチェックできるか?
- ■問題 35　　　ja/jb と jg/jl の違いは何か?
- ■問題 36　　　je と jz の違いは?
- ■問題 37　　　rax がゼロかどうかを、cmp コマンドを使わずにテストする方法は?
- ■問題 38　　　プログラムのリターンコードとは何か?
- ■問題 39　　　ただ 1 つの命令で、rax を 9 倍にする方法は?
- ■問題 40　　　ただ 2 つの命令で（最初の命令は neg）、rax に格納されている整数の絶対値を求めよ。
- ■問題 41　　　リトルエンディアンとビッグエンディアンは、どう違うのか?
- ■問題 42　　　もっとも複雑な種類のアドレッシングは?
- ■問題 43　　　プログラムの実行は、どこから始まる?
- ■問題 44　　　rax の値が、0x1122334455667788 であるとき、push rax を実行した。[rsp+3] のアドレスにあるバイトデータの内容は?

第3章 レガシー

この章では、使われなくなったレガシーのプロセッサモードを紹介し、今でも無関係ではない「ほとんどレガシーな」機能を説明する。ここではプロセッサの進化を見るだけでなく、プロテクションリングの詳細な実装（特権モードとユーザーモード）を学ぶ。さらに、GDT（Global Descriptor Table）の意味も、この章で理解できる。こういった情報は、アーキテクチャをよく理解するのに役立つけれども、ユーザー空間でのアセンブリプログラムに必須の知識ではない。

プロセッサが進化するにつれて新しいモードが追加され、マシンワードの長さが増え、新たな機能が加わった。1つのプロセッサが、次に示すモードのどれか1つで動作できるようになった。

- リアルモード（もっとも古い、16ビットのモード）
- プロテクトモード（単に32ビットモードとも呼ばれる）
- Virtualモード（プロテクトモードでリアルモードをエミュレートできるようにした）
- システム管理モード（スリープモードや電源管理などのため）
- Longモード（これまで、少し説明してきたもの）

これから、リアルモードとプロテクトモードについて、詳しく見ていくことにする。

3.1 リアルモード

リアル（Real）モードは、もっとも古いモードで、仮想メモリをサポートしない。物理メモリが直接アクセスされ、汎用レジスタは16ビット幅である。当時、`rax`も`eax`も、まだ存在しなかったが、`ax`、`al`、`ah`は存在した。

このようなレジスタは0から65535までの値を格納できるので、その1つを使ったアドレッシング可能なメモリのサイズは65536バイトである。このようなメモリ領域を**セグメント**

(segment) と呼ぶ。ただしプロテクトモードのセグメントや、ELF (Executable and Linkable Format) ファイルのセクションとは別の概念だから、混同してはいけない。

リアルモードで使えるレジスタは、次のものである。

- `ip`、`flags`
- `ax`、`bx`、`cx`、`dx`、`sp`、`bp`、`si`、`di`
- セグメントレジスタ：`cs`、`ds`、`ss`、`es`（後に `gs` と `fs` も追加された）

64 キロバイトを超えるメモリが、単純明快な方法ではアドレッシングできなかった。そこで技術者たちは、特別な「セグメントレジスタ」(segment registers) を次の方法で使うという解決策を提供した。

- それぞれの物理アドレスは、20 ビットで構成される（16 進で 5 桁のアドレス）。
- それぞれの論理アドレスは、2 つの要素で構成される。片方はセグメントレジスタから取って、セグメントのベース（開始地点）を定める。もう片方は、セグメント内のオフセットである。そしてハードウェアが、これらの構成要素から物理アドレスを次のように計算する。

物理アドレス ＝（セグメントベース * 16）＋ オフセット

このようなアドレスが、`segment:offset` の形式で書かれているのを目にすることが多いだろう。たとえば、
`4a40:0002`、`cs:ip`、`ds:0004`、`ss:sp`

前述したように、プログラマはコードをデータから（そしてスタックからも）分離したい。それらのセクションには、別々のセグメントを使いたいのだ。セグメントレジスタは、まさに、それを行うための特殊なレジスタである。`cs` はコードセグメントの先頭アドレスを示す。同様に、`ds` はデータセグメント、`ss` はスタックセグメントに対応する。他のセグメントレジスタは、追加のデータセグメントを格納するのに使われた。

ただし厳密にいえばセグメントレジスタの内容は、セグメントの開始アドレスそのものではなく、その一部である。これは 16 進数で上位 4 桁なのだから、末尾に 0 という 1 桁を加えれば（つまり 16 倍すれば）実際のセグメント開始アドレスが得られる。

メモリを参照する命令には、セグメントレジスタを使うことが暗黙の前提とされる。個々の命令でデフォルトとして使われるセグメントレジスタは、ドキュメントで明らかになっているが、たいがい常識で判断できる。たとえば `mov` はデータを操作する命令だから、そのアドレスはデフォルトでデータセグメント相対となる。

```
mov al, [0004]           ; === mov al, ds:0004
```

ただし、セグメントを明示的に指定することも可能だ。

```
mov al, cs:[0004]
```

プログラムがロードされるとき、ローダがレジスタ ip、cs、ss、sp をセットアップする。これによって、cs:ip がエントリポイントに対応し、ss:sp がスタックのトップを指す。

CPU は、常にリアルモードで実行を開始し、それからメインローダが明示的にモードを切り替える命令コードを実行する。通常はプロテクトモードに切り替えてから、さらに Long モードへと、同様に切り替える。

リアルモードには、数多くの欠点がある。

- マルチタスキングが非常に難しい。同じアドレス空間が全部のプログラムで共有されるのだから、それらを別々のアドレスにロードしなければならず、それらの相対位置を、普通はコンパイル時に決定する必要がある。
- プログラムは、どれも同じアドレス空間に存在するので、互いのコードを (OS のコードさえも) 書き換えることができる。
- どのプログラムも、あらゆる命令を (プロセッサの状態を設定する命令さえも) 実行できる。ある種の命令は OS だけが使うようにすべきだ (たとえば仮想メモリの設定や、電力管理を行うものなど)。その理由は、間違って使うとシステム全体をクラッシュさせる可能性があるからだ。

これらの問題を解決する目的で、プロテクトモードが導入された。

3.2 プロテクトモード

32 ビットの「プロテクトモード」(protected mode) を実装した最初のプロセッサが Intel 80386 だった[1]。このプロセッサは、より幅広いバージョンのレジスタ群 (eax、ebx ... esi、edi) を提供しただけでなく、新しいプロテクション機構も提供した (プロテクションリング、仮想メモリ、セグメンテーションの改善)。

これらの機構によって、プログラムが互いに隔離され、1 つが異常終了しても他のプログラムに被害をおよぼさなくなった。さらに、プログラムは他のプロセスのメモリを壊せなくなった。
セグメントの開始アドレスを取得する方法も、リアルモードとは違う。開始アドレスは、セ

---

[1] 訳注：80286 などは過去の話であり、言及すると煩雑になるから略したのだろう。

グメントレジスタの内容を直接乗算するのではなく、特別なテーブルのエントリをベースとして計算されるようになった。

　　　　リニアアドレス ＝ セグメントベース（システムテーブルから取得する）＋ オフセット

セグメントレジスタの cs、ds、ss、es、gs、fs に格納されるのは、**セグメントセレクタ**と呼ばれるもので、これには特殊な「セグメントディスクリプタテーブル」へのインデックスと、若干の付加情報が含まれる。

　セグメントディスクリプタテーブルには、**LDT** と **GDT** の 2 種類がある。LDT（Local Descriptor Table）は数多く存在できるが、GDT（Global Descriptor Table）は 1 つだけだ。LDT は、ハードウェアによるタスク切り替え機構のために提供されたが、OS メーカーが採用しなかった。現在のプログラムは仮想メモリによって隔離されており、LDT は使われていない。**GDTR**（グローバルディスクリプタテーブルレジスタ）は、GDT のアドレスと大きさを格納するレジスタだ。

　セグメントセレクタの構成を、図 3-1 に示す。

図3-1：セグメントセレクタ（どのセグメントレジスタも、この内容を持つ）

　インデックスは、GDT または LDT 内の、ディスクリプタの相対位置を示す。T ビットは、LDT または GDT を選択するものだが、LDT は使われていないので、このビットは常に 0 となるはずだ。

　GDT/LDT のテーブルエントリには、それが記述するセグメントに割り当てる「特権レベル」（privilege level）についての情報も格納されている。セグメントをセグメントセレクタ経由でアクセスするときは、そのセレクタ（セグメントレジスタ）に入っている **Request Privilege Level：要求特権レベル**（図 3-1 の RPL）が、ディスクリプタテーブルの **Descriptor Privilege Level：ディスクリプタ特権レベル**を満たすかのチェックが実行される。もし RPL が、特権の高いセグメントをアクセスするのに十分でなければ、エラーが起きる。この方法ならば、さまざまなパーミッションを持つ多数のセグメントがあるとき、セグメントセレクタ内の RPL 値を使って、どれを現在の特権レベルでアクセスできるかを判定できる。

　要するに特権レベルはプロテクションリングと同じものだ。

　現在の特権レベル（つまり現在のリング）は、cs または ss の最下位ビットに入っていると考えてよい（これらの値は等しいはずだ）。何か決定的に重要な命令（たとえば GDT そのものの変更）を実行する能力があるかは、この特権レベルによって決まる。

　容易に推測できるように、ds の場合、これらのビットを変更すると、とくに選択したセグメ

ントへのデータアクセスで、現在の特権レベルを弱めるようなオーバーライドも可能になる。

たとえば現在はリング 0 に属していて、ds の RPL が 2 だとしよう。すると、たとえ cs と ss の下位 2 ビットが 0 でも（リング 0 の中にいるのだから、そのはずだ）、特権レベルが 2 よりも高い（たとえば 1 か 0 の）セグメントに属するデータはアクセスできないのである。

言い換えると RPL フィールドには、あるセグメントへのアクセスを要求するとき、どれほど強い特権を持たされているかを示す。そしてセグメントには、4 つのプロテクションリングのうち、どれか 1 つが割り当てられている。あるセグメントをアクセスするときの要求特権レベル（RPL）は、セグメント自体に割り当てられている特権レベルを下回らないことが必要だ。

 cs は直接書き換えることができない。

図 3-2 に、GDT のディスクリプタフォーマットを示す[2]。

図3-2：セグメントディスクリプタ（GDT または LDT の内部構成）

プロセッサは常に（現在も）リアルモードでスタートする。プロテクトモードに入るには、GDT を作って gdtr をセットアップし、cr0 の特別なビットをセットして、いわゆる「ファージャンプ」（far jump）を行う。ファージャンプとは、次に例を示すように、セグメント（またはセグメントセレクタ）を明示的に与える（したがってデフォルトをオーバーライドできる）ジャンプである。

```
jmp 0x08:addr
```

---

[2] ページサイズなどにより、一部のデータ構造のフォーマットが異なるケースがある。厳密な記述は、ドキュメント [15] の Volume 3, Chapter3「Protected-Mode Memory Management」を参照。

リスト 3-1 に、プロテクトモードに切り替えるコーディング例を示す（start32 というラベルは、32 ビットのスタートコード）。

リスト3-1：プロテクトモードを有効にする：loader_start32.asm

```
    lgdt cs:[_gdtr]

    mov eax, cr0                 ; !! 特権命令
    or  al,  1                   ; この bit が protected mode に対応する
    mov cr0, eax                 ; !! 特権命令

    jmp (0x1 << 3):start32       ; 最初のセグメントセレクタを cs に割り当てる
align 16
_gdtr:
dw 47                            ; GDT の最終エントリのインデックス
dq _gdt                          ; GDT のアドレス

align 16

_gdt:
; ヌルディスクリプタ（あらゆる GDT に必要）
dd 0x00, 0x00

; x32 コードディスクリプタ
db 0xFF, 0xFF, 0x00, 0x00, 0x00, 0x9A, 0xCF,    0x00 ; exec bit が on  (0x9A)
; x32 データディスクリプタ
db 0xFF, 0xFF, 0x00, 0x00, 0x00, 0x92, 0xCF,    0x00 ; exec bit が off (0x92)
; size  size  base  base  base  util  util|size base
```

align ディレクティブは、アラインメントを制御する。その意義は本書で後述する。

■問題 45　　0x08 という値を持つセグメントセレクタの意味は?

「あらゆるメモリトランザクションについて、GDT の内容を読むために、もう 1 つのトランザクションが必要になるのか」と思われるかもしれないが、そうではない。それぞれのセグメントレジスタに、直接参照できない、いわゆる「シャドーレジスタ」(shadow register) があって、これが GDT の内容をキャッシュするのだ。つまり、いったんセグメントレジスタが変更されたら、そのシャドーレジスタに、GDT から対応するディスクリプタがロードされる。これによってシャドーレジスタは、そのセグメントについて必要なすべての情報のソースとしての役割を果たす[3]。

---

[3] 訳注：シャドーレジスタは、セグメントレジスタの「隠された部分」(Hidden Part) で、ディスクリプタ・キャッシュとも呼ばれる。Intel マニュアル [15] の Volume 3、「3.4.3 Segment Registers」を参照。

D/B フラグは、詳しい説明を要する。これはセグメントの種類に依存するのだ[4]。

- コードセグメントのとき：アドレスとオペランドのデフォルトサイズ。1 は、32 ビットアドレスおよび、32 ビットまたは 8 ビットのオペランドを意味する。0 は、16 ビットアドレスおよび、16 ビットまたは 8 ビットのオペランドを意味する。これはマシン命令のエンコーディングについての話だ。
  この振る舞いは、命令の前にプリフィックスを置くことによってオーバーライドできる。プリフィックス 0x66 は、オペランドサイズを変更する。プリフィックス 0x67 は、アドレスのサイズを変更する。
- スタックセグメント（データセグメントで、しかも ss によって選択されるセグメント）であるとき：call、ret、push、pop などのオペランドに影響をおよぼすスタックポインタのサイズ。もし 1 なら、スタックポインタは 32 ビットの esp であり、オペランドは 32 ビットである。もし 0 なら、スタックポインタは 16 ビットの sp であり、オペランドは 16 ビットである。
- データセグメントで、しかも下方拡張する（低いアドレスに向けて成長する）とき：その限度を定める（0 は 64KB、1 は 4GB）。Long モードでは、このビットを常にセットする。

おわかりのように、このセグメンテーションは、非常に扱いにくい複雑な仕組みであり、オペレーティングシステムも、プログラマも、これを歓迎しなかった（そして今では、ほとんど見捨てている）。以下に、その理由を具体的にあげよう。

- セグメンテーションは、プログラマにとって容易なことではない。
- メモリモデルにセグメンテーションを含むプログラミング言語は、一般に使われていない。常にフラットなメモリモデルが使われるので、セグメントを設定するという実装が難しい仕事が、コンパイラに押しつけられる。
- セグメントのおかげで、メモリの断片化（フラグメンテーション）がひどくなる。
- ディスクリプタテーブルは、最大でも 8192 個のセグメントディスクリプタしか持てない。どうやったら効率よく使えるというのか？

Long モードが導入されると、セグメンテーションはプロセッサから追放されていった。けれども、完全に消えたわけではない。それどころか、今でもプロテクションリングのために使

---

[4] D/B フラグは、コードセグメントのとき Default の D、データセグメントのとき Big の B という意味。**訳注**：同様に、G は Granularity、L は Long、AVL は Availability、P は Present、DPL は Descriptor Privilege Level、D は Down、C は Conforming、R は Read、W は Write、A は Accessed の略。

われているので、プログラマは、これを理解する必要がある。

3.3　Longモード：最小限のセグメンテーション

　たとえLongであっても、プロセッサは命令を1つ選択するたびにセグメンテーションを使っている。これによって、フラットでリニアな（一直線の）仮想アドレス空間が提供され、その仮想アドレスは、仮想記憶ルーチンによって物理アドレスに変換される（第4章で詳細を述べる）。

　ハードウェアによるコンテクスト切り替え機構の一部であるLDTは、実際には誰にも採用されなかった。Longモードで、これは完全に無効となる。

　このモードで、主なセグメントレジスタ（cs、ds、es、ss）を介して行うメモリアドレッシングでは、GDTのベースとオフセットの値は考慮されない。セグメントベースは、ディスクリプタの内容がどうあれ、常に0x0に固定される。セグメントサイズの制限（リミット）もない。ただし、その他のディスクリプタフィールドは、無視されない。

　したがって、Longモードでは**少なくとも3つのディスクリプタがGDTに存在する**。その3つとは、（どのGDTでも常に存在する）ヌルディスクリプタと、コードセグメントおよびデータセグメントのディスクリプタだ。さらに、プロテクションリングを使って特権モードとユーザーモードを実装したければ、ユーザーレベルのコードのために、コードとデータのディスクリプタが別に必要となる。

■**コードとデータで、なぜ別のディスクリプタが必要か**　ディスクリプタのフラグを、どのように組み合わせても、Read/Writeの許可と、実行の許可とを、同時に設定することはできない。

　アセンブリ言語の経験が、わずかなものであっても、GDTの例を示すローダの断片を解読するのは、そう難しいことではない。次のコード（リスト3-2）は、オープンソースのOSローダであるPure64からのものだ[5]。オペレーティングシステムよりも前に実行される部分なので、ユーザーレベルのコードやデータのディスクリプタは含んでいない。

リスト3-2：GDTの例：gdt64.asm

```
align 16      ; これによって、次のコマンドまたはデータ要素は、必ず16で割り切れるような
              ; アドレスから格納される（そのために数バイトをスキップする必要があっても）

              ; 次の内容が、LGDTR命令を介してGDTRにコピーされる
```

---

[5] 訳注：https://github.com/ReturnInfinity/Pure64/にある。該当ソースファイルはsysvar.asm。このファイルにない（著者が追加したと思われる）コメントだけを和訳した。他の部分は英文のままだが、とくに難解ではない。

```
GDTR64:                              ; Global Descriptors Table Register
    dw gdt64_end - gdt64 - 1         ; limit of GDT (size minus one)
    dq 0x0000000000001000            ; linear address of GDT

gdt64:                               ; This structure is copied to 0x0000000000001000
SYS64_NULL_SEL equ $-gdt64           ; Null Segment
    dq 0x0000000000000000
SYS64_CODE_SEL equ $-gdt64           ; Code segment, read/exec, nonconforming
    dq 0x0020980000000000            ; 0x00209A0000000000
SYS64_DATA_SEL equ $-gdt64           ; Data segment, read/write, expand down
    dq 0x0000900000000000            ; 0x0020920000000000
gdt64_end:

; ドルマーク（$）は現在のメモリアドレスを表現する。したがって、
; $-gdt64 は、gdt64 というラベルからのバイトオフセットである
```

3.4 レジスタの部分アクセス

3.4.1 予期せぬ振る舞い

われわれは普通、eax と rax と ax などは、同じ物理レジスタの一部だと思っている。観察される振る舞いも、たいがいは、その仮説をサポートするものだ。けれども、下位の 32 ビットだけを 64 ビットレジスタに書くと、予想と違う結果になる。リスト 3-3 に示す例を、見ていただきたい。

リスト3-3：不思議な国のレジスタ：risc_cisc.asm

```
mov    rax, 0x1111222233334444    ; rax = 0x1111222233334444
mov    eax, 0x55556666            ; rax = 0x0000000055556666 ですって！
                                  ; rax = 0x1122334455556666 じゃないの？

mov    rax, 0x1111222233334444    ; rax = 0x1111222233334444
mov    ax, 0x7777                 ; rax = 0x1111222233337777
                                  ; 予想通りね

mov    rax, 0x1111222233334444    ; rax = 0x1111222233334444
xor    eax, eax                   ; rax = 0x0000000000000000 ですって！
                                  ; rax = 0x1111222200000000 じゃないの？
```

ご覧のように、下位 8 ビットまたは 16 ビットの部分に書いても、残りのビットはそのまま残る。ところが、下位 32 ビットの部分に書くと、64 ビットレジスタの上半分は 0 で埋められる。

プログラマが認識しているプロセッサ像と、その中で実際に行われている処理との間には、大きな違いがあるのだ。実際のところ、rax と eax は（他のレジスタも、すべてそうだが）、それぞれ固定された物理的な実体として存在するわけではない。

このように一貫性がない理由を説明するためには、まず CISC と RISC という、2 種類の命令セットについて知る必要がある。

3.4.2 CISCとRISC

プロセッサをクラス分けする方法の1つは、命令の集合（instruction set）に基づく分類だ。その設計方針には、次の両極端がある。

- 特殊化された、高いレベルの命令を数多く作るもの。**CISC：Complex Instruction Set Computer**（複雑な命令セットのコンピュータ）に対応する。
- 数少ないプリミティブな命令だけを使い、**RISC：Reduced Instruction Set Computer**（縮小命令セットのコンピュータ）アーキテクチャを作るもの。

CISCの命令群は、実行速度が遅い代わりに、より多くの仕事をする。プリミティブなRISC命令を組み合わせるよりも巧妙な方法で複雑な命令を実装することが、しばしば可能であり、その例は、第16章でSSE（Streaming SIMD Extensions）を学ぶときに見ることになる。けれども、ほとんどのプログラムは高いレベルの言語で書かれるから、結局はコンパイラに依存する。そして、複雑な命令セットを巧妙に使うコンパイラを書くのは、とても難しい。

RISCはコンパイラの仕事を易しくするだけでなく、もっと低いマイクロコードのレベル（たとえばパイプライン）での最適化にも、より適している。

■問題46　マイクロコード（microcode）と、プロセッサのパイプラインについて、知っているだろうか？[6]

Intel 64の命令セットは、まさしくCISCである。何千も命令があるのは、[15]のVolume 2を見ればわかることだ。けれども、これらの命令はデコードされ、ずっと単純なマイクロコード命令のストリームに変換される。この段階で、さまざまな最適化の効果が発揮される。つまり、マイクロコード命令の順番を入れ替えたり、場合によっては、いくつかの命令を同時に実行することさえ可能なのだ。これはプロセッサ本来の機能ではなく、より良い性能と古いソフトウェアとの後方互換性の両方を目的とした適応（アダプテーション）である。

不幸なことに、現在のプロセッサについて入手できる、マイクロコードのレベルを詳細に述べた情報は、あまり多くない。ただし、たとえば[17]のようなテクニカルレビューや、Intelが提供している最適化マニュアル[16]を読むと、ある種のカンを養うことができる。

3.4.3 説明

話をリスト3–3の例に戻して、命令のデコードについて考えてみよう。CPUのうち「命令デコーダ」と呼ばれている部分は、古いCISCシステムの大きな命令から、もっと便利なRISCの小さい命令へと、継続的に変換を行っている。パイプラインによって、小さくした命令を最

---

[6] 訳注：参考文献は、パターソン/ヘネシー[152]や、ハリス/ハリス[123]など。

大で 6 個、同時に実行することが可能である。ただしそのためには、レジスタの概念を仮想化する必要がある。マイクロコードを実行する際、デコーダは物理レジスタをたくさん並べたバンクから、そのとき利用できるレジスタを選ぶのだ。そして、もとの大きな命令が終わると、その効果がプログラマに見えるようになる。割り当てられていた物理レジスタの値は、本来のレジスタ（たとえば rax）にコピーされているだろう。

ただし命令と命令の間にデータの相互依存性があると、パイプラインがストールして性能が落ちてしまう。ワーストケースは、いくつかの連続する命令によって、同じレジスタが読まれ、かつ上書きされるケースだ（rflags が、どうなることか!）。

eax を書き換えても rax の上位ビットを変えてはいけないとしたら、現在の命令と、rax またはその一部を更新したその前の命令との間に、さらなる依存性が生じるだろう。eax に書き込むたびに上位 32 ビットを捨てることで、その依存性を排除できる。そうすれば rax の元の値や、その一部の値について、考慮する必要がなくなるからだ。

この新しい振る舞いが導入されたのは、汎用レジスタが 64 ビットに拡張されたときのことで、互換性を保つため、それより小さなレジスタの演算には影響をおよぼさないようにしてある。もしそうでなかったら、もっとも古いバイナリが動作しなくなっただろう（たとえば bl への代入によって、ebx 全体が書き換わるとしたら、64 ビットレジスタが導入される前と、まったく違う動作になってしまっただろう）。

3.5　まとめ

この短い章は、ここ 30 年ほどのプロセッサの進化についての歴史的なメモだ。32 ビットの時代には、どのようにセグメントを使っていたのか、また、そのようなセグメンテーションのうち、レガシーとして残されている部分が何かを、見てきた。次の章では、仮想メモリの機構を、もっと詳しく調べる。プロテクションリングとの関係も説明しよう。

第4章 仮想メモリ

　この章で扱うのは、Intel 64 で実装されている「仮想メモリ」（virtual memory：仮想記憶）である。最初に、なぜ物理メモリの上に抽象を置くのか、その動機をあげ、それからプログラマから見た仮想メモリについて全般的な理解を得る。そして最後に実装の詳細に立ち入って、より完全な理解に至る。

4.1　キャッシュ

　「キャッシュ」（caching）という、本当に「どこにでもある」コンセプトから始めよう。

　インターネットは巨大なデータストレージだ。あなたは、そのどの部分でもアクセスできるが、問い合わせから応答までの遅延は、ずいぶん長くなるかもしれない。ブラウジングの経験を、なだらかにするために、Web ブラウザは、Web ページと、その要素（画像、スタイルシートなど）をキャッシュする。そうすれば同じデータを何度もダウンロードする必要がなくなる。言い換えるとブラウザは、ハードドライブや RAM に、それらのデータを保存して、そのローカルコピーを（ずっと高速に）アクセスするわけだ。けれどもインターネット全体をダウンロードするわけにはいかない。あなたのコンピュータのストレージは、明らかに容量が足りない。

　ハードドライブ（HDD）は、RAM よりずいぶん容量が大きいが、ずいぶん低速でもある。だからデータを扱うときは、あらかじめ RAM にロードしてから行うのだ。このように、メインメモリは、外部ストレージからのデータをキャッシュする目的でも使われている。

　いや、ハードドライブの中にもキャッシュは存在するが、それはまた別の話として。

　CPU チップの中には、何段階かのデータキャッシュがある（今は 3 段階が普通：L1、L2、L3）。これらは、メインメモリと比べて容量がずっと小さいが、ずっと高速でもある（もっとも CPU に近いレベルは、ほとんどレジスタに迫る）。さらに CPU は、少なくとも命令のキューを格納するための**命令キャッシュ**（instruction cache）と、仮想メモリの性能を向上させる **TLB**

(Translation Lookaside Buffer：アドレス変換バッファ）を持っている[1]。

レジスタはキャッシュよりも、さらに高速で小さいので、自身もキャッシュの役割を果たす。

こんなにキャッシュがあるのは、なぜだろうか。リアルタイムシステムと違って性能に厳密な保証を提供する必要のない情報システムでは、キャッシュの導入によって、しばしば**平均アクセス時間の減少**が見られる（それが要求から応答までの時間だ）。それを実現するには、キャッシュの規模を小さくする「局所性」が重要である[2]。つまり、短い時間のなかで扱う小さなデータの集合だけに限定しているのだ。

仮想メモリの機構を使うと、プログラムのコードとデータの塊（チャンク）を入れるキャッシュとして、物理メモリを利用できる。

4.2　動機

ある時間のなかで、ただ1本のプログラムしか実行されないシングルタスクシステムならば、そのプログラムを物理メモリの、どこか固定のアドレスから始まる場所に、直接置くのが賢明だ。その他の構成要素（デバイスドライバやライブラリ）も、同じメモリに、何らかの固定された順序で、置くことができるだろう。

けれども、マルチタスクが可能なシステムでは、複数のプログラムを並行して（あるいは擬似的に並行して）実行するためのサポートがフレームワーク側に欲しい。この場合オペレーティングシステムには、次にあげる課題に対処するため、何らかのメモリ管理が必要である。

- 任意のサイズのプログラムを（たぶん物理メモリより大きくても）実行できること。それにはプログラムのうち、すぐ必要になる部分だけをロードする能力が要求される。
- いくつものプログラムを、同時にメモリに置けること。
  プログラムは、（たいがい応答が遅い）外部デバイスと、対話処理を行う。遅延時間が何千サイクルにもおよびそうな、遅いハードウェアへ要求を出すときは、貴重なCPUを他のプログラムにも使わせたい。複数のプログラムを高速に切り替えるためには、どれもメモリに入れておく必要がある。そうでなければ、プログラムを外部ストレージから取り出すのに、かえって大量の時間を費やすことになるだろう。
- プログラムを、物理メモリのどこにでも置ける。これを達成できたら、絶対アドレスを使っているプログラムでさえ、メモリのどこにでも自由にロードできるようになるのだ。「絶対アドレッシング」(absolute addressing) とは、`mov rax, [0x1010ffba]` のように、スタートアドレスを含む全部のアドレスが固定され、すべてのアドレスが、そのままマシンコードに書かれるものだ。

---

[1]　詳しくはタネンバウムの [169]「4.3.3 TLB」、ハリス/ハリス [123] の「8.3 キャッシュ」、パターソン/ヘネシー [152] の「5.7 仮想記憶」などを参照。

[2]　「局所性」(locality) については、[152] の「5.1 はじめに」に説明がある。

- メモリ管理の仕事から、プログラマを可能な限り解放すること。
  ユーザーがプログラムを書くときは、ターゲットのアーキテクチャで使われるさまざまなメモリチップの機能の違いや、使える物理メモリの量などについて、考えたくはない。プログラマは、それよりプログラムのロジックに細かな注意を払いたい。
- データとコードを共有して効率よく利用すること。

いくつかのプログラムから、同じデータあるいはコード（ライブラリ）のファイルをアクセスしたいとき、個々のユーザーごとにメモリ内に複製を作るのは無駄である。

仮想メモリを使うと、これらの課題に対処できるのだ。

4.3　アドレス空間

「アドレス空間」（address space）とは、ある範囲のアドレスを意味する言葉で、これには2種類がある。

- 「物理アドレス」（physical address）は、ハードウェアに存在するメモリのデータをアクセスするのに使われる。当然ながら、プロセッサには超えることのできないメモリ容量の限度が存在する。これはアドレッシング能力に基づくものだ。たとえば32ビットのシステムでは、プロセスごとに4GBを超えてアクセスすることができない。なぜなら2^{32}個のアドレスが、およそ4GBのアドレッシング対象メモリに対応するからだ。逆に、4GBアドレッシング可能なマシンの中に、それより少ない（たとえば1GBや2GBの）メモリを積むことは可能だ。この場合、物理アドレスの一部は無効なアドレスになる（アクセスできない）。そのアドレスには実際のメモリセルが存在しないからだ。
- 「論理アドレス」（logical address）は、アプリケーションから見えるアドレスだ。次の命令には、論理アドレス 0x10bfd が入っている。

  mov rax, [0x10bfd]

  プログラマには、自分だけがメモリのユーザーだという錯覚がある。どのメモリセルをアクセスするにしても、プログラマは、（自分自身と並行して実行されている）他のプログラムのデータや命令を、決して見ることがない。けれどもメモリには同時に複数のプログラムが入っている。

  われわれが使う「仮想アドレス」（virtual address）という言葉は、論理アドレスと同じ意味だ。

この2種類のアドレスを変換するのは、**MMU**（Memory Management Unit）と呼ばれるハードウェアユニットであり、変換処理はメモリに常駐する複数の変換テーブルを使う。

4.4 機能

「仮想メモリ」は、物理メモリの上にある抽象だ。これがなければ、物理メモリ空間を直接相手にすることになる。

仮想メモリがあるからこそ、どのプログラムも自分だけがメモリを使っていると思い込むことができる。プログラムは、自分自身のアドレス空間の中にあって、他のプログラムからは隔離されている。

1個のプロセスのアドレス空間は、すべて同じ長さ（通常は4KB）の**ページ**（page）に分割される。そして、それらのページが動的に管理される。ページは**スワップファイル**（swap file）に入れて外部ストレージにバックアップして、必要に応じて読み戻すことができる。

仮想メモリなら、特定のメモリページへのメモリ演算（readとwrite）に、通常とは異なる意味を割り当てることによって、いくつか便利な機能を提供できる。

- 外部デバイスとの通信を「メモリマップトI/O」（Memory Mapped Input/Output）で行う。つまり、何らかのデバイスのポートに割り当てたアドレスに書いたり、そこから読むことができる。
- オペレーティングシステムとファイルシステムの助けを借りて、外部ストレージのファイルに一部のページを対応させることができる。
- 複数のプロセスで、一部のページを共有することもできる。
- 大部分のアドレスは**無効**（forbidden）である。その値は定義されず、アクセスを試みると、エラーが発生する[3]。この状況に陥ると、通常はプログラムが異常終了する。Linuxと、Unixをベースとするその他のシステムでは、例外的な状況をアプリケーションに通知するのに**シグナル**（signal）機構を使う。ほとんどすべてのシグナルにハンドラを割り当てることが可能である。
  無効なアドレスへのアクセスは、いったんオペレーティングシステムによって捕捉され、OSからアプリケーションに向けて、`SIGSEV`というシグナルが送出される。この状況では`Segmentation fault`というエラーメッセージを見ることが、極めて一般的である。
- 一部のページは、ストレージから読み出したファイルに対応するが（実行ファイルそのものや、ライブラリなど）、ファイルに対応しないページもある。そういう「名前のないページ」（anonymous page：無名ページとも匿名ページとも呼ばれる）は、スタックおよび「ヒープ」（heap）のメモリ領域、つまり、動的に割り当てられたメモリに対応する。「名前がない」というのは、それらに対応する名前がファイルシステムにないからだ。逆に、実行されているアプリケーションや、そのデータファイルや、

---

[3] #PF（Page Fault）という割り込みが発生する。

ファイルとして抽象化されているデバイスなどのイメージは、どれもファイルシステムに名前を持っている。

メモリの連続領域で、次の2つの条件を満たすものを「リージョン」(region) と呼ぶ。

- ページサイズ（すなわち 4KB）の倍数であるアドレスから始まる。
- すべてのページが同じパーミッションを持つ。

空いている物理メモリがなくなったら、一部のページを外部ストレージに避難（スワップファイルに格納）することができる。ただしページがファイルシステムの何らかのファイルに対応していて、変更されていない場合などは、単に破棄することもできる。Windows では、スワップファイルを `PageFile.sys` と呼んでいるが、*nix システムでは、スワップ専用のパーティションがディスクにアロケートされるのが普通だ。どのページをスワップするかの選択は、次にあげるような「ページ置換戦略」(replacement strategy) による。

- LRU (Least Recently Used) 法：最近使われていないページを置き換える。
- NFU (Not Frequentry Used) 法など
- ランダム法
- 「ワーキングセット」(working set) 法：そのプロセスだけが排他的に使っていて物理メモリに存在するページの集合に注目する。

キャッシュを持つシステムは、何らかのページ置換戦略を採用している。

■問題 47　さまざまなページ置換法について読んでおこう。他に、どんな方法があるのだろうか？[4]

■**割り当て**（allocation）　プロセスが、より多くのメモリを必要としたとき、何が起きるだろうか。自分でページを増やすことはできないので、そのプロセスは OS にページ割り当てを要求する。それに対してシステムは、追加のメモリ領域を提供する。

動的なメモリ割り当ては、より高いレベルの言語（C++、Java、C#など）でも、最終的には OS に対するページ要求に帰着する。プロセスに割り当てられたページを使っていて、不足したら、またページを要求するわけだ。

---

[4] **訳注**：タネンバウム [169] の「第 4 章 メモリ管理」の「4.4 ページ置き換えアルゴリズム」以降に詳細な記述がある。セカンドチャンス、クロック、NFU、エージング、WSClock など。

4.5 例：無効なアドレスをアクセスする

次に、プロセスの**メモリマップ**（memory map）を、実際に見ることにしよう。これは、どのページが利用可能で、何に対応するかを示すものだ。次にあげるように、メモリ領域にはさまざまな種類がある。

1. メモリにロードされた「実行ファイル」（executable file）自身に対応するもの。
2. コードのライブラリに対応するもの。
3. スタックとヒープに対応する「名前のないページ」（anonymous pages）。
4. 無効なアドレスばかりの、空の領域。

Linux では、プロセスに関する各種の有益な情報を、簡単に調べることができる。procfs と呼ばれる機構が、特殊用途のファイルシステムを実装している。そのなかでディレクトリを辿り、ファイルを見ることで、どんなプロセスについても、そのメモリや環境変数などをアクセスできる。この「ファイルシステム」は、/proc ディレクトリにマウントされる。

もっとも注目されるのは、/proc/<PID>/maps というファイルで、これはプロセス識別子が <PID>のプロセスについて、そのメモリマップを示すものだ[5]。

永久ループに入って終了しない単純なプログラムを書こう（リスト 4–1）。これを実行して、メモリのレイアウトを観察する。

リスト4–1：mappings_loop.asm

```
section .data
correct: dq -1
section .text

global _start
_start:
    jmp _start
```

次に、/proc/<?>/maps というファイルを見る。<?>は、このプロセスの ID だ。リスト 4–2 に、ターミナル出力の内容を示す。

リスト4–2：mappings_loop

```
> nasm -felf64 -o main.o mappings_loop.asm
> ld -o main main.o
> ./main &
[1] 2186
> cat /proc/2186/maps
00400000-00401000 r-xp 00000000 08:01 144225 /home/stud/main
```

---

[5] プロセス識別子（PID）を調べるには、ps や top などの標準プログラムを使う。

```
00600000-00601000 rwxp 00000000 08:01 144225 /home/stud/main
7fff11ac0000-7fff11ae1000 rwxp 00000000 00:00 0 [stack]
7fff11bfc000-7fff11bfe000 r-xp 00000000 00:00 0 [vdso]
7fff11bfe000-7fff11c00000 r--p 00000000 00:00 0 [vvar]
ffffffffff600000-ffffffffff601000 r-xp 00000000 00:00 0 [vsyscall]
```

左端のコラムは、メモリ領域の範囲を定義する。これでわかるように、すべての領域は、16進の下位3桁が000の終了アドレスまでを範囲としている。その理由は、それぞれ4KB（0x1000バイト）のサイズを持つページによって構成されているからだ。

これを見ると、アセンブリファイルで定義した個々のセクションが、それぞれ別の領域にロードされていることがわかる。最初の領域はコードセクションに対応し、エンコードされた命令を含む。第2の領域はデータに対応する。

アドレス空間全体は、0番目のバイトから $2^{64}-1$ 番目のバイトまでの広大なものだ。けれども、メモリが割り当てられているアドレスはわずかであり、残りはすべて無効なアドレスである。

左から2番目のコラムは、そのページのパーミッション（**r**ead、**w**rite、**e**xecution）である。また、そのページが複数のプロセスで共有（**s**hared）されているか、それとも特定のプロセスに固有（**p**rivate）のものかも示している。

■問題48　4番目のコラム（08:01）、5番目のコラム「144225」の意味を、man procfsで調べよう[6]。

これまで、とくに悪いことはしてこなかったが、次は禁断の領域（forbidden location）への書き込みを試みる。

リスト4-3：セグメンテーションフォールトを起こす：segfault_badaddr.asm

```
section .data
correct: dq -1
section .text

global _start
_start:
    mov rax, [0x400000-1]
    ; exit
    mov rax, 60
    xor rdi, rdi
    syscall
```

---

[6] 訳注：日本語ではJMの翻訳[142]などを参照。

これは `0x3fffff` というアドレスのメモリをアクセスする。コードセグメントの先頭よりも 1 バイト前だ。このアドレスは無効であり、したがって、ここへの書き込みを試みた結果は、Segmentation fault というメッセージが示す通りである。

```
> ./main Segmentation fault
```

4.6 効率

欠けているページをスワップファイルから物理メモリにロードするのは、非常にコストの高い操作で、オペレーティングシステムは大量の仕事をしなければならない。なぜそのような機構が、(メモリ効率が良いだけでなく)、性能面でも妥当なのだろうか？ これが成功している要因は、主に次の 2 つだ。

1. 局所性 (locality) のおかげで、ページを追加でロードする必要は、めったに生じない。最悪のケースでは、まったく遅いアクセスとなるが、そのようなケースは極めて稀である。平均アクセス時間は低い。
   言い換えると、物理メモリにロードされていないページをアクセスしようとすることは、めったにない。
2. 特別なハードウェアの援助なしに高い効率を達成できないことは明らかだ。変換したページのアドレスをキャッシュする TLB がなければ、ひっきりなしにアドレス変換機構を使うことになるだろう。TLB には、使う可能性が高いページの先頭に当たる物理アドレスが格納される。これらのページのどれかに含まれる仮想アドレスを変換すると、そのページの先頭が、即座に TLB から取り出される。
   言い換えると、物理アドレスの位置を、しばらく特定しなかったページについて、アドレスを変換しようとすることは、めったにない。

そしてメモリ消費の少ないプログラムは、ほとんどページフォールトを起こさないので、高速になりやすい。

■問題 49　「アソシアティブキャッシュ」(associative cache：連想キャッシュ) とは何か？　TLB は、なぜそう呼ばれるのか？[7]

---

[7] **訳注**：パターソン/ヘネシー [152] では「5.4 キャッシュの性能の測定と改善」、「5.7 仮想記憶」、ハリス/ハリス [123] では「8.3 キャッシュ」と「8.4.3 アドレス変換バッファ」を参照。タネンバウム [169] では「4.3.3 TLB」を参照。

4.7 実装

いよいよ実装にもぐりこんで、アドレス変換が実際にどう行われるかを見よう。

 ここでは、4KB のページという主要なケースだけを扱うが、ページサイズは調整が可能であり、その他のパラメータも、それにつれて変化する。詳細は本書の「4.7.3 ページサイズ」を参照。

4.7.1 仮想アドレスの構造

64 ビットの仮想アドレス（われわれのプログラムで使っているもの）は、それぞれ図 4-1 に示すようなフィールドで構成される。

図4-1：仮想アドレスの構造

アドレスそのものは 48 ビットの幅しかないが、それが符号拡張されて（sign-extended）64 ビットの正規アドレス（canonical address）になっている。したがって上位 17 ビットが全部同じという性質がある。この条件が満たされないアドレスは、使ったら即座に拒否される。

それから 48 ビットの仮想アドレスが、特別なテーブル群の援助を得て、52 ビットの物理アドレスに変換される[8]。

■**バスエラー**　間違って非正規のアドレスを使うと、次のエラーメッセージが現れるだろう。
```
Bus error.
```

物理アドレス空間が、仮想ページを当てる複数のスロットに分割されている。これらのスロットは、**ページフレーム**（page frame）と呼ばれる。スロット間に隙間はないので、ページフレームの開始アドレスは必ず 12 個のゼロのビットで終わっている。

仮想アドレスおよび物理ページの下位 12 ビットは、ページ内のアドレスオフセットに対応

---

[8] 理論的には物理アドレスの 64 ビットすべてをサポートすることが可能だが、まだそれほど多数のアドレスは必要とされない。

するので、これらは等しい。

仮想アドレスの、その他の 4 つの部分は、それぞれ変換テーブルへのインデックスである。それぞれのテーブルは、きっかり 4KB で 1 個のメモリページを満たす。テーブルの各レコードは 64 ビット長で、これには、その次のテーブルの開始アドレスの一部と、いくつかのサービスフラグが入っている。

4.7.2 アドレス変換の詳細

図 4–2 は、アドレス変換の手順を図示している。

最初にプロセッサの制御レジスタ cr3 から、最初のテーブルの開始アドレスを取る。このテーブルは、PML4 と呼ばれている (Page Map Level 4)。PML4 からエントリを取り出すには、次の処理を行う[9]。

- ビット 51:12 は、cr3 から取る。
- ビット 11:3 は、仮想アドレスのビット 47:39 である。
- 最後の 3 ビットはすべてゼロである。

PML4 のエントリは、PML4E と呼ばれる。次にページディレクトリポインタテーブルのエントリ (PDPTE) を取り出すステップも、前回のステップと同様である。

- ビット 51:12 は、選択した PML4E から取る。
- ビット 11:3 は、仮想アドレスのビット 38:30 である。
- 最後の 3 ビットはすべてゼロである。

同様なプロセスが、さらに 2 つのテーブルについて行われ、最後にページフレームのアドレス (厳密に言えば、そのビット 51:12) が得られる。仮想アドレスには、これらのビットと、仮想アドレスから直接取った 12 ビットが使われる。

「1 回ではなく、こんなに多くのメモリリードを実行するのか？」と思われるかもしれない。たしかに、これは大がかりだ。けれども、ページアドレスをキャッシュする TLB のおかげで、通常は、あらかじめ変換され記憶されたページのメモリをアクセスするだけだ。後はページ内の正しいオフセットを加算するだけであり、それなら超高速である。TLB はアソシアティブキャッシュなので、ページ先頭の仮想アドレスから、変換されたページアドレスが、素早く提供される。

変換用のページをキャッシュすることによって、それに対するアクセスも高速化される。

---

[9] 訳注：詳細な記述は [15] の Volume 3、「4.5 IA-32E Paging」にある (Figure 4-8、Table 4-14 などを参照)。

4.7 実装

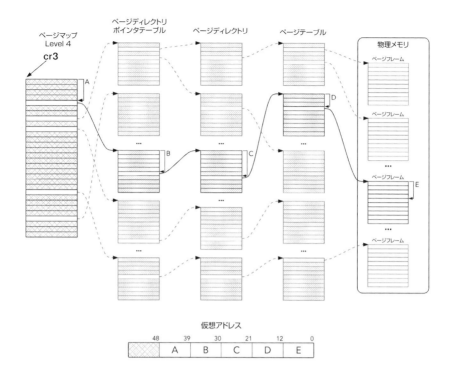

図4-2：仮想アドレスの変換機構

図 4-3 に、ページテーブルエントリのフォーマットを示す。

P が 0 のページをアクセスしようとしたら、その結果はコード #PF (Page fault) の割り込みとなる。それをオペレーティングシステムが処理して、対応するページをロードするだろう。これはファイルの遅延メモリマッピングにも利用できる。つまり、ファイルを部分的に、必要に応じてロードするのだ。

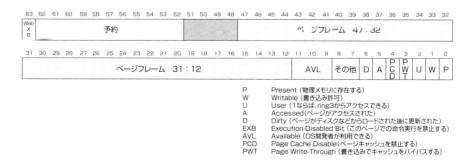

P　　Present（物理メモリに存在する）
W　　Writable（書き込み許可）
U　　User（1ならば、ring3からアクセスできる）
A　　Accessed（ページがアクセスされた）
D　　Dirty（ページがディスクなどからロードされた後に更新された）
EXB　Execution-Disabled Bit（このページでの命令実行を禁止する）
AVL　Available（OS開発者が利用できる）
PCD　Page Cache Disable（ページキャッシュを禁止する）
PWT　Page Write-Through（書き込みでキャッシュをバイパスする）

図4-3：ページテーブル（Page Table）のエントリ

オペレーティングシステムは W ビットを使ってページを書き換えから保護する。これが必要なのは、コードまたはデータをプロセス間で共有したいけれど、不必要な重複を避けたいときだ。W ビットがセットされた共有ページは、プロセス間のデータ交換に利用できる。

システム用のページは、U ビットがクリアされる。そのようなページを ring3 からアクセスしようとしたら、割り込みが発生するだろう。

セグメントの保護がないとき、仮想メモリが決定的なメモリ保護機構となる。

■**セグメンテーションフォールトについて**　一般に、セグメンテーションフォールトが起きるのは、パーミッションが不十分なのにメモリをアクセスしようと試みたときである（read-only メモリへの書き込みなど）。アドレスが無効な場合も、「有効なパーミッションがない」とみなされるので、それに対するアクセスも、不十分なパーミッションでメモリをアクセスする特殊なケースとなっている。

EXB ビットは（NX とも XD とも呼ばれるが）コードの実行（命令のフェッチ）を禁止するフラグだ。**DEP（Data Execution Prevention）テクノロジー**は、これをベースとしている。プログラムは実行中に、入力の一部をスタックまたはデータセクションに保存できる。そこで悪意のあるユーザーが、プログラムの脆弱性につけこんで、入力の一部にエンコードされた命令を混ぜておき、それを実行しようとする場合がある。けれども、もしデータとスタックのセクションに割り当てたページが EXB で実行禁止とマークされていれば、そこから命令を実行することは不可能になる。その場合でも .text セクションは、もちろん実行可能だろうが、そちらは W ビットによって変更から保護されるのが普通だ。

4.7.3　ページサイズ

テーブルの構造は、階層のレベルが違っていても、とてもよく似ている。ページサイズは、調整によって 4KB か 2MB か 1GB にチューニングできる。データ構造に依存して、この階層構造は 4 レベルから最小 2 レベルまで縮小することが可能だ。その場合、PDP（Page Directory Pointer）がページテーブルの役割を果たし、1GB フレームの一部を格納することになるだろう。図 4-4 に、エントリのフォーマットが、ページサイズによってどのように変わるかを示す。

どちらになるかは、RDP または PD のエントリのビット 7（PS：Page size）によって制御される。もしそのビットが 1 なら、そのテーブルにはページがマップされる。もし 0 なら、次のレベルのテーブルのアドレスを格納する。

PDPのフォーマット(一部)：1GBのページにマップするか、次のレベルに渡す

47 46 45 44 43 42 41 40 39 38 37 36 35 34 33 32 31 30 29 28 27 26 25 24 23 22 21 20 19 18 17 16 15 14 13 12
1GBページフレームアドレス	予約
ページディレクトリのアドレス

PDのフォーマット(一部)：2MBのページにマップするか、次のレベルに渡す

47 46 45 44 43 42 41 40 39 38 37 36 35 34 33 32 31 30 29 28 27 26 25 24 23 22 21 20 19 18 17 16 15 14 13 12
2GBページフレームアドレス	予約
ページテーブルのアドレス

図4-4：ページディレクトリポインタテーブルとページディレクトリテーブルのエントリフォーマット

4.8　メモリマッピング

マッピング (mapping) は「投影」(projection) と同じ意味で、実体 (ファイル、デバイス、物理メモリ) と仮想メモリ領域との関係を決める。ローダがプロセスのアドレス空間を埋めるときも、プロセスが OS にページを要求するときも、OS がディスクのファイルをプロセスのアドレス空間に投影するときも、メモリマッピングが行われる。

すべてのメモリマッピングには、システムコールの `mmap` が使われる。これを実行するには、第 2 章で述べたのと同様の、簡単なステップに従えばよい。表 4-1 に、その引数を示す[10]。

`mmap` を呼び出した後、`rax` には新たに割り当てられたページへのポインタが入っているはずだ。

表4-1：mmap システムコール

レジスタ	値	意味
`rax`	9	システムコールの番号。
`rdi`	addr	OS は、これで指定されたアドレスから始まるページへとマップを試みる。addr はページの先頭に対応していなければならない。addr がゼロのときは、OS が自由に開始アドレスを選択する。
`rsi`	len	領域のサイズ。
`rdx`	prot	メモリの保護属性 (road,wite,execute)。
`r10`	flags	利用属性 (shared か private か、anonymous か、など)。
`r8`	fd	オプション：マップされるファイルのディスクリプタ。したがってファイルはオープンされていなければならない。
`r9`	offset	ファイル内のオフセット。

---

[10] flags などパラメータの詳細は、`mmap` (2) のマニュアルページを参照 (邦訳は [141] など)。

4.9 例：ファイルをメモリにマップする

もう1つシステムコールが必要になった。それは open で、ファイルを名前（パス名）によって開き、そのディスクリプタを取得するものだ。表 4-2 に詳細を示す。

表4-2：open システムコール

レジスタ	値	意味
rax	2	システムコールの番号。
rdi	pathname	ファイルの名前を示す「ヌルで終結した文字列」へのポインタ。
rsi	flags	パーミッションフラグの組み合わせ（read only か、write only か、両方）。
rdx	mode	もし open でファイルを作成したら、ファイルシステムのパーミッションが入る。

ファイルをメモリにマッピングするのに必要な手順は、次に示す単純な2段階だけだ。

- open システムコールでファイルを開く。rax にファイルディスクリプタが入る。
- mmap を呼び出す。引数の1つは、上記のファイルディスクリプタである。

4.9.1 定数に名前を付ける

Linux は C で書かれたので、使うのに便利な定数が **C 言語の方法**で定義される。

```
#define NAME 42
```

この1行の定義は C コンパイラに、NAME という名前があったら、それらを全部 42 という定数に置き換えろ、という指示を与える。これはさまざまな定数に記憶しやすい名前を付けるのに便利だ。NASM も同様な機能を提供するが、それには次のように define ディレクティブを使う。

```
%define NAME 42
```

このような置換が、どのように行われるかは、「5.1 プリプロセッサ」で、もっと詳しく述べる。

さて、mmap システムコールの man ページで、第3の引数 prot の記述を見ていただきたい。

この prot 引数には、マッピングに望ましい（しかもファイルの open モードと矛盾しない）メモリプロテクションを記述する。その値は、ページへのアクセスを禁止する PROT_NONE か、その他のフラグの1つ（または複数をビット演算の OR で組み合わせたもの）とする。

PROT_EXEC ページは実行可能。

PROT_READ ページは読み出し可能。
PROT_WRITE ページは書き込み可能。
PROT_NONE ページにはアクセスできない。

PROT_NONE などは、mmap の動作を制御するのに使われる整数に、記憶しやすいよう付けられた名前であって、こういう定義の良い例である。C でも NASM でも、定数値に対してコンパイル時に演算を行うことができる（ビット単位の AND や OR を含む）ことを、忘れないようにしよう。次に、そのような演算の例を示す。

```
%define PROT_EXEC 0x4
%define PROT_READ 0x1

mov rdx, PROT_READ | PROT_EXEC    ; ビット単位の OR を取る
```

C または C++で書くのでなければ、これらの値を定義したものが、どこかにないかチェックして、それをプログラムにコピーしたいだろう。

こういう定数が Linux でどのような値を持つかは、次の方法で知ることができる。

1. /usr/include にある Linux API のヘッダファイルから検索する。
2. Linux Cross Reference （lxr）でオンライン検索する（たとえば、http://lxr.free-electrons.com で識別子をサーチする）。

今はまだ C を説明していないので、第 2 の方法が便利だ。Google などのサーチエンジンで、lxr PROT_READ を検索するだけでもよい。そうすれば最初のリンクから、すぐに結果を得ることができるだろう。

たとえば、次に示すのは lxr で PROT_READ を探したときの結果である。

```
PROT_READ

Defined as a preprocessor macro in:
arch/mips/include/uapi/asm/mman.h, line 18
arch/xtensa/include/uapi/asm/mman.h, line 25
arch/alpha/include/uapi/asm/mman.h, line 4
arch/parisc/include/uapi/asm/mman.h, line 4
include/uapi/asm-generic/mman-common.h, line 9
```

これらのリンクの 1 つを選ぶと、次の行が強調されたヘッダファイルが表示される。

```
18 #define PROT_READ 0x01 /* page can be read */
```

アセンブリファイルの先頭に%define PROT_READ 0x01 と書いておけば、この定数を名前で参照でき、値を覚えておく必要がなくなる。

4.9.2 完全な例

どんな内容でもよいから、`test.txt` というファイルを作っておく。それから、リスト 4–4 に示すファイルをコンパイルし、同じディレクトリに置いて実行しよう。すると、そのファイルの内容が `stdout` に書かれるのが見える。

リスト4–4：mmap.asm

```nasm
; これらのマクロ定義は linux のソースからコピーした
; （Linux は C で書かれているから、書式は少し違う）
; こういう値を、いちいち調べて、使うべき場所に
; 直接書いてもよいが、それではコードが読みにくい

%define O_RDONLY 0
%define PROT_READ 0x1
%define MAP_PRIVATE 0x2

section .data
; これはファイル名。好きなように変えてよい
fname: db 'test.txt', 0

section .text
global _start

; 以下の関数は、ヌルで終結した文字列をプリントするのに使う
print_string:
    push rdi
    call string_length
    pop rsi
    mov rdx, rax
    mov rax, 1
    mov rdi, 1
    syscall
    ret
string_length:
    xor rax, rax
.loop:
    cmp byte [rdi+rax], 0
    je .end
    inc rax
    jmp .loop
.end:
    ret

_start:
; call open
mov rax, 2
mov rdi, fname
mov rsi, O_RDONLY      ; read only でファイルを open
mov rdx, 0             ; create ではないので、この引数は無意味
syscall
```

```
; call mmap
mov r8, rax              ; rax は、open したファイルのディスクリプタ
                         ; それを mmap の第 4 引数とする
mov rax, 9               ; mmap のシステムコール番号
mov rdi, 0               ; マップ先は OS が選ぶ
mov rsi, 4096            ; ページサイズ
mov rdx, PROT_READ       ; 新しいメモリ領域は read only とマークされる
mov r10, MAP_PRIVATE     ; ページの共有なし

mov r9, 0                ; test.txt ファイル内のオフセット
syscall                  ; これで rax にマップ先の場所が入る

mov rdi, rax
call print_string

mov rax, 60              ; exit コールで正しく終了する
xor rdi, rdi
syscall
```

4.10 まとめ

この章では仮想メモリのコンセプトと実装を学んだ。とくにキャッシュの機構については詳しく調べた。それからアドレス空間の違い（物理アドレスと仮想アドレス）を調べ、それらが一群の変換テーブルで繋がることを見た。そして仮想メモリの実装を詳細に学んだ。

最後に、Linux システムコールを使ってメモリマッピングを行う、最小限だが実際に動作する例を提供した。このコードは第 13 章の課題でも使う（そこでは自作の動的メモリアロケータをベースとする）。

次の章ではオブジェクトファイルへの変換とリンクのプロセスを学びながら、オペレーティングシステムがプログラムをロードし実行するのに、仮想メモリ機構を使う方法を見る。

- ■問題 50　仮想メモリの領域（region）とは?
- ■問題 51　プログラムの実行コードを、その実行中に書き換えようとしたら、どうなるか?
- ■問題 52　無効なアドレス（forbidden address）とは?
- ■問題 53　正規アドレス（canonical address）とは?
- ■問題 54　変換テーブル（translation table）とは?
- ■問題 55　ページフレーム（page frame）とは?
- ■問題 56　メモリの領域（region）とは?
- ■問題 57　仮想アドレス空間とは何か。物理アドレス空間との違いは?
- ■問題 58　　TLB とは何か?

- ■問題 59　　仮想メモリ機構が十分に高速なのは何のおかげか？
- ■問題 60　　アドレス空間は、どうやって切り替えるのか？
- ■問題 61　　仮想メモリに組み込まれているプロテクション機構とは？
- ■問題 62　　EXB ビットの目的は？
- ■問題 63　　仮想アドレスの構造は？
- ■問題 64　　仮想アドレスと物理アドレスで、共通する部分はあるのか？
- ■問題 65　　.text セクションに文字列を書けるか。それを読んだら、どうなるか。上書きしたら、どうなるか？
- ■問題 66　　システムコールの stat、open、mmap を呼び出すプログラムを書こう（「付録 C システムコール」の表を参照）。ファイルの長さと内容を出力するようにしよう。
- ■問題 67　　次のものを出力するプログラムを書こう。これらはどれも、整数 x を含むテキストファイル input.txt を、mmap システムコールを使ってメモリにマップしてから行うものとする。

    1. $x!$（階乗：$x! = 1 \cdot 2 \cdots (x-1) \cdot x$）。ただし、$x \geq 0$ が保証されるものとする。
    2. 入力の数が素数（prime number）ならば 0、そうでなければ 1。[11]
    3. 数のすべての桁の和。
    4. x 番目のフィボナッチ数（Fibonacci number）。[12]
    5. x がフィボナッチ数かをチェックした結果。

---

[11] 訳注：本書の 5.1.9 項を見よ。
[12] 訳注：本書の 8.3.7 項を見よ。

第5章
コンパイル処理のパイプライン

　この章ではコンパイル処理を、プリプロセス（前処理）、コンパイル（変換処理）、リンク（結合）という、主な3つの段階に分けて説明する。図5-1に示す例でソースファイルは、`first.asm`と`second.asm`の2つで、リンクする前は個別に扱われるものだ。

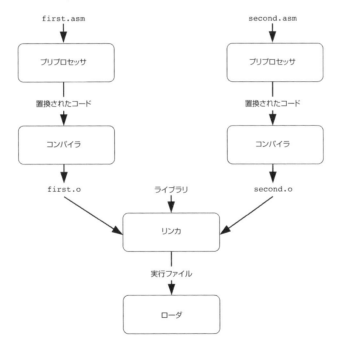

図5-1：コンパイル処理のパイプライン

　プリプロセッサ（preprocessor）は、プログラムのソースを入力として、それと同じ言語だが異なるソースを出力する変換を行う。この前処理で行う変換は通常「ある文字列を別の文字

列で置換する」という処理である。

コンパイラ（compiler）は、ソースファイルをマシン語の命令に変換し、エンコードされたオブジェクトファイルを出力する。ただし、そのファイルはまだ実行の準備が整っていない。なぜなら、別にコンパイルされたファイルと正しく連結されていないからだ。たとえば命令が参照しているデータやコードが、他のファイルで宣言されている場合が、それに当たる。

リンカ（linker）は、それらのファイル間にリンクを確立して実行可能なファイルを作る。これで、ようやくプログラムを走らせることができる。リンカが扱うフォーマットとして典型的なものは、ELF （Executable and Linkable Format）や COFF （Common Object File Format）だ。

ローダ（loader）は、実行ファイル（executable）を受け取る。そのようなファイルは全体が構造化され、メタデータを含むのが普通だ。ローダは、新たに誕生するプロセスのアドレス空間に、受け取ったファイルの命令、スタック、グローバル定義されたデータ、および OS が提供するランタイムコードを記入する。

5.1 プリプロセッサ

個々のプログラムは、テキストとして作られる。前処理（preprocessing）と呼ばれる、コンパイル処理の最初の段階では、プログラムのソースで見つかった「プリプロセッサディレクティブ」（preprocessor directive）を評価し、それに従ってテキストの置換を実行する。その結果、プリプロセッサディレクティブを含まないよう更新されたソースコードが得られるが、それも同じプログラミング言語で書かれている。この節では NASM の「マクロプロセッサ」（macro processor）を、どう使えるかを説明しよう。

5.1.1 単純な置換

基本的なプリプロセッサディレクティブの1つが%defineで、単純な置換を定義する。リスト 5-1 に示すコードを与えると、プリプロセッサは、cat_count を 42 で置き換える。この置換は、プログラムのソースの中で、その部分文字列（substring）が見つかるたびに行われる。

リスト5-1：define_cat_count.asm

```
%define cat_count 42

mov rax, cat_count
```

入力を file.asm として、その前処理の結果を見るには、nasm -E file.asm を実行すればいい。これはデバッグの手段として、しばしば非常に有効だ。上にあげたリスト 5-1 を処理した結果を、リスト 5-2 に示す。

リスト5-2：define_cat_count_preprocessed.asm

```
%line 2+1 define_cat_count.asm
mov rax, 42
```

一般に、置換を宣言するコマンドを**マクロ**（macro）と呼ぶ。マクロの**展開**（expansion）と呼ばれる処理のなかで、マクロは出現するたびに定義されたテキストで置換される。そうして作られたテキストの断片は、マクロの**インスタンス**（instance：実体）と呼ばれる。リスト 5-2 では、`mov rax, cat_count` の行に展開された 42 という数が、このマクロの実体だ。`cat_count` のような名前は、しばしば**プリプロセッサシンボル**（preprocessor symbol）と呼ばれる。

■**再定義**　NASM では、既存のプリプロセッサシンボルを再定義（redefine）することができる。

重要なポイントとして、プリプロセッサはプログラミング言語の文法について、ほとんど（あるいは、まったく）関知しない。もちろん文法（構文の定義）のおかげで、言語は正しく構築されるのだが。

たとえばリスト 5-3 に示すコードは、間違いではない。a や b がアセンブリ言語の要素として有効であるかどうかは、プリプロセッサにとって問題ではない。置換を終えた最終結果が有効であれば、コンパイラは満足する。

リスト5-3：macro_asm_parts.asm

```
%define a mov rax,
%define b rbx
a b
```

別の例をあげよう。高いレベルの言語にある if 文に、if(<式>)then <文> else <文>という形式がある。マクロは、この構造の各部に使うことができるが、その部分は**単独では**構文的に正しくない（たとえば、else <文>は、単独では正しい構文ではない）。そして結果が構文的に正しければ、コンパイラは文句を言わないのだ。

別種のマクロとして「構文的な」（syntactic）マクロも存在する。これは言語の構造に結び付いて、その構築に関与する。つまり構造的な変更を行うのだ。LISP、OCaml、Scala といった言語が、構文的なマクロを使っている。

そもそも、なぜマクロを使うのだろうか。後述する自動化は別として、マクロはコードの断片に「記憶しやすい名前」（mnemonic：ニーモニック）を付ける働きがあるからだ[1]。

たとえば 42 という定数は、そのまま書いたのでは何を意味するのかわからないが、マクロを

---

[1]　ドナルド・クヌースは「文芸的プログラミング」のアプローチで、このアイデアを極限まで追求した。

使えば（cat_count とか、dog_count などと書けば）意味があって他の数と区別がつく。マクロを使わないと、後でプログラムを変更しようとするとき、ずっと面倒が多くなり、間違いをおかしやすくなる。その特別な数が何を意味するのかによって判断すべきことが多々あるからだ。

単なる定数ではなく、ひとかたまりの言語構造に使うとき、マクロは、サブルーチンを使うのに似た、ある種の自動化を提供する。マクロはコンパイル時に展開され、ルーチンはランタイムに実行される。どちらを選ぶかは、あなたが決めることだ。

アセンブリに使うマクロはプログラムの最適化に関与しないが、より高いレベルの言語では、その目的でグローバルな定数型の変数が使われる。優秀なコンパイラは、その変数名が出現するたびに、その定数値に置換するのだ。ところが単純なコンパイラは、最適化を意識してくれない。実験的な OS でマイクロコントローラやアプリケーションのプログラミングをしていると、そういう経験をすることがある。そんなときは、アセンブリ言語と同じようにマクロを使って、コンパイラのやるべき仕事を人間が代行するケースが多い。

■**スタイル**　すべての定数に名前を付けるのは、良い習慣だ。アセンブリや C でのプログラミングでは、マクロ定義によってグローバル定数の定義を行うのが普通だ。

5.1.2　引数付きの置換

マクロには、まだまだ便利な機能がある。たとえば引数を取ることができる。リスト 5–4 に示すのは、3 つの引数を持つ単純なマクロの例だ。

リスト5–4：macro_simple_3arg.asm

```
%macro test 3
  dq %1
  dq %2
  dq %3
%endmacro
```

このマクロの動作はシンプルで、引数ごとに「クオドワード」（quad word：64 ビット長）のデータエントリを作る。そして引数は、このように 1 から始まるインデックスで参照される。このマクロの定義により、test 666, 555, 444 という行は、リスト 5–5 で示すものに置き換えられる。

リスト5–5：macro_simple_3arg_inst.asm

```
  dq 666
  dq 555
  dq 444
```

■問題 68　　%define と%macro の、その他の例を、NASM のドキュメントで探してみよう[2]。

5.1.3　単純な条件付き置換

NASM のマクロはさまざまな条件文（conditional）をサポートする。そのうちもっとも単純なのが%if だ。リスト 5–6 に、もっともシンプルな用例を示す。

リスト5–6：macroif.asm

```
BITS 64
%define x 5

%if x == 10

mov rax, 100

%elif x == 15

mov rax, 115

%elif x == 200
mov rax, 0
%else
mov rax, rbx
%endif
```

リスト 5–7 に、このマクロのインスタンスを示す。こういう前処理の結果は、nasm -E を使ってチェックできることを覚えておこう。

リスト5–7：macroif_preprocessed.asm

```
%line 1+1 if.asm
[bits 64]

%line 15+1 if.asm
mov rax, rbx
```

条件は、高級言語にあるのと同じような式で、算術演算と、論理演算（and/or/not）が可能である。

---

[2] 訳注：[27] の「Chapter 4: The NASM Preprocessor」に詳しい記述がある。

5.1.4　定義を条件とする

ファイルの特定の部分をコンパイルするか、それともしないかを、コンパイル時に決めることができる。数々ある if の仲間の 1 つに、%ifdef というのがあって、動作も似ているのだが、「指定のプリプロセッサシンボルが定義されていると条件が満たされる」という点が異なる。リスト 5-8 に用例を示す。

リスト5-8：defining_in_cla.asm

```
%ifdef flag
hellostring: db "Hello",0
%endif
```

もし flag というシンボルが、%define ディレクティブで定義されていたら、hellostring というラベルの行が作成されるだろう。

なお、NASM を呼び出すときに-d <key>を使うことによって、直接コマンドラインからプリプロセッサシンボルを定義することもできる。たとえばリスト 5-8 にあるマクロの条件は、NASM を-d myflag というスイッチ付きで呼び出せば、満たされるのだ。

■問題 69　　リスト 5-8 に示したファイルのプリプロセッサ出力をチェックしよう。

次のセクションでは、これまた%if の同類のような、もう 1 つのプリプロセッサディレクティブを見る。

5.1.5　テキストの一致を条件とする

%ifidn は、2 つのテキスト文字列が「等しいかどうか」(identity) を（空白文字の違いは無視して）テストし、その比較の結果によって、それに続くコードがアセンブルされるか、されないかを決める。

これを使えば、たとえば引数名などに依存する、非常に柔軟性の高いマクロを作ることができる。

その例として、pushr というマクロ擬似命令を作ってみよう（リスト 5-9）。これは正規のアセンブリ命令である push と、まったく同様に機能するが、さらに rflags レジスタも引数として受け付けるのだ。

リスト5-9：pushr.asm

```
%macro pushr 1
%ifidn %1, rflags
pushf
%else
push %1
%endif
```

```
%endmacro
pushr rax
pushr rflags
```

リスト 5–10 に、上に示した 2 つのマクロのインスタンスを示す。

リスト5-10：pushr_preprocessed.asm

```
%line 8+1 pushr/pushr.asm

push rax
pushf
```

ご覧のように、このマクロは引数のテキスト表現に基づいて、振る舞いを調整する。`%else`節を普通の`%if`と同様に使えることにも注目しよう。

なお、大文字と小文字を区別せずにテキストを比較するには、代わりに`%ifidni`を使う。

5.1.6 引数の型を条件とする

NASM のプリプロセッサは、アセンブリ言語の要素（具体的にはトークンの型）を、少し意識してくれる。つまり、引用符で囲まれた文字列（string）と、数（number）と、識別子（identifier）を区別するのだ。このために、`%if`の同類が 3 つある。`%ifid`は、引数が識別子かどうかをチェックし、`%ifstr`は文字列かどうかをチェックし、`%ifnum`は数かどうかをチェックする。

リスト 5–11 に示すマクロの用例は、識別子または数をプリントする。識別子は文字列として出力するが、その文字列と整数の出力用に、最初の課題で開発したルーチンを使っている。

リスト5-11：macro_arg_types.asm

```
%macro print 1
    %ifid %1
        mov rdi, %1
        call print_string
    %else

        %ifnum %1
            mov rdi, %1
            call print_uint
        %else
            %error "String literals are not supported yet"
        %endif
    %endif
%endmacro

myhello: db 'hello', 10, 0
_start:
```

```
    print myhello
    print 42
    mov rax, 60
    syscall
```

インデント（字下げ）は、まったくのオプションであり、ただ読みやすいように入れてある。
引数が数でも識別子でもないときは、`%error`ディレクティブを使って「文字列リテラルはまだサポートしていません」という意味のメッセージをエラー扱いで出すよう、NASM に強制している。もし代わりに`%fatal`を使えば、アセンブリを完全に中止させ、それ以降のエラーは無視されるだろう。けれども単純な`%error`ならば NASM には、入力ファイルの処理を止める前に、これに続くエラーについてもシグナルを出すというチャンスが与えられる。

マクロのインスタンスを、リスト 5-12 でチェックしよう。

リスト5-12：macro_arg_types_preprocessed.asm

```
%line 73+1 macro_arg_types/macro_arg_types.asm

myhello: db 'hello', 10, 0
_start:
 mov rdi, myhello
%line 76+0 macro_arg_types/macro_arg_types.asm
 call print_string

%line 77+1 macro_arg_types/macro_arg_types.asm

%line 77+0 macro_arg_types/macro_arg_types.asm
 mov rdi, 42
 call print_uint

%line 78+1 macro_arg_types/macro_arg_types.asm
 mov rax, 60
 syscall
```

5.1.7　評価の順序：define、xdefine、assign

すべてのプログラミング言語には、評価順序（evaluation order）の方針がある。それは複雑な式を評価する順序を記述したものだ。たとえば、$f(g(1), h(4))$ を、どう評価すべきだろうか。$g(1)$ と $h(4)$ を先に評価してから、その結果を f に与えればよいのだろうか。それとも、$g(1)$ と $h(4)$ を、f の本文の内側にそのまま並べておいて、評価は本当に必要となるまで遅延すべきだろうか？

マクロは、NASM のマクロプロセッサによって評価されるが、これにも実に複雑な構文がある。どのマクロの実体も、他のマクロの実体を含むことが可能だからだ。評価の順序は手作業による微調整が可能である。NASM は、次に示すように、マクロ定義ディレクティブの微妙に異なる別バージョンも提供しているからだ。

- `%define` は展開の遅延に使える。`%define` 本文に含まれているマクロは、この定義の置換を行うたびに展開される。
- `%xdefine` は、定義されたときに置換が行われ、その結果として得られた文字列が、その後の置換で使われる。
- `%assign` も `%xdefine` に似ているが、これは計算式の評価を強制し、その計算結果が数でなければエラーを送出する。

`%define` と `%xdefine` の違いは微妙なので、よく理解するために、リスト 5-13 の例を見ていただきたい。

リスト5-13：defines.asm

```
%define i 1

%define d i * 3
%xdefine xd i * 3
%assign a i * 3

mov rax, d
mov rax, xd
mov rax, a

; ここで i を再定義
%define i 100
mov rax, d
mov rax, xd
mov rax, a
```

リスト 5-14 に前処理の結果を示す。

リスト5-14：defines_preprocessed.asm

```
%line 2+1 defines.asm

%line 6+1 defines.asm

mov rax, 1 * 3
mov rax, 1 * 3
mov rax, 3

mov rax, 100 * 3
mov rax, 1 * 3
mov rax, 3
```

主な違いは、次の通りだ。

- **`%define` は、その一部が再定義されると、インスタンスによって値が異なる場合が**

ある。

- %xdefine に直接依存する他のマクロがあっても、それらは定義された後で変化しない。
- %assign は評価を強制して値を置換する。プリプロセッサで 4+2+3 をシンボル定義するとき、%xdefine では、式がそのまま残されるが、%assign では、計算した結果の 9 がシンボルに割り当てられる。

マクロの繰り返しに馴染んだら、この%assign の素晴らしい性質を使って、ちょっとしたマジックを、お目にかけるつもりだ。

5.1.8 繰り返し

times ディレクティブは、すべてのマクロ定義の展開が完全に終わった後で実行されるので、ひとかたまりのマクロを繰り返す目的には使えない。

けれども NASM にはマクロをループさせる方法がほかにもある。それは、ループの本文を%rep と%endrep という 2 つのディレクティブの間に置くことだ。ループは、%rep <引数>で指定された固定の回数だけ実行される。リスト 5–15 にあげる例では、プリプロセッサが 1 から 10 までの整数の和を計算してから、その値を使って、グローバル変数 result を初期化する。

リスト5–15：rep.asm

```
%assign x 1
%assign a 0
%rep 10
%assign a x + a
%assign x x + 1
%endrep

result: dq a
```

前処理が終わると、result の値は正しく 55 に初期化されている（リスト 5–16）。これは簡単な計算でチェックできる[3]。

リスト5–16：rep_preprocessed.asm

```
%line 7+1 rep/rep.asm

result: dq 55
```

なお、%exitrep を使えば即座にループから抜け出すことができる。これは、C 言語の break 文に似ている。

---

[3] 最初の n 個の自然数の和を求める単純な式：$\frac{n(n+1)}{2}$

5.1.9 例：素数を計算する

リスト 5–17 に示すマクロは、素数を篩（ふるい：sieve）にかける。つまり、これが定義する静的なバイト配列において、$ 番目のバイトが 1 に等しいのは、その $ が素数であるときに限られる。

素数（prime number）は、1 よりも大きな自然数のうち、1 とそれ自身の他に正の約数を持たないものだ。

アルゴリズムは単純だ。

- **0 と 1 は素数ではない。**
- 2 は素数である。
- 3 から limit までの数 n について、2 から n/2 までの数に n の約数がないかチェックし、もしあれば 1、なければ 0 を、配列の要素 n に入れる。

リスト5-17：prime.asm [4]

```
%assign limit 15
is_prime: db 0, 0, 1
%assign n 3
%rep limit
    %assign current 1
    %assign i 1
        %rep n/2
            %assign i i+1
            %if n % i = 0
                %assign current 0
                %exitrep
            %endif
        %endrep
db current ; n
    %assign n n+1
%endrep
```

is_prime 配列の n 番目の要素を見れば、n が素数かどうかを判定できる。この前処理によって、リスト 5–18 に示すコードが生成される。

リスト5-18：prime_preprocessed.asm

```
%line 2+1 prime/prime.asm
is_prime: db 0, 0, 1
%line 16+1 prime/prime.asm
db 1
```

---

[4] 訳注：%演算子は、剰余（modulo）を計算する。

```
%line 16+0 prime/prime.asm
db 0
db 1
db 0
db 1
db 0
db 0
db 0
db 1
db 0
db 1
db 0
db 0
db 0

db 1
```

■問題 70　　数が素数かどうかを前処理で生成した表によって判定し、素数なら 1 を、そうでなければ 0 を返す関数を追加しよう。

ところで、バイトではなくビットの表を作るマクロを書けるだろうか（そうすれば表のメモリを 1/8 に節約できる）。たぶん、そのマクロには大量のコピー&ペーストが必要になるだろう。

5.1.10　マクロ内のラベル

アセンブリ言語では、ラベルなしにできることは少ない。とはいえ、マクロの内部で固定のラベル名を見ることは、めったにない。マクロが同じファイルのなかで何度も実体化されると、繰り返し定義された複数のラベルが衝突して、コンパイルが停まってしまうこともある。

マクロローカルなラベルを使うという選択肢がある。これは現在のマクロの外側からはアクセスできないラベルだ。それには、たとえば%%labelname という具合に、ラベル名の前に置くプリフィックスのパーセント記号を、1 個ではなく 2 つ並べればよい。これを実体化すると、それぞれのマクロローカルなラベルにユニークなプリフィックスが付けられる。これは、そのマクロの実体ごとに変わるが、1 個の実体の中では変わらない。その効果を示す用例をリスト 5-19 に、前処理の結果をリスト 5-20 に示す。

リスト5-19：macro_local_labels.asm

```
%macro mymacro 0
%%labelname:
%%labelname:
%endmacro


mymacro
```

```
mymacro

mymacro
```

`mymacro`というラベルは3回実体化されるが、それぞれユニークな名前がローカルに付けられる。ベース名（2個のパーセント記号の後）には、インスタンスごとに異なる数のプリフィックスが付く。最初のプリフィックスは`..@0.`、2番目のプリフィックスは`..@1.`だ。

リスト5-20：macro_local_labels_inst.asm

```
%line 5+1 macro_local_labels/macro_local_labels.asm

..@0.labelname:
%line 6+0 macro_local_labels/macro_local_labels.asm
..@0.labelname:
%line 7+1 macro_local_labels/macro_local_labels.asm

..@1.labelname:
%line 8+0 macro_local_labels/macro_local_labels.asm
..@1.labelname:
%line 9+1 macro_local_labels/macro_local_labels.asm

..@2.labelname:
%line 10+0 macro_local_labels/macro_local_labels.asm
..@2.labelname:
```

5.1.11　結論

マクロは、コンパイル時に実行されるプログラミング「メタ言語」と考えることができる。この言語では、ずいぶん複雑なことが可能だが、2つの制限がある。

- 入力に依存する計算はできない（使えるのは定数だけである）。
- 繰り返しのサイクルは、固定回数より多くできない。したがって、`while`のような無限ループ構造はエンコードできない。

5.2　変換処理

コンパイラは普通、ある言語のソースコードを他の言語へと変換（translate）する。高いレベルのプログラミング言語からマシンコードに変換する場合、そのプロセスには複数の内部ステージが含まれる。それらの段階を経て、徐々にコードの **IR**（Intermediate Representation：中間的な表現）を、ターゲット言語に近づけていくわけだ。最終段階として、アセンブリ言語のコードを生成する直前の IR は、とてもアセンブリに近いものになるから、エンコードする代わりに人間が読めるリストとして出力させることも可能だ。

けれども変換は複雑なプロセスであり、ソースコードの構造に関する情報は失われるので、アセンブリファイルから人間が読める高級言語のコードを再構築することは不可能だ。

コンパイラが扱うのは、**モジュール**（module）と呼ばれる「分割できない（atomic な）コードのインスタンス」だ。1 個のモジュールは、通常、そのコードのソースファイル 1 個に対応する（ただしヘッダないしインクルードファイルは除く）。それぞれのモジュールは、他のモジュールとは独立してコンパイルされる。各モジュールから生成されるのが、**オブジェクトファイル**（object file）だ。これにはバイナリにエンコードされた命令が含まれるが、通常そのままでは実行できない。それには、いくつかの理由がある。

たとえばオブジェクトファイルは、他のファイルと分かれて完結しても、外側のコードとデータを参照できる。そのコードやデータが、メモリに常駐するのか、それともオブジェクトファイルの一部になるのかは、まだわからない。

アセンブリ言語の変換は、極めて単純明快である。アセンブリのニーモニック（mnemonic）とマシン語の命令は、ほとんど 1 対 1 で対応するからだ。ラベルの解決を除けば、たいして複雑な作業は存在しない。だから今のところは、コンパイルの次の段階、すなわちリンクに話を進めよう。

5.3 リンク

最初に見たアセンブリプログラムの話に戻ろう。"Hello, world!" プログラムをソースコードから実行ファイルに変換するために、次の 2 つのコマンドを使った。

```
> nasm -f elf64 -o hello.o hello.asm
> ld -o hello hello.o
```

最初に NASM を使ってオブジェクトファイルを生成したとき、そのフォーマットである `elf64` を、`-f` のキーとして指定した。次に、それとは別のプログラムである、`ld` というリンカを呼び出して、実行可能なファイルを生成した。このフォーマットを例として、リンカが実際に何をするのかを説明しよう。

5.3.1　ELF（Executable and Linkable Format）

ELF（Executable and Linkable Format：実行とリンクが可能なフォーマット）は、*nix システムのオブジェクトファイルとして典型的なフォーマットだ。ここでは 64 ビットバージョンに話を絞ろう。

ELF は、次の 3 種類のファイルをサポートする。

1. **再配置可能なオブジェクトファイル**（relocatable object file）：コンパイラが生成する `.o` ファイル。

再配置（relocation）は、プログラムの各部に決定的なアドレスを割り当て、すべてのリンクが適切に解決するようプログラムのコードを変更する処理だ。つまり、絶対アドレスによって、あらゆる種類のメモリアクセスを解決する。再配置は、プログラムを構成する複数のモジュールが互いを参照しているとき必要になる。モジュール別のファイルでは、メモリに置かれる順序が固定されていないから、絶対アドレスは、まだ決まらない。リンカが、これらのファイルを結合して、次の種類のオブジェクトファイルを生成する。

2. **実行可能なオブジェクトファイル**（executable object file）：そのままメモリにロードして実行できるファイル。これは基本的に、コードとデータとユーティリティ情報を構造化したストレージだ。
3. **共有オブジェクトファイル**（shared object file）は、必要なときメインプログラムがロードできるファイルである。動的にリンクされるので**動的ライブラリ**（dynamic library）とも呼ばれ、Windows OS では、`.dll` ファイルとして知られている。*nix システムでは、ファイル名が `.so` で終わることが多い（shared object）。

　あらゆるリンカの目的は、再配置可能なオブジェクトファイルの集合を受け取って、1 個の実行可能な（あるいは共有）オブジェクトファイルを作ることだ。そのために、リンカは次の仕事を行う必要がある。

- **再配置**（relocation）
- **シンボルの解決**（symbol resolution）：シンボル（関数や変数の名前）が参照されるたびに、リンカは、オブジェクトファイルを変更して、命令のオペランドのアドレスに対応する部分を正しい値で埋める必要がある。

構造
　ELF ファイルの先頭には、グローバルなメタ情報を格納するメインヘッダ（ELF ヘッダ）がある。
　リスト 5-21 に、典型的な ELF ヘッダを示す。この `hello` というファイルは、リスト 2-4 で見た "Hello, world!" プログラムをコンパイルした結果だ[5]。

---

[5] **訳注**：これは訳者の Ubuntu 環境で実行した結果。元のリストは、`low-level-programming-master/listings/` にある。なお、`readelf`, `objdump`, `nm` などの GNU binutils については、日本語に訳された詳しい情報が [113] にある。

リスト5-21：hello_elfheader

```
ELF ヘッダ:
  マジック:      7f 45 4c 46 02 01 01 00 00 00 00 00 00 00 00 00
  クラス:                              ELF64
  データ:                              2 の補数、リトルエンディアン
  バージョン:                          1(current)
  OS/ABI:                              UNIX - System V
  ABI バージョン:                      0
  型:                                  EXEC(実行可能ファイル)
  マシン:                              Advanced Micro Devices X86-64
  バージョン:                          0x1
  エントリポイントアドレス:            0x4000b0
  プログラムの開始ヘッダ:              64(バイト)
  セクションヘッダ始点:                528(バイト)
  フラグ:                              0x0
  このヘッダのサイズ:                  64(バイト)
  プログラムヘッダサイズ:              56(バイト)
  プログラムヘッダ数:                  2
  セクションヘッダ:                    64(バイト)
  セクションヘッダサイズ:              6
  セクションヘッダ文字列表索引:        3
```

ELF ファイルはプログラムについて、次の 2 つの視点から見た情報を提供する。

- **リンカから見たビュー**（linking view）は、セクションで構成される。

  これを記述した「セクションヘッダ」の表を、`readelf -S` で観察できる。個々のセクションは、次のどちらかである。

    - メモリにロードされる、生のデータ（raw data）。
    - 他のセクションに関する整形されたメタデータ。ローダが使う情報（たとえば **.bss**）、リンカが使う情報（たとえば**再配置表**）、デバッガが使う情報（たとえば **.line**）がある。

  コードとデータはセクションの中に格納される。

- **ローダから見たビュー**（execution view）は、セグメントで構成される。

  これを記述する「プログラムヘッダ」の表を、`readelf -l` で観察できる。これは「5.3.5 ローダ」の項で詳しく見る。この表のエントリには、次の記述が入る。

    - システムがプログラムを実行するのに必要となるような情報。
    - 0 個以上の「プログラムヘッダ」セクションを含む ELF セグメント 1 個。プログラムヘッダは、仮想メモリと同じパーミッション集合（read、write、execute）を持つ。それぞれ開始アドレスを持つ複数のセグメントが、連続的なページで構成される別々のメモリ領域にロードされる。

もう一度リスト 5-21 を見ると、プログラムヘッダとセクションヘッダの位置と寸法が、厳

密に記述されていることがわかるだろう。

リンカは主にセクションを扱うので、まずはセクションから見よう。

ELF ファイルのセクション

アセンブリ言語ではセクションを手作業で制御できる。NASM のセクションは、オブジェクトファイルのセクションに対応する。そのうち 2 つ（.text と.data）は、すでに見た。もっとも使われることの多いセクションを、次にあげる（完全なリストは、[24] にある）。

.text には、マシン語命令が入る。

.rodata には、read only のデータが入る。

.data には、初期化されたグローバル変数が入る。

.bss では読み書き可能なグローバル変数がゼロで初期化される。すべてがゼロで埋められるのだから、その内容をオブジェクトファイルにダンプする必要はない。その代わりにセクションの合計サイズが格納される（そのメモリをゼロにする高速な方法は OS が知っているだろう）。アセンブリ言語では、resb、resw などのディレクティブを、section .bss の後に置くことで、このセクションにデータを入れることができる。

.rel.text には、.text セクションのための再配置表（relocation table）が入る。このテーブルはリンカのためにあり、このオブジェクトファイル専用のローディングアドレスを選択した後で.text を書き換えなければならない場所を記憶する目的で使われる。

.rel.data には、モジュール内で参照されているデータのための再配置表が入る。

.debug には、プログラムをデバッグするためのシンボルテーブルが入る。もし C や C++ で書かれたプログラムなら、グローバル変数についての情報だけでなく（それは.symtab に入る）ローカル変数に関しての情報も、ここに入る。

.line は、コードの断片とソースコード内の行番号との対応を定義する。高級言語のソースコードにおける行と、アセンブリ命令との対応が、単純ではないので、これが必要になる。つまり、この情報があるので高級言語のプログラムを行単位でデバッグできるのだ。

.strtab には、文字列が配列のように格納される。他のセクション（たとえば.symtab や.debug）は、文字列を直接使うのではなく、.strtab のインデックスを使う。

.symtab にはシンボルテーブルが入る。プログラマがラベルを定義したら、必ず NASM がシンボルを作る[6]。この表には、後で説明するユーティリティ情報も入る。

これで ELF ファイルの「リンクの視点から見たビュー」について概略を理解できた。次は、3 種類の ELF ファイルについて、それぞれの特異性を示している例を見よう。

---

[6] プリプロセッサシンボルと混同してはならない。

5.3.2 再配置可能なオブジェクトファイル

まずオブジェクトファイルを調べるため、リスト 5–22 に示す単純なプログラムをコンパイルする。

リスト5–22：symbols.asm

```
section .data
datavar1: dq 1488
datavar2: dq 42

section .bss
bssvar1: resq 4*1024*1024
bssvar2: resq 1

section .text

extern somewhere
global _start
    mov rax, datavar1
    mov rax, bssvar1
    mov rax, bssvar2
    mov rdx, datavar2
_start:
    jmp _start
    ret
textlabel: dq 0
```

このプログラムは、extern と global の 2 種類のディレクティブを使い、それぞれ**シンボル**を別の方法でマークしている。つまり、この 2 つのディレクティブは**シンボルテーブル**（symbol table）の作り方を制御するのだ。デフォルトでは、すべてのシンボルが現在のモジュール専用のローカルシンボルになる。extern は、「他のモジュールで定義され、現在のモジュールが参照するシンボル」を定義する。逆に global は、他のモジュールからも extern と定義すれば参照できるよう、グローバルに利用可能なシンボルを定義する。

■**勘違いを避けよう**　グローバル／ローカルなシンボルと、グローバル／ローカルなラベルを、混同しないこと！

　GNU binutils（Binary Utilities）は、オブジェクトファイルを扱うバイナリツールのコレクションだ。これにはオブジェクトファイルの内容を調べるのに使えるツールが、いくつも含まれているが、ここでは次のものが、とくに興味深い。

- シンボルテーブルだけ見るには、nm を使う。
- objdump は、オブジェクトファイルに関する一般情報を表示する万能ツールだ。ELF

以外のフォーマットのオブジェクトファイルもサポートしている。
- ファイルが ELF フォーマットだとわかっているのなら、たぶん readelf を選ぶのが正解で、得られる情報も多いだろう。

では、このプログラムを objdump に食わせてみよう。結果をリスト 5-23 に示す。

リスト5-23：Symbols

```
> nasm -f elf64 symbols.asm && objdump -tf -m intel symbols.o
symbols.o:     ファイル形式 elf64-x86-64
アーキテクチャ: i386:x86-64, フラグ 0x00000011:
HAS_RELOC, HAS_SYMS
開始アドレス 0x0000000000000000

SYMBOL TABLE:
0000000000000000 l    df *ABS*  0000000000000000 symbols.asm
0000000000000000 l    d  .data  0000000000000000 .data
0000000000000000 l    d  .bss   0000000000000000 .bss
0000000000000000 l    d  .text  0000000000000000 .text
0000000000000000 l       .data  0000000000000000 datavar1
0000000000000008 l       .data  0000000000000000 datavar2
0000000000000000 l       .bss   0000000000000000 bssvar1
0000000002000000 l       .bss   0000000000000000 bssvar2
000000000000002b l       .text  0000000000000000 textlabel
0000000000000000         *UND*  0000000000000000 somewhere
0000000000000028 g       .text  0000000000000000 _start
```

これはシンボルテーブルで、それぞれのシンボルに有益な情報が添えてある。それぞれのコラムの意味は、左から順に、

1. シンボルの仮想アドレス。まだセクションの開始アドレスがわからないので、すべての**仮想アドレスはセクション先頭からの相対アドレス**になっている。たとえば datavar1 は .data セクションの先頭にある変数なので、そのアドレスは 0、サイズは 8 である。第 2 の変数 datavar2 は、同じセクションでオフセットが 8 に増えているから、datavar1 のすぐ後に位置する。somewhere は extern と定義されているので、明らかに別のモジュール内にある。したがって、そのアドレスは、今は無意味で、ゼロのままになっている。
2. 7 個の文字（とブランク）による文字列。それぞれの文字はシンボルの属性を示している。そのうちいくつかは、われわれにとって興味のあるものだ。左から順に、
    1 l はローカル、g はグローバル、ブランクは、どちらでもない。
    2 …
    3 …

        4. …
        5. I は他のシンボルへのリンク。ブランクは普通のシンボル。
        6. d はデバッグシンボル、D はダイナミックシンボル。ブランクは普通のシンボル。
        7. F は関数名、f はファイル名、O はオブジェクト名、ブランクは普通のシンボル。
    3. その次の欄は、ラベルがどのセクションに対応するかを示す。ただし *UND* は未知のセクションだ（シンボルは、参照されているが、ここでは定義されていない、という意味）。そして *ABS* は「セクションなし」という意味である。
    4. 次の数は、通常はアラインメント（あるいは、アラインメントなし）を示す。
    5. 最後にシンボル名。

一例として、リスト 5-23 が示す最初のシンボルを調べてみよう。これは、

    f   ファイル名で、
    d   デバッグ用途に必要な、
    l   このモジュールのローカルシンボルである。

エントリポイントの _start は、グローバルラベルなので、第 2 のコラムで g のマークが付いている。

 シンボル名は、大文字と小文字が区別される: _start と _STaRT は異なる。

このシンボル内のアドレスは、まだ本物の「仮想アドレス」ではなく、セクション相対アドレスだ。だとしたら、いったいマシン語のコードは、どうなのだろうか? NASM は、すでに自分の仕事を終え、マシン語命令はアセンブルされているはずなのに。オブジェクトファイル内部のコードセクションを読みたいときは、objdump を、-D（disassemble：逆アセンブル）というパラメータ付きで呼び出す。さらに、オプションとして、-M intel-mnemonic を指定する（これで AT&T ではなく Intel スタイルの表示になる）。リスト 5-24 に、その結果を示す（一部は省略している）。

■**逆アセンブルダンプの読み方**　左端のコラムは通常、データがロードされる絶対アドレスを示す。ただしリンク前は、セクション先頭からの相対アドレスだ。
　第 2 のコラムは、生のバイトを 16 進数で示す。

第3のコラムには、マシン語命令をニーモニックに逆アセンブルした結果が入る。

リスト5-24：objdump_d

```
> objdump -D -M intel-mnemonic symbols.o
symbols.o:     ファイル形式 elf64-x86-64
セクション .data の逆アセンブル:
0000000000000000 <datavar1>:          ...
0000000000000008 <datavar2>:          ...
セクション .bss の逆アセンブル:
0000000000000000 <bssvar1>:           ...
0000000002000000 <bssvar2>:           ...
セクション .text の逆アセンブル:
0000000000000000 <_start-0x28>:
   0:    48 b8 00 00 00 00 00      movabs rax,0x0
   7:    00 00 00
   a:    48 b8 00 00 00 00 00      movabs rax,0x0
  11:    00 00 00
  14:    48 b8 00 00 00 00 00      movabs rax,0x0
  1b:    00 00 00
  1e:    48 ba 00 00 00 00 00      movabs rdx,0x0
  25:    00 00 00
0000000000000028 <_start>:
  28:    eb fe                     jmp    28 <_start>
  2a:    c3                        ret
000000000000002b <textlabel>:         ...
```

　.text セクションで、先頭からの相対オフセットが 00 と 1e にある 2 つの mov 命令のオペランドは、.data セクションのアドレスのはずだが、ゼロになっている。.bss セクションの場合も同じだ。ということは、リンカがコンパイルされたマシン語コードを変更して、それぞれの命令の引数に正しい絶対アドレスを書き入れる必要がある。それを可能にするため、個々のシンボルへの参照はすべて**再配置表**（relocation table）に記録される。リンカは、正しい仮想アドレスを認識するとすぐに、シンボル参照のリストを辿ってアドレスのゼロを埋めていくのだ。

　再配置表は、それを必要するセクションについて、それぞれ別々に存在する。
readelf --relocs を使うと、再配置表を見ることができる（リスト 5-25 を参照）。

リスト5-25：readelf_relocs

```
> readelf --relocs symbols.o
再配置セクション '.rela.text' （オフセット 0x440) は 4 個のエントリから構成されています:
  オフセット        情報            型              シンボル値         シンボル名 + 加数
000000000002  000200000001 R_X86_64_64     0000000000000000 .data + 0
00000000000c  000300000001 R_X86_64_64     0000000000000000 .bss + 0
000000000016  000300000001 R_X86_64_64     0000000000000000 .bss + 2000000
000000000020  000200000001 R_X86_64_64     0000000000000000 .data + 8
```

再配置表を表示するには、もっと軽量で必要最小限な nm ユーティリティを使うという、別の方法がある。これは個々のシンボルについて、仮想アドレスと型と名前を表示する。ただし型（type）のフラグは、objdump とは別のフォーマットなので、注意しよう。リスト 5-26 に、最小限のサンプルを示す。

リスト5-26：nm

```
> nm main.o
0000000000000000 b bssvar
0000000000000000 d datavar
                 U somewhere
000000000000000a T _start
000000000000000b t textlabel
```

5.3.3　実行可能なオブジェクトファイル

オブジェクトファイルの第 2 のタイプは、そのまま実行できる。構造は同じだが、アドレスの値は、もう確定しているのだ。

今度は別のサンプルコードを使おう（リスト 5-27 を参照）。これには somewhere と private という 2 つのグローバル変数があり、その 1 つは全部のモジュールで使えるように global のマークが付いている。さらに、func というシンボルにも global のマークがある。

リスト5-27：executable_object.asm

```
global somewhere
global func

section .data

somewhere: dq 999
private: dq 666

section .text

func:
    mov rax, somewhere
    ret
```

これを、今まで通り nasm -f elf64 でコンパイルしてから、ld を使って、リスト 5-22 のファイルをコンパイルして得たオブジェクトファイルとリンクする。リスト 5-28 に示す objdump 出力を、リスト 5-23 と比較して、どこが違うかを見ていただきたい。

リスト5-28：objdump_tf

```
> nasm -f elf64 symbols.asm
> nasm -f elf64 executable_object.asm
> ld symbols.o executable_object.o -o main
> objdump -tf -m intel main

main:     ファイル形式 elf64-x86-64
アーキテクチャ: i386:x86-64, フラグ 0x00000112:
EXEC_P, HAS_SYMS, D_PAGED
開始アドレス 0x00000000004000d8

SYMBOL TABLE:
00000000004000b0 l    d  .text  0000000000000000 .text
000000000060000fc l   d  .data  0000000000000000 .data
000000000060011c l    d  .bss   0000000000000000 .bss
0000000000000000 l    df *ABS*  0000000000000000 symbols.asm
000000000060000fc l       .data  0000000000000000 datavar1
0000000000600104 l       .data  0000000000000000 datavar2
000000000060011c l       .bss   0000000000000000 bssvar1
0000000002600011c l      .bss   0000000000000000 bssvar2
00000000004000db l       .text  0000000000000000 textlabel
0000000000000000 l    df *ABS*  0000000000000000 executable_object.asm
0000000000600114 l       .data  0000000000000000 private
000000000060010c g       .data  0000000000000000 somewhere
00000000004000d8 g       .text  0000000000000000 _start
000000000060011c g       .bss   0000000000000000 __bss_start
00000000004000f0 g       .text  0000000000000000 func
000000000060011c g       .data  0000000000000000 _edata
0000000002600128 g       .bss   0000000000000000 _end
```

フラグに違いがある。このファイルは、もう実行できるし（EXEC_P）、再配置表がなくなっている（HAS_RELOC フラグがクリアされた）。仮想アドレスは完全で、コードの中のアドレスも、すべて解決している。このファイルは、このままロードして実行できる。ただしシンボルテーブルは残されている（切除して実行ファイルを小さくするには、strip ユーティリティを使えばよい）。

- ■問題 71　もし _start にグローバルのマークがなければ、ld は警告（warning）を出す。なぜだろうか？　その場合は、readelf に適切な引数を付けて実行し、エントリポイントのアドレスを見るといい。
- ■問題 72　ld に、リンク後にシンボルテーブルを自動的に strip するオプションがあるだろうか？[7]

---

[7] 訳注：デバッガシンボルだけを切除するオプションもある。

5.3.4 動的ライブラリ

ほとんどすべてのプログラムは、ライブラリのコードを使う。ライブラリには、静的と動的の2種類がある。

静的ライブラリ（static library）は、再配置可能なオブジェクトファイルで構成される。これらはメインプログラムにリンクされ、実行ファイルに組み込まれる。

> Windows の世界では、ファイルに.lib という拡張子が付く。
> Unix の世界では、.o ファイルか、さもなければ複数の.o ファイルを内部に含むアーカイブの.a が使われる。

動的ライブラリ（dynamic library）は**共有オブジェクトファイル**（shared object file）とも呼ばれる（この節で定義した3種のオブジェクトファイルの、3つめだ）。

> これがプログラムにリンクされるのは、そのプログラムの実行中だ。
> Windows の世界で評判が悪い.dll ファイル（dynamic link library）が、これである[8]。
> Unix の世界では、.so という拡張子が付く（shared object）。

静的ライブラリの実質が、エントリポイントがなく中途半端な（undercooked：生ではないが加工が終わっていない）実行ファイルなのと比べて、これから見ていく動的ライブラリには、いくつか違いがある。

動的ライブラリは、必要になったときにロードされる。ライブラリ自身がオブジェクトファイルなので、外部で使えるように、どんなコードを提供するかを調べるのに必要なメタ情報を持っている。この情報をローダが使って、エクスポートされている関数とデータの正確なアドレスを決定する。

動的ライブラリは単独で出荷し、独自に更新することが可能だ。これには良い面と悪い面がある。ライブラリ提供者は、バグフィックスを提供できるが、関数の引数を変更して後方互換性を破ることもできるのだから、それではまるで遅発性の地雷を出荷するようなものだ。

プログラムは、いくらでも共有ライブラリを利用できる。そういうライブラリは、どのアドレスにでもロードできなければならない（そうでなければアドレスが衝突してしまう。物理メモリで同じアドレス空間を持つ複数のプログラムを実行しようとするのと、まったく同じ状況だ）。これを達成するには2つの方法がある。

---

[8] 訳注：DLL の概要、長所と短所、.NET Framework アセンブリなどの情報をまとめた、比較的新しいマイクロソフトの日本語記事「DLL について」を参照 [150]。

- 実行時に（ライブラリをロードしているときに）再配置を行う。これは可能だが、非常に魅力的な機能が奪われてしまう。それは物理メモリ内のライブラリコードを、複数のプロセスが同時に重複なしに再利用する機能だ。もし個々のプロセスが同じライブラリを別々のアドレスに再配置したら、それぞれに対応するページに別々のアドレスが振られ、プロセスごとに異なるアドレスとなる。

 いずれにせよ、.data セクションは書き換え可能なのだから、これだけは再配置しなければならない。グローバル変数を撤廃すれば、このセクションも、それを再配置する必要もなくなる。

 もう 1 つの問題は、.text セクションにある。再配置のプロセスで書き換えられるように、このセクションへの書き込みを許可していなければならないのだ。このため、悪意のあるコードによる書き換えの可能性が残り、セキュリティのリスクが生じる。そればかりか、ある実行ファイルが複数のライブラリを必要とするときは、すべての共有オブジェクトについて.text を書き換えることになり、ずいぶん時間もかかるだろう。

- **PIC**（Position Independent Code：位置に依存しないコード）を書くことができる。今ではメモリのどこに置かれても実行できるようなコードを書くことが可能だ。そのためには、絶対アドレスを完璧に排除してしまえばよい。現在のプロセッサでは、たとえば mov rax, [rip + 13] のような、rip 相対アドレッシングがサポートされ、この機能が PIC の生成を促進している。

 このテクニックを使えば、.text セクションを共有できる。いまどきのプログラマは、再配置ではなく PIC を使うことが強く奨励される。

 定数ではないグローバル変数を使っていると、コードを再入可能にすることができない。つまりコードを、複数のスレッドで同時に、変更なしに実行することができない。そのため、共有ライブラリでの再利用が難しくなる。プログラムにグローバルな「可変状態」（mutable state）を持たせるな、と言われる理由の 1 つが、これだ。

 動的ライブラリは、ディスクとメモリの節約になる。ページには、プライベートか、複数プロセスでの共有か、どちらかのマークが付くことを思い出そう。もしライブラリを複数のプロセスで使うのなら、その大部分は物理メモリで重複しない。

 次に、最小限の共有オブジェクトを構築する方法を示そう。ただし、Global Offset Table や Procedure Linkage Table の説明は、第 15 章までお待ちいただきたい。

 リスト 5-29 に、ミニマルな共有オブジェクトの内容を示す。ここで注目すべきポイントは、外部シンボルの_GLOBAL_OFFSET_TABLE_と、グローバルシンボル func を指定する global func:function だ。そして、共有オブジェクトファイル内の関数を呼び出して正しく終了す

る最小限のランチャー（launcher：ローンチャとも）をリスト 5-30 に示す。

リスト5-29：libso.asm

```
Extern _GLOBAL_OFFSET_TABLE_

global func:function

section .rodata
message: db "Shared object wrote this", 10, 0

section .text
func:
    mov rax, 1
    mov rdi, 1
    mov rsi, message
    mov rdx, 14
    syscall
    ret
```

リスト5-30：libso_main.asm

```
global _start

extern func

section .text
_start:
    mov rdi, 10
    call func
    mov rdi, rax
    mov rax, 60
    syscall
```

リスト 5-31 は、ビルドコマンドと、ELF ファイルの 2 つのビューを示している。

動的ライブラリには、たとえば.dynsym など、固有のセクションがあることに注目しよう。セクションの.hash、.dynsym、.dynstr は再配置に不可欠である。

.dynsym には、このライブラリの外に見せるシンボルが入る。

.hash はハッシュ表であり、.dynsym でシンボルをサーチする時間を短縮する。

.Fdynstr には文字列群が入る。これらを.dynsym からインデックスで参照する。

リスト5-31：libso

```
> nasm -f elf64 -o main.o main.asm
> nasm -f elf64 -o libso.o libso.asm
> ld -shared -o libso.so libso.o
> ld -o main main.o -d libso.so --dynamic-linker=/lib64/ld-linux-x86-64.so.2
> readelf -S libso.so
13 個のセクションヘッダ、始点オフセット 0x5a0:
```

```
セクションヘッダ:
  [番] 名前              タイプ             アドレス             オフセット
       サイズ            EntSize           フラグ Link 情報   整列
  [ 0]                   NULL              0000000000000000   00000000
       0000000000000000  0000000000000000         0    0      0
  [ 1] .hash             HASH              00000000000000e8   000000e8
       000000000000002c  0000000000000004    A    2    0      8
  [ 2] .dynsym           DYNSYM            0000000000000118   00000118
       0000000000000090  0000000000000018    A    3    2      8
  [ 3] .dynstr           STRTAB            00000000000001a8   000001a8
       000000000000001e  0000000000000000    A    0    0      1
  [ 4] .rela.dyn         RELA              00000000000001c8   000001c8
       0000000000000018  0000000000000018    A    2    0      8
  [ 5] .text             PROGBITS          00000000000001e0   000001e0
       000000000000001c  0000000000000000   AX    0    0     16
  [ 6] .rodata           PROGBITS          00000000000001fc   000001fc
       000000000000001a  0000000000000000    A    0    0      4
  [ 7] .eh_frame         PROGBITS          0000000000000218   00000218
       0000000000000000  0000000000000000    A    0    0      8
  [ 8] .dynamic          DYNAMIC           0000000000200218   00000218
       00000000000000f0  0000000000000010   WA    3    0      8
  [ 9] .got.plt          PROGBITS          0000000000200308   00000308
       0000000000000018  0000000000000008   WA    0    0      8
  [10] .shstrtab         STRTAB            0000000000000000   00000537
       0000000000000065  0000000000000000         0    0      1
  [11] .symtab           SYMTAB            0000000000000000   00000320
       00000000000001c8  0000000000000018        12   15      8
  [12] .strtab           STRTAB            0000000000000000   000004e8
       000000000000004f  0000000000000000         0    0      1
フラグのキー:
  W (write), A (alloc), X (実行), M (merge), S (文字列), l (large)
  I (情報), L (リンク順), G (グループ), T (TLS), E (排他), x (不明)
  O (追加の OS 処理が必要), o (OS 固有), p (プロセッサ固有)

> readelf -S main
14 個のセクションヘッダ、始点オフセット 0x658:

セクションヘッダ:
  [番] 名前              タイプ             アドレス             オフセット
       サイズ            EntSize           フラグ Link 情報   整列
  [ 0]                   NULL              0000000000000000   00000000
       0000000000000000  0000000000000000         0    0      0
  [ 1] .interp           PROGBITS          0000000000400158   00000158
       000000000000001c  0000000000000000    A    0    0      1
  [ 2] .hash             HASH              0000000000400178   00000178
       0000000000000028  0000000000000004    A    3    0      8
  [ 3] .dynsym           DYNSYM            00000000004001a0   000001a0
       0000000000000078  0000000000000018    A    4    1      8
  [ 4] .dynstr           STRTAB            0000000000400218   00000218
       0000000000000027  0000000000000000    A    0    0      1
```

```
  [ 5] .rela.plt          RELA             0000000000400240  00000240
       0000000000000018   0000000000000018  AI       3    10     8
  [ 6] .plt               PROGBITS         0000000000400260  00000260
       0000000000000020   0000000000000010  AX       0     0    16
  [ 7] .text              PROGBITS         0000000000400280  00000280
       0000000000000014   0000000000000000  AX       0     0    16
  [ 8] .eh_frame          PROGBITS         0000000000400298  00000298
       0000000000000000   0000000000000000  A        0     0     8
  [ 9] .dynamic           DYNAMIC          0000000000600298  00000298
       0000000000000110   0000000000000010  WA       4     0     8
  [10] .got.plt           PROGBITS         00000000006003a8  000003a8
       0000000000000020   0000000000000008  WA       0     0     8
  [11] .shstrtab          STRTAB           0000000000000000  000005ee
       0000000000000065   0000000000000000           0     0     1
  [12] .symtab            SYMTAB           0000000000000000  000003c8
       00000000000001e0   0000000000000018          13    15     8
  [13] .strtab            STRTAB           0000000000000000  000005a8
       0000000000000046   0000000000000000           0     0     1
```

- ■問題 73　作成した共有オブジェクトのシンボルテーブルを、`readelf --dyn-syms` と `objdump -ft` を使って調べよう。
- ■問題 74　環境変数 `LD_LIBRARY_PATH` には、どういう意味があるのだろうか。
- ■問題 75　最初の課題（入出力ライブラリ）を 2 つのモジュールに分割しよう。第 1 のモジュールには、`lib.inc` 内で定義されているすべての関数を入れる。第 2 のモジュールには、エントリポイントを入れ、それらの関数の一部を呼び出すようにする。
- ■問題 76　GNU の標準ユーティリティを、coreutils から 1 つ選ぼう。そのオブジェクトファイルの構造を、`readelf` と `objdump` を使って、調べよう。

　この項で学んだ事項だけでも、たいがいの状況に当てはまるだろう。けれども、アドレッシングに影響をおよぼすさまざまなコードモデルという、より大きな全体像がある。その詳細は、もっとアセンブリと C に慣れてから、第 15 章で調べることにしよう。そのとき、動的ライブラリの話題に立ち戻って、GOT（Global Offset Table）と PLT（Procedure Linkage Table）の概念を詳解する。

5.3.5　ローダ

　ローダ（loader）はオペレーティングシステムの一部で、「実行可能なファイル」（executable file）の実行準備を行う。その作業では、実行に関わるセクションをメモリにマップし、`.bss` を初期化し、ときには他のファイルもディスクからメモリにマップする。一例として、リスト 5-22 で見た `symbols.asm` から生成したファイルのプログラムヘッダを見よう（リスト 5-32）。

リスト5-32：symbols_pht

```
> nasm -f elf64 symbols.asm
> nasm -f elf64 executable_object.asm
> ld symbols.o executable_object.o -o main
> readelf -l main
Elf ファイルタイプは EXEC （実行可能ファイル） です
エントリポイント 0x4000d8
2 個のプログラムヘッダ、始点オフセット 64

プログラムヘッダ:
  タイプ          オフセット           仮想 Addr            物理 Addr
                 ファイルサイズ        メモリサイズ          フラグアライン
  LOAD           0x0000000000000000  0x0000000000400000  0x0000000000400000
                 0x00000000000000fb  0x00000000000000fb   R E    200000
  LOAD           0x00000000000000fc  0x00000000006000fc  0x00000000006000fc
                 0x0000000000000020  0x000000000020002c   RW     200000

セグメントマッピングへのセクション:
セグメントセクション...
   00     .text
   01     .data .bss
```

このテーブルを見ると、次の2つのセグメントが存在することがわかる。

1. 00 segment
   - ロードの開始アドレスが 0x400000、アラインメントが 0x200000。
   - .text セクションを含む。
   - 実行可能（E）で、読み出し可能（R）である。ただし書き込みは不可能なのでコードを上書きできない。

2. 01 segment
   - ロードの開始アドレスが 0x6000e4、アラインメントが 0x200000。
   - .data、.bss セクションを含む。
   - 読み出し可能（R）、書き込み可能（W）である。

ここで**アラインメント**（alignment）とは、実際にロードされるアドレスが、0x200000 の倍数でもっとも開始アドレスに近い値になる、という意味だ。

とはいえ、仮想メモリのおかげで、すべてのプログラムを同じ開始アドレスにロードすることが可能だ。そのアドレスは、通常 0x400000 である。

ここで注目すべき重要なポイントは、

- 同じ名前のアセンブリセクションが、別のファイルでも定義されていたら、それらはマージされる。

- 純粋な実行可能ファイルでは、再配置表が必要ない。再配置は共有オブジェクト用に、部分的に残されているだけだ。

できあがったファイルを起動して、第4章で行ったように、その/proc/<PID>/mapsファイルを観察しよう。リスト5-33に、内容のサンプルを示す。この実行ファイルは、わざと無限ループするよう作られている。

リスト5-33：symbols_maps

```
00400000-00401000 r-xp 00000000 08:01 1176842
                  /home/sayon/repos/spbook/en/listings/chap5/main

00600000-00601000 rwxp 00000000 08:01 1176842
                  /home/sayon/repos/spbook/en/listings/chap5/main

00601000-02601000 rwxp 00000000 00:00 0

7ffe19cf2000-7ffe19d13000 rwxp 00000000 00:00 0
                  [stack]
7ffe19d3e000-7ffe19d40000 r-xp 00000000 00:00 0
                  [vdso]
7ffe19d40000-7ffe19d42000 r--p 00000000 00:00 0
                  [vvar]
ffffffffff600000-ffffffffff601000 r-xp 00000000 00:00 0
                  [vsyscall]
```

なるほど、プログラムヘッダはセクションの置き場所について真実を述べていた。

> ときには、リンカの動作を微調整したいケースがあるかもしれない。セクションのロードアドレスと相対位置を調整するには、**Linker Scripts**を使う（これは出力ファイルを記述するものだ）。そういうケースは普通、オペレーティングシステムあるいはマイクロコントローラのファームウェアを自作しているときに生じる。このトピックは本書で扱う範囲を超えるが、そういう必要が生じたときは、[4]を読むことを推奨する[9]。

---

[9] 訳注：GNU ldの日本語マニュアルページ (JM版)[118]によれば、「ldはリンカコマンド言語のファイルを受け付ける。このファイルでリンク処理を明示的に、また完全に制御することができる。このmanページではコマンド言語を説明していない。コマンド言語やGNUリンカのその他の内容に関する詳細はinfoの 'ld' エントリか、マニュアルである<ld: the GNU linker>を参照すること。」とある。その<ld: the GNU linker>が[4]。参考文献は坂井[158]の第5章。

5.4 課題：辞書を作る

この課題は Forth インタープリタを目指す最初の一歩だ。その一部、たとえばマクロの設計などは、不自然な作りに見えるかもしれないが、後でインタープリタに挑戦するための、重要な基礎となる部分なのだ。

われわれの任務は、辞書を実装することだ。**辞書**（dictionary）は、キーと値の間に関係を提供する。それぞれのエントリには、次のエントリのアドレスと、キーと、値が含まれる。キーと値は、ここではヌルで終結する文字列とする。

辞書のエントリを集めて、**連結リスト**（linked list）と呼ばれるデータ構造を形成する。空のリストは、ゼロの値を持つヌルポインタで表現される。空ではないリストは、そのリストの最初の要素へのポインタである。個々の要素には、何らかの値と、その次の要素へのポインタ（あるいは、それが最後の要素ならゼロ）とが含まれる。

リスト 5-34 に示す連結リストの例には、100、200、300 という要素が入っている。これを参照するには、最初の要素、すなわち x1 へのポインタを使う。

リスト5-34：linked_list_ex.asm

```
section .data

x1:
dq x2
dq 100

x2:
dq x3
dq 200

x3:
dq 0
dq 300
```

連結リストが便利なのは、要素の挿入や削除をリストの途中で頻繁に行う場合だ。けれども要素をインデックス参照するのは厄介だ。ポインタを追加するだけの連結リストでは、要素相互の（直線的なメモリアドレスでの）位置関係を、予測できないのが普通である。

この課題では、辞書をリストとして静的に構築する。新たに定義した要素は、リストの**先頭**に追加する。連結リストの作成を自動化するのに、マクロとシンボル定義を使う。条件として、2 個の引数を取る colon というマクロを必ず作ってほしい。第 1 の引数は辞書のキーになる文字列、第 2 の引数は「その要素を内部的に表現する名前」すなわちラベル名だ。このように区別する必要があるのは、キーの文字列に、ときどき有効なラベル名の一部として使えないキャラクタが含まれるからである（空白文字、句読点、演算記号など）。リスト 5-35 に、その colon マクロを使って書いた辞書の例を示す。

リスト5-35：linked_list_ex_macro.asm

```
section .data

colon "third word", third_word
db "third word explanation", 0

colon "second word", second_word
db "second word explanation", 0

colon "first word", first_word
db "first word explanation", 0
```

この課題では、次のファイルを作る。

1. main.asm
2. lib.asm
3. dict.asm
4. colon.inc

下記のステップを順に辿って、課題を完成させよう。

1. 最初の課題で書いたライブラリ関数を含むアセンブリのオブジェクトファイルを、別に用意する。これを lib.o とする。
   必要なラベルのすべてに global とマークするのを忘れないように。さもないと、このオブジェクトファイルの外側から見えなくなってしまう。
2. colon.inc というインクルードファイルを作り、辞書用のワードを作成する colon マクロを、その中で定義する。
   このマクロは、次の 2 つの引数を取る。
   - 辞書のキー（これは 2 重引用符で囲む）
   - アセンブリのラベル名

   キーには、空白などラベル名では許されないキャラクタを入れることができる。辞書のエントリは、それぞれ次のエントリへのポインタで始まり、その次がキー（ヌルで終結する文字列）、その次が、キーの値（ワードの意味）で、これはプログラムが直接記述する（たとえばリスト 5-35 の例で示したように、db を使って書けるようにする）。
3. dict.asm という新しいファイルの中で、find_word という関数を作る。これは 2 つの引数を受け取る。
   - ヌルで終結するキー文字列へのポインタ。
   - 辞書の最後のワードへのポインタ。こうして「最後のワードへのポインタ」を持つことにより、連続するリンクを辿って辞書に存在する全部のワードを

列挙することが可能になる。

`find_word` は、辞書全体をループ処理して、与えられたキーと、辞書にある個々のキーを比較していく。もし該当レコードが見つからなければゼロを返す。見つかったら、そのレコードのアドレスを返す。

4. 別のインクルードファイルとして、`words.inc` を作り、その中で辞書に入れるワードを、それぞれ `colon` マクロを使って定義する。このファイルを、`main.asm` の中でインクルードする。
5. 単純な `_start` 関数。これは、次の処理を実行する。
    - 文字列を入力し、それをバッファに格納する（最大で 255 文字の長さを格納できる）。
    - そのキーを辞書で探す。もしあれば、対応する値をプリントする。なければ、エラーメッセージをプリントする。

すべてのエラーメッセージは、`stdout` ではなく `stderr` に書く、という決まりを忘れないように！

読者が自由に使えるよう、われわれは課題の骨組みとなるスタブ（stub）ファイルを提供する（「2.1 環境を設定する」を参照）。そこに追加される `Makefile` は、ビルドプロセスを記述する。課題用のディレクトリから、単に `make` とタイプすれば、実行ファイルの `main` がビルドされる。GNU の Make システムについての、素早く読めるチュートリアルが、付録 B にある。

最初の課題と同様に、自動テストを行う `test.py` ファイルがある。

5.5 まとめ

この章では、コンパイル処理のさまざまな段階を見た。NASM のマクロプロセッサを詳しく調べ、その条件とループについて学んだ。オブジェクトファイルには、再配置可能（relocatable）、実行可能（executable）、共有（shared）の 3 種類があることを知った。ELF ファイルの構造を調べ、リンカが実行する再配置の処理を観察した。共有オブジェクトファイルにも触れたが、これは第 15 章で再び扱う。

■問題 77　連結リストとは何か?

■問題 78　コンパイルの段階には、何があるか?

■問題 79　前処理とは?

■問題 80　マクロの実体化とは?

■問題 81　%define ディレクティブとは?

■問題 82　%macro ディレクティブとは?

■問題 83　%define と %xdefine と %assign は、どう違うのか?

- ■問題 84　　なぜマクロの内側に%%演算子が必要なのか?
- ■問題 85　　NASM のマクロプロセッサがサポートする条件に、何があるか。どのディレクティブを使うか。
- ■問題 86　　ELF オブジェクトファイルの、3 つの種類とは?
- ■問題 87　　ELF ファイルには、どんなヘッダがあるのか?
- ■問題 88　　再配置とは?
- ■問題 89　　ELF ファイルの中に入る可能性のあるセクションは何か?
- ■問題 90　　シンボルテーブルとは何か。どのような情報が入るのか。
- ■問題 91　　セクションとセグメントには関連があるだろうか。
- ■問題 92　　アセンブリのセクションと ELF のセクションは関連があるだろうか。
- ■問題 93　　プログラムのエントリポイントをマークするシンボルは?
- ■問題 94　　ライブラリの 2 つの種類とは?
- ■問題 95　　静的ライブラリと、再配置可能なオブジェクトファイルとの間に、違いはあるのか?

第6章
割り込みとシステムコール

　この章の話題は2つある。まず、フォン・ノイマンのアーキテクチャに欠けていた対話性を補うために導入された**割り込み**（interrupt）だ。ここでは割り込みのハードウェア面については深く追求しないが、プログラマから見て具体的に割り込みとは何かを学んでいく。さらに、外部デバイスとの通信に使われる入出力ポートについても述べる。

　第2に、オペレーティングシステム（OS）は、自分が制御するメモリ、ファイル、CPUなどのリソースと、ユーザーが相互作用を行うためのインターフェイスを提供するのが普通だ。これはシステムコールの機構を介して実装されるが、制御をOSのルーチンに渡すのだから、特権を加える機構は注意深く定義されているはずだ。Intel 64アーキテクチャで、その機構がどのように働くかを見ていこう。

6.1　入出力

　フォン・ノイマンのアーキテクチャを拡張して外部デバイスと対話するには、割り込みだけでなく、**I/Oポート**（Input/Output port：入出力ポート）も必要だ。これを通じてCPUとデバイスとの間でデータを交換する。

　アプリケーションがI/Oポートをアクセスする方法は、2つある。

1. 専用のI/Oアドレス空間を通じて。
   I/Oポート専用に、バイトでアクセスできる2^{16}（0からFFFFHまで）のアドレス空間が存在する[1]。これらのポートとeax/ax/alレジスタとの間でデータを交換するには、in命令とout命令を使う。

---

[1] **訳注**：もともとI/Oポートは8ビットだった。アドレスが連続していれば16ビット/32ビットのポートとして扱うことも可能だが、実際にはハードウェアに依存する。詳細は[15]の「18.3 I/O Address Space」を参照。

ポートの読み書きに関して、後述する 2 つの保護機構がある。

- `rflags` レジスタの IOPL フィールドの値
- TSS（Task State Segment）の I/O 許可ビットマップ

2. メモリマップト I/O を通じて。

「メモリのように応答する外部デバイス」に対しては、物理メモリのアドレス空間の一部を特別にマップすることができる。そのようなデバイスでは、この機構を使うことで、メモリをアドレッシングする命令（`mov`, `movsb` など）を、どれも利用できる[2]。このような入出力には、標準のセグメンテーションとページングの保護機構が適用される。

`rflags` レジスタの IOPL（I/O 特権レベル）フィールドの値は、実行中のプログラムが入出力命令を実行するのに必要な特権レベルを定める。現在の特権レベル（CPL）が、IOPL と同じか、それより小さい（＝特権が強い）ときにだけ、下記の命令の実行が許可される。

- `in` と `out`（通常の入出力）
- `ins` と `outs`（ストリング入出力）
- `cli` と `sti`（割り込み許可フラグ IF のクリア／セット）

OS は IOPL をプログラム（あるいはタスク）ごとに設定できる。たとえユーザーアプリケーションより強い特権を持たせる場合でも、I/O 特権レベルによって入出力命令の使用を制限できる[3]。

さらに、Intel 64 では **I/O 許可ビットマップ**（I/O permission bit map）を介して、もっと細かいパーミッションの制御が可能である。もし IOPL のチェックにパスしなければ、プロセッサは使われるポートに対応するビットをチェックする。そのビットがクリアされていれば（その場合に限り）命令の処理が続行される[4]。

「I/O 許可ビットマップ」は、**TSS**（Task State Segment）の一部である。本来 TSS はプロセスごとにユニークな実体として作成される。ただしハードウェアによるタスク切り替え機構は、すでに旧式とみなされていて、Long モードで存在できる TSS（と、I/O 許可ビットマップ）は、ただ 1 つだけである[5]。

---

[2] **訳注**：メモリマップト I/O は、ポート I/O と違って、書き込みが完了するまで次の命令が実行されないという保証がない。[15] の Volume 1, 「18.1 I/O Port Addressing」を参照。

[3] **訳注**：アプリケーションの特権レベルでは IOPL の設定を変更できないので、カーネルまたはデバイスドライバの特権がなければ、IOPL のチェックにパスしない。詳細は同書「18.5.1 I/O Privilege Level」を参照。

[4] **訳注**：もし IOPL のチェックにパスしたら、I/O 許可ビットマップのチェックは実行されない。詳細は同書「18.5.2 I/O Permission Bit Map」を参照。ハンメル [126] の「5 入出力」も詳細でわかりやすい。

[5] **訳注**：プロテクトモードの TSS については、[126] 第 15 章の「タスク・スイッチングと TSS」に詳細な記事がある。Long モードにおける TSS の記述は、[15] の Volume 3 にある「2.1.3.1 Task-State Segments in IA-32e Mode」と「7.7 Task Management in 64-bit Mode」を参照。

6.1.1 tr レジスタと TSS (Task State Segment)

プロテクトモード時代の遺産の一部は、まだ Long モードで利用されている。セグメンテーションが、その 1 つの例で、今はほとんどプロテクションリングの実装に使われているだけだ。もう 1 つの例が、tr レジスタと **TSS** (Task State Segment) 制御構造とのペアである。

tr (タスクレジスタ) は、「TSS ディスクリプタ」へのセグメントセレクタである。TSS ディスクリプタは、**GDT** (Global Descriptor Table) に入っていて、そのフォーマットは、他のセグメントディスクリプタと同様である。

セグメントレジスタと同様に、tr にも**シャドーレジスタ** (プログラムから見えない部分) が存在する。これは ltr (load task register) 命令で tr が更新されるとき、GDT からロードされた値によって更新される。

TSS は、ハードウェアによるタスク切り替え機構があれば、タスクに関する情報を入れておくためのメモリ領域である。けれども人気のある OS が、その機構をプロテクトモードで使わなかったので、Long モードではサポートが廃止された。けれども TSS そのものは、まだ Long モードで廃物利用されている (構造と目的は、まったく別)。

今どきの OS が使う TSS は、ただ 1 個だけであり、その構造は図 6-1 に示すものだ。

31	15	0
I/O Map Base Address		予約
予約		
予約		
IST7 (上位)		
IST7 (下位)		
IST6 (上位)		
IST6 (下位)		
IST5 (上位)		
IST5 (下位)		
IST4 (上位)		
IST4 (下位)		
IST3 (上位)		
IST3 (下位)		
IST2 (上位)		
IST2 (下位)		
IST1 (上位)		
IST1 (下位)		
IST0 (上位)		
IST0 (下位)		
予約		
予約		
rsp, ring2 (上位)		
rsp, ring2 (下位)		
rsp, ring1 (上位)		
rsp, ring1 (下位)		
rsp, ring0 (上位)		
rsp, ring0 (下位)		
予約		

図6-1：Long モードの TSS

TSS の最初の 16 ビットには、6.1 節で述べた「I/O 許可ビットマップ」のベースアドレス（TSS ベースからの 16 ビットオフセット値）が入る。それから、8 個の特殊な **IST**（Interrupt Stack Table：割り込みスタックテーブル）へのポインタと、0 から 3 のリングのためのスタックポインタの値が格納される。特権レベルが変更されるたびに、それに従ってスタックが自動的に更新されるが、`rsp` の新しい値は、通常は新しいプロテクションリングに対応する TSS フィールドから取られる。IST が持つ意味は、次の 6.2 節で説明する。

6.2 割り込み

割り込みは、プログラムの制御の流れを、任意のタイミングで即座に切り替える。プログラムの実行中に、デバイスが CPU の注意を求める外部イベントや CPU 内部のイベント（ゼロによる除算とか、命令実行に必要な特権レベルの不足とか、不正規なアドレスなど）によって割り込みが発生すると、その結果として何か他のコードが実行される。そのコードは**割り込みハンドラ**（interrupt handler）と呼ばれるもので、OS またはドライバソフトウェアの一部である。

それぞれの割り込みには固定の番号が割り当てられていて、それが識別子の役割を果たす[6]。

n 番の割り込みが発生すると、CPU はメモリに常駐している **IDT**（Interrupt Descriptor Table：割り込みディスクリプタテーブル）をチェックする。これも **GDT** と同じような機構だが、そのアドレスとサイズは `idtr` に保存される。図 6-2 に、`idtr` レジスタを示す。

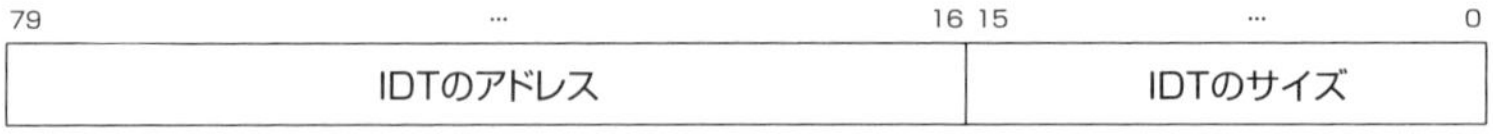

79	...	16	15	...	0
IDT のアドレス			IDT のサイズ		

図6-2：idtr レジスタ

IDT 内のエントリは、それぞれ 16 バイトのディスクリプタで、n 番のエントリが、n 番の割り込みに対応する（n は 0 から始まる）。エントリには、いくつかのユーティリティ情報とともに、割り込みハンドラのアドレスが入っている。このディスクリプタのフォーマットを図 6-3 に示す。

■問題 96　　NMI（non-maskable interrupt）とは何か？　2 番割り込み、IF フラグとの関係は？

---

[6] 実際にプロセッサが割り込みコントローラから、どのように割り込み番号を獲得するかの詳細は、ここでは重要ではない。[15] で Intel は、外部からの非同期な割り込みと、内部の同期的な「例外」を厳密に区別しているが、割り込み処理の概略は同じである。

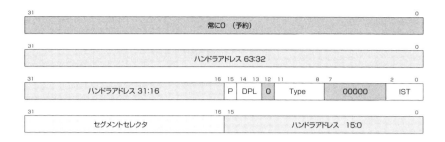

図6-3：割り込みディスクリプタ

最初の 30 個の割り込みが「予約」されている。予約といっても、割り込みハンドラの提供は可能なのだが、CPU はそれらを（たとえば不正な命令などの）内部イベントに使うのだ。他の割り込みはシステムプログラマが使うことができる。

アプリケーションのコードは、弱い特権で（リング 3 で）実行される。直接デバイスを制御するには、それより強い特権が必要だ。デバイスが CPU に割り込み信号を送って注意を喚起すると呼び出されるハンドラは、もっと上の特権レベルで実行しなければならないので、セグメントセレクタの変更が必要となる。

スタックは、どうなるのか。スタックも変更しなければならない。ただし、その方法にはオプションがあり、割り込みディスクリプタの IST フィールドの設定によって選択できる。

- もし IST フィールドが 0 ならば、標準の機構が使われる：割り込みが発生すると、`ss` には 0 がロードされ、新しい `rsp` が、6.1.1 項で述べた TSS（Task State Segment）からロードされる。それから `ss` の RPL（要求特権レベル）フィールドに、適切な特権レベルが設定される。そして `ss` と `rsp` の古い値が、この新しいスタックに保存される。
- もし IST フィールドに値が設定されていたら（1 から 7 であれば）、TSS 内で定義されている 7 つの **IST** のうち 1 つが使われる。なぜ複数の IST を作るのかというと、ある種の深刻なフォールト（マスク不可能な割り込み、ダブルフォールトなど）の場合、既知の良好なスタックで実行することにメリットがあるかもしれないからだ。システムプログラマは、たとえリング 0 の場合であっても、複数のスタックを作って、特定の割り込み処理に、それらを使おうとするかもしれない。

引数として割り込み番号を取る、特別な `int` 命令が存在する。これを使えば、番号に対応するディスクリプタの内容に基づいて、その割り込みハンドラを呼び出すことができる。この「ソフトウェア割り込み」では、IF フラグが 1 でも 0 でも無視されてハンドラが呼び出される。`int` 命令を使う特権コードの実行を制御するために、DPL フィールドがある。DPL は「ディスクリプタ特権レベル」（Descriptor Privilege Level）であり、現在の特権レベルが DPL より小

さいか等しい場合に限り、int 命令を使って、そのハンドラを呼び出すことができる。ハードウェア割り込みでは、このチェックは行われない。

割り込みハンドラの実行が開始される前に、一部のレジスタは自動的にスタックに保存される。それらは、ss、rsp、rflags、cs、rip である。特権レベルの変更が生じたときのスタックの状態を図6-4 に示す。セグメントセレクタは、64 ビットになるようゼロでパディングされている点に注意しよう。

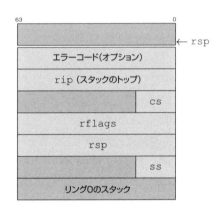

図6-4：割り込みハンドラの実行開始時のスタック

例外を処理する割り込みハンドラは、その例外に関する追加情報を必要とするときがある。その場合、さらに**エラーコード**がスタックにプッシュされる。このコードには、その例外に特有な各種の情報が含まれる。

多くの割り込みは、Intel のドキュメントで、さまざまなニーモニックを使って記述されている。たとえば 13 番の割り込みは #GP（general protection：一般保護例外）と呼ばれる。とくに興味深い割り込みについて、表 6-1 に簡単にまとめた[7]。

表6-1：重要な割り込みの例

ベクタ	ニーモニック	説明
0	#DE	除算エラー
2	NMI	マスクされない外部割り込み
3	#BP	ブレークポイント
6	#UD	不正／未定義な命令コード
8	#DF	割り込み処理中のフォールト（ダブルフォールト）
13	#GP	一般保護例外
14	#PF	ページフォールト

---

[7] [15] の Volume 3 の「6.3.1」を参照。

あらゆるバイナリコードが「正しくエンコードされたマシン命令」に対応するわけではない。`rip`が有効な命令をアドレッシングしていないとき、CPUは#UD割り込みを生成する。

#GP割り込みは非常に一般的だ。この例外は、どのページにも割り当てられていない不正なアドレスをデリファレンスしようとしたり、より高い権限を必要とする処理を実行しようとしたときなどに生成される。

#PF割り込みは、あるページをアドレッシングしたとき、それに対応するページテーブルエントリでPresentフラグがクリアされていたときに生成される。この割り込みは、スワップ機構とファイルマッピング一般の実装に使われる。つまり割り込みハンドラは、不足しているページをディスクからロードするのだ。

デバッガは、#BP割り込みに強く依存する。`rflags`レジスタでTFがセットされていると、このコードの割り込みが命令を実行するたびに生成され、プログラムのステップ実行が可能になる。実際には、この割り込みはOSによって処理される。したがって、プログラムが自分でデバッガを書けるようにAPIを提供するのがOSの責任である。

まとめると、n番の割り込みが発生したとき、プログラムから見て次の処理が実行される。

1. IDTアドレスが、`idtr`から取得される。
2. 割り込みディスクリプタは、IDTの先頭から$(128 \times n)$バイト先の位置から始まる。
3. セグメントセレクタとハンドラアドレスが、IDTのエントリからロードされ、`cs`と`rip`に入る。これで特権レベルが変更されるかもしれない。古い`ss`、`rsp`、`rflags`、`cs`、`rip`は、図6-4に示したように、スタックに保存される。
4. 割り込みの種類によってはエラーコードがハンドラのスタックにプッシュされる。これが割り込みの原因について追加情報を提供する。
5. もしディスクリプタが、そのTypeフィールドによって「割り込みゲート」と定義されていたら、割り込み許可フラグIFがクリアされる。「トラップゲート」は、このフラグを自動的にクリアしないので、割り込み処理のネスト（入れ子）が許される。

■**割り込みディスクリプタのTypeフィールド**（図6-3を参照）　Typeが1110のディスクリプタは、「割り込みゲート」ディスクリプタである（IFが、ハンドラに入るときに自動的にクリアされる）。

Typeが1111のディスクリプタは、「トラップゲート」ディスクリプタである（IFがクリアされない）。

IFがセットされていれば、割り込みは処理される。そうでなければ、割り込みは無視される。

もしIFが割り込みハンドラの開始直後にクリアされていなければ、その最初の命令さえ即座に実行されるという保証はない。また次の割り込みが非同期に発生するかもしれないからだ。

■問題 97　TF（トラップフラグ）は割り込みハンドラに入るとき自動的にクリアされるのか？　[15] を読もう。

割り込みハンドラの実行は、`iretq` 命令で終わる。これによって、図 6–4 に示したようにスタックに保存されたら全部のレジスタが復旧される。単純な `call` 命令からの `ret` では、`rip` が復旧されるだけだ。

6.3　システムコール

システムコールは、もうご存じのように、OS がユーザーアプリケーションのために提供する関数群だ。これらを高い特権レベルで安全に実行できるようにする機構を説明しよう。

システムコールの実装に使われる機構は、アーキテクチャによってさまざまだ。一般に、どんな命令でも結果として割り込みが生じるものであれば（たとえばゼロによる除算でも、正しくエンコードされていない命令でも）使えるだろう。とにかく割り込みハンドラが呼び出されたら、後は CPU の処理である。Intel アーキテクチャのプロテクトモードでは、0x80 というコードの割り込みが、*nix オペレーティングシステムで使われた。ユーザーが `int 0x80` を実行するたびに、割り込みハンドラがレジスタの内容をチェックして、システムコールの番号と引数を取得した。

システムコールは、極めて頻繁に行われる。これなしで外の世界との対話は、まったく実行できないからだ。けれども割り込み処理は遅いかもしれない。**IDT** へのメモリアクセスが必要な Intel 64 では、なおさらだ。

このため Intel 64 には、システムコールを実行する新しい機構がある。これは `syscall` および `sysret` の命令を使って実装されている。

割り込みと比べると、この機構には、主に次の違いがある。

- 遷移は、リング 0 とリング 3 の間でだけ発生する。なにしろ誰もリング 1 とリング 2 を使わなかったので、この制限は重大ではないと考えられたのだ。
- 割り込みハンドラは、それぞれ異なるが、すべてのシステムコールは、ただ 1 つのエントリポイントから、同じコードによって処理される。
- 一部の汎用レジスタは、今ではシステムコールの中で、暗黙のうちに使われる。
  - `rcx` が、古い `rip` の格納に使われる。
  - `r11` が、古い `rflags` の格納に使われる。

6.3.1　モデル固有レジスタ

新しい CPU が出現すると、それまでの CPU になかったレジスタが追加されていることがある。それらを総称して **MSR**（Model-Specific Register：モデル固有レジスタ）と呼ぶことが多い。そういう一般的ではないレジスタを書き換える場合、操作は次の 2 つのコマンドで行われる。`rdmsr` で読み出し、`wrmsr` で書き換えるのだ。これら 2 つのコマンドは、レジスタで MSR の識別番号を受け取る。

`rdmsr` は、MSR 番号を `ecx` で受け取り、そのレジスタから読んだ値を `edx:eax` で返す。

`wrmsr` は、MSR 番号を `ecx` で受け取り、`edx:eax` から取り出した値を、そのレジスタに書く。

6.3.2　syscall と sysret

`syscall` 命令は、下記の MSR（モデル固有レジスタ）に依存する。

- STAR（MSR 番号 0xC0000081）には、システムコールハンドラ用、および `sysret` 命令用に、セグメントレジスタ値（`cs` と `ss` で共通）が格納される。図 6-5 に、その構造を示す。

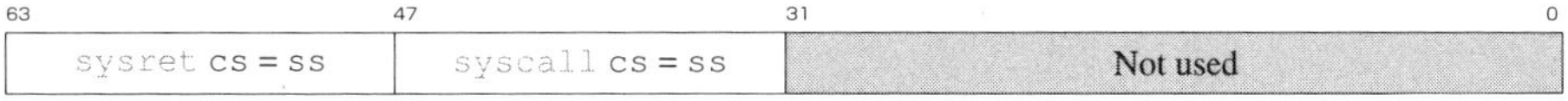

63　　　　　　　　　47　　　　　　　　　31　　　　　　　　　　　　　　　　　0
sysret cs = ss　｜　syscall cs = ss　｜　Not used

図6-5：MSR STAR

- LSTAR（MSR 番号 0xC0000082）には、システムコールハンドラのアドレスが格納される（これが `rip` にロードされる）。
- SFMASK（MSR 番号 0xC0000084）は、`rflags` のうち、どのビットをシステムコールハンドラでクリアするかを決めるマスク値を示す。

これらに関して `syscall` は、次にあげる処理を実行する[8]。

- STAR から `cs` をロード
- `rflags` を、SFMASK の値でマスク
- `rip` を、`rcx` に保存してから、LSTAR の値で `rip` を初期化
- `cs` と `ss` の値を STAR から得る

---

[8] 訳注：詳細な手順は、[15] Volume 2「SYSCALL - Fast System Call」の Operation を参照。

これまでに、システムコールと通常の関数とでは、引数として受け取るレジスタ集合に少し違いがあることを指摘したが、その理由を、今なら説明できる。後者は第4の引数を`rcx`で受け取るが、前者では`rip`の古い値を保存するために`rcx`を使うからだ。

割り込みの場合と違って、たとえ特権レベルが変更されても、スタックポインタの変更はハンドラ自身が行う。

システムコールの処理は、`sysret`命令で終了する。これはSTARから`cs`と`ss`をロードし、`rcx`から`rip`をロードする。

セグメントセレクタを変更したら、それと対になる**シャドーレジスタ**を更新するために**GDT**からの読み出しが行われるはずだ。けれども、`syscall`を実行するとき、それらのシャドーレジスタには固定値がロードされ、**GDT**からのロードは実行されない。

次に、これらの固定値を、列記しておく（フィールドの配置と意味は図3–2を参照）。

- CS（Code Segment）シャドーレジスタ
    - ベース = 0
    - サイズ = FFFFFH
    - Type: X = 1, C = 0, R = 1, A = 1 （実行可でアクセス済み）
    - S = 1, DPL = 0, P = 1
    - L = 1 （Long モード）
    - D/B: D = 0
    - G = 1 （Long モードでは常に 1）

なお、CPL（現在の特権レベル）は 0 に設定される。

- SS（Stack Segment）シャドーレジスタ
    - ベース = 0
    - サイズ = FFFFFH
    - Type: X = 1, C = 0, R = 1, A = 1 （実行可でアクセス済み）
    - S = 1, DPL = 0, P = 1
    - L = 1 （Long モード）
    - D/B: B = 1
    - G = 1

ただし、要件を満たすのはシステムプログラマの責任であり、**GDT**には、これらの固定値に対応するディスクリプタが必要である。

したがってGDTには、とくに`syscall`をサポートするため、コード用とデータ用に、2つの特別なディスクリプタを格納しておく必要がある。

6.4 まとめ

　この章では割り込みとシステムコールの機構について、概要を説明した。その実装を、メモリに常駐するシステムデータ構造に至るまで学習できた。次の章では、さまざまな計算モデルを調べるが、そのなかには Forth および有限オートマトンに近いスタックマシンが含まれる。そして最後に、Forth のインタープリタとコンパイラをアセンブリ言語で作る課題がある。

- ■問題 98　　割り込みとは何か?
- ■問題 99　　IDT とは何か?
- ■問題 100　　IF をセットすると、何が変わるのか?
- ■問題 101　　#GP エラーが発生するのは、どういう状況か?
- ■問題 102　　#PF エラーが発生するのは、どういう状況か?
- ■問題 103　　#PF エラーとスワッピングの関係は? OS は、それをどう使うのか。
- ■問題 104　　システムコールは、割り込みを使って実装できるか?
- ■問題 105　　システムコールの実装に特別な命令が必要な理由は?
- ■問題 106　　なぜ割り込みハンドラが DPL フィールドを必要とするのか。
- ■問題 107　　割り込みスタックテーブル (IST) の目的は?
- ■問題 108　　シングルスレッドのアプリケーションが持つスタックは、1 つだけだろうか。
- ■問題 109　　Intel 64 は、入出力機構として、何を提供しているか。
- ■問題 110　　モデル固有レジスタ (MSR) とは?
- ■問題 111　　シャドーレジスタとは?
- ■問題 112　　モデル固有レジスタは、システムコールの機構で、どう使われているか。
- ■問題 113　　`syscall` 命令では、どのレジスタが使われるか。

第 7 章

計算モデル

　この章では、2つの計算モデルを学ぶ。それは「有限状態マシン」と「スタックマシン」だ。
　計算モデル（model of computation）は、問題の解法を記述するのに使うシステムのようなものだ。ある計算モデルでは本当に解決が難しい問題でも、他の計算モデルでは実にあっけなく解けるのが典型的だ。ゆえに、数多くのさまざまな計算モデルに精通しているプログラマは、ずっと生産性が高い。彼らは問題を解くのにもっとも適した計算モデルを使い、それから自分が自由に使えるツールで、その解法を実装する。
　これから新しい計算モデルを学ぼうとするときに、古い観点から見ようと考えるべきではない。つまり、有限ステートマシンを、お馴染みの「変数」と「代入」で理解しようとすべきではない。新たなスタート地点から、新しい観念の体系を論理的に構築することを試みよう。
　われわれはすでに Intel 64 と、その（フォン・ノイマンから派生した）計算モデルについて知っている。これから紹介するのは、正規表現の実装に使われる「有限状態マシン」と、Forth マシンに似た「スタックマシン」である。

7.1　有限状態マシン

7.1.1　定義

　ここで**決定性有限状態マシン**（deterministic finite state machine）あるいは**決定性有限オートマトン**（deterministic finite automaton）と呼ぶのは、規則に従って入力文字列に反応する「抽象マシン」（abstract machine）のことだ[1]。
　「有限オートマトン」と、「有限状態マシン」は、同じ意味で使っている。ある有限オートマトンを定義するには、次のパーツを提供しなければならない（ただし 3 と 4 は 1 の集合から

---

[1] 訳注：参考書は、エイホ/セシィ/ウルマン [101]、セジウィック [161]、ヤコブソン/ブーチ/ランボー [131] など多数。ただし用語はさまざまであり、たとえば本書で言う「開始状態」は「初期状態」とも呼ばれ、同じく「終了状態」は「受理状態」などとも呼ばれる。

選ぶ）。

1. 状態の集合
2. アルファベット（入力文字列に出現可能なシンボルの集合）
3. 1個の開始状態
4. 1個以上の終了状態
5. 状態から状態への遷移を決めるルール。個々のルールは入力文字列から1個のシンボルを消費する。その動作を次のように記述できる。
   「もしオートマトンがSの状態にあり、入力シンボルCが発生したら、次の状態はZになる」

もし現在の状態に、現在の入力シンボルに関するルールがなければ、そのオートマトンの振る舞いは「未定義」とみなす。

未定義の振る舞い（undefined behavior）は、技術者よりも数学者によく知られた概念だろう。話を簡潔にするため、ここでは「良いケース」だけを記述する。「悪いケース」には関心がないので、それらに対するマシンの振る舞いは定義しないのだ。けれども、このようなマシンを実装するときは、未定義のケースをすべてエラーとみなし、特別なエラー状態に導く。

なぜいまさらオートマトンなのか。ある種のタスクは、このようなパラダイムの思考を使うと、とくに解決が容易なのだ。たとえば埋め込みデバイスの制御や、あるパターンに照合（マッチ）する部分文字列のサーチなどが、そういうタスクの例である。

たとえば、ある文字列を整数値と解釈できるかチェックする場合を考えよう。それには、図7-1のような図を描く[2]。

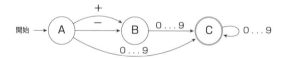

図7-1：数字を認識する

これは、いくつかの状態を定義し、それらの間で可能な遷移を示している。

- アルファベットは文字、スペース、数字、記号で構成される。
- 状態集合は、{A, B, C}
- 開始状態は、A

---

[2] **訳注**：図7-1は「ラベル付き有向グラフ」（labeled digraph）。「状態遷移図」（state transition diagram）の描き方にも、さまざまな流儀がある。

- 終了状態は、C

状態 A から始めて、入力シンボルごとに定義された遷移によって、現在の状態を変化させる。

 シンボルの範囲（0...9 など）を示すラベルの付いた矢印は、実際には複数のルールを表現している。ルールはそれぞれ、1 個の入力文字について、1 個の遷移を記述する。

表 7-1 は、このマシンが +34 という入力文字列で実行されたとき、何が起きるかを示している。こういうのは**実行のトレース**と呼ばれるものだ。

表7-1：図 7-1 に示した有限状態マシンで、入力が +34 のときのトレース

旧状態	ルール	新状態
A	+	B
B	3	C
C	4	C

このマシンは終了状態 C に到達した。けれども、もし idkfa という入力[3]が与えられたら、どの状態にも到達できなかっただろう。このような入力シンボルに応答するためのルールが存在しないからだ。オートマトンの振る舞いが未定義だというのは、こういうケースである。マシンを完全なものにして、常に「yes」か「no」の状態に到達するように変えるには、終了状態を 1 つ増やし、存在するすべての状態にルールを追加しなければならない。古いルールに入力シンボルにマッチするものがなければ、ルールを追加して新しい状態へと実行を導くのだ。

7.1.2 例：ビットのパリティ

0 と 1 とによる文字列が与えられたとき、1 の総数が偶数か奇数かを知りたい。図 7-2 は、この場合の解を有限状態マシンの形で示している。

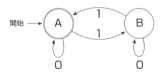

図7-2：入力文字列にある 1 の総数は偶数か？

---

[3] **訳注**：idkfa は、シューティングゲームの DOOM に隠されていた「チートコード」（https://www.doomworld.com/pageofdoom/cheat.html）。

空の文字列には 1 が 0 個あり、0 は偶数である。したがって状態 A は、開始状態と終了状態を兼ねている。

すべての 0 は状態が何であれ無視される。けれども入力に 1 が現れたら、必ず状態は反対側に推移する。もし、ある入力が与えられて終了状態 A に到達したら、1 の総数は偶数である。もし B に到達したら、奇数である。

■ **「状態」という言葉の意味**　有限状態マシンには、メモリも、代入も、if-then-else 構造もない。これはフォン・ノイマンのマシンとは、まったく違う抽象機械なのだ。ここには本当に、いくつかの状態と、それらの間にある遷移の他には、何もない。フォン・ノイマンのモデルで言えば、メモリやレジスタの値が「状態」である。

7.1.3　アセンブリ言語での実装

ある特定の問題を解く有限状態マシンを設計できたら、このマシンを命令的なプログラミング言語（たとえばアセンブリや C）で実装するのは、ずっと簡単なことだ。

次に、このようなマシンをアセンブリで実装する、単純な方法を示す。

1. 設計したオートマトンを完全にする。どの状態も、あらゆる可能な入力シンボルについて、遷移ルールを持たなければならない。もしそうでなければ、エラーを表す状態や、質問に「no」と答えるルールを、別に追加する必要があるだろう。話を簡単にするために、後者を **else ルール**と呼ぶことにする。
2. 入力シンボルを取得するルーチンを実装する。ここでいうシンボルは、必ずしも文字（character）である必要はない。たとえばネットワークパケットでも、ユーザーのアクションでも、他の種類のグローバルイベントでも、かまわない。
3. それぞれの状態について、次のことを行う。
    - 1 個のラベルを作る。
    - 入力読み込みルーチンを呼び出す。
    - 入力シンボルと、遷移ルールに記述されているシンボルとを照合し、等しいものがあれば、そのルールに従って、対応する状態へジャンプする。
    - その他のシンボルは、すべて **else ルール**で処理する。

この例のオートマトンをアセンブリで実装するには、図 7-3 に示すように、完全にする必要がある。

さらに、入力文字列が必ずヌルで終わるように、このオートマトンを修正しよう（図 7-4）。リスト 7-1 に、実装例を示す。

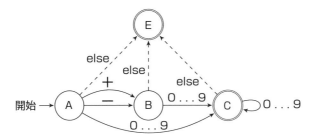

図7-3：文字列が数かチェック：完全なオートマトン

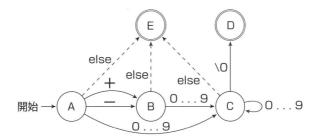

図7-4：文字列が数かチェック：ヌルで終わる文字列のための完全なオートマトン

リスト7-1：automaton_example_bits.asm

```
section .text
; getsymbol ルーチンは、
; シンボルを (stdin から) 読んで
; al に入れる

_A:
    call getsymbol
    cmp al, '+'
    je _B
    cmp al, '-'
    je _B
; ASCII テーブルで数字キャラクタの
; 0 から 9 は 0x30 から 0x39 までの範囲。
; このロジックで実装する
; 遷移の先は _E と _C
    cmp al, '0'
    jb _E
    cmp al, '9'
    ja _E
    jmp _C
```

```
_B:
    call getsymbol
    cmp al, '0'
    jb _E
    cmp al, '9'
    ja _E
    jmp _C

_C:
    call getsymbol
    cmp al, '0'
    jb _E
    cmp al, '9'
    ja _E
    test al, al
    jz _D
    jmp _C

_D:
; 成功を通知するコード

_E:
; 失敗を通知するコード
```

このオートマトンは、状態 D または E に到達する。制御は、_D または _E のラベルの先に置く命令に渡される。

このコードは、状態 _D で 1 (true：真) を、あるいは状態 _E で 0 (false：偽) の、どちらかを返す独立した関数の中に入れることができる。

7.1.4 実用性について

まず最初に、重要な制限がある。あらゆるプログラムを有限状態マシンとしてエンコードできるわけではない。この計算モデルは「チューリング完全」(Turing complete) ではなく、たとえば XML コードのように複雑で再帰的に構築されたテキストは解析できない。C とアセンブリ言語はチューリング完全である。だから、これらはもっと表現力が高く、より広い範囲の問題を解くことができる。

さて、たとえば、もし文字列の長さに制限がなければ、その長さを数えることも、含まれるワードの数を数えることも、できない。どの結果も 1 個の状態であり、有限状態マシンは、限られた数の状態しか持てない。また、文字列だけでなく、ワード数さえ、いくらでも長くなる可能性がある。

■問題 114　　入力文字列に含まれるワード数を数える有限状態マシンを描こう。入力の長さはシンボル 8 個を超えない。

有限状態マシンは、（たとえばコーヒーマシンのような）埋め込みシステムを記述するのに、しばしば使われる。アルファベットはイベント（押しボタン）、入力はユーザーアクションのシーケンスである。

ネットワークプロトコルも、しばしば有限状態マシンとして記述される。その場合、どのルールもオプションの出力アクション付きで、「もしシンボル X を読んだら、状態を Y に変えてシンボル Z を出力する」という具合に書くことができる。入力を構成するのは、受信パケットと、タイムアウトのようなイベントだ。出力は送信パケットのシーケンスである。

また、たとえば「モデル検査」(model checking) のような検証技術も、いくつか存在し、それで有限オートマトンの特性を証明することができる。たとえば「もしオートマトンが状態 B に達したら、もう状態 C には決して達しない」というような検証である。このような保証は、構築するシステムに高い信頼性が要求される場合、とても価値の高いものだ。

- ■問題 115　入力文字列のワード数が偶数か奇数かをチェックする有限状態マシンを描こう。
- ■問題 116　文字列の先頭または末尾に 1 個以上の空白があれば、すべてトリミングする（切り詰める）必要があるとしよう。与えられた文字列に、トリミングする必要がないか、あるなら左からか、右からか、それとも両方からかを答える、有限状態マシンを描いて実装しよう。

7.1.5　正規表現

正規表現 (regular expression) は、有限オートマトンをエンコードする方法の 1 つだ。これはテキストにマッチするパターンの定義に、しばしば使われる。ある特定のパターンが出現するのを探索したり置換したりするのに利用できるのだ。あなたの好きなテキストエディタも、たぶん正規表現を、すでに実装している。

正規表現には数多くの方言がある。ここでは、egrep ユーティリティで使われているのに近い方言を例とする[4]。

次にあげるのは、どれも正規表現 R になるものだ。

1. 1 文字
2. 2 つの正規表現からなるシーケンス：R Q
3. メタシンボルの^と$：前者は行の始め、後者は行の終わりにマッチする。
4. 丸カッコのペアで囲まれた正規表現：(R)

---

[4] **訳注**：正規表現の参考書は数多いが、フクロウが表紙の [107] は egrep のほか Perl などさまざまな方言に対応している。また、ジャコウネズミが表紙の [122] は、日本語対応を含めたノウハウが詰まっている。

5. OR 表現：R | Q
6. R*は、ゼロ回以上繰り返された R を表す。
7. R+は、1 回以上繰り返された R を表す。
8. R?は、ゼロ回または 1 回だけの R を表す。
9. ドット（.）は、どの文字にもマッチする。
10. 角カッコはシンボルの範囲を示す。たとえば [0-9] は、(0|1|2|3|4|5|6|7|8|9) と等価である。

正規表現のテストは、egrep ユーティリティを使って行うことができる[5]。これは標準入力を処理して、与えられたパターンとマッチする行だけを返すフィルタ処理を行う。式がシェルによって処理されるのを防ぐためには、egrep 'expression' のように、シングルクォートで囲む。

以下に、正規表現の単純な例をあげる。

- hello .+は、hello Frank にも hello 12 にもマッチするが、hello にはマッチしない。
- [0-9]+は、符号のない整数にマッチする（0 から始まってもよい）。
- -?[0-9]+は、負の整数にもマッチする（数字は 0 から始まってもよい）。
- 0|(-?[1-9][0-9]*) は、0 から始まらない整数（または 0）とマッチする。

これらのルールによって、複雑なサーチパターンを定義することができる。正規表現のエンジンは、テキストのあらゆる位置からパターンの照合（マッチ）を試みる。

正規表現エンジンは通常、次に示す 2 つのアプローチのうち、どちらかを用いる[6]。

- 単純明快なアプローチ：テキストにあるシンボルの全部のシーケンスについて照合を試みる。たとえば文字列 ab に対して、正規表現 aa?a?b との照合を調べるとき、次の順序でイベントが生じる。
    1. aaab との照合を試みる － 失敗。
    2. aab との照合を試みる － 失敗。
    3. ab との照合を試みる － 成功。

  つまり、決定木の枝を 1 つ 1 つ、成功する枝を見つけるか、あるいは全部のオプショ

---

[5] 訳注：egrep コマンドは、grep -E コマンドと同じ。詳しい使い方は、ヘルプやマニュアルページ [120] を参照。

[6] 訳注：エンジンと実装の解説は、フリーデル [107] の「4. 正規表現のメカニズム」など。アルゴリズムの解説はセジウィック [161] の「19 文字列探索」と「20 パターン照合」など。「最新のエンジン実装と理論的背景」を論じた『正規表現技術入門』[163] には DFA 型エンジン、VM 型エンジンなどの詳しい記述がある。

ンが失敗に終わると判明するまで、繰り返し調べ尽くすのだ。

このアプローチは、普通はかなり高速であり、実装も単純にできる。けれども最悪のケースとして、複雑さが急激に増大するシナリオがある。文字列と正規表現の、次の照合はどうなるだろうか。

aaa...a　（a を n 個並べた文字列）

a?a?a?...a?aaa...a　（a?を n 個の後に a を n 個並べた正規表現）

上記の文字列は、たしかに正規表現とマッチする。けれども、単純明快なアプローチを採用するエンジンは、この正規表現とマッチする全部の部分文字列を調べ尽くさなければならない。それには、a?という表現 1 つについて、2 つの可能性を考慮する必要がある。つまり、この文字を含む選択肢と、含まない選択肢だ。そのような文字列が、2^n 個あるはずだ。これは、n 個の要素を持つ集合から選べる部分文字列の総数である。現在のコンピュータが評価するのに何日も、あるいは何年もかかるような正規表現を書くのに、そう多くのシンボルは必要ない。長さ n が 50 であっても、選択肢の数は 2^{50} ＝ 1125899906842624 個に達する。

このような正規表現は「病的な」と表現される。照合アルゴリズムの性格によって、処理が極端に遅くなるからだ[7]。

- 正規表現に基づく有限状態マシンを構築する。

  これは普通、**非決定性有限オートマトン**（NFA：Non-deterministic Finite Automaton）である[8]。「決定性有限オートマトン」（DFA：Deterministic Finite Automaton）と違って NFA では、状態と入力シンボルのペアが、複数のルールを持つことができる。ルールが 2 つあれば、オートマトンは両方の遷移を実行するので、2 つの状態を同時に持つことになる。言い換えると、オートマトンは 1 個の状態ではなく状態の集合を持つことになる。

  このアプローチは全般に少し遅くなるが、計算時間が急激に増大する最悪のシナリオは存在しない。grep など Unix 標準のユーティリティは、このアプローチを採用している。

  正規表現から NFA を、どうすれば構築できるのだろうか？　そのルールは、極めて単純明快だ。

    - 1 文字が、1 個のオートマトンに対応する。これは、その文字 1 つからなる文字列を 1 つ受け取る（図 7–5）。

---

[7] 訳注：「力任せの」（brute-force）アルゴリズムとも呼ばれる。
[8] 訳注：NFA と DFA の詳細は、エイホ/セシィ/ウルマン [101] の「3.6 有限オートマトン」などを参照。

図7-5：1 文字のための NFA

- 「各行の先頭と末尾に置くシンボル」の追加によって、アルファベットを拡張する。これで、^と$を、他のシンボルと同様に扱うことができる。
- カッコによるグループ化で、シンボルのグループにルールを適用できる。これは「正しい正規表現の構文解析」にだけ使用される。言い換えると、カッコは「正確なオートマトンの構築に必要な構造的情報」を提供する。
- OR（|）は、2 つの NFA の組み合わせに対応する。これは、それぞれの開始状態を結合することによって行われる。図 7-6 に、このアイデアを示す。

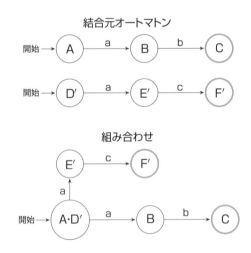

図7-6：2 つの NFA を OR で結合する

- アスタリスク（*）は、自分自身への遷移と、特殊な「*ルール」を持つ。このルールは常に発生する。図 7-7 に、式 a*b のオートマトンを示す。

図7-7：アスタリスクを実装する NFA

- ?は、*と似た方法で実装される。R+はRR*としてエンコードされる。

■問題 117　よく知っている言語を使って、grep に似たプログラムを **NFA** の構築によって実装してみよう。参考になる情報が、[11] にある。

■問題 118　次の正規表現を、解読しよう。

^1?$|^(11+?)\1+$

いったい目的は何だろうか。入力の文字列が、1 という文字だけで構成されていたら、どうなるのか。この正規表現と照合するとき、結果と文字列の長さは、どのような相関関係にあるだろうか。

7.2　Forth マシン

Forth は、チャールズ・ムーア（Charles H. Moore）によって 1970 年頃に作られた言語だ。最初はアリゾナ州のキットピーク天文台で NRAO（National Radio Astronomy Observatory）が運用していた 12 メートル電波望遠鏡に使われた。そのシステムは、初期のミニコンピュータ 2 台がシリアル接続されていて、どちらもマルチプログラムかつマルチプロセッサのシステムだった（望遠鏡と、その科学装置を制御する責任を分担していた）。このシステムは望遠鏡を制御し、データを収集するだけでなく、望遠鏡と対話処理をし、記録したデータの分析を行うための、対話的なグラフィックス端末をサポートしていた。

Forth はユニークで興味深い言語として現存している。これを学ぶのは楽しいし、視野も広がるから良いことだ。Forth は対話性が驚くほど優れていて、今でも主として組み込みソフトウェアに使われている。Forth は、非常に効率よく作ることができるのだ。

Forth インタープリタは、FreeBSD の loader、ロボットのファームウェア、組み込みソフトウェア（プリンタ制御）、宇宙船のソフトウェアといった分野で、見ることができる。したがって、Forth を「システムプログラミング言語」と呼んでも間違いではない[9]。

Forth のインタープリタとコンパイラを、Intel 64 用にアセンブリ言語で実装するのは、難しいことではない。この章の残りの部分では、その詳細を説明する。Forth の方言は、ほとんど Forth プログラマと同じ数だけあるが、われわれが使うのは、独自のシンプルなものだ。

7.2.1　アーキテクチャ

まずは Forth の抽象マシンを学ぼう。これは図 7-8 に示すように、プロセッサと、データ用とリターンアドレス用の 2 個のスタックと、リニアなメモリで構成される。

---

[9] **訳注**：FreeBSD の loader（カーネルのブートストラッピングにおける最終段階）は、Forth インタープリタがスクリプトを処理する。OpenBoot のコマンド処理も同様（日本語マニュアル [151] を参照）。

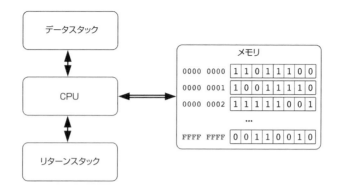

図7-8：Forth マシンのアーキテクチャ

2つのスタックは、同じメモリアドレス空間に属す必要がない。

この Forth マシンには、セルサイズ（cell size）と呼ばれるパラメータがある。このサイズは、ターゲットアーキテクチャのマシンワードのサイズと等しいのが定型的だ。われわれの場合、セルサイズは 8 バイトである。スタックは、このサイズの要素で構成される。

プログラムは、スペースまたは改行で区切られた**ワード**（word）で構成される。ワードは順番に実行される。整数のワードは「これを**データスタック**（data stack）にプッシュせよ」という意味を持つ。たとえば、42、13、9 という 3 つの数を、この順番でデータスタックにプッシュするには、ただ 42 13 9 と書けばよい。

ワードには、次の 3 種類がある。

1. 上述した整数ワード（integer word）
2. アセンブリで書かれた、ネイティブワード（native word）
3. コロンワード（colon word）：Forth 言語によって、他の Forth ワードのシーケンスとして書かれる。

リターンスタック（return stack）が必要な理由は、後でわかるが、コロンワードから戻れるようにするためだ。

ほとんどのワードは、データスタックを操作する。これ以降、Forth のスタックについて述べるときは、とくに明記しない限り、暗黙のうちにデータスタックを意味するものとする。

ワードは、その引数をスタックから取り出し、結果をスタックにプッシュする。スタックを操作するワードは、どれもオペランドを消費する。たとえば四則演算の+、-、*、/のワードは、2 個のオペランドをスタックから消費し、算術演算を実行し、その結果をスタックに戻す。1 4 8 8 + * +というプログラムは、(8 + 8) * 4 + 1 という式を計算する。

われわれの規約として、スタックから先にポップするのは第 2 オペランドである。したがっ

て、1 2 -というプログラムを評価した結果は-1 であり、1 ではない。

：（コロン）というワードが、新しいワードの定義に使われる。コロンの後に新しいワードの名前が続き、その後に他のワードのリストが続き、最後に；（セミコロン）というワードを置く。セミコロンもコロンも、それ自身が 1 個のワードなので、スペースで区切る必要がある。

sq というワードが、スタックから 1 個の引数を取り出して、その平方（square）を返すものだとしたら、次のようになる。

```
: sq dup * ;
```

プログラムの中で、この sq を使うたびに、dup と * の 2 つのワードが実行される。dup がスタックのトップ（一番上）にあるセルを複製し、* がスタックのトップにある 2 つのワードを掛け合わせる。

Forth のワードが何をするかの記述には、**スタックダイアグラム**（stack diagram）を使うのが一般的だ[10]。

```
swap (a b -- b a)
```

カッコの中には、ワードが消費する項目（実行前のスタック要素）と、実行後のスタックに残される項目が、-- の左右に書かれる。スタックセルを、このように項目名で示すことで、スタックの内容の変更点が明らかになる。swap は、スタックのトップにある 2 項目を交換するのだ。**スタックの一番上の要素は右側に書かれる**。したがって、ダイアグラムの 1 2 は、ワードの実行結果として、Forth が先に 1 を、次に 2 をプッシュすることに対応する。

rot は、3 個のスタック項目の順序を次の様に回転させる。

```
rot (a b c -- b c a)
```

7.2.2　Forth のプログラムをトレースする

リスト 7-2 は、2 次方程式 $1x^2 + 2x + 3 = 0$ の判別式（discriminant）を計算する単純なプログラムである。

リスト7-2：forth_discr

```
: sq dup * ;
: discr rot 4 * * swap sq swap - ;
1 2 3 discr
```

---

[10] **訳注**：[151] の「第 4 章 Forth ツールの使用方法」に、スタックダイアグラムの解説や、swap、rot を含むスタック操作コマンドの説明がある。

a、b、cを既知数として、discr a b cを1ステップずつ実行していく。各ステップを左側に、終了時のスタック状態を右側に示す。まず、整数ワードa、b、cが実行される。

```
a    ( a )
b    ( a b )
c    ( a b c )
```

次に、discrというワードが実行される。その中にステップインする。

```
rot  ( b c a )
4    ( b c a 4 )
*    ( b c (a*4) )
*    ( b (c*a*4) )
swap ( (c*a*4) b )
sq   ( (c*a*4) (b*b) )
swap ( (b*b) (c*a*4) )
-    ( (b*b - c*a*4) )
```

では最初から同じことを、ただしa = 1、b = 2、c = 3として、やってみよう。

```
1    ( 1 )
2    ( 1 2 )
3    ( 1 2 3 )
rot  ( 2 3 1 )
4    ( 2 3 1 4 )
*    ( 2 3 4 )
*    ( 2 12 )
swap ( 12 2 )
sq   ( 12 4 )
swap ( 4 12 )
-    ( -8 )
```

7.2.3　辞書

　Firthマシンの一部である**辞書**（dictionary）は、ワードの定義を格納する。それぞれのワードは、1個のヘッダと、それに続く他のワードのシーケンスで構成される。

　ヘッダには、連結リストのような「前のワードへのリンク」（アドレス）、ワード名そのものを表すヌルで終わる文字列、そしてフラグが格納される。すでに同様なデータ構造を、5.4節に述べた課題で学習済みだ。そのコードの大部分を再利用して、新しくForthのワードを定義できるだろう。図7-9に、7.2.2項で述べたdiscrワードのために生成されたヘッダを示す。

0	1	2	3	4	5	6	7	8	9	10	11	12	13	14
			前のワードへのリンク					d	i	s	c	r	0	フラグ

図7-9：discr ワードのヘッダ

7.2.4 ワードの実装方法

ワードを実装するには、実装コードの配置と参照に3つの方法がある[11]。

- 間接スレッディング（Indirec Threaded Code：間接スレッデッドコード）
- 直接スレッディング（Direct Threaded Code：直接スレッデッドコード）
- サブルーチンスレッディング（Subroutine Threaded Code：サブルーチンスレッデッドコード）

ここでは古典的な間接スレッディングを使う。この技法によるコードには、2種類の特別なセルが必要となる（それらを Forth レジスタと呼ぼう）。

PC は、次の Forth コマンドを指し示す。ただし（すぐに明らかとなるが）Forth のコマンドとは、「それぞれのワードをアセンブリで実装するネイティブコードのアドレス」のアドレスである。言い換えると、これは実行可能なアセンブリコードへの間接ポインタである。

W はネイティブではないワードに使われるポインタだ。ワードの実行が始まるとき、このレジスタは、その最初のワードを指し示す。

これら2つの Forth レジスタは、実際のレジスタで実装することができる。あるいは、内容をメモリに格納してもよい。

図 7-10 は、この間接スレッディング技術を使って、ワードがどのように構築されるかを示している。ここには、2種類のワードがあり、dup はネイティブワード、square はコロンワードである。

それぞれのワードでは、ヘッダの直後に、そのネイティブな実装（アセンブリコード）のアドレスが格納される。ただしコロンワードの場合、その実装は常に同じ docol である。実装は、jmp 命令を使って呼び出される。

実装を指し示すセルのアドレスを**実行トークン**（execution token：略して xt）という。たとえば dup というワードを実装する dup_impl のアドレスは、実行トークン xt_dup が指し示すセルに入っている。辞書にあるワードエントリのアドレス A が与えられたら、その A にヘッダサイズを加算したアドレスから実行トークンが得られる。

---

[11] 訳注：コードのシーケンスをスレッド状に並べる方法。日本語 Wiki の「スレッデッドコード」を参照。Forth 実装におけるスレッディングについては、[127] にわかりやすい説明がある。

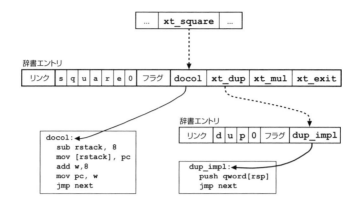

図7-10：間接スレッディングによるコード

リスト 7-3 は、辞書のサンプルである。これには 2 つのネイティブワード（w_plus と w_dup から始まるもの）と、1 個のコロンワード（w_sq）が入っている。

リスト7-3：forth_dict_sample.asm

```
section .data
w_plus:              ; 最初のワードは
    dq 0             ; 「前のワードへのポインタ」がゼロ
    db '+',0
    db 0             ; フラグなし
xt_plus:             ; 実装トークン
    dq plus_impl ; +の実装へのポインタ

w_dup:
    dq w_plus    ; 前のワード
    db 'dup', 0
    db 0
xt_dup:
    dq dup_impl  ; dup の実装へのポインタ

w_double:
    dq w_dup     ; 前のワード
    db 'double', 0
    db 0
    dq docol     ; コロンワード double は
    dq xt_dup    ; 'dup' と
    dq xt_plus   ; '+'
    dq xt_exit   ; 終了

last_word: dq w_double    ; 前のワード

section .text
    plus_impl:            ; +の実装
```

```
        pop rax
        add rax, [rsp]
        mov [rsp], rax
        jmp next      ;

    dup_impl:              ; dup の実装
        push qword [rsp]
        jmp next      ;
```

Forth エンジンのコアは、**内側のインタープリタ**（inner interpreter）である。これはコードをメモリからフェッチする単純なアセンブリルーチンだ。リスト 7-4 を見ていただきたい。

リスト7-4：forth_next.asm

```
next:
    mov w, pc
    add pc, 8         ; セルのサイズは 8 バイト
    mov w, [w]
    jmp [w]
```

このルーチンの処理は、次の 3 つだ。

1. PC から始まるメモリを読み、その次の命令に PC を進める。PC が指し示しているメモリセルには、ワードの実行トークン（XT）が格納されていることを思い出そう。
2. W に、その XT の値をセットする。言い換えると、next が実行された後の W には、アセンブリによるワードの実装へのポインタのアドレスが入っている。
3. 最後に、その実装コードへとジャンプする。

ネイティブなワードの実装は、どれも jmp next という命令で終わっている。これによって、必ず次の命令がフェッチされる。

コロンワードの実装には「リターンスタック」を使う必要がある。それは呼び出しの前後に PC を退避復旧するためだ。

W は、ネイティブワードの実行中は役に立たないが、コロンワードには極めて重要だ。すべてのコロンワードの実装である docol を見ていただきたい（リスト 7-5）。exit も入っているが、それは、すべてのコロンワードを終了するために設計された、もう 1 つのワードだ。

リスト7-5：forth_docol.asm

```
docol:
    sub rstack, 8
    mov [rstack], pc
    add w, 8          ; セルのサイズ
    mov pc, w
    jmp next
```

```
exit:
    mov pc, [rstack]
    add rstack, 8
    jmp next
```

docol は、PC をリターンスタックに退避させてから、新しい PC を、現在のワード内に格納されている最初の実行トークンを指すように設定する。リターンは exit により実行され、このルーチンがスタックから PC を復旧する。

この機構は、call と ret という命令のペアに近いものだ。

- ■問題 119　　[32] を読もう[12]。われわれのアプローチ（間接スレッディング）と、直接スレッディングやサブルーチンスレッディングとの違いは何だろうか。どのような長所と短所を指摘できるだろうか。

間接スレッデッドコードと Forth の内部構造について、もっと理解できるように、リスト 7–6 に示す最小限のサンプルを用意した。これは、2.6 節の課題で開発したルーチンを使う。

ぜひ時間をとって、走らせていただきたい（ソースコードは本書の GitHub にある）。あなたが入力するワードを本当に読んで出力するか、たしかめよう。

リスト7–6：itc.asm

```
%include "lib.inc"

global _start

%define pc r15
%define w r14
%define rstack r13

section .bss
resq 1023
rstack_start: resq 1
input_buf: resb 1024


section .text

; この 1 個のセルがプログラムだ
main_stub: dq xt_main

; ここから辞書が始まる。
```

---

[12] 訳注：もとは「The Computer Journal」に載った記事で、日本語 Wiki の「Forth」脚注にも、該当ページの URL がある。Part 1 に各種スレッデッドコードの図解がある。

```
; 最初のワードは完全に示すが
; その後は短くするためフラグとノード間リンクを略す
; どのワードにも、アセンブリ実装のアドレスが格納される

; スタックの一番上の要素を捨てる
dq 0 ; 前のノードなし
db "drop", 0
db 0 ; Flags = 0
xt_drop: dq i_drop
i_drop:
    add rsp, 8
    jmp next

; レジスタ初期化
xt_init: dq i_init
i_init:
    mov rstack, rstack_start
    mov pc, main_stub
    jmp next

; コロンワードの開始。PC を退避
xt_docol: dq i_docol
i_docol:
    sub rstack, 8
    mov [rstack], pc
    add w, 8
    mov pc, w
    jmp next

; コロンワードからのリターン
xt_exit: dq i_exit
i_exit:
    mov pc, [rstack]
    add rstack, 8
    jmp next

; スタックからバッファポインタを獲得し、
; 入力からワードを 1 つ読み、それを
; バッファに保存する
xt_word: dq i_word
i_word:
    pop rdi
    call read_word
    push rdx
    jmp next

; スタックから文字列ポインタを取り出して
; その文字列をプリントする
xt_prints: dq i_prints
i_prints:
```

```
        pop rdi
        call print_string
        jmp next

; プログラム終了
xt_bye: dq i_bye
i_bye:
        mov rax, 60
        xor rdi, rdi
        syscall

; 定義済みのバッファアドレスをロード
xt_inbuf: dq i_inbuf
i_inbuf:
        push qword input_buf
        jmp next

; これもコロンワードの 1 つ。
; XT の列が格納されている。
; 個々の XT は、実行すべき
; 1 個の Forth ワードに対応する
xt_main: dq i_docol
        dq xt_inbuf
        dq xt_word
        dq xt_drop
        dq xt_inbuf
        dq xt_prints
        dq xt_bye

; 内部インタープリタ。この 3 行で
; 次の命令をフェッチし、
; その実行を開始する
next:
        mov w, [pc]
        add pc, 8
        jmp [w]

; プログラムの実行は init ワードから始まる
_start: jmp i_init
```

7.2.5 コンパイラ

Forth はインタープリタとコンパイラの、どちらのモードでも動作する。インタープリタは、ひたすらコマンドを読んで実行するだけだ。

コロン (:) というワードを実行するとき、Forth はコンパイラモードに切り替わって次の 1 ワードを読み、それを使って新しいエントリを辞書に作成する（実装は docol である）。それ以降も（インタープリタとして）Forth はワードを読み、辞書でそれを探し、現在定義中のワードに追加する。

だから、ここで新しい変数を追加しなければならない。そこには、コンパイルモードのときワードを書く現在位置のアドレスが格納される。ワードを書くたびに、そのアドレスは 1 セルだけ進む。

コンパイラモードを終えるには、特別な**イミディエイトワード**の集合（immediate words）が必要だ。これらは、どのモードでも実行される。これらがなければコンパイラモードから脱出できない。「イミディエイトワード」（即時ワード）は、**イミディエイトフラグ**（immediate flag）でマークされる。

インタープリタは、数値をスタックに積み上げるが、コンパイラは、数値を直接ワードに組み込むことができない。そのままでは実行トークン（XT）として扱われてしまうからだ。たとえば 42 を XT とするコマンドを起動しようとしたら、間違いなくセグメントフォールトになってしまう。だが、解決策がある。それは数値の前に特別な `lit` というワードを使うことだ。この `lit` の目的は、PC が指している次の整数を読み、PC をセル 1 個分進めることによって、PC が埋め込まれたオペランドを指すのを防止することにある。

Forth の条件文

われわれの Forth 方言の特徴として、`branch n` と `0branch n` という、2 つのワードを追加しよう。これらはコンパイルモードでしか許されない！ [13]

`lit n` と同じように、オフセットの n は、XT の直後に格納される。

7.3　課題：Forth のコンパイラとインタープリタ

この項で述べる課題は、Forth インタープリタを自作するという大きなものだ。始める前に、必ず Forth 言語の基本を理解しておく必要がある。もし自信がなければ、フリーの Forth インタープリタ（Gforth など）で、しばらく遊んでみるとよい [14]。

PC と W は、汎用レジスタに割り当てるのが便利だ。とくに、関数コールで変更されないことが保証される「呼び出し先退避」レジスタの `r13`、`r14`、`r15` が適している。

- ■問題 120　　Intel のドキュメント [15] で、`sete`、`setl` などの命令を探してみよう。
  ［ヒント］：`setz` も同類、見出しは「SETcc」。
- ■問題 121　　`cqo` とは何をする命令だろうか。[15] で探してみよう。
  ［ヒント］：見出しは「CWD/CDQ/CQO」。割り算に関係がある。

---

[13]　訳注：詳細は 7.3.2 項のステップ 6 に書かれている。
[14]　訳注：Gforth 日本語版マニュアル [112] を参照。チュートリアルや ANS Forth 入門も含まれている。Gforth の配布情報は、`https://www.gnu.org/software/gforth/`（英文）。

7.3.1 静的な辞書とインタープリタ

まずは、ネイティブなワードの辞書から作り始めよう。「5.4 課題：辞書を作る」で学んだ知識の応用だ。これは静的な辞書（static dictionary）だから、実行時に新しいワードを定義できない。

この課題では次のマクロ定義を使おう。

- `native` は 3 個の引数を受け取る。
    - ワードの名前
    - ワード識別子の一部
    - フラグ

このマクロは .data にヘッダを作成して記入する。また、.text にラベルを 1 個作るが、ここにはマクロのインスタンスに続くアセンブリコードを記述する。

ほとんどのワードはフラグを使わないので、`native` をオーバーロードして、2 個または 3 個のマクロを受け取るようにしたい。そのために、同様なマクロ定義で引数を 2 つだけ受け取るバージョンを作る。これは受け取った引数はそのまま使い、第 3 の引数をゼロとして、引数 3 個の `native` を呼び出すものだ（リスト 7-7）。

リスト7-7：native_overloading.asm

```
%macro native 2
native %1, %2, 0
%endmacro
```

Forth ディクショナリを定義する 2 つの方法を比較していただきたい。1 つはマクロなし（リスト 7-8）、もう 1 つはマクロを使う（リスト 7-9）。

リスト7-8：forth_dict_example_nomacro.asm

```
section .data
w_plus:
    dq w_mul    ; 前のワード
    db '+',0
    db 0
xt_plus:
    dq plus_impl
section .text
    plus_impl:
    pop rax
    add [rsp], rax
    jmp next
```

7.3 課題：Forthのコンパイラとインタープリタ

リスト7-9：forth_dict_example_macro.asm

```
native '+', plus
    pop rax
    add [rsp], rax
    jmp next
```

次に、同様な手法で colon というマクロを定義しよう。リスト 7-10 に、その使い方を示す。

リスト7-10：forth_colon_usage.asm

```
colon '>', greater
    dq xt_swap
    dq xt_less
    dq exit
```

ただし、どのコロンワードにも docol のアドレスが必要だ。

それから、次にあげるアセンブリルーチンを作ってテストしよう。

- find_word はヌルで終わる文字列へのポインタを受け取り、そのワードヘッダの開始アドレスを返す。もし、その名前のワードがなければ、ゼロを返す。
- cfa（code from address の頭文字）は、ワードヘッダの開始アドレスを受け取り、実行トークン（XT）の値に到達するまでヘッダ全体をスキップする。

これら 2 つの関数と、「2.7 課題：入出力ライブラリ」で書いたものを使って、インタープリタのループを書ける。このインタープリタは、スタックに数をプッシュするか、さもなければ、リスト 7-11 に示す、2 個のセルで構成される特殊なスタブ（stub）に記入する。

リスト7-11：forth_program_stub.asm

```
program_stub: dq 0
xt_interpreter: dq .interpreter
.interpreter: dq interpreter_loop
```

その処理では、新たに見つけた XT を、program stub に記入する。次に PC を stub の先頭を指すようセットし、next にジャンプする。これは、今解析したワードを実行してから制御をインタープリタに戻す処理になる。

XT はアセンブリコードのアドレスのアドレスだということを忘れないように。だからこそ、stub の第 2 のセルが第 3 のセルを指し、第 3 のセルがインタープリタのアドレスになっている。このデータは、ただ既存の Forth マシンに食わせるだけでよい。

図 7-11 は、インタープリタのロジックを示す擬似コードである。

```
 1:  interpreter_loop:
 2:    word ← stdin からのワード
 3:    if (word が空) then
 4:      exit
 5:    if (word が辞書にあり、アドレス addr を持つ) then
 6:      xt ← cfa(addr)
 7:      [program_stub] ← xt
 8:      PC ← program_stub
 9:      goto next
10:    else
11:      if (word が数 n) then
12:        push n
13:      else
14:        Error: unknown word
```

図7-11：Forth インタープリタ：擬似コード

Forth マシンにもメモリがある。そのために、あらかじめ 65536 個の Forth セルを割り当てておこう。

■問題 122　メモリ用のセルは、.data セクションに割り当てるべきだろうか。より良いオプションがあるか？

どこにメモリがあるかを Forth に知らせるため、mem というワードを作ろう。これは単純に、メモリの開始アドレスをスタックにプッシュするだけだ。

ワードリスト

最初に、下記のワードをサポートするインタープリタを作ろう。

- .S　スタックの内容を、すべてプリントする（変更しない）。これを実装するため、インタープリタを走らせる前に rsp を保存すること。
- 算術演算：+ - * /, = <
  比較演算は、1 または 0 をスタックにプッシュすること。
- 論理演算：and、not　0 ではない値は、すべて真（true）であり、0 は偽（false）である。成功したら 1 を、さもなければ 0 をプッシュする。オペランドは消費する。
- 単純なスタック演算：
  rot (a b c -- b c a)
  swap (a b -- b a)
  dup (a -- a a)
  drop (a --)

- . (a --)

    数をスタックからポップして出力する。
- 入出力：

    key (-- c)　　stdin から 1 文字を読む。スタックの一番上のセルに 8 バイトを格納する。内容はゼロで拡張されたコードとする。

    emit (c --)　　1 個のシンボルを stdout に書く。

    number (-- n)　　stdin から 1 個の符号付き整数を読む（必ず 1 個のセルに収める）
- mem　ユーザーメモリの開始アドレスをスタックの一番上に置く。
- メモリ操作：

    ! (address data --)　　スタックのデータを address で始まるメモリに格納する

    c! (address char --)　　スタックの 1 バイトを address で始まるメモリに格納する

    @ (address -- value)　　address から始まる 1 個のセルを読む

    c@ (address -- charvalue)　　address から始まる 1 バイトを読む

できあがったインタープリタをテストしよう。その次は、リターンスタックのメモリ領域を作成し、docol と exit を実装する。リターンスタックのトップ（一番上）を指すポインタには、レジスタを割り当てることを勧める。さらに、コロンワードの or と greater を、マクロ colon を使って実装し、テストしよう。

7.3.2　コンパイル処理

次はコンパイル処理の実装だが、これは簡単だ。

1. 辞書の拡張のため、別の Forth セル 65536 個を割り当てる。
2. コンパイラモードのとき 1、インタープリタモードのとき 0 になる、state 変数を追加。
3. 辞書用に割り当てた空間の、最初の空きセル（free cell）を指す、here 変数を追加。
4. 定義されている最後のワードのアドレスを格納する、last_word 変数を追加。
5. 2 個の新しいコロンワード，・と ; を追加する。（[here] は、ポインタ here が指すセルという意味）。

    コロン：

    1:　　$word \leftarrow$ stdin

    2:　　[here] $\leftarrow$ 新しい word のヘッダ。here を更新！

    3:　　[here] $\leftarrow$ docol の直接アドレス。here を更新。

    4:　　last_word を更新

    5:　　state $\leftarrow$ 1;

    6:　　next にジャンプ

セミコロン：このワードは「イミディエイト」(Immediate) とマークすること。
  1: [here] ← exit ワードの xt。here を更新
  2: state ← 0;
  3: next にジャンプ

6. コンパイラのループは、次のような処理だ。これは別個に実装しても、すでに実装したインタープリタのループと混在させてもよい。

  1: **compiler_loop:**
  2: $word$ ← stdin
  3: **if** ($word$ が空) **then**
  4:   exit
  5: **if** ($word$ が存在し、アドレス $addr$ を持つ) **then**
  6:   xt ← $cfa(addr)$
  7:   **if** ($word$ に Immediate マークあり) **then**
  8:     $word$ をインタープリタで実行
  9:   **else**
  10:     [here] ← xt
  11:     here ← here + 8
  12: **else**
  13:   **if** ($word$ は数 n) **then**
  14:     **if** (前の $word$ は branch か 0branch) **then**
  15:       [here] ← n
  16:       here ← here + 8
  17:     **else**
  18:       [here] ← xt lit
  19:       here ← here + 8
  20:       [here] ← n
  21:       here ← here + 8
  22:   **else**
  23:     Error: unknown word

0branch と branch を実装してテストしよう（Forth ワードの完全なリストと、その意味は、次の 7.3.3 項を参照)。

■問題 123　　なぜ branch と 0branch が特殊なケースなのか?

7.3.3 ブートストラップ付き Forth

この Forth インタープリタは、2 つに分けて考えることができる。そのうち必要不可欠なのは「内側のインタープリタ」(inner interpreter) で、アセンブリ言語で実装される。仕事は、次の XT（実行トークン）をメモリからフェッチすることだ。それが、リスト 7-4 に示した next ルーチンである。

もう 1 つは「外側のインタープリタ」で、こちらはユーザーが入力するワードを受け取り、そのワードを現在の定義にコンパイルするか、あるいはそのまま実行する。面白いことに、このインタープリタは 1 個の「コロンワード」として定義できる。ただし、そのためには、いくつか Forth ワードを定義しなければならない。

この章で記述してきたのは、われわれが作った Forth の方言で、Forthress というものだ。そのインタープリタとコンパイラは、本書の GitHub にある。以下に、Forthress が知っているワードのすべてを示す[15]。

- drop (a --)
- swap (a b -- b a)
- dup (a -- a a)
- rot (a b c -- b c a)
- 算術演算：
    - + (y x -- [x + y])
    - * (y x -- [x * y])
    - / (y x -- [x / y])
    - % (y x -- [x mod y])
    - - (y x -- [x - y])
- 論理演算：
    - not (a -- a')
        もし a != 0 ならば a' <- 0
        もし a == 0 ならば a' <- 0
    - = (a b -- c)
        もし a == b ならば c <- 1
        もし a != b ならば c <- 0
- count (str -- len)
    ヌルで終わる文字列を受け取り、その長さを返す。

---

[15] 訳注：文中の TOS は「スタックの一番上」(top of stack) を意味する。

- `.`
  要素をスタックから取り出して stdout に送る。
- `.S`
  スタックの内容を表示（要素をポップしない）。
- `init`
  データスタックのベースを保存する。.S を使うときに便利。
- `docol`
  あらゆるコロンワードの実装。コロンワードそのものは XT を使わないが、実装 (`docol`) は使う。
- `exit`
  コロンワードを終える。
- `>r`
  リターンスタックにデータスタックからプッシュ。
- `r>`
  リターンスタックからデータスタックにポップ。
- `r@`
  リターンスタックのトップからデータスタックのトップへの、非破壊的なコピー。
- `find( str -- header addr )`
  文字列へのポインタを受け取り、辞書のワードヘッダへのポインタを返す。
- `cfa( word addr -- xt )`
  ワードヘッダの開始アドレスを XT に変換する。
- `emit ( c -- )`
  1 文字を stdout に出力する。
- `word( addr -- len )`
  stdin からワードを読み、addr で始まるアドレスに格納する。ワードの長さをスタックにプッシュする。
- `number( str -- num len )`
  文字列から整数を 1 個探して取り出す (parse)。
- `prints ( addr -- )`
  ヌルで終わる文字列をプリントする。
- `bye`
  Fortress を終了する。
- `syscall( call num a1 a2 a3 a4 a5 a6 -- new rax )`
  システムコールを実行する。引数は次に示すレジスタに入れる (ABI の仕様に従って)：`rdi`、`rsi`、`rdx`、`r10`、`r8`、`r9`。

- `branch <offset>`
  相対ジャンプ。飛び先は引数の終わりからのオフセットで指定する。`branch` はコンパイル専用ワード。次に例を示す。

  | branch |　　24 | <次のコマンド>
  　　　　　　　　　　^ `branch 24` は、この位置のアドレスに 24 を足した値を PC に入れる。

- `0branch <offset>`
  もし TOS が 0 なら、`branch` と同様に相対ジャンプする。`0branch` はコンパイル専用ワード。

- `lit <value>`
  このワードの XT の直後にある値 (value) をプッシュする。

- `inbuf`
  入力バッファのアドレス（インタープリタ／コンパイラが使用する）。

- `mem`
  ユーザーメモリのアドレス。

- `last_word`
  最後のワードの（ワードヘッダの）アドレス。

- `state`
  モードを表す state セルのアドレス。state セルには、コンパイラモードのとき 1、インタープリタモードのとき 0 が入る。

- `here`
  「現在定義中のワード」の最後のセルを指すポインタ。

- `execute( xt -- )`
  実行トークン XT を持つワード (TOS にあるもの) を実行する。

- `@ ( addr -- value )`
  メモリから値をフェッチする。

- `! ( addr val -- )`
  アドレスに値をストアする。

- `@c ( addr -- char )`
  アドレスから始まる 1 バイトを読む。

- `, ( x -- )`
  定義中のワードに x を追加。

- `c, ( c -- )`
  定義中のワードに 1 バイトを追加。

- `create ( flags name -- )`
  辞書に、新しい名前を持つエントリを作成する。いまのところ、Immediate フラグだ

けの実装。

- :

  stdin からワードを読み、その定義を開始する。

- ;

  現在のワード定義を終了する。

- interpreter

  Forthress インタープリタ／コンパイラ。

ブートストラップ付きの Forth を、読者自身の努力で構築することを、お勧めする。まずは Forth で書いたインタープリタのループを正しく動作させることから始めるとよい。リスト 7–6 に示したファイル（`itc.asm`）を書き換えて、`interpreter` ワードを導入する。それを Forth のワードだけを使って書くのだ。

7.4 まとめ

この章では 2 つの計算モデルを新たに紹介した。1 つは有限状態マシン（有限オートマトンとも呼ばれる）、もう 1 つは Forth マシンと同種のスタックマシンである。有限状態マシンには、テキストエディタや、その他のテキスト処理ユーティリティで多く使われている正規表現と、関連があることを見た。そして本書の第 1 部を締めくくる課題として、Forth インタープリタおよびコンパイラの構築を行った。これはアセンブリ言語を紹介した、これまでの内容の、まとめに相応しいものだと思っている。次の章からは、C 言語に切り替えて、より高いレベルのコードを書く。アセンブリに関するあなたの知識は、C を理解するための基礎となる。その計算モデルが古典的なフォン・ノイマンの計算モデルに、どれほど近いかを理解されるだろう。

■問題 124　　計算モデルとは?

■問題 125　　あなたが知っている計算モデルは、どれか?

■問題 126　　有限状態マシンとは?

■問題 127　　どのようなときに有限状態マシンが役立つか。

■問題 128　　有限オートマトンとは?

■問題 129　　正規表現とは?

■問題 130　　正規表現と有限オートマトンの関係は?

■問題 131　　Forth 抽象マシンの構成は?

■問題 132　　Forth の辞書（dictionary）は、どういう構造か。

■問題 133　　実行トークンとは?

■問題 134　　ネイティブワードとコロンワードの実装は、どこが違うか。

■問題 135　　なぜ Forth ではスタックを 2 つ使うのか。

- ■問題 136　　Forth の 2 つの動作モードとは何か。
- ■問題 137　　Immediate フラグは、なぜ存在する？
- ■問題 138　　コロンワードとセミコロンワードを解説せよ。
- ■問題 139　　PC と W という 2 つのレジスタの用途は？
- ■問題 140　　`next` は用途は？
- ■問題 141　　`docol` の用途は？
- ■問題 142　　`exit` の用途は？
- ■問題 143　　整数リテラルに遭遇したとき、インタープリタとコンパイラの振る舞いは同じか？
- ■問題 144　　2 つの数の剰余（reminder）を調べるネイティブワードを追加しよう。ある数が別の数で割り切れるかどうかをチェックするワードを書こう。
- ■問題 145　　剰余を調べるネイティブワードを追加して、数が素数かチェックするワードを書こう。
- ■問題 146　　フィボナッチ数列の最初の n 個の数を出力する Forth ワードを書こう。
- ■問題 147　　システムコールを実行する Forth ワードを書こう（レジスタの内容をスタックから取り出すものとする）。"Hello, world!" を stdout にプリントするワードを書こう。

第2部

プログラミング言語C

第8章 基礎

　この章からは、また別の言語、Cの探究を始めよう。これも低いレベルの言語で、アセンブリの上に載った本当に最小限の抽象と考えられる。けれどもCには十分な表現力があるから、すべてのプログラミング言語に応用できる非常に総称的なコンセプトやアイデアを ― たとえば型の体系やポリモーフィズム（多相性／多態性）を ― 示すことができるだろう。

　Cはメモリを、ほとんど抽象化しない。だからメモリ管理の仕事はプログラマの責任だ。C#やJavaのような、より高いレベルの言語を使う場合と違って、プログラマは自動化されたガベージコレクションに頼ることができず、代わりに自分自身で予備のメモリを割り当て、解放する必要がある。

　Cは移植性が高い言語なので、適切に配慮されたコードならば、単純に再コンパイルするだけで他のアーキテクチャでも実行できることが多い。その理由は、Cの計算モデルが事実上むかしながらのフォン・ノイマン・モデルと同じであり、ほとんどのプロセッサのプログラミングモデルも、それに近いからだ。

　Cを学ぶときは「高級言語だから大丈夫」という幻想を捨てよう。Cはエラーを大目に見てくれず、あなたのプログラムのどこかに壊れた部分があっても、必ず教えてくれるほど親切なシステムではない。それを忘れないように。プログラムのエラーは、ずっと後になって、違う入力のおかげで、まったく関係がない部分に現れるかもしれない。

■**言語の標準規格**　この言語で非常に重要なドキュメントが、Cの国際標準（ISO/IEC 9899）だ。ドラフトのPDFファイルはオンラインで、無料で入手できる[7]。このドキュメントは、われわれにとって、IntelのSoftware Developer's Manual[15]と同じくらい重要である[1]。

---

[1] 訳注：C11準拠のリファレンスとして2016年に第2版が出た雌牛本[154]と、UNIX環境でのCプログラミングに関する「詳解」として2014年に第3版が出たスティーブンス/ラゴの[166]が、訳者の主な日本語の参考書である。

8.1 はじめに

本論に入る前に指摘しておくべき重要なポイントがある。

- C では常に大文字と小文字が区別される。
- C はスペースの使い方に、うるさくない。構文解析が正しく行われている限り、文句を言わない。次に示す 2 つのプログラム（リスト 8–1 とリスト 8–2）は、等価である。

リスト8–1：spacing_1.c

```
int main     (int argc ,    char * * argv)
{
    return 0;
}
```

リスト8–2：spacing_2.c

```
int main (int argc, char** argv)
{
    return 0;
}
```

- C 言語の標準は 1 つだけではない。さまざまな拡張機能を持つ GNU C は、主として GCC がサポートしているが、ここでは学習しない。代わりに集中して学ぶのは、C89（いわゆる ASSI C。C90 とも呼ばれる）と、C99 であり、後者はさまざまなコンパイラがサポートしている。さらに C11 の新機能にも触れるが、その一部はコンパイラによる実装が必須となっていない。

  もっとも普及している標準は残念ながら今でも C89 だ。ほとんどあらゆる既存のプラットフォームに、C89 をサポートするコンパイラがある。だから最初は、この特定の版に焦点を絞り、それから新しい機能で拡張することにしよう。

  コンパイラに、ある特定の標準がサポートする機能だけを使うよう強制するには、下記のオプションを使う。

    - `-std=c89` か `-std=c99` で、C89 または C99 の標準を選択する。
    - `-pedantic-errors` で、非標準の言語拡張を禁止する。
    - `-Wall` で、すべての警告（all warnings）を重要さに関わらず表示させる。
    - `-Werror` で、警告をエラーに変換する。これによって警告を含むコードがコンパイルされるのを防ぐ。

■**警告はエラーだよ！** 警告なしにコンパイルできないコードを出荷するのは、とても良くない習慣だ。警告が出るのは理由があってのことだ。

特殊なケースとして、たとえば関数が受け付けるより多くの引数を渡すなど、標準に反する使い方が強制される場合もあるが、そういうのは極端に稀なケースだ。そういう場合はコンパイラのオプションを使って、その特定の型の警告だけを、その特定のファイルに限って抑制するほうが、ずっと良い。また、コンパイラのディレクティブを使って、あるコード領域に限って特定の警告を抑制することが可能ならば、そうすべきだ。

―――

一例として、`main` という実行ファイルを、2つのソースファイル、`file1.c` と `file2.c` からコンパイルするには、次のコマンドを使う。

```
> gcc -o main -ansi -pedantic-errors -Wall -Werror file1.c file2.c
```

このコマンドは、オブジェクトファイルの生成とリンクを含む、完全なコンパイルを行う。

8.2 プログラムの構造

Cのプログラムは、次にあげる要素で構成される。

- データの型定義（type definition）。既存の型を土台として、新しい構造体や型を定義できる。たとえば整数型の `int` に、新しい名前 `new_int_type_name_t` を付けるには、`typedef int new_int_type_name_t;`
- グローバル変数は、関数の外側で宣言（declare）する。たとえば次のグローバル変数 `i_am_global` は、型が `int` で、すべての関数のスコープの外側で 42 に初期化される。グローバル変数の初期化には定数値しか使えない。

    `int i_am_global = 42;`
- 関数。`square` という名前の次の関数は、`int` 型の引数 x を受け取り、その 2 乗（square）を返す。

    `int square( int x ) { return x * x; }`
- `/*`と`*/`の間はコメントで、複数行におよぶことが許される。

    `/* this is a rather complex comment`
    `which span over multiple lines */`
- `//`で始まり、行末まで続くコメント（C99 以降）。

    `int x; // 行末までがコメントとなる一行コメント`
- `#`で始まる、プリプロセッサへの指令（ディレクティブ）など。

    `#define CATS_COUNT 42`

```
#define ADD(x, y) (x) + (y)
```

関数の中では、その関数だけのローカルな変数やデータ型を定義でき、まとまった処理を実行できる。1つ1つの処理を**ステートメント**（statement：文）と呼ぶ。文は通常、1個のセミコロン（;）によって区切られ、それらは順番に（シーケンシャルに）実行される。

関数を、他の関数の内側で定義することはできない。

ステートメントは、変数の定義、計算や代入ができるほか、条件で分岐して特定のステートメントまたはブロックを実行することもできる。**ブロック**は、一群のステートメントを波カッコの { と } で囲んで、まとめるものだ。

リスト 8–3 に、C プログラムの例を示す。これは、

```
Hello, world! y=42 x=43
```

と出力する。ここで定義されている関数 main は、2 つの変数 x と y を宣言する。第 1 の変数は 43 と等しく、第 2 の変数は x の値から 1 を引いたものとして計算する。それから関数の printf を呼び出す。

リスト8–3：hello.c

```c
/* これはコメント。次の行にはプリプロセッサディレクティブがある。 */
#include <stdio.h>

/* main はプログラムのエントリポイントで、アセンブリの _start のようなものだ。
 * ただし実際には、隠された関数、_start が、main を呼び出す。そして main が返す
 * リターンコードが、システムコールの exit に渡される。引数リストの代わりに
 * void というキーワードを書くのは、この main が引数を受け取らないという
 * 意味だ。*/
int main (void) {
   /* main のローカル変数。main が終了すると即座に壊れる */
   int x = 43;
   int y;
   y = x - 1;
   /* 標準関数 printf を 3 つの引数を付けて呼び出す。
    * これは、Hello, world! y=42 x=43 とプリントする。
    * すべての%d は、それに続く引数で置換される */
   printf ( "Hello, world! y=%d x=%d\n", y, x ) ;

   return 0;
}
```

ここで printf 関数は、文字列を stdout に出力する目的で使っている。文字列の一部を、それに続く引数で置き換えることができ、その変換を「フォーマット指定子」とか「変換指定子」と呼ばれるもので指定する。名前で想像が付くように、これは引数の性質に関する情報を提供する（通常はサイズと符号の有無を含む）。いまのところ、われわれが使う指定子（specifier）

は、ごく限られたものだ。

- %d は、int 型の引数を、例が示すように変換する。
- %f は、float 型の引数を変換する。

変数の宣言も、代入も、関数コールも、セミコロンで終わるものは、どれもステートメントだ。

■ **printf は、整形付き出力だけに使おう**　いつでも printf を使うのではなく、使えるときは常に puts を使おう。この関数は、1 個の文字列を出力し、それを改行で終えるだけで、フォーマット指定子を考慮しない。こちらのほうが高速なだけでなく、すべての文字列について動作が一定であり、14.7.3 で述べるセキュリティの問題がない。

いまのところ、われわれのプログラムは、常に#include <stdio.h>という行から始まる。これによって、標準 C ライブラリの一部をアクセスできるのだ。けれどもこれは「ライブラリのインポート」というような種類のものでは決してないのだから、その点を誤解されないよう強調しておく。

リテラル（literal）とは、ソースコードの中で、あるイミディエート値を表現する文字シーケンスだ。C のリテラルには、次の用途がある。

- 整数（たとえば 42）
- 浮動小数点数（たとえば 42.0）
- ASCII コードの 1 文字（シングルクォートで囲んで、'a' のように書く）
- ヌルで終わる文字列へのポインタ（たとえば"abcde"）

C のプログラムが実行するのは、一般にデータの操作である。C の**抽象機械**は、フォン・ノイマンのアーキテクチャに基づいているが、これは意図したことで、C は可能な限りハードウェアに接近しようとする言語なのだ。変数は直線的なメモリに置かれ、それぞれが開始アドレスを持つ。その意味で変数は、アセンブリにおけるラベルにも似ている。

8.2.1　データの型

ほとんどすべての処理がデータの操作なのだから、データの性質が、とりわけ重要なわれわれの関心事だ。C では、すべてのデータが**型**（type）を持ち、通常は明確なカテゴリのどれかに属する。C の型付け（typing）は弱く、静的である。

静的な型付け（static typing）というのは、すべての型がコンパイル時にわかるということだ。データ型に不確定な要素は、まったくない。何らかのデータとして評価されるものは、変数でも、リテラルでも、より複雑な式でも、型が判明する。

弱い型付け（weak typing）というのは、データの要素が暗黙のうちに（ただし規則に従って適切に）、他の型に変換される場合があるということだ。

たとえば 1 + 3.0 を評価するとき、2 つの数の型が異なるのは明らかだ。片方は整数であり、もう片方は実数だ。この 2 つはバイナリ表現が異なるので、直接加算することはできない。両方とも同じ型になるように（たぶん浮動小数点型に）変換する必要があり、それでようやく加算を実行できる。強く片付けされる言語（たとえば OCaml など）では、この処理に明示的な型変換が必要であり、整数型の加算（+）と、実数型の加算（OCaml では+.）が区別される。

C の型付けが弱いことにも理由がある。アセンブリの世界では理論的に、あらゆるデータを他の型のデータとして解釈することが完全に許されている（ポインタを整数として使うことも、文字列の一部を整数として解釈することも自由だ）。

では、ある浮動小数点値を整数として出力しようとしたら、何が起きるのかを見よう（リスト 8-4）。浮動小数点値を、整数として再評価（reinterpret）するので、ほとんど無意味な結果となる。

リスト8-4：float_reinterpret.c

```c
#include <stdio.h>

int main (void) {
    printf ("42.0 as an integer %d  \n", 42.0) ;
    return 0;
}
```

このプログラムの出力は、ターゲットのアーキテクチャに依存する。われわれの場合、こういう出力になった。

```
42.0 as an integer -266654968
```

この節での簡単な紹介では、C の型はすべて、次のカテゴリのどれかに属する。

- 整数（`int`、`char` など）
- 浮動小数点数（`double` と `float`）
- 各種のポインタ
- 複合：構造体（`struct`）と共用体（`union`）
- 列挙（`enum`）

C の型システムについては、第 9 章で詳しく調べることにしよう。より高いレベルの言語を使ってきた読者は、このリストを見て、いくつか一般的な要素が欠けていると思うかもしれない。残念ながら、C89 には string 型も Boolean 型もない。論理演算では、ゼロに等しい値が

偽（false）、ゼロではない値が真（true）と評価される。

8.3 制御の流れ

フォン・ノイマンの原則に従って、プログラムの実行はシーケンシャルに行われる。ステートメント（文）は、1つづつ順番に実行されるが、制御の流れを変えるステートメントが、いくつかある。

8.3.1 if 文

リスト 8–5 に示すのが if 文で、オプションの else 部を持っている。もし条件が満たされれば、第1のブロックが実行される。もし条件が満たされなければ、第2のブロックが実行されるが、第2のブロックは必須ではない[2]。

リスト8–5：if_example.c

```
int x = 100;
if (42){
    puts("42 はゼロに等しくないので真とみなされる");
}

if (x > 3) {
    puts("X は 3 よりも大きい");
}
else
{
    puts("X は 3 以下である");
}
```

ここで波カッコはオプションである。波カッコを取り外すと、リスト 8–6 のように、それぞれの分岐が、ただ1個のステートメントとされる。

リスト8–6：if_no_braces.c

```
if (x == 0)
    puts("X is zero");
else
    puts("X is not zero");
```

これが失敗すると、**ぶら下がり else**（dangling else）という構文の間違いが生じる。リスト 8–7 を見ると、else の分岐は、最初の if にも 2 番目の if にも対応しそうに思えるだろう。入れ子になった if では、このあいまいさを避けるため、波カッコを使うべきだ。

---

[2] **訳注**：説明のため、文字列中の英語を日本語に訳しています。

リスト8-7：dangling_else.c

```
if (x == 0)    if (y == 0) { puts("A"); }   else { puts("B"); }

/* 次の2つの解釈の、どちらとも解釈できそうだ。
 * これを避けるため、コンパイラに警告を出させよう。
 */

if (x == 0) {
   if (y == 0) { printf("A"); }
   else { puts("B"); }
}

if (x == 0) {
   if (y == 0) { puts("A"); }
} else { puts("B"); }
```

8.3.2 `while`文

`while`文は、繰り返しを作るのに利用する。

リスト8-8：while_example.c

```
int x = 10;
while ( x != 0 ) {
   puts("Hello");
   x = x - 1;
}
```

もし条件が満たされたら、本体（body）が実行される。それから、同じ条件が再びチェックされ、もし満たされたら、本体が再び実行される。その繰り返しだ。

もう1つの、`do ... while (条件);`という形式を使えば、ループ本体を実行した後に条件のチェックが行われるので、少なくとも1回は本体が実行されることを保証できる。リスト8-9に、その例を示す。

リスト8-9：do_while_example.c

```
int x = 10;
do {
   printf("Hello\n");
   x = x - 1;
}
while ( x != 0 );
```

本体が空でも許される。たとえば、

```
while (x == 0);
```

このステートメントは、閉じカッコの後のセミコロンで終わっている。

8.3.3 for 文

for 文は、連結リストや配列のような、有限のコレクションを反復処理するのに適している。これは次の形式を持つ。

for（初期化; 条件; ステップ）本体

リスト 8–10 に例を示す。

リスト8-10：for_example.c

```
int a[] = {1, 2, 3, 4}; /* 4 個の要素を持つ配列 */
int i = 0;
for ( i = 0; i < 4; i++ ) {
    printf( "%d", a[i])
}
```

最初に初期化式が実行される。次に条件式が評価される。その結果が真であればループの本体が実行され、その後でステップ式が実行される。

この場合、ステップ式でインクリメント演算子の++を使っている。これは変数を、値を 1 だけ増やして更新するものだ。

その後、条件のチェックから始まるループが繰り返される。リスト 8–11 に、2 つの等価なループを示す。

リスト8-11：while_for_equiv.c

```
int i;

/* while ループ */
i = 0;
while ( i < 10 ) {
    puts("Hello!");
    i = i + 1;
}

/* for ループ */
for( i = 0; i < 10; i = i + 1 ) {
    puts("Hello!");
}
```

繰り返しを途中で終わらせたいときは、break 文を使える。これはループを抜けて、コードの次の文に進む。また、continue 文は、現在の処理を中断し、ステップを経て次の処理に進む。リスト 8–12 に例を示す。

リスト8-12：loop_cont.c

```c
int n = 0;
for( n = 0; n < 20; n++ ) {
    if (n % 2) continue;
    printf("%d は偶数", n );
}
```

ところで for では、初期化、ステップ、条件の式は、どれも空のままにできる。リスト 8-13 に例を示す。

リスト8-13：infinite_for.c

```c
for( ; ; ) {
    /* このループは本体のなかで break が実行されない限り永遠に繰り返される */
    break; /* ここに break があれば、繰り返しが停止する */
}
```

8.3.4 goto 文

goto 文を使うと、同じ関数内のラベルへとジャンプすることができる。アセンブリと同じように、ラベルはステートメントに付けられるマークで、その構文も同じだ。

`label:` ステートメント

goto とラベルを使うコーディングは、しばしば悪いスタイルとされる。けれども**有限状態マシン**をエンコードするときは、ずいぶん便利だろう。いけないのは、よく考え抜かれた条件とループを使わずに、スパゲッティ状に交錯した goto を使うことだ。

何重にもネストした（入れ子になった）繰り返しから脱出するのに、goto が使われるときもある。けれども、それはしばしば良くない徴候だ。内側のループを関数にして抽象化できないだろうか（コンパイラの最適化のおかげで、たぶん実行時のコストは全然かからないだろう）。すべてのループから抜け出す goto の用例を、リスト 8-14 に示す。

リスト8-14：goto.c

```c
int i;
int j;
for (i = 0; i < 100; i++ )
for( j = 0; j < 100; j++ ) {
    if (i * j == 432)
        goto end;
    else
        printf("%d * %d != 432\n", i, j );
}
end:
```

goto 文と命令的なスタイルが組み合わさると、プログラムの振る舞いを解析するのが、人間にも機械（コンパイラ）にも困難になる。最近のコンパイラが得意とする最適化の力も発揮で

きないし、コードの保守が困難になる。goto を使うのは、有限状態マシンの実装のように、代
入を実行しないコード断片に限るべきだ。そうすればプログラムの実行経路をすべてトレース
して、どのようにプログラムが分岐したら、どの変数がどう変わるか、などと確認する必要が
なくなる。

8.3.5　`switch`文

　`switch` 文は、ある整数型変数の値が、どの値と等しいかを条件として分岐するものだ。何
重にもネストした `if` と同様に、複数の条件を設定できる。その例をリスト 8–15 に示す。

リスト8–15：case_example.c

```
int i = 10;
switch ( i ) {
    case 1: /* もし i が 1 と等しければ…… */
        puts( "It is one" );
        break;  /* break は必要だ! */

    case 2: /* もし i が 2 と等しければ…… */
        puts( "It is two" );
        break;

    default:  /* さもなければ…… */
        puts( "It is not one nor two" );
        break;
}
```

　どのケースも、実はラベルである。ケースを区切るのは、オプションの `break` 文だけであり、
これによって `switch` のブロックを脱出する。おかげで面白いハックが生まれたが[3]、`break` を
書き忘れたらバグの元である。

　リスト 8–16 に、2 つの例を入れた。第 1 に、いくつものラベルが同じケースに集約されて
いる。つまり、x が 0 でも、1 でも、10 でも、実行されるコードは同じである。第 2 に、その
`case` は `break` で終わっていないので、最初の `puts` を実行した後、制御の流れは次の `case`
15 というラベルを突き抜けて下に落ちる（フォールスルー）。そこで別の `puts` が実行される。

リスト8–16：case_magic.c

```
switch ( x ) {
    case 0:
    case 1:
    case 10:
        puts( "First case: x = 0, 1 or 10" );
```

---

　[3]　**訳注**：著者は脚注で「Duff's device」を簡単に説明しているが、それではわかりにくいから、代わりに
日本語 Wiki へのリンクを示す (https://ja.wikipedia.org/wiki/Duff%27s_device)。むやみに真似
てはいけません。ご参考まで。

```
            /* break がない! */
    case 15:
        puts( "Second case: x = 0, 1, 10 or 15" );
        break;
}
```

8.3.6 例：約数

リスト 8-17 でお目にかけるプログラムは、最初の約数を探し、それを stdout にプリントする。first_divisor 関数は、引数 n を受け取り、1 より大きく n 以下の整数から、n を割り切れる最小の数 r を探す。ちなみに、もし r = n ならば、当然それは素数である。

for に続くステートメントが波カッコで囲まれていないのは、それがループ内で唯一のステートメントだからだ。if 文も、その本体が return i だけなので、同様になっている。もちろん、これらも波カッコの中に入れることができ、実際にそれを推奨するプログラマもいる。

リスト8-17：divisor.c

```
#include <stdio.h>

int first_divisor( int n ) {
    int i;
    if ( n == 1 ) return 1;
    for( i = 2; i <= n; i++ )
        if ( n % i == 0 ) return i;
    return 0;
}

int main(void) {
    int i;
    for( i = 1; i < 11; i++ )
        printf( "%d \n", first_divisor( i ) );

    return 0;
}
```

8.3.7 例：フィボナッチ数の判定

リスト 8-18 に示すプログラムは、ある数がフィボナッチ数かどうかを判定する。**フィボナッチ数列**（Fibonacci series）は、次のように再帰的に定義される。

$$F_1 = 1$$
$$F_2 = 1$$
$$F_n = F_{n-1} + F_{n-2}$$

この数列は、組み合わせ論のほか、幅広く多数の分野に応用されている。たとえば木の枝わかれや、葉序（茎のまわりに葉がどう付くか）といった生物学的分野にも、フィボナッチ数列が

現れる。

　フィボナッチ数を最初から順に見ていくと、1、1、2、3、5、8 などと並んでいて、それぞれの数は、その直前にある数 2 つの和である。

　与えられた数 n が、フィボナッチ数列に含まれているかを判定するために、ここでは単純明快な（必ずしも最適ではない）アプローチとして、n に至るすべてのフィボナッチ数を計算する方法を使う。この数列には昇順という性質があるので、要素を順に数え上げて行き、もし n より大きなフィボナッチ数に達しても、まだ n が列挙されていなければ、n はこの数列に含まれないと判定できる。

　is_fib 関数は、整数 n を受け取り、n 以下のすべての要素を計算する。その数列の最後の要素が n ならば、n はフィボナッチ数であり、この関数は 1 を返す。さもなければ 0 を返す。

リスト8-18：is_fib.c

```c
#include <stdio.h>

int is_fib( int n ) {

    int a = 1;
    int b = 1;
    if ( n == 1 ) return 1;

    while ( a <= n && b <= n ) {
        int t = b;

        if (n == a || n == b) return 1;
        b = a;
        a = t + a;
    }
    return 0;

}

void check(int n) { printf( "%d -> %d\n", n, is_fib( n ) ); }

int main(void) {
    int i;
    for( i = 1; i < 11; i = i + 1 ) {
        check( i );
    }
    return 0;
}
```

8.4 文と式

C 言語は、**文** (statement) と**式** (expression) という概念に基づく。式はデータの実体 (data entity) に対応する。

リテラルと変数は、すべて式である。さらに複雑な式は、演算（+や-、その他の算術／論理／ビット演算）や関数コール（ただし void を返すルーチンは例外）を使って構築できる。リスト 8–19 に式の例をあげる。

リスト8-19：expr_example.c

```
1
13 + 37
17 + 89 * square ( 1 )
x
```

式はデータなので、代入演算子=の右辺に使うことができる。一部の式は代入の左辺にも使えるが、それらはメモリにアドレスを持つデータの実体に対応するはずだ[4]。そのような式は**左辺値** (lvalue) と呼ばれる。それ以外の、アドレスを持たない式は、**右辺値** (rvalue) と呼ばれる。この違いは、抽象マシンで考える限り、まったく直感的に理解できる。リスト 8–20 にあげるような式は、どれも意味がない。なぜなら代入とはメモリが変化するという意味なのだから。

リスト8-20：rvalue_example.c

```
4 = 2;
"abc"="bcd";
square(3)= 9;
```

8.4.1 文の種類

文 (statement) は、「C の抽象マシン」に対するコマンドだ。それぞれのコマンドは「これをやれ！」という命令文である。「命令型プログラミング」という名前の通りで、C のプログラムは一連のコマンドである。文には次の 3 種類がある。

1. セミコロンで終わる式（式文）

    ```
    1 + 3;
    42;
    square(3);
    ```

    これらの文の目的は、式を計算することだ。もしこれらの文に、(式そのものの一部と

---

[4] ここで言うのは「C の抽象マシン」が持つメモリのことだ。コンパイラは、変数を最適化する権限を持つのだから、アセンブリの段階で物理メモリを割り当てることは決してない。それでもプログラマは、そのことに束縛されず、あらゆる変数はメモリセルのアドレスを持つのだと考えることができる。

しても、あるいは呼び出される関数のなかでも）代入がなく入出力も生じなければ、プログラムの状態に対する影響は認められない。

2. 一対の波カッコ（{ と }）で囲まれたブロック（ブロック文）

    これには任意の数の文を入れることができる。ブロックそのものはセミコロンで終わるのではないが、その中の式はセミコロンで終わる。リスト 8-21 に典型的なブロックを示す。

リスト8-21：block_example.c

```
int y = 1 + 3;
{
    int x;
    x = square( 2 ) + y;
    printf( "%d\n", x );
}
```

3. 流れを制御する文

    if、while、for、switch を含み、セミコロンを要求しないもの。

代入については、すでに述べたが、裏の事実というものがある。代入式は右辺値で、連鎖が可能だ。たとえば a = b = c は次の意味を持つ。

- c を b に代入する。
- b の新しい値を a に代入する。

ともあれ典型的な代入は、第 1 のカテゴリに属する文、すなわちセミコロンで終わる式だ。代入は「右結合」(right-associative) の演算である。つまり、コンパイラが（あるいは、あなたの目が）解析するとき、暗黙のカッコが右から順に使われて、もっとも右側の部分がもっとも深くネストされる。リスト 8-22 に、ある複雑な式を書く、2 つの等価な方法を示す。

リスト8-22：assignment_assoc.c

```
x = y = z;
(x = (y = z));
```

逆に「左結合」(left-associative) の演算では、リスト 8-23 に示すように、ネストの順序が左右反対になる。

リスト8-23：div_assoc.c

```
40 / 2 / 4
((40 / 2) / 4)
```

8.4.2 式の組み立て

複数の式を、演算子や関数コールを使って組み合わせることによって、別の式を構築できる。**演算子**（operator）は次のように分類できる。

- 項数（arity：オペランドの数）による分類。
    - 単項（unary）：たとえば単項のマイナス：`- expr`
    - 2項（binary）：たとえば乗算：`expr1 * expr2`
    - 3項（ternary）：`cond ? expr1 : expr2`
      3項演算子は、これ以外にない。もし条件 `cond` が真ならば、この式の値は `expr1` に等しく、そうでなければ `expr2` に等しい。
- 意味による分類。
    - 算術演算子：`* / + - % ++ --`
    - 比較演算子：`== != > < >= <=`
    - 論理演算子：`! && || << >>`
    - ビット演算子：`~ ^ & |`
    - 代入演算子：`= += -= *= /= %= <<= >>= &= ~= |=`
    - その他の演算子
        1. `sizeof(var)` は、「`var` のサイズをバイト数で表現せよ」という意味。
        2. `&` は、「オペランドのアドレスを取れ」という意味。
        3. `*` は、「このポインタをデリファレンスせよ」という意味。
        4. `?:` は、「条件を評価せよ」という意味で、上述した3項演算子に使われる。
        5. `->` は、構造体または共用体のフィールドを参照するのに使われる。

ほとんどの演算子の意味は明らかだろうから、使い方や意味がわかりにくそうなものについて説明する。

- インクリメントとデクリメントの演算子は、前置（prefix）と後置（postfix）の、どちらの形でも使うことができる。変数 `i` について、`++i` と `i++` が、前置と後置だ。どちらも `i` に対して即座に効果をおよぼし、その値を1だけ増やす。けれども、`i++` という式の値は `i` の「古い」値なのに対して、`++i` という式の値は、`i` の「新しい」インクリメントされた値である。
- 論理演算子とビット演算子の違い。論理演算の場合、ゼロ以外の数は本質的に同じ意味を持つ。ところがビット演算は、それぞれのビットに対して別々に行われる。たとえば `2 & 4` はゼロに等しいが、その理由は、2 と 4 には共通してセットされるビット

がないからだ。けれども 2 && 4 は 1 を返す。その理由は、2 も 4 もゼロではない数（真の値）だからだ。
- 論理演算子は評価が後回しにされる（遅延評価）。論理和の演算子、&& について考えてみよう。これを 2 つの式に使うとき、まず第 1 の式が計算される。その値がゼロなら、演算は直ちに終了する。それが連言（AND）演算の性質だ。もしオペランドのどれかがゼロならば、いわゆる複合命題も必ずゼロと評価されるのだから、もう評価を続ける必要はない。これが重要なのは、その振る舞いが注目に値するからだ。リスト 8–24 に示すプログラムは F と出力するだけで、関数 g は実行されない。

リスト8–24：logic_lazy.c

```c
#include <stdio.h>

int f(void) { puts( "F" ); return 0; }
int g(void) { puts( "G" ); return 1; }

int main(void) {
    f()&& g();
    return 0;
}
```

- ティルデ（˜）はビット反転の単項演算子、ハット（ˆ）はビットごとの排他的論理和（xor）である。

これから先の章では、たとえばアドレス操作や sizeof のオペランドとして、これらの一部を再び取り上げる。

8.5 関数

プロシージャやルーチンと関数は、区別することができる。前者は値を返さないが、後者は何か決まった型の値を返す。また、プロシージャの呼び出しは、関数コールと違って、より複雑な式に、その一部として埋め込むことができない。

リスト 8–25 にプロシージャの例を示す。その名前は myproc で、戻り値は void だから何も返さない。2 つの整数型パラメータ、a と b を受け取る。

リスト8–25：proc_example.c

```c
void myproc ( int a, int b )
{
    printf("%d", a+b);
}
```

リスト 8–26 に関数の例を示す。これも 2 つの引数を受け取るが、int 型の値を返す。この関数を呼び出すときには、その値を利用して、より複雑な式の一部として使うことができる。

リスト8–26：function_example.c

```c
int myfunc ( int a, int b )
{
    return a + b;
}

int other( int x ) {
    return 1 + myfunc( 4, 5 );
}
```

どの関数の実行も、return 文で終わる。さもなければ戻り値は未定義となる。プロシージャなら return キーワードを省略できるが、それでもオペランドなしで、そのプロシージャから即座にリターンする目的で使うことが可能だ。

引数がないときは、リスト 8–27 に示すように、関数宣言でキーワード void を使うべきだ。

リスト8–27：no_arguments_ex.c

```c
int always_return_0( void ) { return 0; }
```

関数の本体はブロック文なので、波カッコで囲む（セミコロンで終わるわけではない）。ブロック内で定義された変数は、そのブロックをスコープ（通用範囲）とする。

変数の宣言は、ブロックの先頭で、どのステートメントよりも前に行う必要がある。この制限は C89 にはあるが、C99 にはない。しかしコードの移植性を高めるため、このルールに従おう[5]。

また、ある種の自主規制も強いられる。スコープの先頭に大量のローカル変数が宣言されていたら、乱雑に見えるだけでなく、通常はプログラムの構成が良くない印か、データ構造の選択が良くない印だ（あるいは、その両方か）。

リスト 8–28 に、良い変数宣言と悪い変数宣言の見本を示す。

リスト8–28：block_variables.c

```c
/* 良い */
void f(void) {
    int x;
    ...
}
```

---

[5] 訳注：新たに追加された機能や変更点については、各種の媒体で紹介されている。2014 年の [104]、[160] などを参照。C11 準拠のリファレンス本としてはプリッツ/クロフォードの [154] がある。

```
/* 悪い: x の宣言が printf コールの後にある */

void f(void) {
    int y = 12;
    printf( "%d", y );
    int x = 10;
    ...
}

/* 良いが、このように i の宣言を for の初期化で行うには C99 が必要 */
for( int i = 0; i < 10; i++ ) {
    ...
}

/* 良い: i が for より前に宣言されているので、C99 を必要としない */
int f(void) {
    int i;
    for( i = 0; i < 10; i++ ) {
        ...
    }
}

/* 良い: どのブロックの先頭でも追加の変数を宣言できる */
/* x は for の繰り返し 1 回ごとのローカル変数で、必ず 10 に再初期化される */
for( i = 0; i < 10; i++ ) {
    int x = 10;
    ...
}
```

あるスコープでの変数と、それを囲むスコープですでに宣言されている変数が、もし同じ名前だったら、最近の変数によって、古いほうが隠される。隠された変数を構文的にアドレッシングする方法はない (そのアドレスをどこかに保存しておき、そのアドレスを使うのでない限り)。別々の関数に入っているローカル変数ならば、もちろん同じ名前を使える。

変数は、そのブロックの終わりに到達するまで見ることができる。したがって、一般的な概念の「ローカル」変数があるのは、関数ではなくブロックの中である。経験則として、変数はできるだけローカルにすべきである (それには、たとえばループの本体についてローカルな変数も含まれる)。とくに大規模なプロジェクトでは、そうすることでプログラムの複雑さを、大いに減らすことができる。

8.6　プリプロセッサ

C のプリプロセッサは、NASM のプリプロセッサと似たような役割を果たす。ただし、そのパワーには、ずっと制限が多い。プリプロセッサディレクティブのうち、もっとも重要で、こ

れからお目にかけていくのは、次のものだ。

- #define
- #include
- #ifndef
- #endif

`#define` ディレクティブは、NASM でこれに相当する`%define` に良く似ている。これには主に 3 つの用途がある。

- グローバル定数の定義（リスト 8–29 に例を示す）。

リスト8-29：define_example1.c
```
#define MY_CONST_VALUE 42
```

- 引数付きマクロの置換を定義する（リスト 8–30 に例を示す）。

リスト8-30：define_example2.c
```
#define MACRO_SQUARE( x ) ((x) * (x))
```

- ソースコードの一部を選択的に追加／排除するフラグの定義。

マクロ定義の中に入れる引数は、すべてカッコで囲むことが重要だ。その理由は C のマクロが構文的ではないからだ。つまりプリプロセッサは、コードの構造を気にせずにマクロを展開するのだ。ときには、そのせいでリスト 8–31 に示すようなコードからも、予期せぬ振る舞いが生じる。前処理後のコードをリスト 8–32 に示す。

リスト8-31：define_parentheses.c
```
#define SQUARE( x ) (x * x)

int x = SQUARE( 4+1 )
```

x の値は 25 ではなく、$4 + (1 * 4) + 1$ になる。なぜなら乗算のほうが加算よりも優先順位が高いからだ。

リスト8-32：define_parentheses_preprocessed.c
```
int x = 4+1 * 4+1
```

#include ディレクティブは「おまえの代わりに、与えられたファイルの内容をペーストせよ」という意味だ。ファイル名は、2 重引用符で囲むか (#include "file.h")、あるいは山カッコで囲む (#include <stdio.h>)。

- 山カッコの場合は、ファイルを定義済みのディレクトリ集合からサーチせよ、という意味になる。GCC では通常、こうなっている。
    - /usr/local/include
    - <libdir>/gcc/target/version/include
      ここで<libdir>というのは、GCC の設定でライブラリを入れるためのディレクトリで、通常はデフォルトにより、/usr/lib または/usr/local/lib である。
    - /usr/target/include
    - /usr/include
      コンパイル時に-I オプションを使えば、このリストにディレクトリを追加できる[6]。あなたのプロジェクトのルートに特別な include/ディレクトリを作り、それを GCC のインクルードサーチリストに追加することが可能だ。
- 2 重引用符の場合、カレントディレクトリからもファイルがサーチされる。

プリプロセッサの出力を得るには、NASM の場合と同様に、gcc -E filename.c というコマンドを与えれば、filename.c というファイルが評価される。これは、すべてのプリプロセッサディレクティブを実行し、その結果を stdout に吐き出すだけで、他には何もしない。

8.7 まとめ

この章では C の基本を詳しく述べた。フォン・ノイマンのそれと非常によく似たアーキテクチャを持つ C 言語の抽象マシンでは、すべての変数は「メモリのラベル」である。一般的なプログラムの構造（関数、データの型、グローバル変数など）を記述した後、文（ステートメント）と式（エクスプレッション）という 2 つの構文的なカテゴリを定義した。式には左辺値と右辺値があることを知り、関数コールや、if、while などの制御文を使ってプログラムの実行を制御する方法を学んだ。すでに整数の計算を行う簡単なプログラムは、書くことができる。次の章では、C の型システムだけでなく、大きく型（type）一般について論じ、さまざまなプログラミング言語で型がどのように使われているかを理解する。そして配列という概念のおかげで、われわれの入出力データは、ずっと多様なものになる。

---

[6] 訳注：man cpp や、GNU cpp の英文ドキュメント [115] を参照。

- ■問題 148　リテラルとは何か?
- ■問題 149　左辺値 (lvalue)、右辺値 (rvalue) とは?
- ■問題 150　文 (statement) と式 (expression) の違いは?
- ■問題 151　複数文のブロックというのは?
- ■問題 152　プロプロセッサ用のシンボルは、どうやって定義 (define) するのか?
- ■問題 153　switch で、各 case の終わりに break が必要な理由は?
- ■問題 154　真偽値は、C89 では、どうエンコードされるのか?
- ■問題 155　printf の最初の引数は何か?
- ■問題 156　printf は引数の型をチェックするか?
- ■問題 157　C89 では変数をどこで宣言できるのか?

第9章 型システム

型（type）の認識は、重要な鍵となる概念の1つだ。**型**の本質は、データエントリに結び付けられた標識である。個々のデータ型について、あらゆるデータ変換が定義され、正しく変換されることが保証されている（ただし「サハラ砂漠の正午の平均気温」に「アクティブなRedditユーザーの数」を加算しようとは誰も思わない。意味がないのだから）。

この章ではCの型システムを詳しく学ぶ。

9.1　Cの基本的な型システム

Cの型は、次にあげるカテゴリに分類される。

- 定義済みの数値型（`int`、`char`、`float`など）。
- 配列：同じ型の複数の要素が、連続するメモリセルを占めるもの。
- ポインタ：他のセルのアドレスを格納するセル。ポインタの型は、それが指しているセルの型をエンコードしたものだ。ポインタの特別なケースとして、関数ポインタがある。
- 構造体：さまざまな型のデータを、まとめたもの。構造体には、たとえば整数と浮動小数点数の両方を入れることができる。個々のデータ要素は、独自の名前を持つ。
- 列挙：明示的に定義された複数の整数値のうち、1つを取る。それぞれの値には参照用にシンボル名が付いている。
- 関数型。
- 定数型：どれか他の型がベースだが、データの書き換えができないもの。
- 他の型の別名（エイリアス）。

9.1.1 数値型

もっとも基本的な C の型が、この数値型だ。これらはさまざまなサイズを持ち、符号付き（signed）か、符号なし（unsigned）の、どちらかである。この言語の歴史は長く、ゆるい管理のもとで進化してきたから、型の記述は、ときに難解で、その場限りの命名としか思えないのもある。次に、基本的な型のリストを示す。

1. char
   - signed または unsigned。普通デフォルトでは（どちらの修飾子もなければ）符号付きになるが、言語の標準で定められていない。
   - サイズは常に 1 バイトである。
   - 「キャラクタ」（文字）という言葉を指示する名前だが、整数型であり、そのように扱う必要がある。しばしば文字の ASCII コードを入れるために使われるが、どのような 1 バイトの数にも使える。
   - 文字リテラルの'x'は、キャラクタ「x」の ASCII コードに対応する。その型は int だが、char 型の変数に代入しても安全である[1]。

リスト 9-1 に例を示す。

リスト9-1：char_example.c

```
char number = 5;
char symbol_code = 'x';
char null_terminator = '\0';
```

2. int
   - 整数。
   - signed または unsigned。デフォルトでは signed。
   - 単なる signed も、signed int も、int の別名である。同様に、単なる unsigned は、unsigned int の別名。
   - short か、long である（前者は 2 バイト、後者は 32 ビットアーキテクチャでは 4 バイト、Intel 64 では 8 バイト）。ほとんどのコンパイラは long long もサポートするが、標準となったのは C99 から。
   - 他の別名：short、short int、signed short、signed short int。
   - 修飾子のない int のサイズは、アーキテクチャによって異なる。int はマシンのワードサイズと等しくなるように設計された。16 ビットの時代なら int のサイズは当然 2 バイト、32 ビットのマシンでは 4 バイトである。残念な

---

[1] この言語設計の不備は、C++で修正された。C++の'x'は char 型である。

ことに、32 ビットの時代にサイズが 4 バイトの int に慣れたプログラマたちが、それに依存する結果になった。もしまた int のサイズを変更したら、大量のソフトウェアが正しく動作しなくなってしまう。そのため、int のサイズは変更されず、4 バイトのままになっている。
   - 重要な点として、整数リテラルはデフォルトで int 型となる。サフィックスの L または UL を追加すれば（0L とか 0xfffUL などと書けば）、数が long int 型や unsigned int 型だと明示できる。これらのサフィックスを書き忘れないことが、ときには非常に重要だ。

     たとえば 1 << 48 という式について考えてみよう。その値は（たぶんあなたが思ったように）2^{48} ではなく、0 になる。なぜか。その理由は、1 というリテラルの型が int なので、4 バイトのサイズしかなく、したがって -2^{31} から $2^{31} - 1$ までの数しか格納できないからだ。1 を左に 48 回シフトすると、その唯一セットされたビットは、整数フォーマットの外に、はみ出てしまう。だから結果は 0 になる。けれども、もし正しいサフィックスを付けていたら、答えは当然の値になる。1L << 48 という式は、2^{48} と評価される。なぜなら、1L のサイズは 8 バイトだからだ。

3. `long long`
   - x64 アーキテクチャでは、これは long と同じである。ただし Windows では、long が 4 バイトなので注意[2]。
   - サイズは 8 バイト。
   - 範囲は、符号付きで -2^{63} から $2^{63} - 1$ まで、符号なしで 0 から $2^{64} - 1$ まで。

4. `float`
   - 浮動小数点数。
   - サイズは 4 バイト。
   - 範囲は、$\pm 1.17549 \times 10^{-38}$ から $\pm 3.40282 \times 10^{38}$ まで（およそ 6 桁の精度）。

5. `double`
   - 浮動小数点数。
   - サイズは 8 バイト。
   - 範囲は、$\pm 2.22507 \times 10^{-308}$ から $\pm 1.79769 \times 10^{308}$ まで（およそ 15 桁の精度）。

6. `long double`
   - 浮動小数点数。
   - サイズは通常 80 ビット。

---

[2] **訳注**：後方互換性を維持するために、Win64 で LLP64 というデータモデルが採用された。LLP64 では long が 32 ビットで、long long とポインタは 64 ビット。

– C99 で、はじめて標準に入った。

■**浮動小数点演算について**　まず始めに、浮動小数点型が実数のおおざっぱな近似値だということを、忘れないようにしよう。値は 0 に近いほど正確で、0 から大きく離れれば精度が減少する。値の範囲が long と比べても、ずいぶん広いのは、そのせいだ。浮動小数点演算は、0 に近い値で行う場合に、より正確な結果が得られる。最後に、ある種のコンテクストでは（たとえばカーネルプログラミングなど）、浮動小数点演算を利用できない。経験則として、もし必要がなければ避けるべきだ。たとえば、もしあなたの計算が、演算子の/と%を使って求められる商（quotient）と剰余（remainder）の操作で実行できるものなら、そうすべきだ。

9.1.2　型キャスト

この言語では、型キャスト（型変換）を比較的自由に行うことができる。そのためには、新しい型の名前をカッコに入れて、変換したい式の前に書く必要がある。

リスト 9-2 に、その例をあげる。

リスト9-2：type_cast.c

```
int a = 4;

double b = 10.5 * (double)a; /* これで a は double になる */

int b = 129;
char k = (char)b; //???
```

「可能性に満ちた素晴らしき開かれた世界」は、あなたの良識ある采配で制御しよう。つまり暗黙の変換では、式が本来評価されるべきものとは別のものとして評価されて微妙なバグを生むことが多いのだ。

たとえば通常の char は、範囲が -128 から 127 までの符号付き整数であって、129 という数は大きすぎて、この範囲に収まらない。リスト 9-2 に示した処理の結果は、C 言語の標準に記述されていないが、典型的なプロセッサとコンパイラの機能を思えば、たぶん結果は 129 の符号なし表現と同じビットで構成される「負の数」になるだろう。

■問題 158　k の値は、どうなるだろうか？
　　あなたのコンピュータでコンパイルして調べよう。

9.1.3 ブール型

C89 にブール型がないことは、すでに指摘した。けれども C99 でブール型が、_Bool という型名で導入された。stdbool.h をインクルードすれば、true と false の値と、bool という型をアクセスできるようになるが、後者は _Bool の別名だ。そうなった背景は、単純な理由である。多くの既存のプロジェクトが、すでにブール型を自分で（たいがい bool として）定義しているからだ。名前の衝突を避けるため、C99 のブール型は、_Bool という名前になっている。stdbool.h というファイルをインクルードするのは、あなたのコードにカスタムの bool 定義がなく、標準に即した（ただし、もっとなじみ深い）名前を選びたい、という意味になる。この別名による bool 型を、できるだけ使うことを推奨する。将来、_Bool という型名は、おそらく旧式と宣言されて、何度か標準がバージョンアップされていくうちに使われなくなりそうだ。

9.1.4 暗黙の型変換

型付けの弱い（weakly typed）言語である C は、たとえ意図とは異なる型のデータを使っていても、キャストの省略を許すことがある。

要求される数値型が、実際の型と等しくないときに、暗黙の変換（implicit conversion）が実行されるのを、**整数の昇格**（integer promotion）と呼ぶ。もし型が int よりも小さければ、元の値が符号付きならば signed int に、符号なしならば unsigned int に昇格される[3]。それでも型が違っていたら、さらに昇格の階段を上っていく（図 9-1）。

$$\text{int} \rightarrow \text{unsigned int} \rightarrow \text{long} \rightarrow \text{unsigned long} \rightarrow \text{long long} \rightarrow$$
$$\text{unsigned long long} \rightarrow \text{float} \rightarrow \text{double} \rightarrow \text{long double}$$

図9-1：整数の変換

ただし long long と long double は、C99 で導入されたものだが、まだ C99 をサポートしていないコンパイラでも、言語の拡張としてサポートしているものが多い。

「先に int に変換する」というルールには、それより小さい型のオーバーフローが、当の int 型とは別の方法で処理される、という意味がある。リスト 9-3 に示す例は、sizeof(int) == 4 を前提としている。

---

[3] これは「通常の算術変換」である。

リスト9–3：int_promotion_pitfall.c

```
/* int より小さい型からの昇格 */

unsigned char x = 100, y = 100, z = 100;
unsigned char r = x + y + z;       /* 結果は 300 % 256 = 44 になる */
unsigned int r_int = x + y + z; /* 結果は 300。int への昇格が先に行われるから */

/* 大きな型からの昇格? */

unsigned int x = 1e9, y = 2e9, z = 3e9;

unsigned int r_int = x + y + z;    /* 1705032704 = 6000000000 % (2^32) */

unsigned long r_long = x + y + z; /* 同じ結果: 1705032704 */
```

最後の行で、xも、yも、zも、longに昇格されないのは、それを標準が要求していないからだ。演算はint型のなかで実行され、その結果がlongに変換される。

■**話せばわかる!** 経験則として、意図が伝わる自信がないときは、必ず型を明示しよう。たとえば次のように書けばよい。

```
long x = (long)a + (long)b + (long)c;
```

これではコードが冗長になると思うかもしれないが、少なくとも意図した通りに働くのだ。

リスト 9–4 に示す例を見ていただきたい。3 行目の式は、次のように計算される。

1. i の値が float に変換される（もちろん変数そのものは変わらない）。
2. その値が f の値に足され、その結果の型は、やはり float になる。
3. その結果が double に変換されて、d に入る。

リスト9–4：int_float_conv.c

```
int i;
float f;
double d = f + i;
```

これらの演算は、どれも複雑なアセンブリ言語の命令群にエンコードされる。別のフォーマットの数を演算の対象とするたびに、たぶんランタイムコストが増える。とくにループの中では、なるべく避けるべきである。

9.1.5 ポインタ

既知の型 T について、常に型 T* を作ることができる。この新しい型は、T 型のエンティティ（実体）のアドレスを格納する、T とは別のデータ単位（T へのポインタ）に対応する。

すべてのアドレスは同じサイズだ。したがって、すべてのポインタ型は同じサイズになる。サイズはアーキテクチャに固有のもので、Intel x64 の場合は 8 バイトである。

アドレス演算子の & を使えば、そのオペランドである変数のアドレスを取ることができ、* を使えばポインタをデリファレンスすることができる（そのポインタが指すアドレスのメモリを見ることができる）。リスト 9-5 に例を示す。

リスト9-5：ptr_deref.c

```
int x = 10;
int* px = &x;    /* x のアドレスを取って、px に代入 */
*px = 42;        /* これで x が上書きされる！ */

printf( "*px = %d\n", *px );  /* 出力：'*px = 42' */
printf( "x = %d\n", x );      /* 出力：'x = 42' */
```

2.5.4 項では、微妙な問題を扱った。もしポインタの中身が単なるアドレスなら、そのアドレスから読み始めるデータエントリのサイズを、どうして知ることができるのだろうか。アセンブリでは、この問題は単純明快で、「2 つのオペランドは同じサイズのはずだ」という事実から推測するか、`mov qword [rax], 0xABCDE` などとサイズを明示的に与えるかの、どちらかだった。C では型システムが、その面倒を見てくれる。int* 型のポインタをデリファレンスすれば、間違いなく `sizeof(int)` というサイズの値が得られるのだ。

C のプログラミングでは、ポインタは基本的なツールだ。存在しないデータへのポインタを持ち出さない限り、ポインタは忠実に働いてくれるだろう。

ポインタの特殊な値として、0 がある。ポインタの文脈で（とくに 0 との比較で）使われるとき、この値は「どこを指しているわけでもないポインタの特別な値」という意味を持つ。0 の代わりに NULL と書くことも可能で、そうすることが推奨される。まだ有効なオブジェクトのアドレスで初期化されていないポインタには、NULL を代入しておくのが一般的である。何かのアドレスを返す関数が、呼び出し側にエラーを知らせるために NULL を返すのも、よくあることだ。

■**ゼロの意味は？** C には、0 の式を使うコンテクストが 2 種類ある。第 1 は普通に整数が期待される文脈、第 2 はポインタに 0 を代入するときや、ポインタを 0 と比較するときである。この第 2 の文脈に限れば、0 は必ずしも「全部のビットがクリアされた整数値」という意味を持たず、しかも常に「無効なポインタ」の値と等しい。ある種のアーキテクチャでは、たとえば「すべてのビットがセットされた値」でも良いかもしれない。けれども上記のルールがあるので、次にあげるコードはどれも、どんなアーキテクチャでも意図した通りに動作するはずだ。

```
int* px = ... ;
if ( px ) /* もし px が NULL でなければ */
if ( px == 0 ) /* これは次の例と同じ */
if (!px) /* もし px が NULL ならば */
```

ポインタには、特殊な void* という型がある。これは、どのような種類のデータにも対応できる「なんでもポインタ」である。C では、どの型のポインタも、void* 型の変数に代入できるが、その変数をデリファレンスすることはできない。そうするためには、まずその値を取り出して、それを正式なポインタ型（たとえば int*）に変換する必要がある。それには 9.1.2 項で述べた単純なキャストを使う。リスト 9–6 に、その例を示す。

リスト9–6：void_deref.c

```
int a = 10;
void* pa = &a;

printf("%d\n", *( (int*) pa) );
```

さらに、void* 型のポインタは、何か他の型へのポインタを受け取る関数に、渡すことができる。

ポインタには多くの用途があり、ここではそのうち、いくつかの例をあげておく。

- 関数の外側で作られた変数を変更する。
- 複雑なデータ構造（たとえば連結リストなど）を作成ないし探索する。
- 関数をポインタで呼び出す。そうすれば呼び出す関数を切り替えるのに、ポインタを利用できる。これによって非常にエレガントなアーキテクチャが得られる。

ポインタは、次の項で述べる「配列」と密接な関係にある。

9.1.6 配列

C の **配列**（array）は、固定数の同じ型のデータを入れる構造だ。だから配列を扱う上で知る必要があるのは、その先頭アドレスと、1 個の要素のサイズと、配列の長さ（格納できる要素の上限）である。配列宣言の例を 2 つ、リスト 9–7 に示す。

リスト9–7：array_decl.c

```
/* この配列のサイズはコンパイラによって計算される */
int arr[] = {1,2,3,4,5};

/* この配列はゼロで初期化される。全体のサイズは 256 バイト */
long array[32] = {0};
```

要素数は固定されているので[4]、それを変数から読むわけにはいかない。大きさが事前にわからない配列を割り当てるには、メモリアロケータ（memory allocator）が使われる（ただし、たとえばカーネルプログラミングでは、それも使えないだろう）。後に、C の標準メモリアロケータ（`malloc` と `free`）の使い方を学ぶ（だけではなく、自作にも挑んでいただく）。

配列の要素は、0 から始まるインデックスでアクセスできる。なぜ 0 かといえば、アドレス空間の性質を利用しているからだ。0 番目の要素は、配列の開始アドレスに要素サイズの 0 倍というオフセットを足した位置にある。

配列の宣言と、2 回の読み出し、1 回の書き込みを、リスト 9–8 に示す。

リスト9–8：array_example_rw.c

```
int myarray[1024];

int y = myarray[64];
int first = myarray[0];

myarray[10] = 42;
```

C の抽象マシンを思い出せばわかるように、配列とは「同じ型のデータを入れた連続するメモリ領域」に他ならない。要素の型や配列の長さについての情報は、配列そのものには含まれない。配列に割り当てられた領域からはみ出した要素を、決してアクセスしないようにするのは、完全にプログラマの責任である。

割り当てた配列の名前を書くのは、その配列の先頭アドレスを書くのと同じことで、定数のポインタ値だと考えることができる。アセンブリのラベルと C の変数との類似は、この点においてもっとも強い。リスト 9–8 の `myarray` という式は、配列の最初の要素へのポインタなのだから、この式の型は、実は `int*` である。

さらに、`*myarray` という式は `myarray[0]` と同様、その最初の要素として評価される。

9.1.7　関数の引数としての配列

配列を引数として受け取る関数について考えてみよう。リスト 9–9 に示す関数は、配列の最初の要素を返す（もし配列が空ならば、-1 を返す）。

リスト9–9：fun_array1.c

```
int first (int array[], size_t sz) {
    if ( sz == 0 ) return -1;
    return array[0];
}
```

---

[4] これは C99 まで。ただし現在でも可変長配列に反対する人は多い。もし配列が大きくなりすぎたら、スタックに入りきらず、プログラムが停止するかもしれない。

同じ動作をする同じ関数を、リスト 9–10 のように書き換えることができる。これは驚くべきことではない。

リスト9–10：fun_array2.c

```
int first (int* array, size_t sz ) {
    if ( sz == 0 ) return -1;
    return *array;
}
```

だが、それだけでない。実は両方を混在させて、リスト 9–11 のように、インデックスとポインタを使い分けることも可能だ。

リスト9–11：fun_array3.c

```
int first (int* array, size_t sz ) {
    if ( sz == 0 ) return -1;
    return array[0];
}
```

コンパイラは、引数リストの中に `int array[]` といった構造があれば、即座にポインタ `int* array` へと降格して、そういうポインタとして扱うだろう。たしかに前者の構文ならば、リスト 9–12 に示すように、配列の長さを指定できる。この数は、与えられた配列が、少なくともそれだけの数の要素を持つことを示している。ところがコンパイラにとって、それは単なるコメントにすぎず、実行時にもコンパイル時にも、範囲チェックを実行しない。

リスト9–12：array_param_size.c

```
int first( int array[10], size_t sz ) { ... }
```

リスト 9–13 に例を示す、C99 で導入された特別な構文は、配列に少なくともそれだけの要素が存在することをコンパイラに対して約束するものだ。それを受けたコンパイラは、その約束を前提とした特別な最適化を実行できるようになる。

リスト9–13：array_param_size_static.c

```
int fun(int array[static 10] ) {...}
```

9.1.8 配列の初期化指定

C99 では、配列を初期化する面白い方法が導入された。配列の初期化で、一部の要素の初期値を位置とともに特定でき、それ以外はデフォルトの値で暗黙的に初期化される。たとえば 8 個の int 型の要素を持つ配列を、デフォルトでは 0 で初期化したいけれど、インデックスが 1 と 5 の要素だけは、それぞれ 15 と 29 という値に設定したいのなら、次のように書けばよいのだ。

```
int a[8] = { [1] = 15, [5] = 29 };
```
初期化の順序は意味を持たない。これは列挙値やキャラクタの値をインデックスとして使うときに便利なので、リスト9–14に例を示しておく。

リスト9–14：designated_initializers_arrays.c

```
int whitespace[256] = {
    [' '] = 1,
    ['\t'] = 1,
    ['\f'] = 1,
    ['\n'] = 1,
    ['\r'] = 1 };

enum colors {
    RED,
    GREEN,
    BLUE,
    MAGENTA,
    YELLOW
};

int good[5] = { [ RED ] = 1, [ MAGENTA ] = 1 };
```

9.1.9 型の別名

既存の型から、あなた自身の型を定義するには、typedef キーワードを使える。

リスト9–15 に示すコードは、新しい型、mytype_t を定義するものだ。これは名前以外はunsigned short int と完全に等価だ。この2つの型は、まったく互換になる（ただし誰かが後で typedef を変更したら、話は別だが）。

リスト9–15：typedef_example.c

```
typedef unsigned short int mytype_t;
```

この _t というサフィックスが付いた型名は、よく見かけるものだ。_t で終わる名前は、すべて POSIX 標準によって予約されている[5]。

こうしておけば、新しい標準で新たな型を導入するとき、既存のプロジェクトにある型と衝突するのを恐れる必要がないわけだ。だから、こういう名前を使うのは避けるべきである。実践的な命名規約については、後述しよう。

では、新しい型は何のためにあるのだろうか？

---

[5] POSIX は、IEEE Computer Society が指定する標準のファミリーで、ユーティリティや API などの記述も含まれる。その目的はソフトウェアの移植性を高めることで、主に UNIX から派生した各種システムの違いに関わりがある。

訳注：POSIX プログラミングについてはスティーブンス/ラゴの [166] が詳しい。

1. コードが読みやすくなる場合がある。
2. 移植性が高まるかもしれない。あなたがカスタマイズした型の、すべての変数のフォーマットを変更することになっても、typedef を変えるだけで済むかもしれない。
3. 型も、プログラムを文書化する方法の1つと考えられる。
4. 型の別名は、とくに構文が複雑な関数ポインタ型を扱うとき、非常に便利である。

　型の別名で、とくに重要な例が size_t で、この言語の標準で定義されている（使うためには、たとえば#include <stddef.h>など、標準ライブラリヘッダの1つをインクルードする必要がある）。その用途は、配列の長さと配列のインデックスの格納だ。これは通常、unsigned long の別名なので、Intel 64 では符号なし 8 バイトの整数になるのが典型的である。

■**配列のインデックスに int を使うな!**　設計のまずいライブラリのせいで、インデックスとして int を使うことが強制されているのでない限り、いつでも size_t を使うべきである。

　型は**常**に正しく使おう。サイズを扱う、ほとんどの標準ライブラリ関数は、size_t 型の値を返す。sizeof() 演算子でさえ、返すのは size_t なのだ!　リスト 9-16 に示す例を見ていただきたい。size_t 型変数の値は、たとえば strlen のようなライブラリコールから取得しているものとしよう。ここで int を使うと、いくつも問題が生じる。

- int は 4 バイト長で、符号付きだから、最大の値は、$2^{31} - 1$ だ。その型の i が、配列のインデックスとして使われたら、どうなるだろうか?　現代のシステムでは、それより大きな配列を作ることは可能だが、これでは全部の要素をインデックス参照できないだろう。標準によれば配列のサイズは、size_t 型の変数（符号なし 64 ビット整数）を使ってエンコードできる要素数で制限される。
- 繰り返しが実行されるのは、現在の i の値が s より小さいときに限られる。それには比較が必要だが、この 2 つの変数はフォーマットが異なっている!　このため、繰り返しのたびに特別な数値変換のコードが実行される。大量の繰り返しを行う小さなループでは、そういう変換が過大なものになるかもしれない。
- ビット配列の処理は、とくに珍しくない。たいがいのプログラムはバイト配列のバイトオフセットを求めるのに i/8 を計算し、どのビットを参照すべきかを調べるのに i%8 を使いそうだ。これらの演算は、実際に割り算を行う代わりにシフト演算へと最適化できるが、それは符号なし整数に限ってのことだ。シフトと「正真正銘の」割り算とでは、性能に根本的な差がある。

リスト9-16：size_int_difference.c

```
size_t s;
int i;
...
for( i = 0; i < s; i++ ) {
    ...
}
```

9.1.10　main 関数の引数

これまでも main 関数を書いてきたが、それらはエントリポイントとしての役割を果たすだけの、パラメータのない関数だった。けれども main は 2 個のパラメータを受け取るもので、1 つはコマンドライン引数の数、もう 1 つは引数そのものの配列である。コマンドライン引数とは何だろうか。あなたが何かプログラムを（たとえば ls などを）起動するとき、コマンド名の後に引数を指定することがあるだろう（たとえば ls -l -a という具合に）。そうして起動された ls アプリケーションは、それらの引数を main 関数からアクセスできる。この場合なら、

- argv には char のシーケンスへのポインタが 3 つ含まれる。

インデックス	文字列
0	"ls"
1	"-l"
2	"-a"

シェルが、コマンド呼び出しの文字列全体を、空白やタブや改行のシンボルによって分割してくれる。そしてローダと C 標準ライブラリによって、main が必ずこの情報を受け取るように準備される。

- argc は 3 と等しい。それが argv の要素数だ。

リスト 9-17 に、その用例を示す。このプログラムは、与えられた全部の引数を、それぞれ別の行でプリントする。

リスト9-17：main_revisited.c

```
#include <stdio.h>

int main( int argc, char* argv[] ) {
    int i;
    for( i = 0; i < argc; i++ )
        puts( argv[i] );
    return 0;
}
```

9.1.11　sizeof 演算子

この sizeof 演算子については、8.4.2 項ですでに触れた。これが返す値は size_t 型で、オペランドのサイズをバイト数で表現したものだ。たとえば sizeof(long) は、x64 のコンピュータなら 8 を返す。

sizeof は関数ではない。コンパイル時に計算する必要があるのだから。

sizeof の興味深い使い方として、配列全体のサイズを計算できる。ただし引数が、その配列自身の中にある場合に限られる。リスト 9–18 に用例を示す。

リスト9–18：sizeof_array.c

```
#include <stdio.h>

long array[] = { 1, 2, 3 };

int main(void) {
    printf( "%zu \n", sizeof( array ) );       /* 出力: 24 */
    printf( "%zu \n", sizeof( array[0] ) ); /* 出力: 8 */
    return 0;
}
```

関数が「引数として受け取る配列」のサイズを求めるのに、sizeof を使うことはできない。リスト 9–19 に例を示すが、このプログラムは、われわれのアーキテクチャでは 8 を出力するだろう。

リスト9–19：sizeof_array_fun.c

```
#include <stdio.h>
const int arr[] = {1, 2, 3, 4};

void f(int const arr[]) {
    printf("%zu\n", sizeof( arr ) );
}
int main( void ) {
    f(arr);
    return 0;
}
```

■**どの書式指定を使うか**　C99 から、size_t のために%zu という指定子を使えるようになった。それより前のバージョンでは、unsigned long を意味する%lu を使うべきである。

■問題 159　　次にあげる式の値を調べるサンプルプログラムを書こう。
- sizeof(void)
- sizeof(0)

- sizeof('x')
- sizeof("hello")

■問題 160　xの値は、どうなるだろうか？

```
int x = 10;
size_t t = sizeof (x=90) ;
```

■問題 161　配列に含まれている要素の数を、sizeofを使って計算する方法は？

9.1.12　定数型

どの型Tについても、型T constを使うことが可能だ（const Tと書いても同じで、この2つは等価）。こういう型の変数は、直接書き換えることができないので、**変更不可能**（immutable）と呼ばれる。ゆえに、そのデータは宣言と同時に初期化する必要がある。リスト9–20に、この型の変数を初期化して利用する例を示す。

リスト9–20：const_def.c

```c
int a;
a = 42 ; /* ok */

...

const int a; /* コンパイルエラーになる */

...

const int a = 42; /* ok */
a = 99; /* コンパイルエラー。定数値は変更できない */

int const a = 42; /* ok */
const int b = 99; /* ok： const int === int const */
```

このconstという修飾子と、アスタリスク（*）修飾子との関係は、注目に値する。型は右から左に向けて読む規則があるので、const修飾子も、アスタリスクも、この順序で適用される。次に、その選択肢をあげる。

- `int const* x`は、「変更不可能なintへの、変更可能なポインタx」という意味だ。したがって、`*x = 10`は許されないが、xそのものの変更は許される。代替の構文は、`const int* x`である。
- `int* const x = &y;`のxは、「変更可能なint yへの、変更不可能なポインタ」である。言い換えると、xはy以外のものを指し示すことができない。
- 上の2つのケースを重ねた、`int const* const x = &y;`は、「変更不可能なint yへの、変更不可能なポインタ」を作る。

■**単純なルール**　const が*の左にあれば、そのポインタが指すデータが保護される。*の右側に const があれば、そのポインタが保護される。

変数を const で修飾しても、絶対安全ではない。それでも変更する方法はあるのだ。const int x という変数について、それを示そう（リスト 9-21 を参照）。

- それを指すポインタを作る。その型は、const int*となる。
- このポインタを、int*にキャストする。
- 新しいポインタをデリファレンスする。これで新しい値を x に代入できる。

リスト9-21：const_cast.c

```
#include <stdio.h>

int main(void) {
    const int x = 10;
    *( (int*)&x ) = 30;

    printf( "%d\n", x );
    return 0;
}
```

このテクニックを使うのは厳しく抑制すべきだ（設計のまずいレガシーコードを扱うとき、必要になるかもしれないが）。const 修飾子は理由があって作られたのであり、これを使うコードのコンパイルが通らなくても、そんなハックを使う口実にはならない。

int const*ポインタを、int*に代入することはできない（int に限らず、どの型でも同じだ）。第 1 のポインタは、その内容が決して変化しないことを保証するが、第 2 のポインタは保証しないのだから。リスト 9-22 に例を示す。

リスト9-22：const_discard.c

```
int x;
int y;

int const* px = &x;
int * py = &y;

py = px; /* エラー： const 修飾子が外れる */
px = py; /* OK */
```

■**やっぱり const 使わなきゃだめ？ 面倒だよ**　絶対だめ。大きなプロジェクトでは、それで一生分のデバッグを節約できるかもしれない。筆者自身の経験では、いくつか非常に微妙なバグ

をコンパイラに見つけてもらって、コンパイルエラーで済んだことがある。変数を const で保護していなかったら、コンパイラは、そのプログラムを受け入れていたはずで、その結果、間違った振る舞いが生じていただろう。

おまけに、コンパイラはその情報を利用して、有益な最適化を実行できるかもしれない。

9.1.13 文字列

C では文字列をヌルで終結させる。1 個の文字は、char 型の ASCII コードによって表現される。文字列は、その開始位置へのポインタによって定義される。したがって、文字列の型と等しいポインタは char*だろう。文字列は、最後の要素が常にゼロと等しい文字配列と考えることもできる。

文字列リテラルの型は、char*である。ただし、それを書き換えるのは、構文的には可能だが（たとえば、"hello"[1] = 32）その結果は未定義である。これも、C における**未定義の振る舞い**の 1 つだ。通常はランタイムエラーとなるが、それについては次の章で説明しよう。

2 つの文字列リテラルを続けて書くと、両者は（たとえ間に改行が入っていても）連結される。リスト 9-23 に、その例を示す。

リスト9-23：string_literal_breaks.c

```
char const* hello = "Hel" "lo"
"world!";
```

 C++言語では、（C と違って）文字列リテラルの型が、char const*に強制されるので、コードの移植性を考えるなら、この型を使うほうが良いだろう。また、そうすれば構文のレベルで文字列の変更不可能性（immutability）が強制される（たぶん、そうしたいケースが多いはずだ）。だから、いつでも可能な限り、文字列リテラルは const char*変数に代入すべきだ。

9.1.14 関数型

C のなかで、どちらかといえばわかりにくい型が「関数型」(functional type) である。ほとんどの型と違って、変数として実体化することができず、関数そのものが、この型のリテラルだとも言える。ともあれ、関数型の引数を持つ関数の宣言は可能であり、その引数は自動的に関数ポインタへと変換される。

リスト 9–24 に、関数型の引数 f を持つ関数の例をあげる。

リスト9–24：fun_type_example.c

```
#include <stdio.h>

double g( int number ) { return 0.5 + number; }

double apply( double (f)(int), int x ) {
    return f( x ) ;
}

int main( void ) {
    printf( "%f\n", apply( g, 10 ) );
    return 0;
}
```

ご覧のように、その構文は、極めて独特なものだ。型宣言が引数名そのものと混在しているので、一般的なパターンは、こうなる。

`return_type (pointer_name)( arg1, arg2, ... )`

これと等価なプログラムをリスト 9–25 に示す。

リスト9–25：fun_type_example_alt.c

```
#include <stdio.h>

double g( int number ) { return 0.5 + number; }

double apply( double (*f)(int), int x ) {
    return f( x ) ;
}

int main( void ) {
    printf( "%f\n", apply( g, 10 ) );
    return 0;
}
```

すると関数型は、何の役に立つのだろうか。関数ポインタ型は、書くのも読むのも少し難しいので、しばしば `typedef` で隠されてしまう。型の別名宣言の**内側で**アスタリスクを追加するのは、良くない（しかし、ごく一般的な）書き方だ。リスト 9–26 に示す例は、何も返さないプロシージャへの型を作成する。

リスト9–26：typedef_bad_fun_ptr.c

```
typedef void(*proc)(void);
```

この場合は、`proc my_pointer = &some_proc` と、直接書くことができる。けれども、これでは proc がポインタであるという情報が隠されてしまう。もちろん推定は可能だが、見て

すぐわかるわけではなく、それが良くないのだ。C 言語には、もちろん、できるだけ物事を抽象化するという性質があるが、ポインタというのは、あまりにも根本的な概念であり、C では一般に使われているのだから、とくに**弱い型付け**が存在する限り抽象化すべきではない。

より良い解決策は、リスト 9-27 で示すように書くことだ。

リスト9-27：typedef_good_fun_ptr.c

```
typedef void(proc)(void);

...

proc* my_ptr = &some_proc;
```

これは、関数宣言を書くときにも使える。リスト 9-28 に、その例を示す。

リスト9-28：fun_types_decl.c

```
typedef double (proc)(int);

/* 宣言 */
proc myproc;

/* ... */

/* 定義 */
double myproc( int x ) { return 42.0 + x; }
```

9.1.15　より良いコーディング

一般的な注意事項

この本では、C で書く課題を、これから提供していく。その前に、いくつか守るべきルールを示しておきたい。これらは本書の課題に限らず、あなたがプログラムを書くときには、必ず守るべきルールなのだ。

1. 必ずプログラムのロジックを、入出力操作から分離する。これによってコードの再利用が可能になる。もし関数が、データの操作とメッセージ出力を同時に行っていたら、そのロジックを別な状況で再利用することができない（GUI アプリケーションでのメッセージ出力がどうなるか、また、リモートサーバーで使いたくなったとき、どうするかを考えよう）。
2. コードには、いつもわかりやすい言葉でコメントを書く。
3. 変数には、そのプログラムにおける意味を表す名前を付ける。aaa とかいう意味のない名前から変数の役割を判断することは困難だ。
4. できる限り多くの場所に const を付ける。

5. インデックスには適切な型を使う。

例：配列の合計

このセクションは、もしあなたが C の初心者ならば、**必ず読んでいただきたい**。独習型のプログラマならば、なおさらのことだろう。

これから書くのは単純なプログラムだが、まずは「初心者スタイル」で書いて、どこが悪いのかを指摘する。それから、より良くなるように書き換えていく。

「配列の要素を合計せよ」というのが仕事の内容だ。これほど単純な作業でも、ビギナーが書いたソリューションと、もっと経験を積んだプログラマが書いたものとでは、非常に大きな違いがある。

まったく経験のない人は、たぶんリスト 9-29 に示すようなプログラムを書くだろう。

リスト9-29：beg1.c

```c
#include <stdio.h>
int array[] = {1,2,3,4,5};

int main( int argc, char** argv ) {
    int i;
    int sum;
    for( i = 0; i < 5; i++ )
        sum = sum + array[i];
    printf("The sum is: %d\n", sum );
    return 0;
}
```

このコードを磨き上げる前に、まずは即座にバグを指摘できなければいけない。sum は初期値が定義されていないから、ランダムな値になるだろう。C のローカル変数はデフォルトで初期化されないから、コーディングで、それを行う必要がある。では、リスト 9-30 に進もう。

リスト9-30：beg2.c

```c
#include <stdio.h>
int array[] = {1,2,3,4,5};

int main( int argc, char** argv ) {
    int i;
    int sum = 0;
    for( i = 0; i < 5; i++ )
        sum = sum + array[i];
    printf("The sum is: %d\n", sum );
    return 0;
}
```

まず最初に、このコードはまったく再利用が効かない。ロジックの部分を、array_sum というプロシージャに移したのが、リスト 9-31 だ。

リスト9–31：beg3.c

```
#include <stdio.h>
int array[] = {1,2,3,4,5};

void array_sum( void ) {
    int i;
    int sum = 0;
    for( i = 0; i < 5; i++ )
        sum = sum + array[i];
    printf("The sum is: %d\n", sum );
}

int main( int argc, char** argv ) {
    array_sum();
    return 0;
}
```

しかし、その5というマジックナンバーは、何なのか。配列を変更するたびに、その数も変更しなければいけないとしたら、たぶんそれは動的に計算すべき値だ。それをリスト9–32に示す。

リスト9–32：beg4.c

```
#include <stdio.h>
int array[] = {1,2,3,4,5};

void array_sum( void ) {
    int i;
    int sum = 0;
    for( i = 0; i < sizeof(array) / 4; i++ )
        sum = sum + array[i];
    printf("The sum is: %d\n", sum );
}
int main( int argc, char** argv ) {
    array_sum();
    return 0;
}
```

けれども、なぜ配列のサイズを4で割るのか？ int のサイズはアーキテクチャに依存するのだから、それも（コンパイル時に）計算しなければいけない。そこで、リスト9–33になる。

リスト9–33：beg5.c

```
#include <stdio.h>
int array[] = {1,2,3,4,5};

void array_sum( void ) {
    int i;
    int sum = 0;
```

```
        for( i = 0; i < sizeof(array) / sizeof(int); i++ )
            sum = sum + array[i];
        printf("The sum is: %d\n", sum );
    }
    int main( int argc, char** argv ) {
        array_sum();
        return 0;
    }
```

だが、すぐに問題が出る。sizeof が返す数の型は size_t であって、int ではない。だから、i の型を変更しよう。9.1.9 項で述べたように、これには理由があるのだ。その結果を、リスト 9–34 に示す。

リスト9–34：beg6.c

```
#include <stdio.h>
int array[] = {1,2,3,4,5};

void array_sum( void ) {
    size_t i;
    int sum = 0;
    for( i = 0; i < sizeof(array) / sizeof(int); i++ )
        sum = sum + array[i];
    printf("The sum is: %d\n", sum );
}

int main( int argc, char** argv ) {
    array_sum();
    return 0;
}
```

今のところ、array_sum を使えるのは、静的に定義された配列に限られる。sizeof によってサイズを計算できるのが、それに限られるからだ。次には、array_sum に十分なパラメータを渡して、どんな配列でも合計を求められるようにしたい。配列へのポインタを追加するだけでは不足で、それでは配列のサイズが不明になる。だから、配列そのものと、その配列の中にある要素の数と、2 つのパラメータを与えよう。それをリスト 9–35 に示す。

リスト9–35：beg7.c

```
#include <stdio.h>

int array[] = {1,2,3,4,5};

void array_sum( int* array, size_t count ) {

    size_t i;
    int sum = 0;
    for( i = 0; i < count; i++ )
        sum = sum + array[i];
```

```
        printf("The sum is: %d\n", sum );
}
int main( int argc, char** argv ) {
    array_sum(array, sizeof(array) / sizeof(int));
    return 0;
}
```

これでコードは、ずいぶん良くなったが、「入出力とロジックを分離する」というルールに反している。この array_sum は GUI プログラムで使えないし、結果を他の場所で利用することもできない。だから出力の部分を合算関数から切り離し、結果を返すように書き直そう（リスト 9–36）。

リスト9–36：beg8.c

```
#include <stdio.h>

int g_array[] = {1,2,3,4,5};

int array_sum( int* array, size_t count ) {
    size_t i;
    int sum = 0;
    for( i = 0; i < count; i++ )
        sum = sum + array[i];
    return sum;
}

int main( int argc, char** argv ) {
    printf(
            "The sum is: %d\n",
            array_sum(g_array, sizeof(g_array) / sizeof(int))
          );
    return 0;
}
```

名前で意味を表すというルールに従って、グローバル変数の array を、g_array という名前に変えてみたが、このケースなら必要ではない。

最後に、const 修飾子の追加について考える必要がある。もっとも重要な場所は、関数へのポインタ型の引数である。array_sum が、引数によって指示された配列を、決して変更しないということは、ぜひとも宣言しておきたい。また、グローバルな配列そのものを変更から守るために、これにも const 修飾子を追加しておきたい。

g_array という配列を定数にするだけで、引数リストにある array が定数になるわけではない。それでは g_array を array_sum に渡すことができなくなる。なぜなら、array_sum が引数によって指示されたデータを書き換えないという保証がないからだ。リスト 9–37 に、最終結果を示す。

リスト9–37：beg9.c

```c
#include <stdio.h>

const int g_array[] = {1,2,3,4,5};

int array_sum( const int* array, size_t count ) {
    size_t i;
    int sum = 0;
    for( i = 0; i < count; i++ )
        sum = sum + array[i];
    return sum;
}

int main( int argc, char** argv ) {
    printf(
            "The sum is: %d\n",
            array_sum(g_array, sizeof(g_array) / sizeof(int))
        );
    return 0;
}
```

本書の課題に挑むときは、これまでに指摘したすべてのポイントについて、あなたのプログラムが従っているかをチェックし、もしそうでなければ、どうすれば改善できるかを考えよう。このプログラムは、まだ改善できるだろうか？　もちろんだ。それについてヒントを出そう。

- ポインタの array が NULL になる可能性は？　もし NULL をデリファレンスしたら、たぶんプログラムがクラッシュするだろう。そういう事態を防止できないだろうか？
- 合計はオーバーフローしないのか？

9.1.16　課題：スカラー積

2つのベクトル（vector）、$(a_1, a_2, \ldots, a_n)$ と $(b_1, b_2, \ldots, b_n)$ のスカラー積（scalar product）である sum は、

$$\sum_{i=1}^{n} a_i b_i = a_1 b_1 + a_2 b_2 + \cdots + a_n b_n$$

たとえば、ベクトル $(1, 2, 3)$ と $(4, 5, 6)$ のスカラー積は、

$$1*4 + 2*5 + 3*6 = 4 + 10 + 18 = 32$$

スカラー積を求めるソリューションを、次の構成で書こう。

- 要素が int で、同じサイズの、2つのグローバル配列。
- 与えられた2つの配列からスカラー積を計算する関数。

- 積計算の関数を呼び出して結果を出力する main 関数。

9.1.17 課題：素数の判定

数が素数かどうかをチェックする関数を書こう。この課題のポイントは、数を unsigned long 型にして、stdin から読むということだ。

- `int is_prime( unsigned long n )` という関数を書くこと。これが、n という数が素数かどうかをチェックする。もし素数なら、この関数は 1 を返す。素数でなければ 0 を返す。
- main 関数は、unsigned long 型の数を 1 つ読んで、それを引数として is_prime 関数を呼び出す。そして結果によって yes か no を出力する。

まずは man scanf を読もう[6]。scanf 関数を書くときに書式指定で%lu という変換指定子を使うこと。is_prime が受け取るのは unsigned long であって、これは unsigned int と同じでは**ない**ことに注意しよう!

9.2 タグのある型

C には「タグのある」型が 3 つある。構造体と、共用体と、列挙型だ。このように呼ぶ理由は、それらの名前が、キーワード (struct か union か enum) の後に、名前で呼ぶためのタグを付けた形式になるからだ (たとえば struct pair や、union pixel のように)。

9.2.1 構造体

抽象化 (abstraction) は、すべてのプログラミングの鍵となるものだ。これによって、低いレベルの雑多な記述が、われわれの思考に近い、より高いレベルのすっきりした概念へと置き換えられる。われわれの日常に喩えてみれば、食事に出かけるのに、どのルートで店に行こうかと思うとき、まさか「右足を X センチ前に動かして」などとは考えない。「横断歩道をわたって」とか「右に曲がって」とか考えるはずだ。

プログラムのロジックを抽象化する機構が関数によって実装されるように、データの抽象化は複雑なデータ型で実装される。構造体は、いくつものフィールドをまとめるデータ型だ。それぞれのフィールドは、独自の型を持つ変数である。数学好きな人なら「名前付きフィールドの組」とでも呼びたいかもしれない。

構造を持つ変数を作る方法は、まずリスト 9–38 に示すサンプルを見ていただきたい。ここ

---

[6] 訳注：JM による日本語訳 [143] がある。scanf() の詳細は、プリッツ/クロフォード [154] の「13.4.5 書式指定入力」を参照。

で定義している変数 d には、int 型の a と、char 型の b という、2 つのフィールドがある。これによって、d.a と d.b が有効な式になり、変数名を使うのと同様に、これらを使えるようになる。

リスト9–38：struct_anon.c

```
struct { int a; char b; } d;
d.a = 0;
d.b = 'k';
```

だが、この方法で作られるのは、その場限りの構造だけだ。これは d という型を記述するが、その型の構造体に新しい名前が付くわけではない。それを行うには、リスト 9–39 に示す構文を使う。

リスト9–39：struct_named.c

```
struct pair {
    int a;
    int b;
};

...

struct pair d;
d.a = 0;
d.b = 1;
```

ここで気をつけなければならないのは、型の名前が pair ではなく、struct pair であることだ。コンパイラは struct というキーワードがないと正しく認識できないので、これを省略できないのだ。C 言語にも**名前空間**のコンセプトはあるが、C++を含む他の言語の名前空間とは、かなり違うものだ。まずはグローバルな名前空間があり、それからタグの名前空間があって、後者はデータ型の struct と union と enum の間で共有されている。struct キーワードに続く名前が「タグ」(tag) である。構造を持つ型を定義するとき、その名前には、他の型と同じ名前を使える。コンパイラは、それらを struct キーワードの有無によって区別するからだ。

リスト 9–40 に示す例は、それぞれ struct type と type という型の 2 つの変数を、コンパイラが完全に受け入れることを示すデモンストレーションだ。

リスト9–40：struct_namespace.c

```
typedef unsigned int type;
struct type {
    char c;
};
```

```
int main( int argc, char** argv ) {
    struct type st;
    type t;
    return 0;
}
```

実際には、同じ名前の型を作るなど、決して推奨できないことだ。とはいえ、struct type は型の名前として完全に有効なのだから、typedef キーワードを使って、type という別名を付けることができる（リスト 9-41）。こうなれば、type と struct type という 2 つの名前は完全に交換可能となる。

リスト9-41：typedef_struct_simple.c

```
typedef struct type type;
```

■**真似してはいけない**　構造を持つ型に、typedef を使って別名を付けるのは、良いことではない。なぜなら、それでは型の性質を隠すことになるからだ。

構造体は配列と同じように初期化できる（リスト 9-42）。

リスト9-42：struct_init.c

```
struct S {char const* name; int value; };
...
struct S new_s = { "myname", 4 };
```

また、リスト 9-43 で示す方法で、構造体の全部のフィールドに 0 を代入できる。

リスト9-43：struct_zero.c

```
struct pair { int a; int b; };

...
struct pair p = { 0 };
```

構造体の初期化に適した構文が C99 で追加された。それを使えば初期化すべきフィールドを名前で指定できる（指定外のフィールドは 0 で初期化される）。リスト 9-44 に例を示す。

リスト9-44：struct_c99_init.c

```
struct pair {
    char a;
    char b;
};

struct pair st = { .a = 'a', .b = 'b' };
```

構造体のフィールドは重複しないことが保証される。ただし配列と違って、構造体はフィールドの間に空間が生じるかもしれず、連続する保証はない。だから構造体に `sizeof` を使うと、それらのギャップのせいで要素サイズの合計よりも大きくなることがある。これについては第12章で語ろう。

9.2.2　共用体

共用体（union）は、構造体とよく似ているが、フィールドが必ず重複する。言い換えると、共用体のすべてのフィールドは同じアドレスから始まるのだ。共用体の名前空間は構造体および列挙型と共通している。

共用体の例をリスト9–45に示す。

リスト9–45：union_example.c

```
union dword {
    int integer;
    short shorts[2];
};
...
dword test;
test.integer = 0xAABBCCDD;
```

今定義した共用体は、（x86またはx64のアーキテクチャで）サイズが4バイトとなる数を格納する。そのデータは、2つの数（それぞれ2バイト幅）からなる配列にも、同時に格納される。つまり、2つのフィールド（4バイトの `.integer` と、2バイト x2 の `.shorts` 配列）は、重複する。前者を変更すれば、後者も変更される。もし `.integer = 0xAABBCCDD` という代入を行ってから、`shorts[0]` と `shorts[1]` の出力を試みたら、`ccdd aabb` と出力されるだろう。

■問題162　これらの `short` 整数値が逆転するのは、なぜだろうか。必ずそうなるのか、それともアーキテクチャに依存するのか？

構造体と共用体を組み合わせると、面白い結果が得られる。リスト9–46は、3バイトの構造体の各部をインデックス参照する方法を示している[7]。

---

[7] ただし、型のサイズによっては、構造体のフィールド間に生じるギャップのせいで、うまくいかない可能性がある。

リスト9–46：pixel.c

```
union pixel {
    struct {
        char a,b,c;
    };
    char at[3];
};
```

　一般に、共用体のどれかのフィールドに値を代入したら、他のフィールドの値について標準は何も保証しない。ただし、どちらも同じフィールドシーケンスを先頭に持つ2つの構造体ならば、例外である。リスト 9–47 に、その例を示す。

リスト9–47：union_guarantee.c

```
struct sa {
    int x;
    char y;
    char z;
};

struct sb {
    int x;
    char y;
    int notz;
};

union test {
    struct sa as_sa;
    struct sb as_sb;
};
```

9.2.3　無名の構造体／共用体

　C11 から、共用体と構造体は、他の構造体または共用体の内側にあるとき、名前を付けないことが許されるようになった。これによって、内側のフィールドをアクセスする構文を短くすることができる。

　リスト 9–48 に示す例で、`vec` の `x` フィールドをアクセスするには、`vec.named.x` と書く必要があり、`named` は省略できない。

リスト9–48：anon_no.c

```
union vec3d {
    struct {
        double x;
        double y;
        double z;
    } named;
```

```
    double raw[3];
};

union vec3d vec;
```

次のリスト 9–49 で示す例では、第 1 のフィールド名（named）を省略している。これが無名の構造体だ。これならば、そのフィールドを、まるで vec そのもののフィールドであるかのように、vec.x としてアクセスできる。

リスト9–49：anon_struct.c

```
union vec3d {
    struct {
        double x;
        double y;
        double z;
    };
    double raw[3];
};

union vec3d vec;
```

9.2.4　列挙型

列挙（enumeration）は、int をベースとした単純なデータ型定義である。型がとり得る値を列挙して、それぞれに名前を付けるので、その働きは、個別に#define するのと似ている。

たとえば交通信号が、次にあげる状態のどれかだとしよう（色は、どのライトが点灯するかに基づく）。

- 赤
- 赤と黄色
- 黄色
- 緑
- 点灯なし

これを C でエンコードしたものを、リスト 9–50 に示す。

リスト9–50：enum_example.c

```
enum light {
    RED,
    RED_AND_YELLOW,
    YELLOW,
    GREEN,
```

```
    NOTHING
};
...
enum light l = nothing;
...
```

定数の 0 に RED という名前が付き、RED_AND_YELLOW は 1 を意味する（以下同様に続く）[8]。

この enum は、どんなときに役立つのだろうか。列挙型は、あるエンティティのさまざまな状態をエンコードするときに（たとえば有限オートマトンの一部として）しばしば使われる。その他、各種のエラーコードやニーモニックなどを、まとめて定義するのに便利なものだ[9]。

9.3　各種プログラミング言語のデータ型

これまで C におけるデータ型の概要を見てきた。ここで一歩 C から退き、より大きな視野でプログラミング言語の型システムを概括したい。

コンピュータサイエンスとプログラミングのさまざまな領域が、型のない世界から型付けへと進化している。たとえば次にあげるのは、型のないエンティティだ[10]。

1. 「型なしラムダ計算」におけるラムダ項
2. 多くの集合論（たとえば ZF）における集合
3. LISP 言語における S 式
4. ビット列

今われわれの関心がもっとも高いのはビット列（bit string）だ。コンピュータにとって、すべては何か固定されたサイズのビット列である。それらは、数として（整数または実数）、文字コードのシーケンスとして、あるいは別の何かとして解釈される。アセンブリは型のない言語と言えるだろう。

しかし、われわれは型のない環境で仕事を始めるときでも、オブジェクトを何らかのカテゴリに分類しようとするではないか。あるカテゴリに属するオブジェクトは、同じ方法で扱うだろう。そして、こういう規約を作るだろう，

「これらのビット列は整数だ、これらは浮動小数点数だ」などなど。

それが「型付け」ではないのか?

---

[8] 訳注：列挙の識別子（この例の light）はタグ名なので、名前空間が構造体や共用体と同じであり、省略が可能だ。定数リストには、初期値がなければ 0 から昇順に整数値が割り当てられるが、明示的に値を指定することもでき、負の値も設定できる。詳細は [154] の「2.5 列挙型」などを参照。

[9] 訳注：デバッグにも便利である。

[10] 訳注：メイヤー [146] の「第 17 章 型付け」と、ウェグナー [173] の「7.2 型とクラスの数学モデル」などを参照。

いや、そこまでは行っていない。われわれは、そういう環境では制約なしに何でもできる。浮動小数点数を文字列のポインタに足すことさえできる。なぜならプログラミング言語が型制御を強制しないからだ。型のチェックが行われるのは、コンパイル時に実行される**静的な型付け**（static typing）か、実行時の**動的な型付け**（dynamic typing）である。

そしてわれわれは、あらゆる種類のオブジェクトをカテゴリに分けるだけではなく、それぞれの型にどんな演算を実行できるかを宣言する。そしてさまざまな型のデータは、しばしば別々の方式でエンコードされる。

9.3.1 型付けの種類

型付けには静的と動的があるが、ほかにも直交する分類がある。

強い型付け（strong typing）とは、すべての操作が、それぞれ必要とする引数を厳密に要求することだ。他の型から必要な型への暗黙の変換は許されない。

弱い片付け（weak typing）とは、要求されている型とは厳密には異なる（ただし必要な型への変換が存在する）型のデータを、暗黙の型変換によって操作できるという意味だ。

この分類は、厳密な2分割ではない。実際の言語は、この両極のどちらかに、より近くなる傾向があるというだけだ。ただし極端なケースもあって、たとえばAdaは強い型付け、JavaScriptは弱い型付けが顕著である。

われわれは、ときに言葉の多さ（verbosity）によって言語を分類することもある。

明示的な型付け（explicit typing）では、われわれが常にデータを型指定する。

暗黙の型付け（implicit typing）では、可能なときにコンパイラが型を推論するのを許す。

では次に実際の例で、静的／動的、および強弱という、すべての組み合わせの例を見ていこう。

静的で強い型付け

型はコンパイル時にチェックされ、コンパイラは厳格な態度を取る。

OCaml言語[11]には、2種類の異なった加算演算子がある。+は整数を加算し、+.は実数を加算する。したがって、次のコードはコンパイル時にエラーとなる。

```
4 +. 1.0
```

コンパイラが`float`型を期待しているときに、`int`型のデータを使ったら、変換が起こるCとは違って、エラーが送出される、というのが非常に強い型付けの本質だ。

静的で弱い型付け

C言語が、まさにこの型付けである。すべての型はコンパイル時に判明するが、暗黙の変換は、たびたび発生する。先ほどの例と同様な、`double x = 4 + 3.0;` という行は、コンパイルエラーを起こさないが、その理由は、4が自動的に`double`へと昇格されてから3.0と足さ

---

[11] 訳注：公式チュートリアル（http://ocaml.org/learn/tutorials/basics.html）の「Type inference」によれば、関数と変数の型を宣言する必要はなく、「それはOCamlが判定してくれます」とのこと。

れるからだ。型付けの弱さは、このようなときにプログラマが変換処理を指定する必要がない、という点に表れる。

動的で強い型付け

これは Python で使われる型付けだ。暗黙の型変換を許さないが（この点が JavaScript と違う）、型のエラーは、あなたが実際にプログラムを起動して間違いのあるステートメントを実行しようとするまで報告されない。

Python にはインタープリタがあり、そこでは式や文をタイプして即座に実行することができる。"3" + 2 という式を評価した結果を Python インタープリタで見ると、エラーが起きているはずだが、その理由は第 1 のオブジェクトが文字列で、第 2 のオブジェクトが数値型だからだ。文字列の中身は数値なのだが（したがって、変換を書くことはできる）、この加算は許されない。リスト 9–51 に、ダンプを示す。

リスト9-51：Python の型付けエラー

```
>>> "3" + 2
Traceback (most recent call last):
  File "<stdin>", line 1, in <module>
TypeError: cannot concatenate 'str' and 'int' objects
```

では次に、1 if True else "3" + 2 という式を評価してみよう。この式は、もし True が真なら（もちろん）1 と評価される。さもなければ、式の値は、やはり無効な演算 "3" + 2 の結果となる。けれども実際に else ブランチに到達することは決してないのだから、実行時でさえエラーが発生することがない。リスト 9–52 にターミナルからのダンプを示す。プラス記号は、もし 2 つの文字列に適用されたら、連結（concatenation）演算として働く。

リスト9-52：Python の型付け：文が実行されないのでエラーにならない

```
>>> 1 if True else "3" + 2
1
>>> "1" + "2"
'12'
```

動的で弱い型付け

この型付けを持つ、もっとも多く利用されている言語は、たぶん JavaScript だろう。

Python の例で、われわれは数値を文字列に足そうと試みた。文字列には有効な 10 進数が含まれていたにもかかわらず、エラーが報告されたのは、文字列は中身が何であっても文字列だから、という理由だ。型は自動的に変わってくれない。

けれども JavaScript では、何が許されるかの制限が、かなりゆるい。ここでは（モダンな Web ブラウザなら、たいがいアクセスできる）インタラクティブな JavaScript コンソールを使って、いくつか式をタイプしてみよう。リスト 9–53 に、その結果を示す。

リスト9-53：JavaScript の暗黙的な変換

```
>>> 3 == '3'
true
>>> 3 == '4'
false
>>> "7.0" == 7
true
```

この例を見るだけでも、数と文字列を比較するとき、どちらも同じ型の数値になるよう変換されてから比較されることが推測できる。その数が整数か実数かは不明だが、ここでは暗黙のうちに、実に多くの暗黙の変換が行われている。

9.3.2 多相性（ポリモーフィズム）

これで型付けについての全般的な理解を得られた。次は型システムに関係のあるもっとも重要な概念、つまり多相性を学ぼう。

多相性（polymorphism：カナ書きでポリモーフィズム、多態性とも呼ばれる。語源はギリシャ語の polys =「多い」と morph =「形／姿」）は、さまざまな型についてのさまざまな動作を、統一された方法で呼び出せるということだ。データのエンティティが多様な型を取れること、と考えることもできる。

多相性には 4 種類があり [8]、それらは 2 つのカテゴリに分類される。

1. ユニバーサル多相性（universal polymorphism）：ある関数が引数を、数に制限のない型で受け取り（たぶん、まだ定義されていない型も含む）、それぞれの型について同様に振る舞うことができること。
    - パラメータ多相（parametric polymorphism）：関数が追加の引数を 1 つ受け取り、それによって他の引数の型が定義される。Java や C#のような言語の総称的な（generic）関数は、コンパイル時に行われるパラメータ多相の例である。
    - 包含（inclusion）： 一部の型は、他の型を親とする派生型（subtype）である。派生型の引数を受け取る関数の振る舞いは、その親の型が提供されたときと同じである。
2. アドホック（ad hoc）多相性：関数群が、固定された型集合に含まれる型パラメータを受け取る。それらの関数は型によって別々の動作をしてもよい。
    - 多重定義（overloading）：同じ名前を持つ複数の関数があり、その 1 つが引数の型に基づいて呼び出される。
    - 型強制（coercion）：型 X から型 Y への変換が存在するとき、型 Y の引数を受け取る関数が、型 X の引数付きで呼び出される。

多相性という観念は、オブジェクト指向のパラダイムとともに普及したが、その範囲は限られている。オブジェクト指向プログラミングで言う多相性とは、普通は**サブタイピング**で、基本的には包含と同じことだ（派生型オブジェクト群が、基本型オブジェクト群のサブセットである）。

ある種の場所では、どの種類の多相性が使われるのか、判断しにくいときもある。次の 4 行を考えてみよう。

```
3 + 4
3 + 4.0
3.0  + 4
3.0  + 4.0
```

プラスの演算は、ここでは明らかに多相である。なぜなら、この記号が整数と実数のオペランドの、あらゆる組み合わせで同じように使われているからだ。けれども、実装はどのように行っているのだろうか？　さまざまな可能性があるだろう。たとえば、

- この演算子には、すべての組み合わせのために、多重定義が 4 つあるのかもしれない。
- この演算子には、整数+整数と、実数+実数のために、2 つの多重定義があり、さらに、整数から実数への型強制が定義されているのかもしれない。
- この演算子は、実は 2 つの実装を加算できるだけで、すべての整数値は実数に型強制されるのかもしれない。

9.4　C における多相性

C 言語には、各種の多相性を受け入れる余地がある。一部はちょっとしたトリックでエミュレートできる。

9.4.1　パラメータ多相

明示的に与えられた型に基づき、さまざまな型の引数について異なる振る舞いをする関数を作れるだろうか？　それは（たとえ C89 であっても）かなりのところまで可能だ。けれども、円滑な結果を得るためには、かなり重量級のマクロが必要になるだろう。

まず最初に、`#`という記号がマクロの文脈で何をするのかを知っておく必要がある。マクロの内側で`#symbol`が使われると、そこに`symbol`の内容が「引用」される（2 重引用符で囲まれる）。リスト 9–54 に、その例を示す。

リスト9-54：macro_str.c

```
#define mystr hello
#define res #mystr

puts( res ); /* この行は、puts("hello")で置き換えられる */
```

`##`（トークン連結演算子）は、さらに興味深い。これを使えば、シンボル名を動的に形成できるのだ。リスト 9-55 に用例を示す。

リスト9-55：macro_concat.c

```
#define x1 "Hello"
#define x2 " World"

#define str(i) x##i

puts( str(1)); /* str(1)-> x1 -> "Hello" */
puts( str(2)); /* str(2)-> x2 -> " World" */
```

一部の、より高いレベルの言語が持つ機能を要約すれば「コンパイラのロジックがプログラムを解析し、選んだデータ構造を使って、選んだ関数を呼び出す」といったようなことだ。C では、プリプロセッサに頼ることで、それを真似ることができる。リスト 9-56 に例を示そう。

リスト9-56：c_parametric_polymorphism.c

```
#include <stdio.h>
#include <stdbool.h>

#define pair(T) pair_##T
#define DEFINE_PAIR(T) struct pair(T) {\
    T fst;\
    T snd;\
};\
bool pair_##T##_any(struct pair(T) pair, bool (*predicate)(T)) {\
    return predicate(pair.fst) || predicate(pair.snd); \
}

#define any(T) pair_##T##_any

DEFINE_PAIR (int)

bool is_positive( int x ) { return x > 0; }
int main( int argc, char** argv ) {
    struct pair(int) obj;
    obj.fst = 1;
    obj.snd = -1;
    printf("%d\n", any(int)(obj, is_positive) );
    return 0;
}
```

まずstdbool.hファイルをインクルードしてbool型を使えるようにする（9.1.3項参照）。

- pair(T)というマクロは、Tを型名として呼び出す。たとえばpair(int)は、pair_intという文字列で置換される。
- DEFINE_PAIR(T)というマクロも、同様に呼び出す。DEFINE_PAIR(int)は、リスト9–57に示すコードで置換される。

    マクロ定義で各行の末尾にあるバックスラッシュに注目しよう。複数行にわたるマクロを、改行キャラクタをエスケープすることで実現しているのだ。マクロの最後の行は、末尾にバックスラッシュがない。

    リスト9–57のコードは、struct pair_intという新しい構造体を定義している。これには2つの整数がフィールドとして含まれている。このマクロを、Tパラメータにさまざまな型名を指定して呼び出すことで、さまざまな型の要素のペアを作れる。

    その次に関数定義があるが、関数名にパラメータ名Tがエンコードされているから、このマクロが実体化されるたびに、固有の名前を持つことになる（この場合はpair_int_any）。これは、ペアに含まれている2つの要素のうち、条件を満たすものがあるかチェックする関数だ。第1引数で受け取るのはペアそのもので、第2引数が条件である。条件は関数ポインタで渡され、その関数はTを受け取ってboolを返すものだから、"predicate"（「〜は〜だ」と断言する）という名前のとおりだ。

    pair_int_anyは、その条件関数を、ペアの第1要素と第2要素について呼び出す。DEFINE_PAIRマクロは、呼び出されると、与えられた型の要素2つを持つ構造体と、そのデータを扱う関数を定義する。これによって、1つの型について関数の実体が1つ、構造体が1つ作られる。それを複数必要とするから、扱いたい型の1つ1つについて、DEFINE_PAIRを実体化するのだ。

リスト9-57：macro_define_pair.c

```c
struct pair_int {
    int fst;
    int snd;
};
bool pair_int_any(struct pair_int pair, bool (*predicate)(int)) {
    return predicate(pair.fst) || predicate(pair.snd);
}
```

- 次に、#define any(T) pair_##T##_anyというマクロを定義している。その目的は、型に依存する有効な関数名を作ることだけだ。これによって、pair_##T##_anyを、もっとエレガントな方法で呼び出すことが可能になる。つまりany(int)を、まるで「関数へのポインタを返す関数」を呼び出すような感じで、呼び出せるのだ。

これで、パラメータ多相の概念に非常に近いところまで接近できた。追加の引数（int）を提供することによって、他の引数（struct pair_int）の型を判定できるのだから。もちろんこれは、関数型言語における型引数ほど優れていないし、C#や Scala のジェネリック（総称的）な型パラメータにもおよばないが、それなりの意義はあるだろう。

9.4.2　包含

C でポインタ型の包含（inclusion）を達成するのは、とても簡単なことだ。「どの構造体のアドレスも、その第 1 メンバのアドレスと等しい」というのが、発想の源である。

リスト 9–58 に示すサンプルを見ていただきたい。

リスト9–58：c_inclusion.c

```c
#include <stdio.h>

struct parent {
    const char* field_parent;
};

struct child {
    struct parent base;
    const char* field_child;
};

void parent_print( struct parent* this ) {
    printf( "%s\n", this->field_parent );
}

int main( int argc, char** argv ) {
    struct child c;
    c.base.field_parent = "parent";
    c.field_child = "child";
    parent_print( (struct parent*) &c );
    return 0;
}
```

parent_print という関数は、parent*型の引数を受け取る。そして child の定義を見ると、その第 1 フィールドの型が parent である。つまり、child*型の有効なポインタがあるときは、いつでも前者に等しい「parent のインスタンスへのポインタ」が存在する。だから親へのポインタが期待されるときに子へのポインタを渡しても安全なのだ。

残念ながら C の型システムは、そのことを察知してくれない。だから、parent_print((struct parent*) &c); という呼び出しで行っているように、child*から parent*へ、ポインタ型を変換する必要がある。ただし、この場合は struct parent*を、void*に置き換えることもできる。なぜなら、どのポインタ型も void*に変換できるからだ（9.1.5 項を参照）。

9.4.3 多重定義

多重定義（overloading）の自動化は、C11 まで不可能だった。最近まで人々は、基本となる関数名に引数の型名を加えることで、さまざまな「多重定義」を提供していたのである。けれども新しい標準には、引数の型によって展開される特別な「総称型マクロ」が入った。それが _Generic で、広範囲な用途がある。

_Generic マクロが受け取るのは、式 E と、それに続く、カンマで区切られた複数の「総称関連」(generic association) からなるリストである。関連は、それぞれ「型名： 式」という形式だ。このマクロを実体化すると、E の型が、関連リストの全部の型についてマッチするかチェックされ、型に対応する式が、マクロ展開によって実体化される。

リスト 9–59 に示す例で定義するマクロ、print_fmt は、引数の型 x に基づいて、printf 用の適切な変換指定子を選ぶ。これを使う print マクロは、printf の有効な呼び出しを生成し、さらに改行を出力する。

ここで print_fmt は、式 x の型を、int および double と比較する。このリストに x の型がないときは、default が実行され、その場合は総称的な %x 指定子が選ばれる。ただし、もし default のケースがなければ、このプログラムはコンパイルを通らないかもしれない（たとえば long double 型の式を、print_fmt に与えたら）。デフォルトとして何をすべきか本当にわからないときは、いっそのこと default のケースを省いて、コンパイルを失敗させるのが、たぶん賢明だろう。

リスト9–59：c_overload_11.c

```
#include <stdio.h>

#define print_fmt(x) (_Generic( (x), \
        int: "%d",\
        double: "%f",\
        default: "%x"))

#define print(x) printf( print_fmt(x), x ); puts("");

int main(void) {
    int x = 101;
    double y = 42.42;
    print(x);
    print(y);
    return 0;
}
```

_Generic を使って関数コールをラップすることもできる。別々の名前を持つ関数のリスト

から、引数の型に応じて1つを選択するようなマクロを書けるのだ[12]。

9.4.4 型強制

Cでは、いくらかの強制（coercion）が言語そのものに埋め込まれている。具体的には、void*へのポインタ変換と、その逆の変換、それから9.1.4で述べた整数の「暗黙の型変換」が、それだ。われわれが知る限り、強制を（あるいは、それに少しでも似た、Scalaの型推論やC++の仮想関数のような、暗黙の型変換を）、ユーザー定義によって追加する方法はない。

このように、Cでは4種類の多相性が、すべて何らかの形で許されている。

9.5 まとめ

この章では、配列、ポインタ、定数型など、Cの型システムについて深く学んだ。単純な関数ポインタの作り方を覚え、sizeofの注意書きを読み、文字列を再訪し、より良いコーディングの作法に慣れ始めた。それから、構造体、共用体、列挙型について学んだ。最後に、主流となっているプログラミング言語での型システムと多相性について簡単に述べ、いくつか高度な例を提供して、同様な結果をCで実現する方法を示唆した。次の章では、あなたのコードをプロジェクトとして組織する方法について詳しく見ていき、この言語の属性のうち、そのために重要なものを指摘する。

- ■問題 163 &演算子と*演算子の用途は?
- ■問題 164 0x12345というアドレスから整数を読み出す方法は?
- ■問題 165 リテラル42の型は何か。
- ■問題 166 unsigned long型、long型、long long型のリテラルを作る方法は?
- ■問題 167 なぜsize_t型が必要なのか。
- ■問題 168 値を、ある型から別の型へと変換する方法は?
- ■問題 169 C89にブール型はあるか?
- ■問題 170 ポインタ型とは何か。
- ■問題 171 NULLとは何か。
- ■問題 172 void*型の用途は?
- ■問題 173 配列とは何か。
- ■問題 174 連続するメモリセルなら、なんでも配列として解釈できるか?
- ■問題 175 配列の境界外にある要素をアクセスしようとしたら、どうなるか?
- ■問題 176 配列とポインタには、どういう関係があるのか?

---

[12] 訳注：「総称関連」ではコロンの右側に、定数や文字列リテラルのほか、関数名や変数名を含む式を記述できる。詳しくは、[7]の「6.5.1.1 Generic selection」、プリッツ/クロフォード [154]の「5.1.1 総称選択（C11）」を参照。

- ■問題 177　関数へのポインタを宣言することは可能か?
- ■問題 178　型の別名を作る方法は?
- ■問題 179　main 関数の引数は、どのように渡されるか。
- ■問題 180　sizeof 演算子の用途は?
- ■問題 181　sizeof はプログラムの実行中に評価されるのか?
- ■問題 182　なぜ const キーワードが重要なのか。
- ■問題 183　構造体とは何か。なぜ必要なのか。
- ■問題 184　共用体とは何か。構造体と、どう違うのか。
- ■問題 185　列挙型とは何か。構造体との違いは?
- ■問題 186　型付け (typing) には、どのような種類があるのか。
- ■問題 187　多相性 (ポリモーフィズム) には、どのような種類があるのか。それらの違いは?

第10章
コードの構造

　この章では、あなたのコードを複数のファイルに分割する方法を学び、それに関するC言語の機能を調べる。大量の関数や型定義を1本のファイルに詰め込んでいると、大きなプロジェクトでは不便きわまりない。ほとんどのプログラムは複数のモジュールに分割されている。そうすると、どんなメリットがあるのか、リンク前のモジュールが、それぞれどうなっているのかを、これから見ていこう。

10.1　宣言と定義

　昔のCコンパイラは、シングルパスのプログラムとして書かれたという。ファイルを1回だけ走査して、どんどん変換していく形式だが、今でもその意味は大きい。関数を呼び出すまでに定義していないと、コンパイラは、その名前が何なのかわからず、こういうプログラムはだめだとハネられてしまう。書く方にとって、そこで関数を呼び出しているのは明らかなのだが、コンパイラには未定義の識別子としか見えない。変換をシングルパスでやっているコンパイラには、先を読んで定義を探すことができない[1]。

　もし依存性が一方向なら、すべての関数を使う前に定義しておけば良い。けれども依存性が循環する場合、その方法ではうまくいかない。相互再帰する定義は（データ構造であれ、関数であれ）まさに後者である。

　関数の場合、2つの関数が互いを呼び出し合うのだから、関数の呼び出しをコンパイラが見

---

[1] **訳注**：この話を鵜呑みにしてはいけません。Cの前にBがあり、その前にBCPLがあった。Cの設計者で、Bの設計にも携わったRitchie[155]によれば、BCPLコンパイラはプログラム全体の内部表現を全部メモリに格納してから出力処理を行っていた。ところが、Bコンパイラの環境はストレージに制限があったので、できるだけ早く出力を生成する「1パスのテクニック」が要求された。そのために設計を改めたBの構文がCに持ち込まれたという話である。Cコンパイラが1パス構成だったとは思えない。パスの回数は、入力ファイルまたは中間ファイルを読む処理を単位として数える。一般にコンパイラは、構文解析とコード生成の2パスで構成される。詳しくはエイホ他[101]などを参照。

る前に、その関数を定義することは、どんな順序にしても結局できない（リスト 10–1 に例を示す）。

リスト10–1：fun_mutual_recursive_bad.c

```c
void f(void) {
    g();    /* g とは何ですか、とコンパイラ氏が尋ねる。 */
}

void g(void) {
    f();
}
```

データ構造の場合、2 種類の構造体があり、それぞれにポインタ型のフィールドがあって、それがもう 1 つの構造体のインスタンスを指し示していたら相互再帰だ。リスト 10–2 に、その例を示す。

リスト10–2：struct_mutual_recursive_bad.c

```c
struct a {
    struct b* foo;
};
struct b {
    struct a* bar;
};
```

宣言（declaration）と定義（definition）に分けるのが、この問題の解決策だ。定義よりも前に置いた宣言を**前方宣言**（forward declaration）と呼ぶ。

10.1.1 関数宣言

関数の場合、宣言は「本体をなくした定義」に似ていて、1 個のセミコロンで終わる。リスト 10–3 に、その例を示す。

リスト10–3：fun_decl_def.c

```c
/* これが宣言 */
void f( int x );

/* これが定義 */
void f( int x )  {
    puts( "Hello!" );
}
```

このような宣言は、ときに**関数プロトタイプ**（function prototype）とも呼ばれる。あなたが関数を使うとき、その本体がまだ定義されていないか、あるいは、他のファイルで定義されているのなら、必ずそのプロトタイプを先に書くべきだ。関数プロトタイプでは、引数の名前を省略できる（リスト 10–4 を参照）。

リスト10-4：fun_proto_omit_arguments.c

```
int square( int x );
/* どちらでも同じこと */
int square( int );
```

要約すると、関数の場合は次の2つのシナリオが正解だ。

1. 関数を先に定義し、その後で呼び出す（リスト 10-5）。

リスト10-5：fun_sc_1.c

```
int square( int x ) { return x * x; }
...
int z = square(5);
```

2. プロトタイプを最初に置き、それから呼び出し、その後で関数を定義する（リスト 10-6）。

リスト10-6：fun_sc_2.c

```
int square( int x );

...
int z = square(5);

...
int square( int x ) { return x * x; }
```

リスト 10-7 に示す状況は典型的なエラーだ。ここでは関数が呼び出しの後で定義されているのに、呼び出しの前に、その宣言がない。

リスト10-7：fun_sc_3.c

```
int z = square( 5 );
...
int square( int x ) { return x * x; }
```

10.1.2　構造体宣言

再帰的なデータ構造を定義するのは、ごく一般的なことだ。連結リストの場合、それぞれの要素には、値とともに次の要素へのリンクが格納される。最後の要素では、有効なポインタの

代わりに NULL を入れて、リストの終端を示すマークとする。リスト 10–8 に、連結リストの定義を示す。

リスト10–8：list_definition.c

```c
struct list {
    int value;
    struct list* next;
};
```

けれども、相互再帰する 2 つの構造体の場合、少なくとも片方について、前方宣言を追加する必要がある。リスト 10–9 に、その例を示そう。

リスト10–9：mutually_recursive_structures.c

```c
struct b; /* 前方宣言 */
struct a {
    int value;
    struct b* next;
};

/* struct a はすでに定義されているので、前方宣言は不要 */
struct b {
    struct a* other;
};
```

もし「タグのある型」に定義がなく、宣言だけがあれば、それは**不完全型**（incomplete type）と呼ばれるものだ[2]。この場合、それへのポインタは自由に使えるが、その型の変数を作ったり、デリファレンスしたり、その型の配列を扱ったりすることは不可能である。関数は、そういう型のインスタンスを返してはならないが、やはりポインタなら返すことができる。リスト 10–10 に、例を示す。

リスト10–10：incomplete_type_example.c

```c
struct llist_t;

struct llist_t* f(){ ... }   /* ok */
struct llist_t g();          /* ok */
struct llist_t g() { ... }   /* bad */
```

これらの型には、極めて特殊なユースケースがあるが、それは第 13 章で見ることにしよう。

---

[2] **訳注**：詳しくは、プリッツ/クロフォード [154] の「2.1 型分類」、「10.1.3 不完全構造体型」、「11.1.4 宣言と定義」などを参照。

10.2　他のファイルのコードをアクセスする

10.2.1　他のファイルの関数

関数の呼び出しやグローバル変数の参照は、それらが他のファイルにあっても、もちろん可能である。関数コールを行う場合は、その関数のプロトタイプを現在のファイルに追加する必要がある。ファイルが 2 つあるとしよう。square.c には square という関数が入っていて、main_square.c には main 関数が入っている。リスト 10–11 とリスト 10–12 に、この 2 つのファイルを示す。

リスト10-11：square.c

```
int square( int x ) { return x * x; }
```

リスト10-12：main_square.c

```
#include <stdio.h>
int square( int x );

int main(void) {
    printf( "%d\n", square( 5 ) );
    return 0;
}
```

それぞれのコードが別モジュールにあり、単独でコンパイルされる。.c ファイルもアセンブリと同じように、オブジェクトファイルに変換される。学習を容易にするため、ここでは ELF (Executable and Linkable Format) ファイルに話を絞ることにする。できあがったオブジェクトファイルを覗いて、中身がどうなっているか調べよう。main_square.o の中にあるシンボルテーブルを、リスト 10–13 に示す。その次のリスト 10–14 は、square.o の中身だ。シンボルテーブルのフォーマットは、5.3.2 項で説明した。

リスト10-13：main_square

```
> gcc -c -std=c89 -pedantic -Wall main_square.c
> objdump -t main_square.o

main.o:     file format elf64-x86-64

SYMBOL TABLE:
0000000000000000 l    df *ABS*  0000000000000000 main.c
0000000000000000 l    d  .text  0000000000000000 .text
0000000000000000 l    d  .data  0000000000000000 .data
0000000000000000 l    d  .bss   0000000000000000 .bss
0000000000000000 l    d  .note.GNU-stack
0000000000000000 .note.GNU-stack
0000000000000000 l    d  .eh_frame
0000000000000000 .eh_frame
```

```
0000000000000000 l    d  .comment
0000000000000000 .comment
0000000000000000 g     F .text  000000000000001c main
0000000000000000         *UND*  0000000000000000 square
```

リスト10–14：square

```
> gcc -c -std=c89 -pedantic -Wall square.c
> objdump -t square.o
square.o:     file format elf64-x86-64

SYMBOL TABLE:
0000000000000000 l    df *ABS*  0000000000000000 square.c
0000000000000000 l    d  .text  0000000000000000 .text
0000000000000000 l    d  .data  0000000000000000 .data
0000000000000000 l    d  .bss   0000000000000000 .bss
0000000000000000 l    d  .note.GNU-stack
0000000000000000 .note.GNU-stack
0000000000000000 l    d  .eh_frame
0000000000000000 .eh_frame
0000000000000000 l    d  .comment
0000000000000000 .comment
0000000000000000 g     F .text  0000000000000010 square
```

関数（ここでは square と main）がグローバルシンボルを持っていることが、第2カラムの g という文字で示されている。特別なマークがあるわけではなく、すべての関数は、アセンブリで global キーワードを付けたラベルと、同じ扱いである。つまり、それらは他のモジュールから見えるのだ。

main_square.c にある、square 関数のプロトタイプは、「未定義」(undefined) セクションに属している。

`0000000000000000 *UND* 0000000000000000 square`

GCC は、コンパイラのツールチェイン全体へのアクセスを提供する。つまり、ただファイルを変換するだけでなく、適切な引数を付けてリンカを呼び出すことも、標準 C ライブラリとリンクすることも、GCC で行うことができる。

リンク後のシンボルテーブルは、もっと膨らんでいる。それは、標準ライブラリやユーティリティのシンボル（たとえば .gnu.version など）が入るからだ。

■問題 188　main ファイルを、`gcc -o main main_square.o square.o` という行でコンパイルして、そのオブジェクトファイルを、`objdump -t main` を使って観察しよう。関数 main と関数 square について、何がわかるだろうか？

10.2.2 他のファイルのデータ

グローバル変数が他の.cファイルで定義されていて、それをアクセスしたいときは、その変数をexternキーワードで宣言することが望ましい（必須ではない）。extern変数を初期化してはいけない（もしそうしたらコンパイラが警告を発する）。

リスト10–15とリスト10–16に、他のファイルにあるグローバル変数を使う最初の例を示す。

リスト10–15：square_ext.c

```
extern int z;
int square( int x ) { return x * x + z; }
```

リスト10–16：main_ext.c

```
int z = 0;
int square( int x );

int main(void) {
    printf( "%d\n", square( 5 ) );
    return 0;
}
```

Cの標準は、このキーワードexternをオプションとしているが、むしろexternを省略しないことを推奨する。そうすれば、どのファイルで変数を作りたいのかを、明示できるからだ。

けれども、もしexternキーワードを省略したら、コンパイラは変数の定義と宣言を、どうやって見分けるのだろうか（初期化は提供されていないとする）。ファイルは別々にコンパイルされるのだから、これは興味深いことだ。

この問題を調べるために、nmユーティリティを使って、オブジェクトファイルのシンボルテーブルを観察しよう。

main.cとother.cというファイルを書いてから、-cフラグを使って、それらをinto .oファイルにコンパイルし、それから両者をリンクする。リスト10–17に、そのコマンドシーケンスを示す。

リスト10–17：glob_build

```
> gcc -c -std=c89 -pedantic -Wall -o main.o main.c
> gcc -c -std=c89 -pedantic -Wall -o other.o other.c
> gcc -o main main.o other.o
```

これには、xというグローバル変数が1個ある。この変数は、main.cでは値を代入しないが、other.cで初期化している。

nmを使えば、リスト10–18に示すようなシンボルテーブルを、すぐに見ることができる。リストにサービス用のシンボルが入って乱雑に見えるのを防ぐため、main実行ファイルのテー

ブルを短く編集してある。

リスト10–18：glob_nm

```
> nm main.o
0000000000000000 T main
                 U printf
0000000000000004 C x

> nm other.o
0000000000000000 D x

> nm main
0000000000400526 T main
                 U printf@@GLIBC_2.2.5
0000000000601038 D x
```

ご覧のように main.o には、変数 int x に対応するシンボル x があり、それには（グローバルコモンを意味する）C というマークがある。いっぽう、もう 1 つのオブジェクトファイルである other.o では、同じシンボルに D というマークがある（グローバルデータを意味する）。同様なグローバルコモン**シンボル**は、いくつでも好きなだけ作ることができ、できあがった実行ファイルの中では、それらが 1 箇所にまとめられる。

けれども、同じシンボルの複数の宣言を、同じソースファイルに入れることはできない（最大でも宣言と定義が 1 個ずつ、という制限がある）。

10.2.3　ヘッダファイル

これでコードを複数のファイルに分ける方法は、わかった。外部定義（external definition）を使うファイルでは、実際に使う前に、その宣言を書いておく。けれども、ファイルの数が増えると、一貫性を保つのが難しくなる。保守を容易にするため、ヘッダファイルを使うのが一般的な慣例だ。

ここに、main_printer.c と printer.c という 2 つのファイルがあるとしよう（リスト10–19 と 10–20）。

リスト10–19：main_printer.c

```c
#include <stdio.h>

void print_one(void);
void print_two(void);
int main(void) {
    print_one();
    print_two();
    return 0;
}
```

リスト10-20：printer.c

```
void print_one(void) {
    puts( "One" );
}
void print_two(void) {
    puts( "Two" );
}
```

以下は現実的なシナリオである。`printer.c`ファイルにある関数の1つを、`other.c`という別のファイルで使いたいとしたら、`printer.c`で定義されている関数のプロトタイプを、`other.c`の先頭あたりに書く必要がある。第3のファイルで使いたくなったら、そのファイルでも、やはりプロトタイプを書かなければならないだろう。そんなことを手作業で行う必要があるだろうか。関数とグローバル変数の宣言だけを含む（定義は含まない）別のファイルを作り、それを（プリプロセッサの助けを借りて）インクルードすれば良いはずだ。

そこで、上記のサンプルを変更しよう。`printer.c`のための、すべての宣言を含む新しいヘッダファイル、`printer.h`を導入するのだ。リスト10-21に、そのヘッダファイルを示す。

リスト10-21：printer.h

```
void print_one( void );
void print_two( void );
```

こうしておけば、`printer.c`で定義されている関数を使いたいときは、いつも現在のソースコードファイルの先頭に、次の行を入れるだけで済む。

```
#include "printer.h"
```

プリプロセッサが、この行を`printer.h`の内容で置き換えてくれる。リスト10-22に、新しい`main`ファイルを示す。

リスト10-22：main_printer_new.c

```
#include "printer.h"

int main(void) {
    print_one();
    print_two();
    return 0,
}
```

Note：ヘッダファイルは、単独ではコンパイルされない。コンパイラには、その内容が`.c`ファイルの一部として見えるだけだ。

この機構の見かけは、JavaやC#のような言語にあるモジュールやライブラリのインポート

に似ているが、性質は、まったく違う。だから、#include "some.h" という行が、「some というライブラリをインポートする」意味だというのは、とんでもない勘違いだ。テキストファイルをインクルードするのは、ライブラリをインポートすることではない！　静的ライブラリというのは、ご存じのように、.c ファイルをコンパイルして作るのと同じオブジェクトファイルである。したがって、コンパイルの流れは、例を f.c として、次のようになる。

- f.c のコンパイルが始まる。
- プリプロセッサが #include ディレクティブに遭遇したら、対応する .h ファイルを、そのままそこに取り入れる。
- それぞれの .h ファイルには、関数プロトタイプが含まれていて、それらがコード変換後のシンボルテーブルのエントリになる（こちらは「インポートに似たエントリ」だ）。
- インポートに似た、それぞれのエントリについて、リンカは全部の入力オブジェクトファイルから、.data、.bss、.text のセクションにあるシンボル定義を探す。どこかで、そのシンボルを見つけたら、それを「インポートに似たエントリ」にリンクする。

そのシンボルは、C の標準ライブラリで見つかるかもしれない。

だとしたら、われわれはリンカに標準ライブラリを入力として与えているのだろうか？　その点を、次の節で説明しよう。

10.3　標準ライブラリ

これまでに使ってきたヘッダには、stdio.h など、標準ライブラリの一部に対応するものがあった。これらに含まれるのは、標準ライブラリの関数そのものではなく、それらのプロトタイプである。信じなくてもよろしい、自分でチェックできるのだから。

そのために、p.c というファイルを作る。これには #include <stdio.h> という 1 行だけを入れる。それから GCC を呼び出すとき、ファイル名とともに -E というオプションを付けて、前処理が終わったら停止して結果を stdout に出力するよう指示する。その出力に grep をかけて、printf のある行を探せば、プロトタイプが見つかる（リスト 10–23 を参照）。

リスト10–23：printf_check_header

```
> cat p.c
#include <stdio.h>

> gcc -E -pedantic -ansi p.c | grep " printf"
extern int printf (const char *__restrict __format, ...);
```

restrict キーワードは、まだ説明しないので、ひとまず見なかったことにしよう。さて、われわれのテストファイル、p.c にインクルードされる stdio.h というファイルには、明らかに

printf の関数プロトタイプが含まれていて（行末のセミコロンに注目）、これには本体が含まれない。最後の引数の代わりに 3 個のドットがあるのは、任意の個数の引数という意味だ（この機能は第 14 章で説明する）。これと同じ実験は、stdio.h をインクルードしてアクセス可能になる関数なら、どれについても行うことができる。

　GCC は、いわば何でもできる万能インターフェイスだ。これを使って、個々のファイルをリンクせず個別にコンパイルすることも（-c オプション）、複数のファイルのリンクを含むコンパイル処理全体のサイクルを行うこともできる。さらに入力として .o ファイルを次のように指定すれば、間接的にリンカを呼び出すことになる。

```
gcc -o executable_file obj1.o obj2.o ...
```

　リンクを実行するとき、GCC は、ただやみくもに ld を呼び出すのではない。C のライブラリ（複数かもしれない）の正しいバージョンを提供するのだ。その他のライブラリは、-l オプションで指定できる。

　C のライブラリは、次の 2 つの部分で構成されるのがもっとも一般的なシナリオだ。

- 静的な部分（通常、crt0 と呼ばれる。この名前は C RunTime に「一番最初」を意味するゼロを付けたもの）。ライブラリの、その特定の実装で要求される標準ユーティリティ構造を、これが初期化し、それから main 関数を呼び出す。ただし、コマンドライン引数がスタックで渡されるので、Intel 64 の関数コール規約に従うため、_start が argc と argv をスタックから rdi と rsi にコピーする。
  1 個のファイルをリンクして、リンク前とリンク後のシンボルテーブルを比較すると、ずいぶん新しいシンボルが増えているが、それらは crt0 から来ている。本当のエントリポイントとしてお馴染みの _start も、その 1 つだ。
- 動的な部分（関数とグローバル変数そのものを含む）。これらは実行中のアプリケーションの大部分が使うものなので、いちいちコピーするのではなく、それらの間で共有するのが賢明だ（全体のメモリ消費が小さくなり、場所も特定される）。その存在を明らかにするため、リスト 10–24 に示す main_ldd.c というサンプルファイルをコンパイルして、ldd ユーティリティにかけてみる。こうすれば、標準ライブラリがどこにあるかわかるのだ。リスト 10–25 に、ldd の出力を示す。

リスト10–24：main_ldd.c

```c
#include <stdio.h>

int main( void )
{
    printf("Hello World!\n");
    return 0;
}
```

リスト10–25：ldd_locating_libc

```
> gcc main.c -o main
> ldd main
    linux-vdso.so.1 (0x00007fff4e7fc000)
    libc.so.6 => /lib/x86_64-linux-gnu/libc.so.6 (0x00007f2b7f6bf000)
    /lib64/ld-linux-x86-64.so.2 (0x00007f2b7fa76000)
```

このファイルは3個の動的ライブラリにリンクされている。

1. 名前が ld-linux で始まるのは動的ライブラリローダ自身である。実行ファイルが必要とするすべての動的ライブラリを、このローダが探してロードする。
2. vdso というのは、「virtual dynamic shared object」の略で、これはC標準ライブラリが、ある種の状況でカーネルとの通信を高速化するために使う、小さなユーティリティだ。
3. 最後に libc 自身があり、これに標準関数の実行コードが含まれる。

この標準ライブラリも、普通のELFファイルに他ならないので、readelf を起動してシンボルテーブルをプリントさせ、printf のエントリを見つけてみよう。リスト10–26 に、その結果を示す。最初のエントリが、まさにわれわれが使っている printf だ。@@というマークの後にあるタグは、シンボルのバージョンを示すもので、同じ関数のバージョン違いを提供するのに使われる。古いバージョンの関数を使う古いソフトウェアは、それを継続して使うことができ、新しいソフトウェアは、互換性を守りながら書き換えられた、より優れた新しいバージョンに、切り替えることができる。

リスト10–26：printf_lib_entry

```
> readelf -s /lib/x86_64-linux-gnu/libc.so.6 | grep " printf"
   596: 0000000000050d50   161 FUNC    GLOBAL DEFAULT   12
printf@@GLIBC_2.2.5
  1482: 0000000000050ca0    31 FUNC    GLOBAL DEFAULT   12
printf_size_info@@GLIBC_2.2.5
  1890: 0000000000050480  2070 FUNC    GLOBAL DEFAULT   12
printf_size@@GLIBC_2.2.5
```

■問題189　　readelf の代わりに nm ユーティリティを使っても、同じシンボルが見つかるかどうか、試してみよう。

10.4 プリプロセッサ

プリプロセッサに対するディレクティブ（指令）は、グローバル定数を`#define`で定義するだけでなく、インクルードの重複という問題の解決策としても使われる。まずは、それと関連のあるプリプロセッサ機能を、簡単に見ていこう。

`#define`ディレクティブの使い方は、次にあげる形式が典型的なものだ。

- `#define FLAG`は、プリプロセッサでシンボル`FLAG`を定義するが、その値は空の文字列にするという意味だ（値がない、とも言える）。このシンボルは、ほとんど置換の役には立たないが、ある定義が存在するかをチェックし、その結果をもとに何らかのコードをインクルードするのに使える。
- `#define MY_CONST 42`は、グローバル定数を定義するお馴染みの方法だ。プログラムのテキストに`MY_CONST`が現れるたびに、`42`と置き換えられる。
- `#define MAX(a, b) ((a)>(b))?(a):(b)`は、パラメータ付きマクロの置換である（引数付きマクロ、関数形式マクロとも呼ばれる）。これによって、`int x = MAX(4+3, 9)`という行は、`int x = ((4+3)>(9))?(4+3):(9)`で置き換えられる。

■**マクロのパラメータをカッコで囲む**　マクロの本体にある全部のパラメータを、カッコで囲むことに注意しよう。そうすれば、マクロにパラメータとして渡された式が複雑でも、正しく解析される。次の単純なマクロ、`SQ`を例にとろう。

`#define SQ(x) x*x`

すると、`int z = SQ(4+3)`という行は次のように置換される。

`int z = 4 + 3 * 4 + 3`

これでは、加算よりも乗算のほうが優先順位が高いため、`4 + (3*4) + 3`と解析されてしまい、意図とは違った式ができてしまう。

プリプロセッサシンボルを追加定義したいときは、GCC を`-D`オプション付きで起動することによって供給できる。たとえば`#define SYM VALUE`と書く代わりに、`gcc -DSYM=VALUE`とする。あるいは単に`gcc -DSYM`で、`#define SYM`の代わりになる。

最後に、条件コンパイルのマクロも必要だ。`#ifdef`と`#ifndef`というディレクティブを使うと、指定のシンボルが定義されているか否かによって、テキストの断片を前処理後のファイルに含めるか否かを決めることが可能になる。

`#ifdef SYMBOL`と`#endif`の間にある行は、もし`SYMBOL`が定義されていたらインクルードされる（リスト10–27）。

リスト10-27：ifdef_ex.c

```
#ifdef SYMBOL
/*code*/
#endif
```

次のリスト10-28のように書けば、もしSYMBOLが定義されていたら`#ifdef SYMBOL`と`#else`の間にある行がインクルードされ、定義されていなければ、`#else`と`#endif`の間の行がインクルードされる。

リスト10-28：ifdef_else_ex.c

```
#ifdef SYMBOL
/*code*/
#else
/*other code*/
#endif
```

また、リスト10-29のように書けば、そのシンボルが定義されていなかったときにだけ、コードをインクルードすることができる。

リスト10-29：ifndef_ex.c

```
#ifndef MYFLAG
/*code*/
#else
/*other code*/
#endif
```

10.4.1 インクルードガード

1本のファイルに入れられるのは、1つのシンボルにつき最大でも1個の宣言と1個の定義に限られる。宣言を重複して書くことはないにしても、たぶんヘッダファイルは使うことになり、それには他のヘッダファイルが含まれるかもしれず、それが繰り返されるかもしれない。現在のファイルに、どの宣言が含まれるかを知るのは、容易なことではない。それぞれのヘッダファイルを調べたら、それがインクルードしているファイルも調べることになりかねない。

たとえばリスト10-30に、`a.h`、`b.h`、`main.c`という3つのファイルがある。

リスト10-30：inc_guard_motivation.c

```
/* a.h */
void a(void);

/* b.h */
#include "a.h"
void b(void);
```

```
/* main.c */
#include "a.h"
#include "b.h"
```

前処理を終えた main.c ファイルは、どうなるだろうか。gcc -E main.c を実行すると、リスト 10–31 に示す結果となる。

リスト10–31：multiple_inner_includes.c

```
# 1 "main.c"
# 1 "<built-in>"
# 1 "<command-line>"
# 1 "/usr/include/stdc-predef.h" 1 3 4
# 1 "<command-line>" 2
# 1 "main.c"
# 1 "a.h" 1
void a (void) ;
# 2 "main.c" 2
# 1 "b.h" 1
# 1 "a.h" 1
void a (void) ;
# 2 "b.h" 2
void b (void) ;
# 2 "main.c" 2
```

このときの main.c は void a(void) の関数宣言が重複し、結果はコンパイルエラーとなる。最初の宣言は、a.h ファイルから直接来ているが、第 2 のものは b.h からで、それがまた a.h をインクルードしている。このような重複を防ぐ一般的なテクニックは 2 つある。

- ヘッダの先頭で #pragma once ディレクティブを使う方法。これでヘッダファイルの多重インクルードを禁止できるが、非標準的な手法である。多くのコンパイラがサポートしているが、C 標準の一部ではないので、使用は推奨されない[3]。
- いわゆる**インクルードガード**（include guard）を使う方法。

リスト 10–32 は、file.h というファイルのためのインクルードガードを示している。

リスト10–32：file.h

```
#ifndef _FILE_H_
#define _FILE_H_

void a(void);

#endif
```

---

[3] 訳注：そもそも #pragma は、実装に依存する処理を行わせるためのディレクティブだ。

#ifndef _FILE_H_ と #endif との間にあるテキストは、このシンボル_FILE_H_が定義されていないときに限ってインクルードされる。そのテキストの先頭にある行が、#define _FILE_H_ である。つまり、次に同じ#include ディレクティブが実行されて、これらすべてのテキストがインクルードされるときには、同じ#ifndef _FILE_H_ディレクティブが、ファイルの内容が再びインクルードされるのを防ぐという仕組みである。

インクルードガードには、この例のようにファイル名をベースとしたプリプロセッサシンボルを使うのが一般的であり、シンボルは次のように命名することが多い。

- ファイル名を大文字に変える
- ドットをアンダースコアに変える
- 先頭と末尾に1個以上のアンダースコアを追加する

リスト10-33 に示すのは、ガードの構造を見るために作った典型的なインクルードファイルの例である。

リスト10-33：pair.h

```
#ifndef _PAIR_H_
#define _PAIR_H_

#include <stdio.h>

struct pair {
    int x;
    int y;
};

void pair_apply( struct pair* pair, void (*f)(struct pair) );
void pair_tofile( struct pair* pair, FILE* file );

#endif
```

このファイルで最初に見るのがインクルードガードだ。その次に、他のインクルードがある。そもそも、ヘッダファイルでファイルのインクルードを行うのは、何のためだろうか。あなたの関数や構造が、どこか別の場所で定義された、外部の型に依存するからだろう。この例では、`pair_tofile` という関数が受け取る引数の型が `FILE*` であり、これは標準ヘッダ `stdio.h` で定義されている（あるいは、それをインクルードするヘッダファイルに含まれる）。そのインクルードの後に、型定義と、それに続く関数プロトタイプが現れる。

10.4.2 なぜプリプロセッサが「悪」なのか

プリプロセッサの使いすぎが良くないと言われるのは、いくつも理由があってのことだ。

- コードを短くすることが多いが、そのせいで、ずっと読みにくくなってしまう。
- 不要な抽象化が行われる。
- 多くの場合、デバッグが難しくなる。

マクロはしばしばIDE（統合開発環境）と、その自動補完エンジンを混乱させる。さまざまな静的コード解析ツールに対しても同様だ。大きなプロジェクトでは、これらが大きな助けになるのだから、軽視してはいけない。

プリプロセッサは言語の構造について何も知らないのだから、プリプロセッサの構造は、それだけを見ると言語の文として無効な場合がある。たとえば`#define OR else {`というマクロは、すべての置換が終われば有効な文の一部になるとしても、このままでは有効な文ではない。マクロが組み合わさって、文のおよぶ範囲がはっきりしなくなると、このようなコードを理解するのは難しい。

ある種の作業は、プリプロセッサのおかげで、ほとんど解決が不可能となる。プログラミング環境や静的解析ツールが使える判断材料が制限されてしまうからだ。いくつか陥りやすい落とし穴を見ていこう。

1. リスト10–34を見ていただきたい。`foo`が何を返すのかを理解するために、静的コード解析ツールは、どれほど賢くなければいけないことか。

リスト10–34：ifdef_pitfall_sig.c

```
#ifdef SOMEFLAG
    int foo(){
#else
    void foo(){
#endif
/* ... */
}
```

2. `min`マクロが使われている場所を、すべて突き止めなければいけないが、それは次のように定義されている。
   `#define min(x,y) ((x) < (y) ? (x) : (y))`
   前の例で見たように、このプログラムを解析するには、まず前処理のパスを実行する必要がある。そうしなければ、ツールには関数の境界さえ理解できないだろう。いったん前処理を終えたら、すべての`min`マクロは置換され、その結果、次のような行と

の区別が付かず、トレースできなくなってしまう。
```
int z = ((10)< (y) ? (5) : (3))
```

3. 静的解析は（いや、あなた自身がプログラムを理解する能力さえも）マクロの使用によって悪影響を被る。パラメータ付きマクロの呼び出しは、構文的には関数コールと見分けが付かない。けれども、関数の引数は関数コールが実行される前に必ず評価されるのに対し、マクロの引数は実体化によって置換され、その結果のコードが実行されるという違いがある。

先ほどのマクロ、`#define min(x,y) ((x) < (y) ? (x) : (y))`を例としよう。引数を a および b-- として、このマクロを実体化すると、次の結果になる。
```
((a) < (b--) ? (a) : (b--))
```
おわかりのように、もし a >= b ならば、変数 b は 2 回デクリメントされる。もし min が関数だったら、b-- は 1 度だけ実行されるだろう。

10.5　例：動的配列の要素の和

10.5.1　動的メモリ割り当て（紹介）

次の課題を完成させるには、`malloc` と `free` という関数の使い方を学ぶ必要がある。これらについては後でじっくり説明するが、ここで簡単に紹介しておこう。

ローカル変数も、グローバル変数も、固定バイト数のメモリを割り当てる。けれども割り当てるメモリの量が入力に依存するときは、どうすれば良いか。すべてのケースで十分に間に合うような大量のメモリを割り当てるのも 1 つの方法だが、`malloc` 関数を使って、あなたが要求する量だけのメモリを割り当てることも可能だ。

`void* malloc(size_t sz)` は、sz をバイト単位のサイズとして割り当てたメモリバッファの開始アドレスを返すか、さもなければ（失敗したら）NULL を返す。このバッファの初期値はランダムだ。返す値は `void*` 型なので、このポインタは、どの型のポインタにも代入できる。

こうして割り当てたメモリ領域はどれも、不要になったとき `free` を呼び出して解放すべきである。

これら 2 つの関数を使うには、`malloc.h` をインクルードする必要がある。リスト 10–35 は、`malloc` と `free` の単純な用例を示すものだ。

リスト10–35：simple_malloc.c

```c
#include <malloc.h>

int main( void ) {
    int* array;

    /* malloc は割り当てたメモリの開始アドレスを返す。
```

```
     * 引数はバイトサイズであり、その値は
     * 要素数に要素のサイズを掛けたもの。*/
    array = malloc( 10 * sizeof( int ));

    /* ここで配列に対する処理を行う */

    free( array ); /* ここでメモリ領域の割り当てを解放する */
    return 0;
}
```

10.5.2 例

リスト 10–36 に動的配列の用例を示す。これには興味深い関数が 3 つ含まれている。

- `array_read` は、stdin から配列を読む。メモリ割り当ては、ここで行う。

stdin から読むのに scanf 関数を使っているところに注目されたい。これは変数の値ではなく、そのアドレスを受け取り、そこに実際に書き込むのだ。

- `array_print` は、与えられた配列を stdout にプリントする。
- `array_sum` は、配列の全要素の合計を求める。

malloc を使ってどこかに割り当てた配列は、その開始アドレスに対して free が呼び出されるまで存続する。すでに解放された配列を解放しようとしたらエラーになる。

リスト10–36：sum_malloc.c

```c
#include <stdio.h>

#include <malloc.h>

int* array_read( size_t* out_count ) {
    int* array;
    size_t i;
    size_t cnt;

    scanf( "%zu", &cnt );
    array = malloc( cnt * sizeof( int ) );

    for( i = 0; i < cnt; i++ )
        scanf( "%d", & array[i] );

    *out_count = cnt;
    return array;
}
```

```
void array_print( int const* array, size_t count ) {
    size_t i;

    for( i = 0; i < count; i++ )
        printf( "%d ", array[i] );
    puts("");
}

int array_sum( int const* array, size_t count ) {
    size_t i;

    int sum = 0;
    for( i = 0; i < count; i++ )
        sum = sum + array[i];
    return sum;
}

int main( void ) {
    int* array;
    size_t count;

    array = array_read( &count );
    array_print( array, count );
    printf( "Sum is: %d\n", array_sum( array, count ) );

    free( array );
    return 0;
}
```

10.6　課題：連結リスト

10.6.1　課題

このプログラムは、任意の数の整数を stdin 経由で受け取り、次のことを行う。

1. それらすべてを、連結リストとして**逆順に**保存する。
2. 連結リストにある要素の合計を計算する関数を書く。
3. その関数を使って、保存したリストにある要素の合計を求める。
4. リストで n 番目の要素を出力する関数を書く。もしリストが短すぎたらシグナルを発行する。
5. 連結リストに割り当てたメモリを解放する。

使い方を学ぶ必要があるのは、

- 連結リストそのものをエンコードする構造体の型。

- EOF 定数。man scanf の「Return value」のセクションを読もう [143]。

次の事項は保証されるものとする。

- 入力には、空白文字で区切られた整数の他、何も含まれない。
- 入力されるすべての数は、int 型の変数に収まる。

実装が推奨される関数のリスト。

- `list_create` － 整数を受け取る。連結リストの新しいノード（node）を作って、それへのポインタを返す。
- `list_add_front` － 整数と、連結リストへのポインタへのポインタを受け取る。受け取った数で作った新しいノードを、リストの先頭に追加する。
  たとえば、前のリストが $(1, 2, 3)$ で、数が 5 なら、新しいリストは $(5, 1, 2, 3)$ になる。
- `list_add_back` － 要素をリストの末尾に追加する。シグネチャは `list_add_front` と同じ。
- `list_get` － 指定されたインデックスの要素を返す。もしインデックスがリストの境界外なら 0 を返す。
- `list_free` － リストの全要素に割り当てられているメモリを解放する。
- `list_length` － リストを受け取り、その長さを計算する。
- `list_node_at` － リストとインデックスを受け取り、そのインデックスに相当するノードのリスト構造体へのポインタを返す。もしインデックスが大きすぎたら、NULL を返す。
- `list_sum` － リストを受け取り、要素の合計を返す。

以下は追加の要件である。

- 2 回以上繰り返して使う（あるいは独自の概念として分離できる）ロジックは、関数として抽象化し、再利用する。
- 上の要件の例外となるのは、コードの再利用を可能にするとアルゴリズムの効率が極度に落ちてしまい、性能の低下が致命的になる場合である。

たとえば、リストの n 番目の要素を取得する関数 `list_at` を、全要素の合計を計算するループの中で使うことは可能である。けれども、この関数が要素に到達するためには、それに至るリスト全体を辿ることになる。n が大きければ、同じ要素群を何度も繰り返し処理することの非効率性が顕著になる。

実際に、長さ N のリストで合計を計算するために要素をアクセスする回数は、次の式で計算できる。
$$1 + 2 + 3 + \ldots + N = \frac{N(N+1)}{2}$$
まず和を 0 として始める。次に最初の要素を加算するとき、その要素を 1 回アクセスする - ①。次に第 2 の要素を加算するとき、第 1 と第 2 の要素をアクセスする - ②。その次に第 3 の要素を加えるとき、第 1、第 2、第 3 の要素をアクセスする。連結リストを毎回、先頭から順に辿るからだ。最後には $O(N^2)$ という結果になる。O–記法に馴染みのある方には言うまでもないが、要するにこれは、リストの長さを 1 増やすたびに、そのリストの合計を求めるのに必要な計算の回数が N ずつ増えるという意味だ。

こういう場合は、もちろん単にリストを巡回しながら、現在の要素を合計に加えていくのが賢明だ。

- 小さな関数を書くのは、たいがいの場合、とても良いことだ。
- 次にあげる処理のために、それぞれ独立した関数を書くべきか、検討しよう。
  - 要素を前に追加する。
  - 要素を後に追加する。
  - 連結リストの新しいノードを作る。
- とくにポインタを引数として受け取る関数では、徹底して const を使うようにしよう！

10.7　static キーワード

C の static キーワードは、文脈によって意味が異なる。

1. static をグローバル変数や関数に付けると、それらは現在のモジュール（.c ファイル）だけが使えるようになる。

その例として、リスト 10–37 に示す単純なプログラムをコンパイルし、nm を起動して、そのシンボルテーブルを見ることにする。nm はグローバルシンボルに大文字のマークを付けることを思い出そう。

リスト10–37：static_example.c

```c
int global_int;
static int module_int;

static int module_function(){
    static int static_local_var;
    int local_var;
```

```
        return 0;
}
int main( int argc, char** argv ) {
    return 0;
}
```

このように C のシンボル名は、static と指定したものを**例外**として、他は全部グローバルになる。アセンブリで言えば、ほとんどのラベルがグローバルになるわけで、それを防ぐには明示的に static キーワードを使う必要があるのだ。

```
> gcc -c --ansi --pedantic -o static_example.o static_example.c
> nm static_example.o
0000000000000004 C global_int
000000000000000b T main
0000000000000000 t module_function
0000000000000000 b module_int
0000000000000004 b static_local_var.1464
```

2. static をローカル変数に付けると、その変数は、他の関数から直接アクセスできないグローバル変数のように使える。つまり、そのプログラムの実行前に初期化され、関数コールの終了後も消えずに残る。次に同じ関数を呼び出したとき、ローカル static 変数の値は、その関数の呼び出しが最後に終了したときと同じになっている。

リスト 10–38 に例を示す。

リスト10–38：static_loc_var_example.c
```
int demo (void)
{
    static int a = 42;
    printf("%d\n", a++);
}

...

demo(); //出力は 42
demo(); //出力は 43
demo(); //出力は 44
```

10.8　リンケージ

リンケージ（linkage）のコンセプトは C の標準で定義されている。この章で学んできた事項は、これによって体系化される。標準によれば、「ある識別子が、さまざまなスコープで（あ

るいは同じスコープで複数回）宣言されるとき、リンケージと呼ばれるプロセスによって、それらが同じオブジェクト（または関数）を参照するようにできる」[4]。

つまり、識別子（変数または関数の名前）にはリンケージと呼ばれる属性があり、それには次の3種類がある。

- リンケージなし：ローカル変数に対応する。
- 外部リンケージ：識別子を、そのプログラムの全部のモジュールから使えるようにする（どこからも変数の書き換えが可能になる）。グローバル変数と、すべての関数が、これに該当する。
    - 外部リンケージを持つ特定の名前のインスタンスは、どれもプログラムのなかで同じオブジェクトを参照する。
    - 外部リンケージを持つすべてのオブジェクトは、ただ1個の定義を持たなければならない。ただし、それぞれ別のファイルに含まれる宣言の数に制限はない。
- 内部リンケージ：識別子が見えるのは、その定義があるファイルの中だけである。

この言語の、われわれが知っている実体を、リンケージの種類にマップするのは簡単だ[5]。

- 通常の関数と普通のグローバル変数 — 外部リンケージ
- static 関数と、static なグローバル変数 — 内部リンケージ
- ローカル変数 — リンケージなし

標準 [7] を自由に読みこなすためには、これを理解することが重要だが、日常的なプログラミングの営みで、この概念に遭遇することは稀だろう。

10.9 まとめ

この章ではコードを複数のファイルに分ける方法を学んだ。ヘッダファイルのコンセプトを説明し、インクルードガードについて学び、ファイルの中で関数や変数を宣言する方法も学んだ。また、基本的な C プログラムで、シンボルテーブルがどのようになるかを観察し、static キーワードがオブジェクトファイルに与える影響を調べた。課題を完了し、もっとも基本的なデータ構造の1つである連結リストを実装した。次の章では、C から見たメモリについて、詳しく学習する。

---

[4] 標準 [7] の「6.2.2 Linkage of identifiers」から。
[5] **訳注**：プリッツ/クロフォード [154] の「11.5 識別子のリンケージ」を参照。

- ■問題 190　宣言と定義の違いは?
- ■問題 191　前方宣言とは?
- ■問題 192　関数の宣言が必要なのは、どんなときか。
- ■問題 193　構造体の宣言が必要なのは、どんなときか。
- ■問題 194　他のファイルで定義されている関数を、どうすれば呼び出せるか。
- ■問題 195　関数宣言はシンボルテーブルに、どのような影響を与えるか。
- ■問題 196　他のファイルで定義されているデータを、どうやってアクセスするか。
- ■問題 197　ヘッダファイルのコンセプトとは何か。典型的な用途は?
- ■問題 198　標準 C ライブラリを構成するのは、どのような部分か。
- ■問題 199　プログラムはコマンドライン引数を、どのように受け取るのか。
- ■問題 200　すべてのコマンドライン引数を、それぞれ別の行で出力する、アセンブリプログラムを書いてみよう。
- ■問題 201　標準 C ライブラリの関数を使う方法は?
- ■問題 202　プログラマは外部の関数を、関連ヘッダファイルのインクルードによって利用できる。それを可能にしている機構を説明せよ。
- ■問題 203　ld-linux について学ぼう[6]。
- ■問題 204　C のプロプロセッサには、主にどんなディレクティブがあるか?
- ■問題 205　インクルードガードは、何のために使われるのか。どう書くのか。
- ■問題 206　static キーワードをグローバル変数や関数に付けると、シンボルテーブルに、どのような影響が現れるか。
- ■問題 207　static ローカル変数とは何か?
- ■問題 208　static ローカル変数は、どこに作られるか?
- ■問題 209　リンケージとは何か。どのような種類があるのか。

---

[6] 訳注: キーワードは「ld.so」

第11章 メモリ

　メモリは、C で使われている計算モデルのコアな部分である。メモリには、あらゆる種類の変数が、そして関数が格納される。この章では C のメモリモデルを学び、それに関する C の機能を詳しく見ていく。

11.1 再びポインタについて

■**カーニハンとリッチー [18] は、ポインタについて、次のように書いている**　ポインタは goto 文と同じく「理解できないプログラムを作る素敵な方法」と思われてきた。たしかに不用意に使えばそうなるのは事実で、予想外の場所を指し示すポインタを作るのは簡単だ。けれども規律を守れば、明快で単純なコードをポインタを使って書くことも可能だ。

11.1.1 なぜポインタが必要なのか

　フォン・ノイマンの計算モデルを持つ C 言語において、プログラムの実行は基本的にデータを操作するコマンドのシーケンスであり、そのデータはアドレッシング可能なメモリに置かれる。データをアドレッシングできるという、その性質のおかげで、C では洗練されて効率の良いデータ操作が可能になっている。より高いレベルの言語には、この性質を持たないものが多い。直接的なアドレス操作が禁じられているからだ。

　ただし良いことばかりではない。微妙で通常は復旧できないようなエラーがコードに入り込みやすいのだ。

　ポインタが必要な理由は、アドレスを格納し操作するためだ。リスト 11-1 について典型的なケーススタディを行うと、C の抽象マシンのレベルで次のように分析できる。

リスト11-1：pointers_ex.c

```
int a = 4;
int* p_a = &a;
*p_a = 10; /* a = 10*/
```

- a はデータセル群の名前で、それらのセルは int 型の数 4 を含む。
- p_a はデータセル群の名前で、それらのセルは int 型の変数のアドレスを含む。
- p_a は a のアドレスを格納する。
- *p_a は a と同じである。
- &a は p_a と等価だが、この 2 つのエンティティは同一ではない。p_a は、何らかの連続するデータセル群の名前だが、&a は p_a の内容、すなわちアドレスを表現するビット列である。

&演算子を適用できるのは 1 度だけである。なぜなら、あらゆる x について、&x という式は、すでに左辺値 (lvalue) ではなくなっているからだ。

11.1.2 ポインタ演算

ポインタに対して行えるのは、下記の演算**だけ**である。

- 整数を加算または減算する（負の数も使える）
  ポインタにはアドレスが入っている。コンピュータにとって、整数のアドレスも文字列のアドレスも同じことで、とくに違いはない。アセンブリ言語では、すでに見たように、すべてのアドレスは同じ型である。ポインタが何を指し示しているかについて、なぜ型情報を保持する必要があるのだろうか。int*と char*の違いは何だろうか。それは、ポインタが指す要素のサイズが重要だからだ。整数値 X を T *型のポインタに加算あるいは減算するとき、実際のアドレスの差は X * sizeof(T) である。リスト 11-2 に示す例を見ていただきたい。

リスト11-2：ptr_change_ex.c

```
int a = 42;         /* この整数のアドレスを 1000 と仮定する */
int* p_a = &a;
p_a += 42;          /* 1000 + 42 * sizeof( int ) */
p_a = p_a + 1;      /* 1168 + 1 * sizeof( int ) */
p_a --;             /* 1172 - 1 * sizeof( int ) */
```

- それ自身のアドレスを取る。ポインタが変数ならば、メモリのどこかに位置しているはずだ。したがって、ポインタ変数自身にもアドレスが存在し、&演算子によって、それを取得できる。
- **デリファレンス**（dereference：間接参照）は、これまでにも見た基本的な演算だ。与えられたポインタが指すアドレスを先頭とするメモリからデータを取り出す演算がデリファレンスで、それを行うのが単項の*演算子である。リスト 11-3 に、その例を示す。

リスト11-3：deref_ex.c

```
int catsAreCool = 0;
int* ptr = &catsAreCool;
*ptr = 1; /* catsAreCool = 1 */
```

- 比較（<、>、==などによる）。
  2 つのポインタを比較できる。その結果は、両方が同じメモリブロック内を指しているときに限られる（たとえば同じ配列の別々の要素など）。そうでなければ結果は意味を持たず、標準によって定義されない。
- もう 1 つのポインタを差し引く。
  同じく 2 つのポインタが両方とも同じメモリブロック内を指しているときに限るが、小さいほうの値を持つポインタを、より大きな値を持つポインタから引けば、その間の要素数が得られる。これはポインタ x および y について、*x の位置にある要素から *y の直前にある要素までを数えるのだから、両者が等しければ結果は 0 である。C99 からは、`ptr2 - ptr1` という式の型が特別な `ptrdiff_t` 型になった。これは `size_t` と同じサイズの、符号付き整数型である。
  引き算の結果が、*x と *y の間のバイト数ではないことに注意! 単にアドレスの差を計算するとバイト数になるはずだが、ポインタ引き算の結果は、バイト数を要素サイズで割った値である。リスト 11-4 に、その例を示す。

リスト11-4：ptr_diff_calc.c

```
int arr[128];
int* ptr1 = &arr[50]; /* array のアドレス + 50 個の int のサイズ */
int* ptr2 = &arr[90]; /* array のアドレス + 90 個の int のサイズ */
ptrdiff_t d = ptr2 - ptr1; /* 差は 40 */
```

他のすべてのケースでは（大きなポインタを小さなポインタから引いたり、他の領域を指しているポインタを引いたりすれば）当然ながら、結果はまったく意味を持たない。

2 つのポインタの加算、乗算、除算は構文的に間違っているので、即座にコンパイルエラーとなる。

11.1.3 void*型

通常のポインタ型のほかに、void*型もある。これは特殊なポインタで、自分が指しているエンティティに関する情報を、アドレス以外は全部忘れている。void*ポインタに対するポインタ演算は禁止される。指しているエンティティのサイズが不明なので、加算も減算もできないのだ。

このようなポインタを使うためには、まず他の型へ明示的にキャストする必要がありそうだ。ところがCは特別に、void*から他のどの型のポインタへも代入を許可し、どの型のポインタからもvoid*への代入を許可する（どんな警告も出さない）。言い換えると、short*をlong*に代入するのは明らかなエラーだが、void*は代入に関する限り、どのポインタ型とも同じに扱われる。

リスト11-5に例を示す。

リスト11-5：void_ptr_ex.c

```
void* a = (void*)4;
short* b = (short*) a;
b ++;  /* 正しい: b = 6 */
b = a; /* 正しい */
a = b; /* 正しい */
```

11.1.4 NULL

Cでは特別なプリプロセッサ定数 NULL が、0 と等しいものとして定義される。これは「どこも指さないポインタ」すなわち無効なポインタという意味を持つ。この値がポインタに書かれていれば、有効なアドレスで初期化されていないことは確実だ。そうでなければ、初期化されたポインタとの区別がつかなくなるだろう。

ほとんどのアーキテクチャで、無効なポインタのための特殊な値が予約されている。そのアドレスに有益な値を持つようなプログラムが存在しないことが前提だ。

ただし、ポインタの文脈における0は、必ずしも「すべてのビットがクリアされた2進数」を意味するものではない。ゼロであるポインタが0と等しいのは普通のことだが、それは標準によって強制されない。事実、歴史的には「ナルポインタ」（null pointer）に風変わりな値が選択されたアーキテクチャが知られている。たとえばPrime 50シリーズのミニコンピュータでは、セグメント07777、オフセット0がナルポインタであり、Honeywell-Bullのメインフレームには、06000というビットパターンを一種のナルポインタとして使うものがある[1]。

---

[1] **訳注**：疑問があれば、C言語FAQ[105]の「5章 ヌルポインタ」を参照。C11標準ドラフト[7]では「6.3.2.3 Pointers」と「7.19 Common definitions <stddef.h>」に記述がある。日本語の書籍では、プリッツ/クロフォード[154]の「9.1.1 ナルポインタ」と「16.3.18 stddef.h」を参照。

リスト 11–6 に、ポインタ x が NULL かをチェックする正しい方法を示す。

リスト11-6：null_check.c

```
if( x ) { ... }

if( NULL != x ) { ... }

if( 0 != x ) { ... }

if( x != NULL ) { ... }

if( x != 0 ) { ... }
```

11.1.5 `ptrdiff_t` について

リスト 11–7 に示す例を見て、バグを指摘できるだろうか?

リスト11-7：ptrdiff_bug.c

```
int* max;
int* cur;

int f( unsigned int e )
{
    if ( max - cur > e )
        return 1;
    else
        return 0;
}
```

もし cur > max だったら、どうなるだろう。つまり、cur と max の差が負であったときのことだ。ポインタの差は `ptrdiff_t` 型だ。これを `unsigned int` 型と比較しているのだから、興味深いケーススタディになる。

`ptrdiff_t` はターゲットアーキテクチャにおけるアドレスと同じビット数を持つ。そこで 2 つのケースを検討しよう。

- 32 ビットシステムなら、`sizeof(unsigned int) == 4` であり、`sizeof(ptrdiff_t) == 4` である。この 2 つの型の比較は次にあげる変換を経由する。

    `int <- unsigned int`

    `(unsigned int)int <- unsigned int`

    コンパイラは警告を発するだろう。なぜなら int から unsigned int へのキャストでは、値が保存されるとは限らないからだ。$-2^{31} \ldots 2^{31} - 1$ の範囲を持つ値を、$0 \ldots 2^{32} - 1$ の範囲へと、無傷でマップすることはできない。

    たとえば左辺の値が-1 と等しかったら、unsigned int に変換すると、それは unsigned

int 型が表現する最大の値（$2^{32} - 1$）になるだろう。だとしたら、それと e とを比較した結果は、ほとんど常に真となるが、それは間違いだ。-1 は、どの unsigned integer よりも小さいのだから。

- 64ビットシステムなら、sizeof(unsigned int) == 4 であり、sizeof(ptrdiff_t) == 8 である。この状況では、たぶん ptrdiff_t は、signed long の別名だろう。

  signed long <- unsigned int

  long <- (signed long)unsigned int

  ここでは右辺がキャストされる。そのキャストは情報を保存するので、コンパイラは警告を出さない。

ご覧のように、このコードの振る舞いはターゲットアーキテクチャに依存するが、もちろんそれを許すべきではない。これを防ぐために、ptrdiff_t は常に size_t と比較すべきだ。そうしなければ、型のサイズが常に等しいという保証は得られない。

11.1.6 関数ポインタ

フォン・ノイマンの計算モデルは、コードとデータが同じ方法でアドレッシングできるメモリに共存することを示唆する。だから関数も自分自身のアドレスを持つ。関数の開始アドレスを取って、それを他の関数に渡すことも、それで関数を呼び出すことも、それを変数や配列に格納することも可能である。しかし、なぜそうする必要があるのか。より高度な抽象が可能になるからだ。他の関数を呼び出して仕事に費やす時間を計測する関数、全要素に関数を適用することで配列を変換する関数などを、書くことができるようになる。このテクニックを使うコードは、まったく新しいレベルでの再利用が可能になる。

関数ポインタには、データポインタの場合と同じように、それが指すもの（関数）の型に関する情報が格納される。関数の型には、引数の型や戻り値の型も含まれる。関数ポインタの宣言には、関数宣言と似た構文が使われる。

```
<return_value_type> (*name) (arg1, arg2, ...);
```

リスト 11-8 に、その例を示す。

リスト11-8：fun_ptr_example.c

```
double doubler (int a) { return a * 2.5; }
...
double (*fptr)( int );
double a;
fptr = &doubler;
a = fptr(10); /* a = 25.0 */
```

ここではポインタ fptr を、関数へのポインタで int を受け取り double を返す型として記述している。次に doubler 関数のアドレスを、そのポインタに代入する。そして、そのポイ

ンタ fptr に引数 10 を渡し、その戻り値を変数 a に入れる形で、doubler 関数を呼び出している。

typedef は有効であり、ときには大きな助けとなる。上記の例は、リスト 11-9 に示すように書き換えることができる。

リスト11-9：fun_ptr_example_typedef.c

```
double doubler (int a) { return a * 2.5; }
typedef double (megapointer_type)( int );

...
double a;
megapointer_type* variable = &doubler;
a = variable(10); /* a = 25.0 */
```

typedef によって作った、この関数型を、直接実体化することはできない。けれども、そのポインタ型の変数を作ることはできる。この関数型の変数を、直接作る代わりに、アスタリスクを加えて間接参照にするのだ。

プログラミング言語で「ファーストクラスのオブジェクト」（first-class object：第一級オブジェクト）というのは、パラメータとして渡すことも、関数から返すことも、変数に代入することもできるエンティティのことだ。C の関数そのものはファーストクラスではないが、関数ポインタはファーストクラスなので、前者を「セカンドクラスのオブジェクト」と呼ぶこともある。[157]

11.2 メモリモデル

C の抽象マシンが持つメモリは均一だが、複数の領域に分かれている。実際には、これらの領域は、それぞれ連続するページで構成される物理メモリ領域にマップされる。

図 11-1 に、このモデルを示す。

図11-1：C のメモリモデル

次にあげるのは、ほとんどすべての C プログラムが持っている領域だ。

- コード（code）：マシン語の命令を格納する。
- データ（data）：通常のグローバル変数を格納する。
- 定数データ（constant data）：文字列リテラルや、const とマークされたグローバル変数など、書き換え不可能なデータを格納する。これに対応するページは、通常オペレーティングシステムによって保護される（仮想メモリの機構で、メモリの読み書きが許可／禁止される）。
- ヒープ（heap）：(次の 11.2.1 で述べるように malloc によって) 動的に割り当てられるデータが格納される。
- スタック（stack）：すべてのローカル変数、リターンアドレス、その他のユーティリティ情報が格納される。もしプログラムが複数のスレッドで実行されたら、それぞれが独自のスタックを持つ。

11.2.1 メモリ割り当て

メモリセルを使う前に、メモリ割り当てを行う必要がある。C には、次に示す 3 種類の「メモリ割り当て」(memory allocation) がある。

- **自動的なメモリ割り当て**（automatic memory allocation）は、関数の実行開始時に発生する。関数に入るとき、スタックの一部がそのローカル変数に割り振られる。関数を離れると、それらの変数に関するすべての情報が失われる。このデータの存続期間は、関数インスタンスの存続期間によって制限され、いったん関数が終了したら、そのメモリは利用できなくなる。

  アセンブリのレベルでは、これを最初の課題で行った。整数をプリントする関数では、変換結果の文字列を格納するためのバッファをスタックに割り当てた。それは単純に rsp をバッファサイズだけ減らすことで達成できた。

 ローカル変数へのポインタを関数から返してはいけない！　それは、もう存在しないデータを指している。

- **静的なメモリ割り当て**（static memory allocation）は、コンパイル時に、データまたは定数データの領域に発生する。これらの変数はプログラムが終了するまで存在する。

初期値を持たない（ただしデフォルトによってゼロでクリアされる）変数は、.bss セクションに置かれる。定数データは.rodata セクションに割り当てられ、初期値を持つが書き換え可能なデータは.data セクションに割り当てられる。

- **動的なメモリ割り当て**（dynamic memory allocation）は、割り当てるべきメモリのサイズが、何らかの外部イベントが発生するまで判明しないときに必要となる。この種の割り当ては、標準 C ライブラリの実装に依存する。つまり、もし C 標準ライブラリを利用できなければ（たとえば最小限のベアメタルプログラミングでは）、この種類のメモリ割り当ても利用できない。

  動的なメモリ割り当てには、ヒープが使われる。

  標準ライブラリの一部は、メモリのうち予約されている部分と利用可能な部分のアドレスを追跡管理する。そのインターフェイスは下記の関数群で構成され、それらのプロトタイプは malloc.h ヘッダファイルの中にある。

    - void* malloc(size_t size) は size バイトをヒープに割り当て、最初のバイトのアドレスを返すが、もし失敗したら NULL を返す。このメモリブロックは初期化されず、ランダムな値が入っている。
    - void* calloc(size_t size, size_t count) は size * count バイトをヒープに割り当て、ゼロで初期化する。最初のバイトのアドレスを返すが、もし失敗したら NULL を返す。
    - void free(void* p) は、ヒープに割り当てたメモリブロックを解放する。
    - void* realloc(void* ptr, size_t newsize) は、ptr から始まるメモリブロックのサイズを newsize バイトに変更する。追加されたメモリは初期化されない。内容を新しいブロックにコピーした後、古いブロックを解放する。新しいメモリブロックへのポインタを返すが、失敗したら NULL を返す。

不要になったメモリブロックは解放する必要がある。さもなければ、そのメモリは「予約された」状態のまま、ずっと残されて再利用されない。**メモリリーク**（memory leak）と呼ばれる状況だ。メモリ管理に関するバグを含む重量級のソフトウェアを使っていると、リークによって消費されるメモリは、プログラムがそれほど多くのメモリを実際には必要としていないのに、どんどん増えていくことがある。

通常オペレーティングシステムは、ある程度のページ数を、事前にプログラムに割り当てる。それ以上の動的メモリを割り当てる必要がプログラムに出てくるときまで、これらのページが使われる。不足したとき malloc は、（mmap などの）システムコールを内部的にトリガして、もっとページを要求することができる。

void*ポインタは、どのポインタ型にも代入できるので、リスト 11–10 に示すようなコードをコンパイルしても警告は出ない。

リスト11-10：malloc_no_cast.c

```
#include <malloc.h>
...
int* a = malloc(200);
a[4] = 2;
```

けれど、もともと C から派生して後方互換性を保とうとしている、人気のある言語 C++ では、void*ポインタを、その代入先となるポインタの型へと、明示的にキャストしなければならない（リスト 11–11）。

リスト11-11：malloc_cast_explicit.c

```
int* arr = (int*)malloc( sizeof(int) * 42 );
```

■**なぜ一部のプログラマはキャストの省略を推奨するのか**　C の古い標準には、関数宣言に「暗黙の int」のルールがあった。有効な関数宣言がないときは、最初の用例が宣言とみなされる。もしそれまで宣言されていなかった名前が式の中に現れ、その直後に左カッコがあれば、それは関数名の宣言になり、その関数は、int の値を返すものとみなされる。コンパイラは、もし実装を見つけられなければ、それに代わって 0 を返すスタブ関数さえ作ることができる。

　もしあなたが malloc の宣言を含む有効なヘッダファイルをインクルードしなければ、次の行はエラーのトリガとなるだろう。なぜなら malloc が返す整数値をポインタに代入していることになるからだ。

```
int* x = malloc( 40 );
```

けれども明示的にキャストすると、そのエラーは隠されてしまう。C では何でも好きなものを任意の型にキャストできるのだから。

```
int* x = (int*)malloc( 40 );
```

　C の最近の標準（C99 以降）では、このルールが廃止され、宣言が必須になっているので、上記の理由付けは通用しなくなった。

　明示的なキャストには、C++との互換性が高くなるという長所がある。

11.3　配列とポインタ

　C の配列には独特な性質があって、メモリのなかで連続している同じ型の値は、配列とみなすことが可能である。

　抽象マシンにとって、配列名とは、その最初の要素のアドレスである。つまりポインタの値だ！ 配列の i 番目の要素は、次のどちらを使っても、同じようにアクセスできる。

```
a[i] = 2;
*(a+i) = 2
```

そして i 番目の要素のアドレスは、次のどちらを使っても、同じように取得できる。

```
&a[i];
a+i;
```

このように、ポインタを使う処理は、配列の構文を使って書き直すことができるのだ。それだけではない。実際に、角カッコを使った構文 a[i] は、即座に a + i へと変換され、後者は i+a と同じことである。したがって、たとえば 4[a] などという風変わりな書き方さえも可能なのだ（なにしろ 4+a が正しいのだから）。

配列をゼロで初期化するには、次の構文を使える。

`int a[10] = {0};`

配列は固定サイズだが、このルールには注目すべき例外が 2 つある（これらは C99 から有効とみなされている）。

- スタックに割り当てる配列では、サイズを実行時に決定できる。この種の配列を、**可変長配列**（variable length array）と呼ぶ。

    これに static のマークを付けられないのは明らかだ。後者は .data セクションに割り当てられるのだから。
- リスト 11-12 に示すように、構造体の最後のメンバとして**柔軟な配列メンバ**（flexible array member）を追加できるようになった。

リスト11-12：flex_array_def.c

```
struct char_array {
    size_t length;
    char data[];
};
```

この場合、構造体のインスタンスに sizeof 演算子を適用すると、配列を抜かした構造体のサイズが返される。そして配列は、構造体インスタンスの直後のメモリアドレスから始まる。リスト 11-12 にあげた例では、sizeof(struct char_array) == sizeof(size_t) である。これが 8 に等しいとすれば、data[0] は構造体インスタンスの開始アドレスから 8 番目のバイトである（ゼロから数えて）。

柔軟な配列メンバを動的に割り当てる例を、リスト 11-13 に示す。

リスト11-13：flex_array.c

```c
#include <string.h>
#include <malloc.h>

struct int_array {
    size_t size;
    int array[];
};

struct int_array* array_create( size_t size ) {
    struct int_array* array = malloc(
            sizeof( *array )
          + sizeof( int ) * size );
    array-> size = size;
    memset( array->array, 0, size );
    return array;
}
```

11.3.1 構文の詳細

C では、いくつもの変数を 1 行で定義することができる。

```
int a,b = 4, c;
```

複数のポインタを宣言するためには、それぞれのポインタの前にアスタリスクを置く必要がある。リスト 11-14 に示す例で、a と b はポインタだが、c の型は int だ。

リスト11-14：ptr_mult_decl.c

```
int* a, *b, c;
```

このルールを回避したければ、typedef を使って int*型の別名を作ることができる。

ただし複数の変数を 1 行で定義すると、たいがいコードが読みにくくなるので、一般には推奨されない。

関数ポインタ、配列、ポインタなどの組み合わせで、やや複雑な型定義を作ることも可能だ。それらを解読するときは、次の手順に従うとわかりやすい。

1. 識別子を見つけ、そこから解読を始める。
2. 最初の閉じカッコが見つかるまで右に進む。見つかったら、今度は左側に開きカッコを見つける。この 2 つのカッコの間にある式を評価する。
3. 最初のステップで解析した式から、1 つ「上」のレベルに昇る。つまり、外側のカッコを探して 2. を繰り返す。

このアルゴリズムを、リスト 11-15 に示す例で、実際に試してみよう。表 11-1 に、解析のプロセスを示す。

リスト11-15：complex_decl_1.c

```
int* (* (*fp) (int) ) [10];
```

表11-1：複雑な定義を解析する

式	解釈
fp	最初の識別子は...
(*fp)	ポインタである。
(* (*fp) (int))	int を受け取り、... ポインタを返す関数
int* (* (*fp) (int)) [10]	int を受け取り、int を指す 10 個のポインタ配列へのポインタを返す関数

ご覧のように、複雑な構文の宣言では、解読が厄介になる。宣言の一部に `typedef` を使うことで、もっと単純にできるかもしれない。

11.4 文字列リテラル

C では、char 型要素のシーケンスで、NULL ターミネータ（0 の値）で終わるものは、すべて文字列として見ることができる。けれどもここでは、イミディエートとしてエンコードされた文字列、すなわち文字列リテラルについて語る。ほとんどの文字列リテラルは（十分に大きければ）`.rodata` に格納される。

リスト 11-16 に、文字列リテラルの例を示す。

リスト11-16：str_lit_example.c

```
char* str = "when the music is over, turn out the lights";
```

str は、この文字列の最初のキャラクタへのポインタにすぎない。

C 言語の標準によれば、文字列リテラル（あるいは、同様の方法で作られた文字列へのポインタ）は、変更できない[2]。リスト 11-17 に、その例を示す。

リスト11-17：string_literal_mut.c

```
char* str = "hello world abcdefghijkl";
/* 次の行はランタイムエラーを起こす */
str[15] = '\'';
```

---

[2] 正確に言えば、そのような演算の結果は十分に定義されていない。

C++では、文字列リテラルがデフォルトで char const*型になり、変更不可能であることが反映される。あなたが扱う文字列が変更を許さないものならば、できる限り char const*型の変数を使うことを考慮しよう。

リスト11-18に示す、1文字と部分文字列の取り出しは、いずれも正しいが、第2の方法を実際に使うことは、まずないだろう。

リスト11-18：str_lit_ptr_ex.c
```
char will_be_o = "hello, world!"[4]; /* 'o'を取り出す */
char const* tail = "abcde"+3 ; /* 3文字スキップして"de"を取り出す。 */
```

文字列を操作するときの一般的なシナリオを次にあげる。これらは、文字列がどこに割り当てられているかによって異なる。

1. グローバル変数の中に文字列を作成できる。これは書き換え可能であり、同じ文字列が定数データ領域にも重複して置かれることは決してない。リスト11-19に例を示す。

リスト11-19：str_glob.c
```
char str[] = "something_global";
void f (void) { ... }
```

言い換えると、これは、文字コードによってその場で初期化されたグローバル配列にすぎない。

2. スタックに置かれるローカル変数の中に文字列を作成できる。リスト11-20に例を示す。

リスト11-20：str_loc.c
```
void func(void) {
    char str[] = "something_local";
}
```

ただし"something_local"そのものは、どこかに保存しておくはずだ。ローカル変数は、その関数が呼び出されるたびに初期化しなければならないのだから、初期値を記憶しておく必要がある。

比較的短い文字列ならば、コンパイラはそれを命令ストリームの中に織り込むだろう（インライン化）。短い文字列ならば、それを8バイトずつのチャンク（塊）に分け、それぞれのチャンクをイミディエイトオペランドとして mov 命令を実行するのが賢い。けれど、もっと長い文字列ならば、.rodata に置くのが良さそうだ。リスト11-20に示した文なら、スタックに十分なバイト数を割り当てた後、リードオンリーデータから、このローカルスタックのバッファへと、文字列がコピーされるだろう。

3. 文字列を malloc を介して動的に割り当てることができる。ヘッダファイル string.h には、たとえば高速なコピーを実行する memcpy など、非常に便利な関数が、いくつか含まれている。

リスト 11-21 に例をあげる。

リスト11-21：str_malloc.c

```c
#include <malloc.h>
#include <string.h>

int main( int argc, char** argv )
{
    char* str = (char*)malloc( 25 );
    strcpy( str, "wow, such a nice string!" );

    free( str );
}
```

- ■問題 210　　なぜ 24 文字の文字列のために、25 バイトを割り当てるのか?
- ■問題 211　　関数、memcpy、memset、strcpy のマニュアルを読もう。[132]

11.4.1　文字列のインターン

「文字列のインターン」(string interning) というのは、C よりも Java や C#のプログラマのほうが馴染みのある用語だろう。けれども実際には、それと同様なことが C でも起きるのだ（ただしコンパイル時にだけ）。つまりコンパイラは、同じ文字列がリードオンリーデータ領域で重複するのを防ごうと試みる。したがって、リスト 11-22 のコードに示す 3 個の変数には、すべて同じアドレスが割り当てられるのが普通なのだ。

リスト11-22：str_intern.c

```c
char* best_guitar_solo  = "Firth of fifth";
char* good_genesis_song = "Firth of fifth";
char* best_1973_live    = "Firth of fifth";
```

もし文字列リテラルへの上書きが許されていたら、その文字列はインターンされない。さもないと、その文字列をプログラムのある箇所で書き換えることによって、他の箇所で使われるデータの中に予想できない変更が生じるだろう。なにしろ両者は、実際には文字列の同じコピーを共有するのだから。

11.5 データモデル

整数型にさまざまなサイズがあることは、すでに述べた。C 言語の標準は、これらについて一連のルールを定めている。たとえば「`long` のサイズは `short` のサイズより小さくてはいけない」というし、「`signed short` は、$-2^{16} \ldots 2^{16} - 1$ の範囲の値を格納できるサイズでなければならない」ともいう。けれども、このルールは決まったサイズを提供しない。なぜなら前者によれば `short` は 8 バイト幅でもよく、それでも後者の要件を満たすからだ。これらの要件は、サイズを正確に定める規則とは、ほど遠い。そこでサイズのさまざまな集合を体系化するために、データモデルと呼ばれる規約が作られた。基本的な型のサイズを個々のモデルが定義するのだ。表 11–2 に、とくに注目すべきデータモデルを示す。

学習を目的として GNU/Linux の 64 ビットシステムを選んだわれわれのデータモデルは LP64 だ。64 ビットの Windows システム用に開発するときは、`long` のサイズが違うことに注意しよう。

たぶん誰でも、さまざまなプラットフォームで再利用できる移植性の高いコードを書きたいはずだ。幸いなことに、データモデルの違いによる変更を免れるような、標準的な方法が存在する。

C99 までは、`int32` とか `uint64` などという形式で型の別名の集合を作り、プログラム全体を通じて、大きさが定まらない `int` や `long` の代わりに、これらを徹底して使うというのが一般的な慣例だった。もしターゲットアーキテクチャが変わっても、型の別名ならば修正しやすいからだ。けれども、これは一種のカオスを招いた。誰もが独自の型集合を作ってしまったからだ。

表11-2：データモデル

short	int	long	ptr	long long	名前	例
-	16	-	16	-	IP16	PDP-11 Unix
16	16	32	32	-	I16LP32	Apple Macintosh 68K、初期の Microsoft Windows
16	32	32	32	-	ILP32	IBM 370、VAX Unix
16	32	32	32	64	ILP32LL	Amdahl、Microsoft Win32
16	31	32	64	64	LLP64 または IL32LLP64	Microsoft Win64
16	32	64	64	64	LP64	ほとんどの Unix システム（Linux、Solaris、HP UX 11、Mac OS…）
64	64	64	64	64	SILP64	UNICOS（Cray スーパーコンピュータの Unix）

11.5 データモデル

C99 で「プラットフォームに依存しない型」が導入された[3]。これらを使うには、ただヘッダの stdint.h をインクルードするだけで良い。それによって、サイズが固定されたさまざまな整数型（の別名）をアクセスできるようになる。それぞれの型名は、次の形式に従う。

- u（もし型が符号なしならば）
- int
- ビットサイズ：8 か 16 か 32 か 64
- _t

  たとえば、uint8_t、int64_t、int16_t など。
  さらに、printf などの整形付き入出力関数も、正しい書式修飾子を選択するための特別なマクロが導入されて、同様な対応が可能になっている。これらは inttypes.h ファイルで定義されている。

一般的なケースでは、整数またはポインタを読み書きしたいはずだ。そのためのマクロ名は、次の形式である。

- PRI：出力用（printf、fprintf など）または、SCN：入力用（scanf、fscanf など）。
- 変換指定子
    - d：10 進数
    - x：16 進数
    - o：8 進数
    - u：符号なし整数
    - i：符号付き整数
- 追加情報として、次のうち 1 つ
    - N：N ビットの整数
    - PTR：ポインタ
    - MAX：サポートされる最大のビットサイズ
    - FAST：実装によって定義される

文字列リテラルを空白で区切って並べると、それらは自動的に連結される。マクロは正しい変換指定子を含む文字列を生成し、それが周囲の文字列と連結されるのだ。

リスト 11-23 に例を示す。

---

[3] **訳注**：詳細は C11 標準ドラフト [7] の「7.20.1.1 Exact-width integer types」を参照。プリッツ/クロフォード [154] では「2.2.1.1. 正確なビット幅の整数型（C99）」に記述がある。

リスト11-23：inttypes.c

```
#include <inttypes.h>
#include <stdio.h>

void f( void ) {
    int64_t i64 = -10;
    uint64_t u64 = 100;
    printf( "Signed 64-bit integer:   %" PRIi64 "\n", i64 );
    printf( "Unsigned 64-bit integer: %" PRIu64 "\n", u64 );
}
```

これらのマクロの完全なリストは、[7] の「7.8.1 Macros for format specifiers」にある。

11.6　データストリーム

C 標準ライブラリは、ファイルをプラットフォームに依存しない方法で扱う手段を提供している。**データストリーム** (data stream) として抽象化されたファイルを、読み書きできるのだ。

ファイルを Linux システムコールのレベルで扱う方法は、すでに見た。open システムコールはファイルをオープンし、そのディスクリプタ（整数の番号）を返す。write と read のシステムコールは、それぞれ書き込みと読み込みを実行し、close システムコールでファイルを確実にクローズできる。C 言語は Unix オペレーティングシステムとともに開発されたので、ファイルとの対話処理には同じアプローチが採用されている。これらのシステムコールに対応するライブラリ関数は、fopen、fwrite、fread、fclose だ。Unix に似たシステムでは、これらがシステムコールのアダプタのように働き、同様の機能を提供するが、他のプラットフォームでも同様の働きをする。システムコールとの主な違いは、次の通りだ。

1. ファイルディスクリプタの代わりに、特殊な FILE 型を使う。これに、その特定のストリームに関するすべての情報が含まれる。その情報は隠されていて、内部の状態を手作業で変更することは決して行ってはいけない。要するに、数値のファイルディスクリプタ（これはプラットフォーム依存）を使う代わりに、ブラックボックスの FILE を使うわけだ。

   FILE のインスタンスは、C ライブラリ自身によって内部的にヒープに割り当てられる。だからわれわれは、そのインスタンスを直接使うのではなく、そのポインタを扱うことになる。

2. Unix でのファイル操作は全体に統一されているが、C のデータストリームは次の 2 種類がある。
   - バイナリストリーム：そのまま処理される「生のバイト」で構成される。
   - テキストストリーム：文字で構成され、行に分割される。それぞれの行の終わりには、（実装に依存する）「行末」(end-of-line) キャラクタがある。

テキストストリームには（一部のシステムで）さまざまな制約があるかもしれない。

- 行の長さに制限があるかもしれない。
- 文字の印字、改行、空白、タブくらいしか扱えないかもしれない。
- 改行の前の空白が消えることさえある。

    ただし、一部のオペレーティングシステムでは、テキストストリームとバイナリストリームに、別のファイルフォーマットが使われる。その場合、すべてのプログラムと互換性を持つ方法でテキストファイルを扱うには、テキストストリームを使うのが必須となる。

    通常 GCC に付属する GNU C ライブラリでは、バイナリとテキストのストリームに違いはないが、他のプラットフォームでは違うので、これらを区別することが決定的に重要な場合がある。

    たとえば著者が見たことのあるケースは、Windows で画像ファイルから大きなブロックを読むと（コンパイラは MSVC だったが）全部を読まないうちに完了してしまうという、おかしな状況だ。その理由は、画像は当然バイナリなのに、そのストリームがテキストモードで作成されたからだった。

標準ライブラリは、ストリームを作成して処理する機構を提供する。定義されている関数の一部は、（たとえば `fscanf` のように）テキストストリームにだけ使用すべきものだ。関連ヘッダファイルは、`stdio.h` である。

では、リスト 11-24 に示すサンプルを分析しよう。

リスト11-24：file_example.c

```
int smth[]={1,2,3,4,5};
FILE* f = fopen( "hello.img", "rwb" );

fread( smth, sizeof(int), 1, f);

/* この行はオプション。fseek 関数によって、ファイルを読み書きする位置を変更できる。*/
fseek( f, 0, SEEK_SET );

fwrite(smth, 5 * sizeof( int ), 1, f);
fclose( f );
```

- FILE のインスタンスは、`fopen` 関数の呼び出しを介して作成される。この関数はファイルのパス名と、1 個の文字列にまとめられたフラグを受け取る。

    `fopen` のフラグ（アクセスモード）で重要なものを、次にあげる。

    - b — ファイルをバイナリモードで開く。テキストストリームとバイナリストリームの区別は、これによってつけられる。デフォルトでは、ファイルはテ

キストモードでオープンされる。
- w – ストリームを、書き込みできるようにオープンする。
- r – ストリームを、読み込みできるようにオープンする。
- + – ただ w と指定すると、ファイルは上書きされる。もし+があれば、書き込みはファイルの終端にデータを追加する。
もしファイルが存在しなければ、作成する。

リスト 11-24 は、`hello.img` というファイルを、バイナリモードで、読み書きを可能にした状態でオープンする。このファイルの内容は、上書きされる。

- 作成された FILE には、そのファイル内の特定の位置を示す、ポインタかカーソルのようなものがある。読み書きによって、このカーソルは移動する。
- `fseek` 関数を使えば、読み書きを実行せずに、そのカーソルを移動できる。これによってカーソルを、現在の位置、ファイルの先頭、ファイルの末尾のどれかとの相対で指定した位置に移すことができる。
- `fwrite` と `fread` は、オープンした FILE インスタンスにデータを書き、あるいはそれからデータを読むのに使う。

`fread` を例とすると、これは読み出し用のメモリバッファを受け取るほか、2 つの整数型パラメータで、個々のブロックのサイズと、読み込むブロックの数を受け取る。この関数が返す値は、ファイルからの読み出しに成功したブロックの数である。それぞれのブロック読み出しはアトミックな処理で、完全に読み出すか、まったく読み出せないかの、2 つに 1 つだ。この例ではブロックサイズが `sizeof(int)` に等しく、ブロック数は 1 である。

`fwrite` の使い方も同様である（ただし動作は対称となる）。

- `fclose` はファイルの操作を完了したときに呼び出すべきだ。

特殊な定数として、EOF がある。ファイルを読む関数がこれを返したら、ファイルの終端に達したという意味になる[4]。

もう 1 つの定数、BUFSIZ は、現在の環境で入出力処理を行うのに最適なバッファサイズで、この値は `setbuf()` で使われる。

ストリームは、バッファを利用できる。つまり内部バッファによって、すべての読み込みと

---

[4] **訳注**：ただし正常終了か異常終了かを区別するには、他の関数でエラーをチェックする必要がある。ファイルへの書き込みを伴う関数が返すときは失敗を意味し、エラーチェックを要する。EOF の値は負の整数で、実装により定義される。詳細は [154] の「13.4.2 エラー処理」と「16.3.20 stdio.h」などを参照。

書き込みが代行されると考えるべきだ。コンテクスト切り替えがあるため性能的に高価につくシステムコールの発生頻度が、このバッファリングによって減少される。ときおりバッファがフルになると、書き込みによって実際に write システムコールがトリガされる。バッファは fflush コマンドによって任意にフラッシュすることもできる。フラッシュによって、遅延された書き込みが実行され、バッファがリセットされる。

プログラムの開始時には、3 つの FILE* インスタンスが作成され、ディスクリプタが 0、1、2 のストリームに割り振られる。

これらは、それぞれ stdin、stdout、stderr と呼ばれる。この 3 つは、どれもバッファを使うのが通常だが、stderr だけは書き込みが発生するたびに、バッファを自動的にフラッシュする。これはエラーメッセージの遅延や見落としを防ぐために必要なのだ。

ディスクリプタは整数だが、FILE はそうではないことを、忘れないように。ファイルストリームの根底にあるディスクリプタを取得するには、int fileno(FILE* stream) 関数を使える。

- ■問題 212　次の関数について、man page を読んでおこう：fread、fread、fwrite、fprintf、fscanf、fopen、fclose、fflush[5]。
- ■問題 213　双方向ストリーム (読み込みと書き込みの両方を有効にしてオープンしたもの) に対して、最後に読み込みを行った後、fflush 関数を呼び出したら、どうなるのだろうか。調べてみよう。

11.7　課題：高階関数とリスト

11.7.1　一般的な高階関数

この課題では連結リストについて、いくつかの**高階関数**（higher-order function）を実装する。これらは関数型プログラミングのパラダイムをご存じの読者には、お馴染みのものだ。

これらの関数は、foreach、map、map_mut、foldl、iterate の名で知られるものだ。

- foreach は、リストの始まりへのポインタと、関数（int を受け取るもので、戻り値は void）を受け取る。その関数を、リストの個々の要素について呼び出す。
- map は、関数 f とリストを受け取る。この関数が返すのは、そのソース側リストのす

---

[5] 訳注：JM プロジェクトによる日本語版は [132] で読める。

べての要素に関数 f を適用した結果を含む、新しいリストである。ソースリストは変更されない。

たとえば $f(x) = x + 1$ は、(1, 2, 3) を、(2, 3, 4) にマップする。

- map_mut も同様に変更を行うが、ソースリスト自身を更新する。
- foldl は、もう少し複雑だ。これは次の 3 つを受け取る。
  - アキュムレータ（累算器）の初期値
  - 関数 $f(x, a)$
  - 要素のリスト

この関数は、次のように計算された値をアキュムレータと同じ型で返す。

1. アキュムレータとリストの第 1 の要素について、関数 f を呼び出す。その結果がアキュムレータの新しい値 a' となる。
2. f を、その a' とリストの第 2 の要素について呼び出す。その結果が、アキュムレータの新しい値 a'' となる。
3. このプロセスを、リストの最後まで繰り返す。最後にアキュムレータに入った値が、この関数の最終的な結果である。

たとえば、関数が $f(x, a) = x * a$ だとしよう。アキュムレータの初期値を 1 として foldl を呼び出すと、この関数はリスト内のすべての要素の積を計算する。

- iterate は、初期値 s、リストの長さ n、関数 f を受け取る。これは次の方法で、長さ n のリストを生成する。

$$[s, f(s), f(f(s)), f(f(f(s))) \dots]$$

上に記述したような関数が**高階関数**（higher-order function：より高い階層の関数）と呼ばれるのは、他の関数を引数として受け取るからだ。そういう関数の、もう 1 つの例として、配列をソートする qsort 関数をあげよう。

```
void qsort( void *base,
            size_t nmemb,
            size_t size,
            int (*compar)(const void *, const void *));
```

これは、配列の開始アドレス base、要素数 nmemb、個々の要素のサイズ size、比較関数 compar を受け取る。関数 compar は、与えられた 2 つの要素のうち、どちらを配列の先頭に寄せるかを決定する。

■問題 214　　qsort の man page を読もう[6]。

---

[6] **訳注**：JM による日本語版は [132] で読める。qsort に関連する高階関数として bsearch もあり、これも重要だ。詳細は、[7] の「7.22.5 Seraching and sorting utilities」または [154] の「18 章標準ライブラリ関数」を参照。

11.7.2 課題

入力には任意の数の整数が含まれている。

1. これらの整数を連結リストに保存する。
2. これまでの課題で書いたすべての関数を、個別の.h ファイルおよび.c ファイルに移す。インクルードガードを忘れずに入れよう。
3. `foreach` を実装する。それを使って、最初のリストを `stdout` に 2 回出力する。1 回目は要素を空白で区切り、2 回目は個々の要素を新しい行として出力する。
4. `map` を実装する。それを使って、リストの要素である個々の整数の 2 乗（square）と 3 乗（cube）を出力する。
5. `foldl` を実装する。それを使って、リストの要素の和（sum）と最小（minimal）最大（maximal）を出力する。
6. `map_mut` を実装する。それを使って、入力側リストの要素を、それぞれの絶対値で書き換える。
7. `iterate` を実装する。それを使って、2 の冪（the powers of two）のリストを作成し、出力する。ただし最初の 10 個の値とする（1, 2, 4, 8, 16, …）。
8. `bool save(struct list* lst, const char* filename);` という関数を実装する。これはリストのすべての要素を、テキストファイル filename に書く。書き込みに成功すれば `true` を返し、さもなければ `false` を返す。
9. `bool load(struct list** lst, const char* filename);` という関数を実装する。これは `save` で保存したテキストファイル filename から、すべての整数を読んで、それらをリスト*lst に書く。成功すれば `true` を返し、さもなければ `false` を返す。
10. 上記の 2 つの関数を使って、リストをテキストファイルにセーブし、それからロードし直す。セーブとロードが正しく行われることを確認する。
11. `bool serialize(struct list* lst, const char* filename);` という関数を実装する。これはリストの全部の要素を**バイナリ**ファイル filename に書く。書き込みに成功すれば `true` を返し、さもなければ `false` を返す。
12. `bool deserialize(struct list** lst, const char* filename);` という関数を実装する。これは `serialize` で保存したバイナリファイル filename から、すべての整数を読んで、それらをリスト*lst に書く。成功すれば `true` を返し、さもなければ `false` を返す。
13. 上記の 2 つの関数を使って、リストをバイナリファイルにシリアライズし、それをまたロードする。シリアライズとデシリアライズが正しく行われることを確認する。
14. 割り当てたメモリをすべて解放する。

この課題では、次の事項について使い方を学ぶことになる。

- 関数ポインタ。
- `limits.h` と、それに含まれる定数。たとえばリストに含まれる最小の要素を探すには、可能な限り最大の `int` の値を持つアキュムレータと、2つの要素の最小を返す関数とを指定して、`foldl` を使うことになる。
- あるモジュールだけで使いたい関数に、`static` キーワードを使う。

次のことは保証される。

- 入力ストリームには、空白文字で区切られた整数だけが含まれる。
- 入力に含まれる整数は、どれも `int` に格納できる。

たぶん、FILE からリストを読む関数を、独立させるのが賢いだろう。

ソリューションは、およそ 150 行のコードで収まる。ただし、これまでの課題で定義した関数は合計に含まない。

■問題 215　　C# のような言語では、次のようにコーディングすることができる。
```
var count = 0;
mylist.Foreach( x => count += 1 );
```
ここではリストの各要素について、匿名関数を呼び出している。つまり、名前がないけれど、アドレスを持っていて、それを他の関数に渡すなどの操作ができる関数だ。この関数は次のように書くことができる[7]。
```
x => count += 1
```
これは、次のように書くのと等価だ。
```
void no_name( int x ) { count += 1; }
```
興味深いのは、この関数が呼び出し側のローカル変数を見て、それを書き換えるという点である。

次のような `forall` 関数を書けるだろうか。つまり、ある種の「コンテクスト」へのポインタを受け取る関数で、そのコンテクストには変数のアドレスを任意の数だけ入れることができる。そういうコンテクストを、それぞれの要素について呼び出される関数に渡すのだ。

---

[7] 訳注：詳しくは Microsoft .NET「C# プログラミングガイド」で「ラムダ式」の項 [149] を参照。

11.8 まとめ

　この章では、メモリモデルについて学んだ。型の範囲やデータモデルについて理解を深め、ポインタ演算を学び、複雑な型宣言を解読する方法も学んだ。さらに、標準ライブラリ関数を使って入出力を行う方法を見た。その実習として、いくつか高階関数を実装し、ちょっとしたファイル入出力を行った。

　メモリレイアウトについての理解は、さらに次の章で深まるだろう。そこでは言語の 3 つの面（構文、意味、実際）について、その違いを詳しく調べ、未定義の（undefined）振る舞いや、未指定の（unspecified）振る舞いという概念を学ぶ、また、データのアラインメントが重要な理由も示す。

- ■問題 216　ポインタには、どのような演算を行えるか。また、それにはどのような条件があるか。
- ■問題 217　`void*` の用途は何か。
- ■問題 218　NULL の用途は何か。
- ■問題 219　ポインタの文脈における 0 と、整数値としての 0 は、何が違うのか。
- ■問題 220　`ptrdiff_t` とは何か。どのように使うのか。
- ■問題 221　`size_t` と `ptrdiff_t` の違いは?
- ■問題 222　ファーストクラスのオブジェクトとは?
- ■問題 223　C の関数はファーストクラスのオブジェクトか?
- ■問題 224　C の抽象マシンには、どのようなデータ領域が含まれるか?
- ■問題 225　定数データ領域は、通常はハードウェアによってライトプロテクトされるのか?
- ■問題 226　ポインタと配列には、どんな関係があるのか?
- ■問題 227　動的なメモリ割り当てとは?
- ■問題 228　`sizeof` 演算子とは何か。いつ計算されるのか。
- ■問題 229　文字列リテラルが `.rodata` に格納されるのは、いつか?
- ■問題 230　文字列のインターンとは?
- ■問題 231　われわれが使っているデータモデルは?
- ■問題 232　プラットフォームに依存しない型は、どのヘッダに含まれているか。
- ■問題 233　文字列リテラルをコンパイル時に連結させる方法は?
- ■問題 234　データストリームとは何か。
- ■問題 235　データストリームとディスクリプタは違うのか?
- ■問題 236　ディスクリプタは、どうすればストリームから得られるのか。
- ■問題 237　プログラムが実行を開始するとき、オープンされるストリームがあるか?
- ■問題 238　バイナリストリームとテキストストリームの違いは?

■問題 239　バイナリストリームは、どのようにオープンするのか。テキストストリームの場合は？

第 12 章

構文と意味と実際

　この章では基本に戻って、いったいプログラム言語とは何かを復習する。そうして基礎を固めることによって、言語の構造、プログラムの振る舞い、変換の詳細で注意すべき事項を、より良く理解することが可能になる。

12.1　プログラミング言語とは何か

　プログラミング言語とは、マシンが理解できる形式でアルゴリズムを記述するために設計された、フォーマルな（formal：形式が整った）コンピュータ言語である。それぞれのプログラムは、キャラクタのシーケンスである。けれども、他の文字列とプログラムは、どうすれば区別がつくのだろう。それには何らかの方法で言語を定義する必要がある。

　コンパイラそのものが言語の定義だという乱暴な意見もあるだろう。プログラムの構文を解析して実行可能なコードに変換するのはコンパイラではないか、というのだ。このアプローチが良くないことには、いくつも理由がある。コンパイラのバグは、どうなのか。実装の不具合なのか、それとも言語の定義に影響をおよぼすのか。他のコンパイラを、どう書くのか。なぜ言語の定義と実装の詳細を、ごちゃ混ぜにしなければいけないのか。

　もっと良い方法がある。言語を記述するための、より明快で実装に依存しない形式を提供することだ。言語は、次の 3 つの側面から見るのが、ごく一般的である。

- 文の構成規則（rules of statement construction）。正しく構造化されたプログラムは、しばしば**形式文法**（formal grammar）を使って記述される。これらの規則が、言語の**構文**（syntax）を形成する。
- 言語の構造体（language construction）が抽象マシンにおよぼす影響。これが言語の**意味**（semantics）である。
- どの言語にも、第 3 の側面として**実際**の問題（pragmatics：語用論または実用論と訳

される分野）がある。これは現実の実装がプログラムの振る舞いにもたらす影響を記述したものだ。

- ある種の状況では、言語の標準体がプログラムの振る舞いについて十分な情報を提供しない。その場合、そのプログラムをどう変換すべきかの決定は、まったくコンパイラに委ねられる。実際にコンパイラが、ある特定の振る舞いを、そういうプログラムに割り当てることがあるのだ。

  たとえば f(g(x), h(x)) という呼び出しで、g(x) と h(x) を評価する順序は標準によって定義されていない。計算の順番は g(x) が先で h(x) が後でも、その逆でも良い。けれどもコンパイラは、何らかの順序を選択し、正確にその順序で呼び出しを実行する命令群を生成するだろう。

- 言語の構造体をターゲットのコードへと変換する方法は、ときには複数ある。たとえばコンパイラに、ある種の関数のインライン化を禁じるべきか、それとも自由放任主義で行くべきだろうか。

この章では、言語の3つの側面を探究し、それらをCに応用する。

12.2 構文と形式文法

まず最初に、1つの言語は「ある種のアルファベットの組み合わせで得られる全部の文字列」の部分集合（subset）である。たとえば算数のための言語が、Σ = {0, 1, 2, 3, 4, 5, 6, 7, 8, 9, +, −, ×, /, .} というアルファベットを持つとしよう。これら四則演算だけを用い、ドットは整数部の分割に使うものとする。けれども、これらの記号のあらゆる組み合わせが、有効な文字列になるのではない。たとえば+++-+は、この言語の有効なセンテンス（文）ではない。

形式文法（formal grammar）を最初に形式化（formalize）したのはノーム・チョムスキー（Noam Chomsky）だ。形式文法は、たとえば英語のような自然言語（natural language）を形式化するために作られたのだ。それによれば、センテンスは木のような構造を持つ。ある種の「基本的なブロック」が葉であり、より複雑な部分は、それらのブロック（または他の複雑な部分）から、何らかの規則に従って構築される。

これらすべての部分（プリミティブな部分と混成部分）は、**記号**（symbol）と呼ばれるのが普通だ。アトミック（不可分）な記号は、**終端**（terminal）と呼ばれ、複雑な記号は**非終端**（nonterminal）と呼ばれる。

このアプローチが、自然言語と比べて非常に単純な文法を持つ「総合的言語」（synthetic language）の構築に応用された。

形式に注目すると、その文法は次のもので構成される。

- 終端記号の有限集合。

- 非終端記号の有限集合。
- 言語の構成に関する情報である「生成規則」(production rule) の有限集合。
- 1個の「開始記号」(starting symbol)。これは非終端で、この言語の文として正しく構成されたものなら、どれにも対応する。文の構文解析 (parse) は、ここから開始される。

われわれにとって関心のあるクラスの文法は、非常に特殊な生成規則を持つものだ。それらはどれも、次のような形式である。

<非終端> ::= 終端と非終端の連なり

ご覧のように、これは「非終端で複雑な構造」(nonterminal complex structure) の記述そのものである。われわれは、同じ非終端について可能性のあるルールを複数書くことができ、そのなかで適切なものが採用される。そのような記述を簡潔にするため、われわれは正規表現と同様に、「または」を意味する記号|を使う。

このように文法の規則を記述する方法は、**バッカス・ナウア記法** (BNF：Backus-Naur form) と呼ばれる。終端は引用符で囲まれた文字列で表現し、生成規則は::=を使って書き、非終端の名前は角カッコの内側に書く。

ときには、終端に ε 記号を導入するのも非常に便利である。これは構文解析中に、空の（部分）文字列とマッチされる。

このように、**文法** (grammar) は言語の構造を記述する方法である。文法のおかげでわれわれは、次のような仕事を行うことができる。

- ある言語の文が構文的に正しいかどうかをチェックする。
- 言語の正しい文を生成する。
- 言語の文を構文解析して、階層構造を作る。ここでは、たとえば if の条件が、その周囲のコードと分離され、木のような構造に展開されて、評価が可能な状態になる。

12.2.1 例：自然数

自然数 (natural numbers) の言語を、1個の文法を使って表現することができる。
アルファベットとして採用する文字の集合は、次のものだ。

$$\Sigma = \{0, 1, 2, 3, 4, 5, 6, 7, 8, 9\}$$

ただし、Σ から取った文字によって構築可能な、あらゆる文字列を許すのではなく、きちんとした表現が欲しい。先頭にゼロのある数字（000124）は、不自然だと思われるから許さない。
いくつか非終端記号を定義する。`<notzero>`はゼロ以外のすべての数字、`<digit>`は、あらゆる数字、そして`<raw>`は、`<digit>`の任意のシーケンスである。

前述したように、1個の非終端について複数の規則を定義できる。だから`<notzero>`の定義では、選択肢の数だけ規則を並べて書くことができる。

`<notzero> ::= '1'`

`<notzero> ::= '2'`

`<notzero> ::= '3'`

`<notzero> ::= '4'`

`<notzero> ::= '5'`

`<notzero> ::= '6'`

`<notzero> ::= '7'`

`<notzero> ::= '8'`

`<notzero> ::= '9'`

けれども、これでは非常に面倒で読みにくいから、これらの規則とまったく同じ記述をする別の記法を使おう。

`<notzero> ::= '1' | '2' | '3' | '4' | '5' | '6' | '7' | '8' | '9'`

この記法も、正規な **BNF** の一部である。

ゼロを追加すると、非終端`<digit>`のための規則ができる。どの数字も、これによってエンコードされる。

`<digit> ::= '0' | <notzero>`

次に、数字のあらゆるシーケンス（列）をエンコードするために、非終端`<raw>`を定義する[1]。その数字列は、「1個の数字」または「1個の数字に別の数字列が続くもの」として、再帰的に定義できる。

`<raw> ::= <digit> | <digit> <raw>`

開始記号になるのは`<number>`である。1桁の数字を扱う場合には何の制約もない`<digit>`そのものだが、複数桁の数字であれば、最初の数字はゼロであってはならない（もしあれば、不自然な「先頭にあるゼロ」を許してしまう）が、その後は任意である。

リスト 12-1 に、最終結果を示す。

リスト12-1 : grammar_naturals

```
<notzero> ::= '1' | '2' | '3' | '4' | '5' | '6' | '7' | '8' | '9'
<digit> ::= '0' | <notzero>
<raw> ::= <digit> | <digit> <raw>
<number> ::= <digit> | <notzero> <raw>
```

---

[1] 訳注：raw は「生データ」あるいは「未加工のデータ」という意味で使われる。この場合は、まだ先頭のゼロを許しているという意味があるだろう。

12.2.2　例：単純な算数

では次に、単純な 2 項演算（binary operation）を 2 つ追加しよう。最初は、加算と減産算だけにしておく。リスト 12-1 に示した例を、その基礎として使うのだ。

新しい開始記号となる非終端<expr>を追加しよう。その式（expression）は、1 個の数（number）であるか、または 1 個の数と、それに続く 2 項演算記号と、それに続く別の式である（つまり、式も再帰的に定義される）。

リスト 12-2 に例を示す。

リスト12-2：grammar_nat_pm

```
<notzero> ::= '1' | '2' | '3' | '4' | '5' | '6' | '7' | '8' | '9'
<digit>   ::= '0' | <notzero>
<raw>     ::= <digit> | <digit> <raw>
<number>  ::= <digit> | <notzero> <raw>

<expr>    ::= <number> | <number> '+' <expr> | <number> '-' <expr>
```

文法を使ってテキストの上に構築される木構造を見ると、たしかにそれぞれの葉が終端で、それ以外のノード（node：節点）が非終端である。たとえば現在の規則集合を、1 + 42 という文字列に適用して、これがどのように分解されるかを見よう。図 12-1 に、その結果を示す（EXPR を式、NUMBER を数、DIGIT を数字とした）。

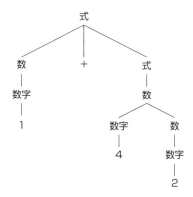

図12-1：式 1+42 の解析木（parse tree）

第 1 の展開は、<expr> ::= number '+' <expr>（式 := 数 + 式）という規則に従って実行される。その後の式は、単なる数であり、数は数字と数のシーケンスである。

12.2.3　再帰下降法

パーサ（parser：ここでは構文解析ルーチン）を自分で書くのは、難しいことではない。実例を示そう。文法に関するわれわれの新知識を応用して、文法の記述を実際に構文解析を行う

コードへと変換するパーサを見ることにする。

すでに 12.2.1 項で述べた、自然数のための文法をもとにして、後 1 つだけ規則を追加する。新しい開始記号が `str` で、これは「NULL ターミネータで終わる数」に対応するものだ。リスト 12-3 に、改訂した文法定義を示す。

リスト12-3：grammar_naturals_nullterm

```
<notzero> ::= '1' | '2' | '3' | '4' | '5' | '6' | '7' | '8' | '9'
<digit> ::= '0' | <notzero>
<raw> ::= <digit> | <digit> <raw>
<number> ::= <digit> | <notzero> <raw>

<str> ::= <number> '\0'
```

文法規則によって構文解析を行うときは、ストリームという概念を使うのが一般的だ。**ストリーム**（stream）は、何らかの記号と考えられるもののシーケンスである。そのインターフェイスは 2 つの関数で構成される。

- `bool expect(symbol)` は、1 個の終端を受け取り、もしストリームの現在位置に、まさしくその終端があれば `true` を返す。
- `bool accept(symbol)` は、`expect` と同じことをし、成功したらストリームの現在位置を 1 つだけ前進させる。

これまで、記号やストリームと言った抽象を相手にしてきたが、これらすべての抽象概念は、具体的なインスタンスにマップすることができる。われわれの場合、記号は 1 個の char に対応する[2]。

文法規則の定義に基づいて構築したテキストプロセッサの例を、リスト 12-4 に示す。これは構文チェッカの一種で、文字列が自然数だけを含んでいること（ゼロで始まらず、前後の空白などもないこと）を確認する。

リスト12-4：rec_desc_nat.c

```
#include <stdio.h>
#include <stdbool.h>

char const* stream = NULL;

bool accept(char c) {
    if (*stream == c) {
        stream++;
```

---

[2] プログラミング言語のパーサでは、キーワードや「ワードのクラス」（たとえば識別子やリテラル）を終端記号として選ぶ方が、ずっとシンプルになる。1 文字にまで分割したら、不必要な複雑さが生じるだろう。

```
            return true;
        }
        else return false;
}
bool notzero( void ) {
    return accept( '1' ) || accept( '2' ) || accept( '3' )
        || accept( '4' ) || accept( '5' ) || accept( '6' )
        || accept( '7' ) || accept( '8' ) || accept( '9' );
}
bool digit( void ) {
    return accept('0') || notzero();
}
bool raw( void ) {
    if ( digit() ) { raw(); return true; }
    return false;
}
bool number( void ) {
    if ( notzero() ) {
        raw();
        return true;
    } else return accept('0');
}
bool str( void ) {
    return number() && accept( 0 );
}
void check( const char* string ) {
    stream = string;
    printf("%s -> %d\n", string, str() );
}
int main(void) {
    check("12345");
    check("hello12");
    check("0002");
    check("10dbd");
    check("0");
    return 0;
}
```

　この例は、それぞれの非終端にマップされた同名の関数が、それぞれの文法規則の適用を試みる過程を示している。構文解析はトップダウンで下向きに行われる。つまり、もっとも概括的な開始記号から始まり、それを部分に分けては解析を試みるのだ。

　複数の規則の始まりが同じときは、**因数分解**（factorize）をする。つまり、`number` 関数で行っているように、共通する部分を処理してから、残りの部分の消費を試みる。`<digit>`と`<notzero>`という2つの枝（branch）は、分かれる前に非終端の重なりがある。どちらも1から9までの範囲を含むのだ。唯一の違いは、`<digit>`の範囲にゼロが含まれるという点である。だから、もし1から9の範囲に含まれる終端を見つけたら、さらに、できるだけ多くの数字（digit）を消費して、それが終われば成功だ。もし見つからなければ最初の数字が0である

かをチェックし、もしそうなら停止する（それ以上は終端を消費しない）。

<notzero>関数は、1から9までの記号のうち、少なくとも1個を見つけたら成功する。演算子||には遅延作用があるから、すべてのacceptコールが実行されるわけではない。最初に成功したコールで式の評価は終了し、ストリームの現在位置は1つ進むだけだ。

<digit>関数は、ゼロが見つかるか、<notzero>が成功するかの、どちらかで成功する。これは規則をそのまま反映している。

<digit> ::= '0' | <notzero>

他の関数も、同様の処理を行う。もし「NULL ターミネータ」という制限を設けていなければ、「この記号シーケンスは言語の有効な文で始まるか?」という質問に、構文解析が答えることになるだろう。

リスト 12-4 では、理解しやすいように、わざとグローバル変数を使ったが、現実のプログラムでは使うべきではない（これは強く忠告しておく）。

現実のプログラミング言語のためのパーサは、普通は極めて複雑なものになる。それを書こうとするプログラマは、BNFに近い「宣言的な記述」(declarative description) からパーサを生成できる特殊なツールセットを利用する。もし複雑な言語のためのパーサを書く必要が生じたら、パーサジェネレータ（構文解析ルーチン生成系）のANTLRまたはyaccの使用を、検討すべきだろう。

パーサを自分で書くときの、もう1つの一般的な技法として、パーサコンビネータ (parser combinator：パーサ組み合わせ機構) と呼ばれるものがある。この技法では、もっとも基本的なテキスト要素（1個の文字、数、変数名など）のために、それぞれのパーサを作ることが推奨される。それらのパーサを（OR、AND、シーケンスなどで）組み合わせ、（1回以上の発生、0回以上の発生などと）変形することで、より複雑なパーサを作り上げる。このテクニックは、しばしば高階関数に依存するので、言語が関数型プログラミングをサポートするときに応用が容易である。

■**文法における再帰について**　文法規則は、すでに見たように再帰できる。けれども、構文解析の技法によっては、ある種の再帰の使用が推奨されない。たとえば expr ::= expr '+' term という規則は有効だが（式に項を足して式を作る）パーサの構築が容易ではない。その意味で上手に文法を書くためには、上にあげたような「左再帰」(left-recursive) の規則は避けるべきだ。なぜなら、これを単純にエンコードしたら、expr() 関数の実行が始まると、すぐまた expr() を呼び出して無限再帰に陥るからだ。生成規則の右辺にある最初の非終端を洗練 (refine) すれば、この問題を防ぐことができる[3]。

---

[3] **訳注**：詳しくはエイホ他 [101]2.4 節の「左再帰」の項、4.3 節の「左再帰の除去」の項などを参照。

■問題 240　　乗算、減算、加算の浮動小数点演算のための、再帰下降 (recursive descent) パーサを書いてみよう[4]。この課題では、負のリテラルの存在は考慮しないことにする（したがって、-1.20 と書く代わりに、0-1.20 と書くことにする）。

12.2.4　例：優先順位のある算数

式で興味深いところは、さまざまな演算がさまざまな優先順位を持つことだ。たとえば加算は乗算よりも優先順位が低いので、すべての乗算が加算よりも先に行われる。

自然数の単純な文法に加算と乗算を加えたものを見よう（リスト 12-5）。

リスト12-5：grammar_nat_pm_mult

```
<notzero> ::= '1' | '2' | '3' | '4' | '5' | '6' | '7' | '8' | '9'
<digit> ::= '0' | <notzero>
<raw> ::= <digit> | <digit> <raw>
<number> ::= <digit> | <notzero> <raw>

<expr> ::= <number> | <number> '+' <expr>
         | <number> '-' <expr> | <number> '*' <expr>
```

乗算の優先を考慮しないと、1*2+3 の解析木は、図 12-2 のようになるだろう。

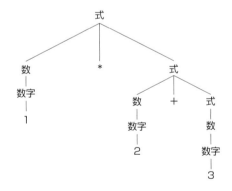

図12-2：式 1*2+3 の、優先順位のない解析木

けれども、これでは乗算と加算が同等なので、現れる順序に従って展開される。このため、式 1*2+3 は 1*(2+3) と構文解析されてしまう。正しい評価順序に反した形で木構造に入っているからだ。

---

[4] 訳注：再帰下降構文解析については、同書の 2.4 節「構文解析」、4.4 節「下向き構文解析」などを参照。C の浮動小数点数については、カーニハン／リッチー [18] の「1.2 変数と算術」にある概説や、「A2.5.3 浮動小数点定数」などを参照。なお構文は [7] の「6.4.4.2 Floating constants」に詳細な解説がある。

パーサから見る優先順位によれば、この解析木のなかで、「加算」ノードは「乗算」ノードよりもルートに近くなければいけない。そうすれば加算は、この式の「より大きな部分」となり、遅れて実行されるだろう。この算術式の評価は、葉から始まって根に終わる順序で行われるからだ。

では、ある演算子の優先順位を、他の演算子より高くするには、どうすればよいのか。構文カテゴリの<expr>を、いくつものクラスに分割するのが正解だ。それぞれのクラスは、その前のクラスを、何らかの形で洗練したものである。リスト12–6に例を示す[5]。

リスト12–6：grammar_priorities

```
<expr>  ::= <expr0> "<" <expr> | <expr0> "<=" <expr>
 | <expr0> "==" <expr> | <expr0> ">" <expr> | <expr0> ">=" <expr> | <expr0>

<expr0> ::= <expr1> "+" <expr> | <expr1> "-" <expr> | <expr1>
<expr1> ::= <atom> "*" <expr1> | <atom> "/" <expr1> | <atom>
<atom>  ::= "(" <expr> ")" | <NUMBER>
```

この例は、次のように理解することができる。

- <expr>は、実際にはどのような式でもよい。
- <expr0>は、第1の規則に存在した終端（<、>、==その他）が存在しない式である。
- <expr1>は、さらに加算と減算も含まない式である。

12.2.5　例：単純な命令的言語

この知識をプログラミング言語に応用できることを示すために、ある言語の構文を例示しよう。この構文記述は、if、while、printおよび代入という典型的な命令で組み立てられる文（statement）の定義を提供する。これらのキーワードは、アトミックな終端として扱うことができる。リスト12–7に、その文法を示す。

リスト12–7：imp

```
<statements> ::= <statement> | <statement> ";" <statements>
<statement>  ::= "{" <statements> "}" | <assignment> | <if> | <while> | <print>
<print>      ::= "print" "(" <expr> ")"
<assignment> ::= IDENT "=" <expr>
<if>         ::= "<if>" "(" <expr> ")" <statement> "<else>" <statement>
<while>      ::= "<while>" "(" <expr> ")" <statement>

<expr>  ::= <expr0> "<" <expr> | <expr0> "<=" <expr>
 | <expr0> "==" <expr> | <expr0> ">" <expr> | <expr0> ">=" <expr> | <expr0>
```

---

[5] 訳注：詳しくはプリッツ/クロフォード [154] の「5.1.4 演算子優先度と結合性」を参照。

```
<expr0> ::= <expr1> "+" <expr> | <expr1> "-" <expr> | <expr1>
<expr1> ::= <atom> "*" <expr1> | <atom> "/" <expr1> | <atom>
<atom> ::= "(" <expr> ")" | NUMBER
```

12.2.6 チョムスキー階層

この章で見てきた形式文法は、実際にはチョムスキーの見解による「形式文法」(formal grammar) のサブクラスに分類される。このクラスは「文脈自由文法」と呼ばれているが、その理由はすぐに明らかとなる。

チョムスキーの階層は 3 から 0 までの 4 つのレベルで構成され、レベルが低い文法ほど表現力が豊かで強力である。

3. **「正規文法」**(regular grammar) は、われらの古き友である**正規表現**(regular expression) によって記述される。有限オートマトンは、もっとも弱いパーサであり、その理由は算術式などのフラクタルな構造を扱えないからだ。

   もっとも単純なケースである、<式> ::= number '+' <式> において、'+' の右辺にある式は、この式全体と同様である。このルールは再帰的に、任意の回数だけ適用できる。

2. これまで学んできた**文脈自由文法**（context-free grammar）は、次の形式の規則を持つ。

   非終端 ::= <終端記号と非終端のシーケンス>

   どの正規表現も、この文脈自由文法によって記述することが可能だ。

1. **文脈依存文法**（context-sensitive grammar）は、次の形式の規則を持つ。

   a A b ::= a y b

   a と b は、終端（と/または）非終端の、任意な（空であってもよい）シーケンスを示す。y は終端（と/または）非終端の**空ではない**シーケンスを示し、それが A という非終端に展開される。

   レベル 2 との違いは、左辺の非終端が、a と b との間にあるときにだけ（これらは変更されない）、f から置換され得る、ということだ。そして a も b も、複雑なシーケンスであってよいのだ。

0. 「制限のない文法」(unrestricted grammar) は、次の形式の規則を持つ。

   終端記号と非終端のシーケンス ::= 終端記号と非終端のシーケンス

   これらの規則には<左辺>にも<右辺>にも、まったく制限がないので、これらの文法はもっとも強い。この種類の文法を使えば、どのようなコンピュータプログラムでもエンコードできるので、これらの文法はチューリング完全である。

現実のプログラミング言語が、本当に文脈から自由であることは、ほとんどないと言ってよ

い。たとえば、前に宣言された変数を使うのは、明らかに文脈に依存する構造だ。それは、対応する変数宣言の後にあるときに限り、有効なのだから。

とはいえ単純化のために、それらもしばしば「文脈自由文法」に近いものとされる。そうした場合は、文脈依存の条件が満たされるかをチェックするためのパス（pass）が、解析木の変換処理に追加されて実行される。

12.2.7 抽象構文木

抽象構文（abstract syntax）という概念があり、これはソースコードから構築される木の記述である。木のなかで、どの型のノードに、どのキーワードがマップされるかという対応までを正確に記述するのが**具象構文**（concrete syntax）である。たとえば、われわれがCコンパイラを書き直して、`while`キーワードを`_while_`に置き換えたと仮定しよう。さらに、`while`の代わりに新しいキーワードを使うように、すべてのプログラムを書き直したとしよう。それによって具象構文は変化したが、抽象構文は同じである。なぜなら言語の構造は変化していないからだ。反対に、もし`if`に`finally`節を追加したら（これには条件の値に関わらず実行される文が入る）、抽象構文も変更することになる。

抽象構文木（abstract syntax tree）は、解析木（parse tree）と比べると、遥かに情報が少ないのが普通である。解析木には、構文解析にだけ関係のある情報も入るからだ（図12-3）。

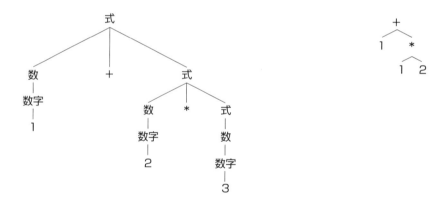

図12-3：式 1 + 2*3 の解析木（左）と抽象構文木（右）

このように、右側の木は、ずっと簡潔で、情報が最小限に絞られている。インタープリタ（またはコードジェネレータ）は直接、この木を評価できる。

12.2.8 字句解析

実際には、個々の文字に対して直接、構文規則を適用するのでは、仕掛けが大きすぎる。構文解析の前に**字句解析**（lexical analysis）と呼ばれる処理を追加するのが便利だ。これによって、

生のテキストは、まず**トークン**（token：あるいは語彙素= lexeme）のシーケンスへと変換される。個々のトークンは正規表現によって記述され、キャラクタストリームから抽出される。たとえば数字は、正規表現 [0-9]+によって記述でき、識別子は [a-zA-Z_] [0-9a-zA-Z_]*と記述できる。このような前処理を行うと、テキストは文字の直線的なシーケンスではなくなって、トークンの連結リストに変化する。それぞれのトークンには、その型がマップされ、パーサが使うために、トークン型が終端記号にマップされる。

このステップで、整形に関するすべての詳細（たとえば改行や、その他の空白記号）を無視するのは容易なことだ。

12.2.9 構文解析のまとめ

コンパイラは、ソースコードを複数のステップで解析する。重要なステップとして、字句解析と構文解析がある。

字句解析によって、プログラムのテキストがトークンに分割される（たとえば整数リテラルやキーワード）。このステップが終われば、テキストの整形とは無関係となる。個々のトークンは、正規表現を使って記述できる。構文解析では、トークンの並びの上に木構造が構築される。それが抽象構文木と呼ばれる構造であり、それぞれのノードが言語の構成体（construct）に対応する。

12.3 意味（セマンティクス）

言語のセマンティクス（semantics）とは、構文の構成体としてのセンテンス（文）と、その意味との間の対応である。それぞれのセンテンスは、通常はプログラムの抽象構文木にあるノードの型として記述される。この記述は、次にあげる方法の 1 つで行われる。

- **公理的**（axiomatic）**方法**：現在のプログラムの状態は、論理式（logical formula）の集合によって記述できる。そして抽象マシンの各ステップが、これらの式を決まった方法で変換する。

- **表示的**（denotational）**方法**：言語のセンテンスが、それぞれ何らかの理論（たとえば領域理論）の数学的オブジェクト（denotation）にマップされる。するとプログラムの効果は、その理論によって記述できるようになる。これは、それぞれ異なる言語で書かれたさまざまなプログラムについて、プログラムの振る舞いに関する論証を行うとき、とくに興味深いものだ。

- **操作的**（operational）**方法**：個々のセンテンスが、抽象マシンの状態にもたらす、ある種の変化を記述する。C 標準の記述は形式的ではないが、他の 2 つの方法よりも、操作的なセマンティクスの記述に似ている。

言語の標準は、人間が読める形式で言語を記述したものだ。このように書かれたものは、用意ができていない読み手にとって理解しやすいが、言葉数が多く、ときに多義性を持つ（どちらともとれる、あいまいな場合がある）。簡潔な記述を書くには、数学的論理とラムダ計算（lambda calculus）を使うのが普通だ。この話題には独自の学術的なアプローチが必要となるから、本書で詳細に立ち入ることはしない。型理論とプログラム意味論について、学術的な記述を読むのであれば、[29] と [35] を推奨したい。

12.3.1　未定義の振る舞い

意味論では記述の完全性は強制されない。つまり、ある種の言語構造体は、可能性のあるすべての状況ではなく、その部分集合についてだけ定義される。たとえばポインタのデリファレンス*x の振る舞いに一貫性が保証されるのは、x が「有効な」メモリのアドレスを指し示すときだけだ。もし x が NULL だったり、割り当てが解除されたメモリだったら、未定義の振る舞いが発生する。とはいえ、このような式も構文的にはまったく正しいのである。

未定義の振る舞い（undefined behavior）というケースを、標準は意図的に導入している。なぜだろうか。第 1 に、保証の少ないコードを生成するコンパイラのほうが書きやすい。第 2 に、定義された振る舞いは、すべて実装する必要がある。もし NULL ポインタをデリファレンスしたらエラーがトリガされることを求めるならば、コンパイラは、どのポインタがデリファレンスされるときにも、必ず次の 2 つを行う必要がある、ということになってしまう。

- まさにその場所でポインタが NULL の値をとることは決してない、という推論を試みる。
- もしコンパイラが「このポインタは、ここで NULL にならない」と推定できなければ、それをチェックするアセンブリコードを生成する。もしポインタが NULL ならば、そのコードがハンドラを実行する。そうでなければ実行を続け、ポインタをデリファレンスする。

リスト 12-8 に例を示す。

リスト12-8：ptr_analysis1.c

```
int x = 0;
int* p = &x;
...
/* これらの行では p への書き込みを行っていない */
...
*p = 10; /* このポインタは NULL ではない */
```

けれどもこれは、たぶん思ったよりも、ずっとトリッキーな話だ。リスト 12-8 の例を見ると、p への書き込みが行われないのだから、常に x のアドレスを保持していると思い込みやす

い。けれども、それは必ずしも真ではない。その例をリスト 12–9 で示す。

リスト12–9：ptr_analysis2.c

```
int x = 0;
int* p = &x;
...
/* これらの行では p への書き込みを行っていない */
int** z = &p;
*z = NULL; /* p に対する直接の書き込みではないが... */
...
*p = 10; /* 「このポインタは NULL ではない」は、もう真ではない */
```

　このようなポインタ演算があるので、この問題を解決するには、実際には極めて複雑な分析が必要となる。いったん変数のアドレスがとられたら、いやそれどころか、そのアドレスが関数に渡されたら、関数呼び出しのすべてのシーケンスを解析しなければいけないし、関数ポインタや、ポインタへのポインタなどにも配慮しなければいけない。

　その解析で必ず正しい結果が出るとは限らないし（もっとも一般的なケースについて言えば、理論的に決定不可能でさえある）、性能への悪影響もあるだろう。だから自由放任主義的な C の精神に則って、ポインタデリファレンスの正当性は、プログラム自身の責任に委ねられている。

　Java や C# のように管理された言語では、ポインタをデリファレンスするときの振る舞いの定義が、ずっと容易である。第 1 に、これらは通常フレームワークの内側で実行されるから、例外の送出と処理を行うコードが提供される。第 2 にアドレス演算がないので、「NULL になる可能性」の分析が、ずっと単純になる。最後に、これらは通常ジャストインタイムでコンパイルされるから、コンパイラはランタイム情報をアクセスでき、それを使って、事前にコンパイルされる言語では利用できない種類の最適化を実行できる。たとえばプログラムが起動され、ユーザー入力を与えられた後で、ある条件 P が成立したら、コンパイラはポインタ x が決して NULL ではないことを推定する。それからコンパイラは、そのデリファレンスを含む関数 f のバージョンを 2 つ生成する。1 つはチェック付き、もう 1 つはチェックなしのバージョンだ。その後 f が呼び出されるときは、どちらか片方のバージョンだけが呼び出される。もしコンパイラが、ある呼び出しの状況で P が成立すると証明できれば、チェックなしのバージョンを呼び出し、そうでなければチェック付きのバージョンを呼び出す。

　未定義の振る舞いは危険である場合があり、通常は危険である。コンパイル時あるいは実行時にエラーが出ると保証されないので、微妙なバグになるのだ。プログラムは振る舞いが未定義な状況に遭遇しても、黙って実行を続けるだろうが、その振る舞いは、かなりの数の命令が実行された後で、ランダムに変わるかもしれない。

　典型的な状況はヒープの崩壊（corruption）である。ヒープは実際には構造化されていて、それぞれのブロックは、標準ライブラリが使うユーティリティ情報で区切られている。ブロックの境界を越えて（ただし、その近傍で）書き込みを行うと、その情報が上書きされる。その結果として、将来呼び出される malloc や free の呼び出し中にクラッシュが発生し、バグが

時限爆弾になってしまうのだ。

以下に、C99 によって指定されている「未定義の振る舞い」のうち、いくつかのケースをあげる（そういうケースは少なくとも 190 はあるので、完全なリストではない）。

- 符号付き整数のオーバーフロー。
- 無効なポインタのデリファレンス。
- メモリブロックが異なる 2 つの要素を指している 2 つのポインタの比較。
- 関数呼び出しの引数が、その関数の本来のシグネチャとマッチしない（関数ポインタを他の関数型にキャストすると、この可能性がある）。
- 初期化されていないローカル変数からの読み出し。
- ゼロによる除算。
- 配列の境界を越えた要素へのアクセス。
- 文字列リテラルを変更しようとする試み。
- `return` ステートメントが実行されていない関数からの戻り値。

12.3.2 未指定の振る舞い

未定義の振る舞いと、未指定の振る舞いを、区別することは重要だ。**未指定の振る舞い** (unspecified behavior) として定義される一群の振る舞いは、いずれも発生する可能性があるが、どれが選ばれるかの指定がない。選択はコンパイラまかせである。たとえば、

- 関数の引数を評価する順序は指定されない。つまり、`f(g(), h())` の評価で、必ず `g()` が先に評価され、それから `h()` が評価されるという保証はない。ただし、`g()` と `h()` の両方が `f()` よりも前に評価されることは保証される。
- 一般に、部分式 (subexpression) の評価の順序は指定されない。`f(x) + g(x)` と書いても、必ず `f` が `g` よりも先に評価されるとは限らない。

未指定の振る舞いは、抽象 C マシンにおいて非決定性を持つケースを記述するものだ。

12.3.3 実装定義の振る舞い

標準は、「実装によって定義される振る舞い」(implementation-defined behavior) も定義している。たとえば `int` のサイズだ（これは、前に述べたようにアーキテクチャに依存する）。それらの選択は、抽象マシンのパラメータとして考えることができる。マシンを起動する前に、それらのパラメータを選択する必要があるのだ。

もう 1 つの例として、剰余 (modulo) 演算の `x % y` がある。`y` が負であったときの結果は、実装によって定義される。

実装定義の振る舞いと、未指定の振る舞いは、どこが違うのだろうか。前者の場合は実装（コンパイラ）が行った選択を明示的に文書化する必要がある。未指定の振る舞いでは、可能性のある振る舞いの集合のうち、どれが発生するかわからない。

12.3.4 シーケンスポイント（副作用完了点）

シーケンスポイント（sequence point）とは、プログラムのなかで、抽象マシンの状態がターゲットマシンの状態とコヒーレント（coherent）になる（位相が揃う）箇所である。次のように考えるとわかりやすい。プログラムのデバッグでステップ実行を行うとき、それぞれのステップはCのステートメント1個と、おおまかに一致する。通常はセミコロンや、関数コールや、||演算子などで実行が停止するだろう。けれどもアセンブリビューに切り替えれば、個々のステートメントが、たぶん数多くの命令にエンコードされていて、それらの命令を同様に実行できる。ただし、このビューでは、ステートメントの一部だけ実行し、途中で停止することが可能だ。そのとき抽象Cマシンの状態は、十分に**定義されない**。1個のステートメントを実装する命令群の実行を完了すれば、マシンの状態が落ち着く。その状態であれば、アセンブリレベルの状態だけでなく、Cプログラムそのものの状態も調べることができる。これが「シーケンスポイント」である。

シーケンスポイントの第2の（ただし同等の）定義は、プログラムのなかで、その前にあった式による副作用はすでに適用されているが、その次にある式の副作用がまだ適用されていない箇所である[6]。

シーケンスポイントには、次のものがある。

- セミコロン。
- カンマ（Cでは、これもセミコロンと同じように作用するが、複数のステートメントをグループとしてまとめることになる。そういう使い方は推奨されない）。
- 論理積（AND）と論理和（OR）：ビット演算は違う！
- 関数の引数が評価されたが、関数の実行は、まだ開始されていないとき。
- 3項演算子のクエスチョンマーク。

未定義の振る舞いの、複数の現実的なケースが、シーケンスポイントの概念と結び付いている。リスト12–10に、その一例を示す。

リスト12–10：seq_points.c

```
int i = 0;
i = i ++ * 10;
```

---

[6] **訳注**：このため「副作用完了点」という訳語が使われる。たとえばプリッツ/クロフォード[154]の「5.1.3 副作用と副作用完了点」を参照。

iは何に等しいだろうか？ 残念ながら正しく答えるならば「このコードには未定義の振る舞いがある」としか言いようがない。iのインクリメントが、i*10をiに代入する前に行われるか、それとも代入後に行われるか、わからないのだ。シーケンスポイントに至る前に、メモリの同じ場所に対する書き込みが2回あることはたしかだが、どの順序で発生するかは定義されない。

その原因は、12.3.2項で見たように、部分式の評価順序が固定されないからだ。部分式はメモリの状態に影響を与えるかもしれない（関数コールや、前置あるいは後置のインクリメント演算子を考えよう）。そして、それらの影響の発生順序は強制されない。それどころか、ある部分式の結果が、他の部分式からの影響に依存するかもしれない。

12.4　実際（プラグマティクス）

12.4.1　アラインメント（境界調整）

抽象マシンの観点から見ると、われわれが扱うのはバイト単位のメモリで、それぞれのバイトにはアドレスがある。けれども、チップで使われるハードウェアのプロトコルは、かなり違っている。プロセッサが、たとえば16で割り切れるアドレスから始まる16バイトの塊しか読めないというのは、ごく一般的なことだ。言い換えると、そのプロセッサができるのは、メモリから16バイト単位の第1の塊（チャンク）を読むか、第2のチャンクを読むかのどちらかで、任意のアドレスから始まるチャンクは読めないのである。

データがNで割り切れるアドレスから始まるとき、そのデータはNバイト境界で**調整された**（aligned）と言う。knバイト境界で調整されたデータは、もちろん同時にnバイト境界にも調整されている。たとえば「16バイト境界」(16-byte boundary)に調整された変数は、同時に「8バイト境界」(8-byte boundary)にも調整されている。

```
境界調整されたデータ（8バイト境界）:
0x00 00 00 00 00 00 00 00 :    11 22 33 44 55 66 77 88

境界調整されていないデータ（8バイト境界）:
0x00 00 00 00 00 00 00 00 :    .. .. .. 11 22 33 44 55
0x00 00 00 00 00 00 00 07 :    66 77 88 .. .. .. .. ..
```

では、プログラマが複数バイトの値を読むことを求めているのに、それが2つのブロックにまたがっているときは（たとえ8バイトの値でも、最初の3バイトが1個のチャンクにあり、残りが次のチャンクにあったら）、何が起きるのだろうか。この質問の答えは、アーキテクチャの違いによって異なる。

一部のハードウェアアーキテクチャでは、境界調整されていないメモリアクセスが禁じられる。つまり、（たとえば8バイト境界に）調整されていない値を読もうとしたら、結果として割り込みが発生するのだ。そのようなアーキテクチャの例として、SPARCがある。オペレー

ティングシステムは、生成された割り込みを捕捉して呼び出されるハンドラに複雑なアクセスのロジックを入れることで、境界調整されないアクセスをエミュレートできる。ただし、割り込み処理が比較的遅いこともあって、この機構は非常にコストが高い。

Intel 64 は、それほど厳密ではない振る舞いを採用している。境界調整されていないアクセスは許可されるが、オーバーヘッドがかかるのだ。たとえば、アドレス 6 から始まる 8 バイトを読みたいとして、8 バイト長のチャンクしか読めないとしたら、CPU は 1 回ではなく 2 回の読み出しを実行し、2 つのクオドワードから取り出した部分から要求された値を組み立てる[7]。

アクセスが境界調整されていれば、必要な読み出しが少ないのでコストは安い。プログラマにとっては、メモリ消費よりも性能のほうが重要であるケースが多いので、コンパイラは、たとえギャップによって使われないバイトが生じても、メモリ上の変数の位置を境界へと自動的に調整する。これは一般に**データ構造のパディング**（data structure padding）と呼ばれる[8]。

アラインメントは、コード生成とプログラム実行のパラメータなので、通常は言語の実際問題（プラグマティクス）とみなされる。

12.4.2 データ構造のパディング（詰めもの）

構造体の場合、アラインメント（境界調整）は 2 つの異なる意味で存在する。

- 構造体のインスタンス自身のアラインメント。これは構造体の開始アドレスに影響を与える。
- 構造体のフィールドのアラインメント。これらのアクセスを高速化するため、コンパイラは意図的に、フィールド間にギャップを作ることができる。それが「データ構造のパディング」である。

たとえばリスト 12–11 に示す構造体を作ったとしよう。

リスト12–11：align_str_ex1

```
struct mystr {
    uint16_t a;
    uint64_t b;
};
```

アラインメントが 8 バイト境界に調整されるとしたら、この構造体のサイズ（sizeof が返す値）は 16 バイトになるだろう。フィールド a は 8 で割り切れるアドレスから始まり、それ

---

[7] 訳注：キャッシュを含めた CPU 内部の処理は、パターソン/ヘネシー [152] の「5.1.3 実例：ARM Cortex-A8 と Intel Core i7 の記憶階層」などを参照。

[8] 訳注：「アラインメント」と「パディング」については、エイホ他 [101] の「7.2 記憶域構成」のセクション「局所データのコンパイル時の配置」、プリッツ/クロフォード [154] の「10.1.7 メモリ内の構造体メンバ」を参照。

に続く 6 バイトが空費されて、次の b が 8 バイト境界に調整される。

これを意識しなければならないのは、次のような状況である。

- メモリ消費と性能のトレードオフで、メモリ消費を少なくする方を選びたい場合。構造体のコピーを何百万個も作成していて、どの構造体もアラインメントのギャップでサイズの 3 割を空費しているとしたら、どうか。これらのギャップをなくすことをコンパイラに強制したら、そのメモリの 3 割が利用できるのだから、まったく軽視できない。また、それによる局所性の改善のほうが、個々のフィールドのアラインメントよりも、ずっと有益かもしれない。
- 構造体にファイルのヘッダを読むときや、ネットワークデータを受信するときは、構造体のフィールド間にギャップが生じる可能性を考慮する必要がある。たとえばファイルヘッダに 2 バイトのフィールドが 1 つと、その後に 8 バイトのフィールドが 1 つあるとしよう。その間にギャップはない。そのヘッダを、リスト 12-12 の構造体に読もうとしている。

リスト12-12：align_str_read.c

```
struct str {
    uint16_t a; /* 4 バイトのギャップ */
    uint64_t b;
};
struct str mystr;
fread( &mystr, sizeof( str ), 1, f );
```

問題は、構造体のレイアウトには内側のギャップがあるのに、ファイルにはフィールドが連続的に格納されていることだ。ファイルの中にある値が、a=0x1111 と b=0x22 22 22 22 22 22 22 22 であると仮定しよう。図 12-4 に、それを読んだ後のメモリの状態を示す。

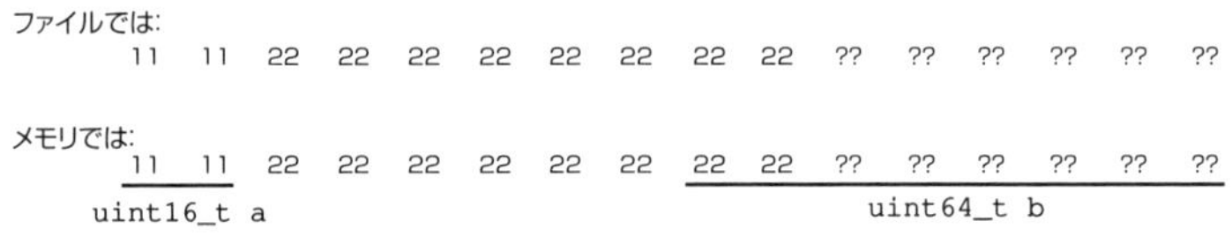

```
ファイルでは:
         11 11 22 22 22 22 22 22 22 22 ?? ?? ?? ?? ?? ??
メモリでは:
         11 11 22 22 22 22 22 22 22 22 ?? ?? ?? ?? ?? ??
         uint16_t a                    uint64_t b
```

図12-4：構造体のメモリレイアウトと、ファイルから読んだデータ

アラインメントを制御する方法は、いくつかある。C11 が登場するまでは、コンパイラ固有の方法しかなかった。先に、それを学んでおこう。

`#pragma` キーワードを使うと、こういうプラグマティックな指令の 1 つをコンパイラに発行することができる。これは Microsoft の C コンパイラである MSVC がサポートするほか、GCC も互換性のために、これを理解してくれる。

pack というプラグマを使って、アラインメント選択の方針を局所的に変更する方法を、リスト 12–13 に示す。

リスト12-13：pragma_pack.c

```
#pragma pack(push, 2)
struct mystr {
    short a;
    long b;
};
#pragma pack(pop)
```

pack の第 2 の引数は、マシンがハードウェアのレベルでメモリから読むことができるチャンクとして想定されるサイズだ。

pack の第 1 引数は、push か pop である。コンパイラは変換処理を行っている間、特殊な内部スタックのトップをチェックして、現在の**パディング値**（padding value）を追跡管理する。そのスタックに新しい値をプッシュすれば、現在のパディング値が一時的にオーバーライドされる。用が済んだら古い値をポップできる。パディング値をグローバルに変更することも可能で、それには次の形で、このプラグマを使う。

```
#pragma pack(2)
```

ただし、これは非常に危険である。プログラムの他の部分に予想できない微妙な変化が生じることがあり、そうなるとトレースが非常に困難だ。

パディング値が個々のフィールドのアラインメントに与える影響を見るために、リスト 12–14 に示す例を分析しよう。

リスト12-14：pack_2.c

```
#pragma pack(push, 2)
struct mystr {
    uint16_t a;
    int64_t b;
};
#pragma pack(pop)
```

パディング値は、仮想のターゲットマシンが 1 回のメモリ読み出しでフェッチできるバイト数を示す。コンパイラは、各フィールドについて、読み出しの回数が最小になるよう調整しようとする。ここでは a と b の間のバイトをスキップする理由はない。このパディング値なら、まったく改善の余地がないからだ。変数値が a=0x1111 と b=0x22 22 22 22 22 22 22 22 であれば、このメモリのレイアウトは次のようになる。

11 11 22 22 22 22 22 22 22 22

リスト 12–15 に、パディング値 4 を使う別の例を示す。

リスト12-15：pack_4.c

```
#pragma pack(push, 4)
struct mystr {
    uint16_t a;
    int64_t b;
};
#pragma pack(pop)
```

もし仮に、同じメモリレイアウトにしてギャップをなくしたらどうなるだろう。1回に読めるのは4バイトだけなので、それでは最適な結果が得られない。アトミックに読み取れるメモリチャンクの境界を区切ったのだから、それに合わせた調整が必要だ。

```
Pack: 2
11 11 | 22 22 | 22 22 | 22 22 | 22 22 | ?? ??

Pack: 4（上と同じメモリレイアウト）
11 11    22 22 | 22 22    22 22 | 22 22    ?? ??

Pack: 4（実際に使われるレイアウト）
11 11    ?? ?? | 22 22    22 22 | 22 22    22 22
```

このように、パディングが4に設定されているとき、もしギャップのないメモリレイアウトを使ったら、CPUがbをアクセスするのに、3回の読み込みが強制される。基本的には、構造体のメンバを可能な限り近接して配置しながら、読み込みの量を最小化するのが理想的である。

だいたい同じことを、GCC固有の方法で行うのが、__attribute__ディレクティブ[9]のpacked指定だ。一般に__attribute__は、たとえば型や関数といったコードのエンティティに追加する仕様を記述する。このpackedキーワードは、構造体のフィールドをメモリでギャップをまったく入れずに連続して格納するという意味である。リスト12-16に、その用例を示す。

リスト12-16：str_attribute_packed.c

```
Struct __attribute__(( packed )) mystr {
    uint8_t first;
    float delta;
    float position;
};
```

この「パックされた」構造体は、言語の一部ではなく、ハードウェアのレベルでも、一部のアーキテクチャ（たとえばSPARC）ではサポートされない。つまり性能に影響が出るばかりでなく、プログラムがクラッシュしたり、不正な値を読むことになるだろう。

---

[9] 訳注：__attribute__の構文については、GCCオンラインドキュメント[110]の「6.37 Attribute Syntax」を参照。

12.5 C11におけるアラインメント

C11で、アラインメントを制御する標準の方法が導入された。これは、次のもので構成されている。

- 2つのキーワード
    - `_Alignas`
    - `_Alignof`
- `stdalign.h`ヘッダファイル：これはプリプロセッサ用に、`_Alignas`の別名`alignas`と、`_Alignof`の別名`alignof`を定義する。
- `aligned_alloc`関数[10]

アラインメントの値は、2の累乗数だけである (1、2、4、8、...)。

`alignof`は、ある変数または型のアラインメントを知るのに使える。これは`sizeof`と同じくコンパイル時に計算される。リスト12-17に、その用例を示す。`size_t`型の値をプリントまたはスキャンするときは、変換指定子`"%zu"`を使うことにも注意しよう。

リスト12-17：alignof_ex.c

```
#include <stdio.h>
#include <stdalign.h>

int main(void) {
    short x;
    printf("%zu\n", alignof(x));
    return 0;
}
```

実際に`alignof(x)`が返すのは、xがアラインされている最大の「2の累乗数」である。何かを（たとえば）8にアラインすることは、4にも、2にも、1にも（すべての除数に）アラインすることだから。

`_Alignof`よりも`alignof`を、そして`_Alignas`よりも`alignas`を使うべきである。

`alignas`は、パラメータとして定数式を受け取り、変数または配列のアラインメントを強制する。リスト12-18に示す例は、実行されると8を出力する。

---

[10] 訳注：[7]の「7.22.3.1 The aligned_alloc function」を参照。

リスト12-18：alignas_ex.c

```
#include <stdio.h>
#include <stdalign.h>

int main( void ) {
    alignas( 8 ) short x;
    printf( "%zu\n", alignof( x ) );
    return 0;
}
```

alignof と alignas の組み合わせによって、他の変数と同じ境界に、変数のアラインメントを調整できる[11]。

変数を、そのサイズより小さな値にアラインすることはできない。また、alignas は __attribute__((packed)) と同じ効果を得るために使うことができない。

12.6　まとめ

この章では、プログラミング言語とは何かについてのわれわれの知識を組織化し拡張した。パーサを書くための基本や、未定義および未指定の振る舞いという概念を学んで、なぜそれらが重要なのかを知った。それからプラグマティクスという概念を導入して、言語でもっとも重要な側面を詳しく説明した。

この章では課題を提示せず、次の章に譲る。そこでは、良きコーディングの習慣のなかでもっとも重要なものを、いくつか紹介する。まだ読者が C に、それほど慣れ親しんでいないとしたら、C を学ぶ過程のなるべく早いうちに、良い習慣を身につけてほしいからだ。

- ■問題 241　言語の構文とは何か。
- ■問題 242　文法は何のために使われるか。
- ■問題 243　文法を構成するのは何か。
- ■問題 244　BNF とは?
- ■問題 245　文法が BNF で記述されていたら、どうやって再帰下降パーサを書けるだろうか。
- ■問題 246　文法の記述に、どうすれば優先順位を組み込めるのか。
- ■問題 247　チョムスキー階層とは?
- ■問題 248　正規言語が文脈自由言語ほどの表現力を持たない理由は?
- ■問題 249　字句解析とは?
- ■問題 250　言語のセマンティクスとは?

---

[11]　**訳注**：詳細は、[7] の「6.7.5 Alignment specifier」、プリッツ/クロフォード [154] の「2.7 メモリ内のオブジェクトのアラインメント」を参照。

- ■問題 251　未定義の振る舞いとは?
- ■問題 252　未指定の振る舞いとは何か。未定義の振る舞いと、どう違うのか。
- ■問題 253　Cにおける未定義の振る舞いには、どんなケースがあるか。
- ■問題 254　Cにおける未指定の振る舞いには、どんなケースがあるか。
- ■問題 255　シーケンスポイントとは?
- ■問題 256　プラグマティクスとは?
- ■問題 257　データ構造の詰めものとは何か。移植性はあるか?
- ■問題 258　アラインメントとは何か。C11では、どう制御できるのか。

第13章
良いコードを書くには

　この章ではコーディングのスタイルに話を絞りたい。コードを書いているとき開発者は常に、何らかの判断を下し続けている。どんなデータ構造を使えばいいか。どういう名前を付けるか。それをどこに、いつ割り当てるか。経験豊かなプログラマが下す判断は、初心者とは違っているだろう。その判断のプロセスについて語るのが極めて重要なことだとわれわれは考える。

13.1　選択の基準

　たいがいの判断では、相互排他的な2極の間でバランスを取ることが求められる。よくある例として、品質の良い製品を安く、しかも素早く出荷することはできない。高性能を求めてコードを微調整すれば、読むのもデバッグするのも難しくなる。コードの性質のうち、どれを他より優先させるかを、常識とタスクの性質をもとに決めなければならない。コーディングのガイドラインは良い出発地点だが、やみくもに従うのではだめだ。

　どのようにコードを書くべきかに関するわれわれのアドバイスには、下記の前提がある。

1. コードは可能な限り再利用できるようにしたい。そのためには、しばしば慎重な計画と、開発者間の協力が求められる。コードを素早く書けるようになる、というのではないが、デバッグの時間が節約され、本当に複雑なソフトウェアを書けるようになるから、投資に見合うだけの効果は、すぐに出てくる。プログラムをデバッグするのは、プログラムを書くことよりも難しいと一般に考えられている。コードが少なければデバッグに費やされる時間が少なくなり、機能も堅牢になるのが普通だ。とくにCのような言語では、それが非常に重要である。Cは、
   - 広い意味で安全ではない（ポインタ演算が許可される、境界チェックが行われない、など）。
   - Scala、Haskell、OCamlのような言語に見られる「表現力が豊かな」(expressive)

型システムが存在しない。そのような型はプログラムに対して数多くの制約を課し、それらを満足させないとコンパイルできない。

このルールには注目に値する例外がある。もし関数を再利用した結果、性能が極度に劣化するのであれば、そのアルゴリズムは、O-記法のオーダーがむやみに高い複雑さを持つ。たとえば第10章で連結リストの課題を出したが、そこにはリストに含まれる整数の和を計算する関数があった。それを作る2つの方法の概略を、リスト13-1に示す。

リスト13-1：list_sum_bad.c

```c
#ifdef NOVICE_PROGRAMMER
int list_sum( const struct list* l ) {
    size_t i;
    int sum = 0;
    for( i = 0 ; i < list_size( l ) ; l = l-> next )
        sum = sum + l->value;
    return sum;
}
#else
int list_sum( const struct list* l ) {
    size_t i;
    int sum = 0;
    /* サイズは、繰り返しのたびに全部を計算したくない */
    size_t sz = list_size( l ) ;
    for( i = 0; i < sz; l = l-> next )
        sum = sum + l->value;
    return sum;
}
#endif
```

0からリストの長さ −1までを範囲とするループの中で、前者はリストを、いつも最初の要素から順に辿ることを繰り返す。リストを1回だけ辿る後者と比べて、性能は極端に低下する。後者の場合、このリストに要素を1つ追加してもリストへのアクセスは1回増えるだけだが、前者の場合はリストへのアクセスがリストの長さだけ増えてしまう！

2. プログラムは変更が容易であること。これは、前提1との相互関係がある。より小さな関数は、しばしば再利用性が高く、したがって変更も容易になる。変更する関数が小さければ、前のバージョンのまま残されるコードの量は大きくなる。
3. コードは可能な限り読みやすくすべきだ。とくに重要なのは次の点である。
   - まともな命名。たとえあなたが英語のネイティブスピーカーではないにしても、変数名や関数名やコメントを、ローマ字の日本語やクリンゴン語で書く

ことは推奨できない[1]。
  - 一貫性。同じ命名規約を使い、同じ操作を実行するときは統一された方法を用いる。
  - 短く簡潔な関数。もしロジックの記述が饒舌すぎるとしたら、たぶんそれは機能が十分に分離されていないか、抽象レイヤを追加する必要があることを示す徴候だろう。関数を短くすることは、保守性に対しても有効である。
4. コードは容易にテストできなければいけない。テストによって、少なくともいくつかの複雑なケースでコードが意図した通りに動くことを確認できる。

ときにはタスクの性質が、それとは反対のことを要求するかもしれない。たとえばコントローラのコードを書いているとして、よくできた最適化コンパイラもなく、リソースも非常に制約されているとしたら、コードの美しい構造を捨てざるを得ないかもしれない。コンパイラが関数を適切にインライン化できなければ、関数コールを行うたびに性能に影響がおよび、しばしば受け入れがたい状況に陥る。

13.2 コードを構成する要素

13.2.1 一般的な命名規約

具体的な命名規約は、しばしば言語そのものによって強いられる。プロジェクトが既存のコードベースに基づいているときは、一貫性を重視して、その様式から逸脱しないのが合理的かもしれない。この本でわれわれは、次に示す命名規約に従っている。

- すべての名前を小文字で書く。
- 名前の各部分は1個のアンダースコアで区切る（たとえば、`list_count`）。

この節の残りの部分では、言語のさまざまな機能について、対応する命名と利用方法の規約を述べる。

13.2.2 ファイルの構造

インクルードファイルには、インクルードガードを付けよう。ヘッダファイルは自己充足させること。つまり、それぞれの`thisfile.h`について、`#include "thisfile.h"`という1行だけを入れた.cファイルがコンパイルできるようにする。インクルードの順序は、次のように

---

[1] **訳注**：プログラミングの世界で英語が標準語であることは事実である。もっともカーニハン/リッチー [18] の仏語訳では識別子までフランス語になっていたし、訳者も [148] で日本語の識別子を積極的に使った。非標準語を使うかどうかは、コミュニティで取り決める問題だろう。なお、C++のコードでクリンゴン語を使ったのは、スコット・メイヤーズ [147] で、その項は本書の「13.2.4」と関わりがある。

書くことが多い。

- 関連ヘッダ
- C 標準ライブラリ
- その他のライブラリの.h
- プロジェクトの.h

それから先は、マクロ、型、関数、変数などの宣言を、一貫した順序で行う。それによってプロジェクトの探索が、ずいぶん単純化されるだろう。典型的な順序は、

- ヘッダファイルならば
    1. ファイルのインクルード
    2. マクロ
    3. 型
    4. 変数（グローバル）
    5. 関数
- .c ファイルならば
    1. ファイルのインクルード
    2. マクロ
    3. 型
    4. 変数（グローバル）
    5. static 変数
    6. 関数
    7. static 関数

13.2.3 型

- できれば（C99 以降ならば）stdint.h で定義されている型（uint64_t、uint8_t など）を選ぶ。
- POSIX に準拠したければ、_t というサフィックスを付けた独自の型定義をしないこと。このサフィックスが標準の型のために予約されているのは、標準の将来のバージョンで新しい型が導入されても、既存のプログラムで定義されているカスタムの型と衝突しないようにするためだ。
- 型名には、プロジェクトに共通のプリフィックスを付けることが多い。たとえば計算機（calculator）を書くときは、型の名前に calc_ というプリフィックスを付ける。
- 構造体を定義するときに、もしフィールドの順序を選べるのなら、次の順序で定義し

よう。
- まずは、**データ構造のパディング**によるメモリの空費を最小化するよう試みる。
- 次に、フィールドをサイズの小さい順に並べる。
- 最後に、アルファベット順にソートする。
- ときには、構造体の中に、ユーザーが直接変更できないようにしたいフィールドがあるかもしれない。たとえば、あるライブラリがリスト13-2に示す構造体を定義しているとしよう。

リスト13-2：struct_private_ex.c

```
struct mypair {
    int x;
    int y;
    int _refcount;
};
```

このような構造体のフィールドは、ドット（.）または矢印（->）の構文を使って直接変更できる。けれどもわれわれの規約として、このライブラリの特定の関数だけが、`_refcount`フィールドを変更でき、ライブラリのユーザーは直接それを行わない、ということにしたいのだ。

Cには構造体のプライベートなフィールドというコンセプトがないので、それに近いことでわれわれにできるのは、いささかダーティなハックを使うのでなければ、この程度のことでしかない。

- 列挙のメンバは、定数と同じく、大文字で書こう。列挙のメンバには、共通するプリフィックスを付けるのが望ましい。その例を、リスト13-3に示す。

リスト13-3：enum_ex.c

```
Enum exit_code {
    EX_SUCCESS,
    EX_FAILURE,
    EX_INVALID_ARGUMENTS
};
```

13.2.4 変数

変数や関数に正しい名前を選ぶことは、極めて重要だ。

- 名前には名詞を使う。
- ブール型の変数にも、意味のある名前を付けよう。プリフィックスとして`is_`を付け、その後にチェックするプロパティを書くのが良い。たとえば`is_prime`とか、

is_before_last なら意味が明確だが、is_good ではたいがいの場合、意味が広すぎて良い名前にならない。

否定の名前より肯定の名前を選ぼう。そのほうが人間の脳は素直に解析できる。たとえば、is_not_odd ではなく、is_even とする。

- まったく意味のない、a、b、x4 といった名前を使うのはやめよう。ただし記事や論文などで、アルゴリズムを擬似コードで説明するときは、そういう名前を使うのが普通だ。別の名前を付けたら読者が混乱するから、それを避けることが意味の明解さより優先される。また、インデックスには伝統的に、i、j などが使われる。慣例に従って書けば、意図は理解されるだろう。

- 計測の単位を加えるのも良いアイデアだ。たとえば、uint32_t delay_msecs。

- その他のサフィックスも便利に使える（cnt や max など）。たとえば attempts_max は、試行を容認する最大の回数、attempts_cnt は、試行された回数を意味するものだろう。

- グローバル定数は、すべて大文字で書こう。グローバルで変更可能（mutable）な変数には、プリフィックス g_ を付けるのが良い。

- かつては、グローバル変数は #define ディレクティブを使って定義せよ、というのが伝統だった。けれども、const static か、単なる const のグローバル変数を使うのが、最近のアプローチだ。#define と違って、これらは型付けされ、デバッグでも見やすい。しかも高級なコンパイラならば、そのほうが高速だと判断したら黙ってインライン化してくれるだろう。

- 使えるときは、必ず const を使おう。C99 では、ブロックの先頭に限らず、関数内の任意の場所で変数を作成できる。名前付きの定数と違って、中間結果を保存することも可能だ。

- グローバル変数をヘッダファイルで定義してはいけない! それらは .c ファイルの中で定義し、.h ファイルの中では extern として宣言しよう。

13.2.5　グローバル変数について

書き換え可能なグローバル変数は、できる限り使わないこと。これは、いくら強調しても足りない。問題となる点のうち、もっとも重要なものをあげる。

- プロジェクトが中規模以上になれば（莫大な行数を持つ大きなプロジェクトではなおさら）関数の作用についての情報のすべてを、そのシグネチャ部に集めるべきだ。関数 f は、別の関数 g を呼び出すかもしれず、それが何度繰り返されるかもしれず……（以下同様）この連鎖のどこかでグローバル変数が変更される。そういう変更が起きるかもしれないことは、f を見てもわからない。それが呼び出す全部の関数を調べ、そ

れらの関数が呼び出す全部の関数を……（以下同様）調べなければならなくなる。
- これらを使う関数は、**再入可能**（reenterable）ではなくなる。つまり関数 f が、すでに実行されているのなら、また f を呼び出すことはできない。再入は、次の 2 つのケースで発生する。
    - 関数 f が、他の関数を呼び出して、それが内部処理の合間に、また f を呼び出すとき、まだ f の第 1 のインスタンスは終了していない。

リスト 13–4 に、再入可能ではない関数 f の例を示す。

リスト13–4：reenterability.c

```c
bool flag = true;
int var = 0;
void g(void) {
    f();
    flag = false;
}
void f(void) {
    if (flag) g();
}
```

- プログラムが並列処理を行って、複数のスレッドで関数が利用される（今どきのコンピュータでは、しばしばこれが行われる）。

呼び出しの階層構造が複雑になると、関数が再入可能か否かを知るために、追加の解析が必要になる。

- これらの変数にはセキュリティのリスクがある。そういう値は通常、更新または使用の前にチェックする必要があるのだが、プログラマは妥当性のチェックを忘れがちである。うまくいかない可能性があるものは、きっとうまくいかないだろう。
- データに依存することになって、関数がテストしにくくなる。とはいえ、テストなしにコードを書くのは、絶対に避けるべき悪習だ。

可変（mutable）static グローバル変数も悪質だが、少なくとも他のファイルのグローバル名前空間は汚染しない。

ただし、不変（immutable）static グローバル変数（`const static`）は完全に無害であり、しばしばコンパイラによってインライン化される。

13.2.6 関数

- 関数の命名には動詞を使おう。たとえば、`packet_checksum_calc`。

- プリフィックスの `is_` も、条件をチェックする関数で、ごく一般的に使われる。たとえば、`int is_prime(long num)`。
- 特定のタグを持つ構造体を操作する関数は、対応するタグ名をプリフィックスとすることが多い。たとえば、`bool list_is_empty(struct list* lst);`。

Cでは名前空間を細かく制御できない。ほとんどの関数をどこからでもアクセスできる混沌とした状況を制御するには、もっとも単純な方法がこれだろう。

- 全部の関数に `static` 修飾子を使おう（誰でも利用できるようにしたい関数は例外として）。
- `const` を使うべき型で、もっとも重要なのは、関数に引数として渡される「不変 (immutable) データへのポインタ」型だ。そうすれば関数のなかで、うっかり書き換えてしまうミスを防止できる。

13.3 ファイルの編成とドキュメント

プロジェクトが大きくなると、ファイルの数も増えて、ナビゲーションが難しくなる。規模の大きなプロジェクトにも対応できるように、最初から編成しておこう。

次に示すのは、プロジェクトのルートディレクトリに使う一般的なテンプレートだ。

`src/`	ソースファイル
`doc/`	ドキュメント
`res/`	リソースファイル (画像など)
`lib/`	実行ファイルにリンクする静的ライブラリ
`build/`	ビルドの成果：実行ファイルと、その他の生成されたファイル
`include/`	インクルードファイル。このディレクトリは、コンパイラのインクルードパスに、`-I` オプションで追加する。
`obj/`	生成されたオブジェクトファイル。リンカによって実行ファイルやライブラリに組み込まれ、コンパイルが完了したら必要ではなくなる。
`configure`	ビルドの前に起動すべき初期コンフィギュレーションスクリプト。各種のターゲットアーキテクチャをセットアップしたり、さまざまなオプションの ON/OFF を設定することができる。
`Makefile`	自動ビルドシステム用の指令を含む。ファイル名と書式は、使うシステムによって異なる。

ビルドシステムはいろいろあるが、Cでもっとも人気があるのは、`make`、`cmake`、`automake` などだ。言語が違えばエコシステムも異なり、しばしば専用のビルドツールがある（例：Gradle や OCamlBuild）。

- 下記のプロジェクトは研究に値する。われわれの知る限り、うまく組織されている。

- `www.gnu.org/software/gsl/` - GNU Scientific Library
- `www.gnu.org/software/gsl/design/gsl-design.html` - Design document
- `www.kylheku.com/~kaz/kazlib.html` - package of reusable data structure modules

　Doxygen は、C や C++ などのプログラムからドキュメントを作ってくれる、事実上の標準ツールだ。これはプログラムのソースコードから、完全に構造化された HTML または LaTeX のページ群を生成する。関数と変数の記述は、特別に整形されたコメントから取る。リスト 13–5 は、Doxygen が受け取ることのできるソースファイルの例を示している。

リスト13–5：doxygen_example.h

```c
#pragma once
#include <common.h>
#include <vm.h>

/** @defgroup const_pool Constant pool */

/** Free allocated memory for the pool contents
 */
void const_pool_deinit( struct vm_const_pool* pool );

/** Non-destructive constant pool combination
 * @param a First pool.
 * @param b Second pool.
 * @returns An initialized constant pool combining contents of both arguments
 */
struct vm_const_pool const_combine(
        struct vm_const_pool const* a,
        struct vm_const_pool const* b );


/** Change the constant pool by adding the other pool's contents in its end.
 * @param[out] src The source pool which will be modified
 * @param fresh The pool to merge with the 'src' pool.
 */
void const_merge(
        struct vm_const_pool* src,
        struct vm_const_pool const* fresh );


/**@} */
```

特別に整形されたコメント（`/**`で始まり、`@defgroup` のようなコマンドを含むもの）が、Doxygen によって処理され、それぞれのコードエンティティのドキュメントが生成される。詳

しくは、Doxygen のドキュメントを見ていただきたい[2]。

13.4　カプセル化

　抽象化は、思考の基本原理の1つである。ソフトウェア工学でいう**カプセル化**（encapsulation）は、実装の詳細とデータを内側に隠すプロセスだ。

　たとえば画像の回転のような特定の動作を実装したいときは、画像の回転のことだけを考えたいだろう。入力ファイルのフォーマットや、そのヘッダのフォーマットなどは、重要な問題ではない。本当に重要なのは、画像を構成するドットを扱えるようにすることと、寸法を知ることだ。けれども、回転のアルゴリズムとは無関係な、そういう情報も考慮しなければ、実際にプログラムを書くことができない。

　だからプログラムを分割しよう。それぞれのパーツは、自分が分担する役割だけを行う。そのロジックを利用するには、隠されていない一群の関数を呼び出すか、隠されていない一群のグローバル変数を使うか、その両方を使う。つまり、それらを組み合わせたものが、プログラムのパーツの**インターフェイス**（interface）になる。それらを実装するために、また別の関数を書かなければいけないが、それらはエンドユーザーから見えないように隠しておくのが良い。

■**バージョン管理システムの使い方**　チームで仕事をするときは、大勢の人が同時に変更を行うので、関数を小さくすることが非常に重要だ。もし1個の関数で多くの動作を実装しており、コードが巨大であれば、独立した複数の変更を自動的にマージするのは困難になる。

　パッケージやクラスをサポートするプログラミング言語では、これらを使ってコードの各部を隠したり、それらのためのインターフェイスを作ることができる。残念ながら C には、そのどれも存在しない。さらに構造体の「プライベートフィールド」というコンセプトもなく、すべてのフィールドが誰にでも見えてしまう。

　この言語でプログラムのコードを分割して独立させるのに役立つ（実際には唯一の）機能が、個別のコードファイル、いわゆる「変換単位」（translation unit）のサポートである。その変換単位（つまり .c）の同義語として、モジュールという言葉を使おう。

　C の標準は、モジュールという概念を定義していない。この本で、変換単位とモジュールを交換可能な言葉として使っているのは、C 言語に関する限り両者は、ほぼ等しいからだ。

　ご存じのように、関数とグローバル変数は、デフォルトでパブリックシンボルになるので、他のファイルからアクセスできる。妥当な解決策は、すべての「プライベートな」関数およびグローバル変数を、.c ファイルで `static` とすること。そして、すべての「パブリックな」関

---

[2] 訳注：「ソースコード・ドキュメンテーション・ツール Doxygen」(http://www.doxygen.jp/) の「Doxygen マニュアル」(http://www.doxygen.jp/manual.html) を参照。

数を.hファイルで宣言することだ。

一例として、スタックを実装するモジュールを書いてみよう。

ヘッダファイルでは、構造体と、そのインスタンスを操作できる関数を記述する。これは、サブタイピングのない（継承を使えない）オブジェクト指向プログラミングに似ている。

インターフェイスは、下記の関数で構成される。

- スタックを作成／破棄する関数：(init/deinit)
- スタックの要素をプッシュ／ポップする関数：(push/pop)
- スタックが空かチェックする関数：(is_empty)
- スタック内の各要素について、指定の関数を呼び出す関数：(foreach)

ソースコードのファイルでは、すべての関数を定義するほか、外側からはアクセスできない関数も定義するだろう。それらは、ただモジュール化と再利用のために作られたのだ。

リスト13–6と13–7に、結果のコードを示す。stack.hがインターフェイスを記述する。これにはインクルードガードがあり、他のすべてのヘッダ（先に標準ヘッダ、それからカスタムヘッダ）をインクルードし、それからカスタムの型定義を行う。

リスト13–6：stack.h

```c
#ifndef _STACK_H_
#define _STACK_H_

#include <stddef.h>
#include <stdint.h>
#include <stdbool.h>

struct list;

struct stack {
    struct list* first;
    struct list* last;
    size_t count;
};

struct stack stack_init  ( void );
void stack_deinit( struct stack* st );

void stack_push( struct stack* s, int value );
int  stack_pop ( struct stack* s );
bool stack_is_empty( struct stack const* s );

void stack_foreach( struct stack* s, void (f)(int) );

#endif /*  _STACK_H_  */
```

ここでは、listとstackという2つの型を定義している。前者はスタックの内部で使われるだけなので、**不完全型**（incomplete type）として宣言している[3]。その定義が後に指定されない限り、この型については、インスタンスへのポインタだけが許される。

stack.hをインクルードする一般のファイルでは、このstruct list型は不完全なままとなる。けれども、実装のあるstack.cというファイルに限っては、この構造体を定義するので、型が完全になり、そのフィールドをアクセスできる。

次にstruct stackが定義され、それを操作する関数（stack_push、stack_popなど）が宣言されている。これらはリスト13-7のstack.cで実装される。

リスト13-7：stack.c

```c
#include <malloc.h>
#include "stack.h"

struct list { int value; struct list* next; };

static struct list* list_new( int item, struct list* next ) {
    struct list* lst = malloc( sizeof( *lst ) );
    lst->value = item;
    lst->next = next;
    return lst;
}

void stack_push( struct stack* s, int value ) {
    s->first = list_new( value, s->first );
    if ( s->last == NULL ) s->last = s-> first;
    s->count++;
}

int stack_pop( struct stack* s ) {
    struct list* const head = s->first;
    int value;
    if ( head ) {
        if ( head->next ) s->first = head->next;
        value = head->value;
        free( head );
        if( -- s->count ) {
            s->first = s->last = NULL;
        }
        return value;
    }
    return 0;
}
```

---

[3] 訳注：C11ドラフト[7]の「6.2.5 Types」によれば、変換単位のなかでオブジェクトの型が不完全なのは、その型のオブジェクトのサイズを決定するのに十分な情報を欠いているときであり、そうでなければ（十分な情報があれば）完全である。プリッツ/クロフォード[154]の「2.1 型分類」を参照。

```
void stack_foreach( struct stack* s, void (f)(int) ) {
    struct list* cur;
    for( cur = s->first; cur; cur = cur-> next )
        f( cur->value );
}

bool stack_is_empty( struct stack const* s ) {
    return s->count == 0;
}

struct stack stack_init( void ) {
    struct stack empty = { NULL, NULL, 0 };
    return empty;
}

void stack_deinit( struct stack* st ) {
    while( ! stack_is_empty( st ) ) stack_pop( st );
    st-> first = NULL;
    st-> last = NULL;
}
```

このファイルは、ヘッダで宣言されたすべての関数を定義している。これを複数の.cファイルに分割することも可能であり、それがプロジェクトの構造を改善するのに役立つこともある。重要なのは、すべてをコンパイラが受け取り、コンパイルしたコードをリンカに渡すことだ。

`list_new` は、`struct list` のインスタンス初期化機能を隔離する目的で、`static` 関数として定義されている。これは外の世界に公開されないのだ。さらに最適化によってコンパイラは、これをインライン化できるだけでなく、関数そのものを削除することさえ可能であり、コードの性能に対して影響を与える可能性を事実上なくすことができる。その最適化を実現するためには、関数を `static` にすることが必要である（十分条件ではない）。さらに `static` 関数の実装を、それを呼び出す関数の近くに置くことで、局所性が改善される。

プログラムを、十分に記述されたインターフェイスを持つ複数のモジュールに分割することによって、全体の複雑さが軽減され、再利用性が高まる。

ヘッダファイルを作る必要があるから、やや変更が面倒になるだろう。ヘッダとコード自身の一貫性を保つことが、プログラマの責任になるからだ。けれども、実装の詳細を含まない明確なインターフェイス仕様を書くことで得られるメリットもある。

13.5　不変性

1つの構造を更新するとき、新しいコピーを作るか、それとも古いのを上書きして変更するか、どちらかを選ばなければいけない、というのはよくある状況だ。

どちらにも長所と短所がある。

- コピーを作るのは、
    - 書くのが簡単なので、間違ったインスタンスを関数に渡す事故を防げる。
    - 変数の更新を追跡する必要がないから、デバッグが容易である。
    - コンパイラによる最適化が可能である。
    - 並行処理に適している。
    - 遅いかもしれない。
- 既存のインスタンスを変更するのは、
    - 高速である。
    - デバッグが困難になるかもしれない（とくにマルチスレッド環境では）。
    - ときには、このほうが単純である。なぜなら、他の構造を指す複数のポインタを持つ構造を、注意深く再帰的にコピーする必要がないからだ（このプロセスは「深いコピー」と呼ばれる）。
    - 独自のアイデンティティを持つオブジェクトには、たぶんこのアプローチのほうが直感的であり、しかも十分に堅牢である。

われわれは現実の世界を、「可変なオブジェクト」（mutable object）を基本として認識する。それは現実の世界にあるオブジェクトが、しばしば独自のアイデンティティを持つからだ。あなたが自分のスマートフォンの電源を入れたとき、古い機器が新しい機器で置き換えられたのではなく、同じ機器の状態が変化したのである。言い換えると、スマートフォンはアイデンティティを維持しながら、その状態を変化させる。このように、ある型のインスタンスが1つしかない状況で、それに対する継続的な変更が行われるとき、毎回コピーを作る代わりに、それを変更するのは、むしろ当然なことなのだ。

13.6 アサート

これはプログラムの実行中に、ある条件が成立するかどうかチェックする機構である。その条件が満たされないとき、エラーが生成され、プログラムは異常終了する。

アサート機構を使うには、`#include <assert.h>`をしてから、その`assert`マクロを使う必要がある。リスト13-8に、その例を示す。

リスト13-8：assert.c

```
#include <assert.h>
int main() {
    int x = 0;
    assert( x != 0 );
    return 0;
}
```

ここで assert マクロに与えている条件は、明らかに偽である。だからプログラムは異常終了し、失敗したアサートについて教えてくれる。

```
assert: assert.c:4: main: Assertion 'x != 0' failed.
```

もしプリプロセッサシンボルの NDEBUG が定義されていたら（それにはコンパイラオプションの-D NDEBUG を使っても、#define NDEBUG を使ってもよい）、アサートは空の文字列で置き換えられ、機能しなくなる。そうすればアサートのオーバーヘッドはゼロになり、チェックは実行されない。

アサートは、プログラムの状態に一貫性がないことを示すような「ありえない条件」のチェックに使うべきだ。ユーザー入力のチェックにアサートを使ってはいけない。

13.7 エラー処理

より高いレベルの言語には、（本来のロジックを記述する邪魔にならない）ある種のエラー処理機構があるが、C にはそれがない。エラーに対処する方法は、主に次の 3 つである。

1. リターンコードを使う。結果を返さない関数ならば、処理に成功したか失敗したかを示すコードを返すことができる。失敗した場合に返すコードには、実際に発生したエラーのタイプを反映させる。計算した結果を返す関数では、追加の引数で受け取ったポインタを使ってエラーコードを代入すればよい。リスト 13-9 に、それぞれの用例を示す。

リスト13-9：error_code.c

```
enum div_res {
    DIV_OK,
    DIV_BYZERO
};

enum div_res div( int x, int y, int* result ) {
    if ( y != 0 ) { *result = x/y; return DIV_OK; }
    else return DIV_BYZERO;
}
```

逆に、戻り値を通常の方法で返すのなら、エラー専用の変数を指すポインタを受け取って、そこにエラーコードを設定するのでもよい。

エラーコードは、enum または複数の#define を使って記述できる。エラーコードは、静的なメッセージ配列へのインデックスとして使うことも、switch ステートメントで使うこともできる。リスト 13-10 に、それぞれの用例を示す。

リスト13-10：err_switch_arr.c

```
enum error_code {
    ERROR1,
    ERROR2
};
...
enum error_code err;
...
switch (err) {
    case ERROR1: ... break;
    case ERROR2: ... break;
    default: ... break;
}
/* または */
static const char* const messages[] = {
    "It is the first error\n",
    "The second error it is\n"
};

fprintf( stderr, messages[err] );
```

　エラーコードの置き場所として、グローバル変数を使ってはいけない（関数から値を返す目的で使うのもだめだ）。

　Cの標準には、「変数のような」エンティティとして、errnoが存在する。これは書き換え可能な左辺値になるマクロで、明示的に宣言してはいけない。使い方はグローバル変数に似ているが、その値はスレッドローカルである。ライブラリ関数は、これをエラーコードの置き場所として使うので、関数から「失敗」が返されたら（たとえばfopenがNULLを返したら）、errnoの値を見てエラーコードをチェックすべきだ。それぞれの関数のmanページに、可能性のあるerrnoの値が列挙されている（たとえばEEXISTなど）。

　この機能は、たしかに標準ライブラリに持ち込まれてしまったが、一般に「アンチパターン」とみなされているものであって、真似をしてはいけない。

　　2.　コールバックを使う。

　コールバックは、引数として渡される関数ポインタで、それを受け取った関数によって呼び出される。この機構もエラー処理コードを隔離するために利用できるが、それより伝統的なエラーコードの使い方に慣れている人には、しばしば奇異に思われる。また、実行の順序の明快さが損なわれる。リスト13-11に、コールバックの例を示す。

リスト13-11：div_cb.c

```
#include <stdio.h>
```

```
int div( int x, int y, void (onerror)(int, int)) {
    if ( y != 0 )
        return x/y;
    else {
        onerror(x,y);
        return 0;
    }
}

static void div_by_zero(int x, int y) {
    fprintf( stderr, "Division by zero: %d / %d\n", x, y );
}

int main(void) {
    printf("%d %d\n",
            div( 10, 2, div_by_zero ),
            div( 10, 0, div_by_zero ) );
    return 0;
}
```

3. longjmp を使う。これは高度なテクニックなので、14.3 節で説明しよう。

さらに、goto を使う古典的なエラーリカバリーの手法がある。リスト 13-12 に例を示す。

リスト13-12：goto_error_recover.c

```
void foo(void)
{
    if (!doA()) goto exit;
    if (!doB()) goto revertA;
    if (!doC()) goto revertB;

    /* doA, doB, doC に成功したとき */
    return;

revertB:
    undoB();
revertA:
    undoA();
exit:
    return;
}
```

この例では A、B、C の 3 つの処理を行うが、それぞれ失敗する可能性がある。そして A、B の処理にはクリーンアップが必要だという共通の性質がある。たとえば doA が、動的なメモリ割り当てをトリガするとしよう。もし doA が成功したのに doB が成功しなければ、A のメモリを解放しないとメモリリークが発生する。revertA というラベルの付いた undoA が行うのが、その処理である。

複数処理のリカバリー（復旧）は逆順で実行される。もし doA と doB は成功したけれど doC は失敗したのなら、まず B の復旧を行い、それから A の復旧を行う。だから復旧処理の段階にラベルを付け、制御が「フォールスルー」するように並べてある。このため、goto revertB は先に doB を復旧し、それから doA を復旧するコードを続けて実行する。このトリックは、しばしば Linux カーネルで見ることができる。ただし注意が必要だ。goto を使うと、コードの検証がずっと難しくなるのが普通で、ときどき非難を受けるのは、そのせいである。

13.8　メモリ割り当てについて

- 多くのプログラマが、スタックに「柔軟な配列」(flexible array)[4]を割り当てないよう忠告している。長さを十分にチェックしないと、たちまちスタックオーバーフローの原因となるだろう。それどころか、もっと悪いことに、指定サイズの領域をスタックで安全に割り当てられるかどうかを知る方法がないのだ。

- malloc の使いすぎに注意! この章の最後の課題でわかるように、malloc は、ずいぶん高くつくのだ。あまり大きくない変数を割り当てるのなら、スタックにローカル変数として割り当てよう。もし構造体のアドレスを必要とする関数があるのなら、スタックに割り当てた構造体のアドレスを取って、その関数に渡せばよい。そうすればメモリリークを予防でき、性能が向上し、コードが読みやすくなる。

- グローバル変数は、const である限り何の危険もない。static ローカル変数も同様で、1 個の関数だけが、その定数を使えるようにしたいのなら、こちらを使うべきだ。

13.9　柔軟性について

もちろんわれわれはコードの再利用を支持する。けれども、それを極端に突き詰めると、将来もしかして追加されるかもしれない（されないかもしれない）機能をサポートするだけのために、多すぎてあきれるような抽象レイヤとボイラープレートコードが作り出されてしまう。

広い意味での「銀の弾丸」は存在しない。あらゆるプログラミングスタイル、あらゆる計算モデルは、ある種のケースでは適切で簡潔だが、ほかのケースでは大きくなりすぎて冗長になる。最良のツールは万能ではなく特殊なものだ。画像ビューアに機能を追加して強力なエディタにしたり、動画も再生できるように、ID3 タグを編集できるようにと欲張ったら、画像ビューア本来の性質は確実に悪影響を被り、使い勝手も悪くなるだろう。

より抽象的なコードを書くことにメリットがあるのは、新しいコンテクストに適用しやすいからだが、同時に不必要かもしれない複雑さが生じる。無害な程度だけ、汎用性を持たせるの

---

[4]　**訳注**: 本書「9.1.6 配列」の注記に解説がある特例的な「可変長配列」(variable length array) のこと。プリッツ/クロフォード [154] の「8.1.2 可変長配列」を参照。

が良い。どの程度にとどめれば良いかは、たとえば次のような質問を自問自答することで、わかるだろう。

- このプログラム（またはライブラリ）の目的は何だろうか。
- このプログラムに想定される機能の制限は、どのあたりだろうか。
- この関数を、もっと汎用的な方法で書いたら、コーディングと、使うのと、デバッグが、楽になるだろうか。

最初の 2 つの質問は、非常に主観的なものだけれど、第 3 の質問に関しては例を示すことができる。リスト 13–13 に示すコードを見ていただきたい。

リスト13–13：dump_1.c

```
void dump( char const* filename ) {
    FILE* f = fopen( filename, "w" );
    fprintf(f, "this is the dump %d", 42 );
    fclose( f );
}
```

これと同じロジックを 2 つの関数に分割した、リスト 13–14 に示す、もう 1 つのバージョンと比較しよう。

リスト13–14：dump_2.c

```
void dump( FILE* f ) {
    fprintf(f, "this is the dump %d", 42 );
}
void fun( void ) {
    FILE* f = fopen( "dump.txt", "w" );
    dump( f );
    fclose( f );
}
```

第 2 のバージョンのほうが、2 つの理由で好ましい。

- 第 1 のバージョンはファイル名が必要なので、`stderr` または `stdout` に書くのには使えない。
- 第 2 のバージョンはファイルをオープンするロジックとファイルに書くロジックを分離している。`fprintf`、`fopen`、`fclose` の呼び出しで生じるエラーを処理したいとき、`fopen` のエラーは別扱いにできるので、これらの関数は比較的シンプルなままにしておける。`dump` 関数はファイルのオープンに関するエラーを扱わない。もしファイルのオープンに失敗したら、まったく呼び出されないからだ。

リスト 13–15 は、これと同じロジックにエラー処理を追加した例だ。ご覧のように、ファイルのオープンとクローズに関するエラー処理は、dump 関数には存在せず、代わりに fun の中で処理される。

リスト13–15：file_open_sep.c

```c
#include <stdio.h>

enum stat {
    STAT_OK,
    STAT_ERR_OPEN,
    STAT_ERR_CLOSE,
    STAT_ERR_WRITE
};

enum stat dump( FILE * f ) {
    if ( fprintf( f, "this is the dump %d", 42 ) ) return STAT_OK;
    return STAT_ERR_WRITE;
}

enum stat fun( void ) {
    enum stat dump_stat;
    FILE * f;

    f = fopen( "dump.txt", "w" );
    if (!f) return STAT_ERR_OPEN;

    dump_stat = dump( f );

    if ( dump_stat != STAT_OK ) return dump_stat;
    if (! fclose( f ) ) return STAT_ERR_CLOSE;

    return STAT_OK;
}
```

dump 関数の中で複数の書き込みを行ったら、関数の負担が大きくなり、今の読みやすさが失われる。

13.10　課題：画像の回転

BMP 画像を時計回りに 90 度回転させるプログラムを作ってみよう。画像の解像度に制限は設けない。

13.10.1　BMP ファイルのフォーマット

BMP（BitMaP）フォーマットはラスタ（raster）グラフィックスフォーマットの一種だ。つまり、画像は色の付いたドット（ピクセル）のテーブルとして格納される。このフォーマットの色情報は、ある固定サイズにエンコードされる（ビット数が 1、4、8、16、24 のどれか）。

もしピクセルあたり 1 ビット（1bpp）ならば、画像は白黒になる。もし 24 ビットなら、およそ 1600 万色が使える。回転を実装するのは、24 ビット画像だけにする。

このプログラムが扱えるようにしたい「BMP ファイルのサブセット」は、リスト 13–16 に示す構造体で記述される。これが表現するファイルヘッダの直後に、ピクセルデータがある。

リスト13-16：bmp_struct.c

```
#include <stdint.h>
struct __attribute__((packed))
    bmp_header {
        uint16_t bfType;
        uint32_t bfileSize;
        uint32_t bfReserved;
        uint32_t bOffBits;
        uint32_t biSize;
        uint32_t biWidth;
        uint32_t biHeight;
        uint16_t biPlanes;
        uint16_t biBitCount;
        uint32_t biCompression;
        uint32_t biSizeImage;
        uint32_t biXPelsPerMeter;
        uint32_t biYPelsPerMeter;
        uint32_t biClrUsed;
        uint32_t biClrImportant;
    };
```

■問題 259　これらのフィールドの役割を突き止めるために、BMP ファイルの仕様を読もう[5]。

このファイルフォーマットは、ピクセルあたりのビット数（bits per pixel：bpp）に依存する。16bpp、24bpp のときは、カラーパレット（カラーテーブル）がない。

それぞれのピクセルは 24 ビット（あるいは 3 バイト）で、リスト 13–17 に示すようにエンコードされる。各コンポーネントは、0 から 255 までの値（1 バイト）で、ピクセルにおける青（b）と緑（g）と赤（r）の強さを示す。この三原色を重ねた結果がピクセルの色になる。

リスト13-17：pixel.c

```
struct pixel {
    unsigned char b, g, r;
}
```

---

[5] 訳者からのヒント：「BITMAPFILEHEADER BITMAPINFOHEADER 構造体」で検索すると情報が出てくる。日本語の参考書は、北山/中田 [136] の「1.1 ビットマップファイル」、ペゾルド [153] の 13.2 節、トンプソン [170] の第 2 章など。

ピクセルの列は、長さが 4 の倍数になるようにパディングされる。たとえば画像の幅が 15 ピクセルならば、15 x 3 = 45 バイトである。パディングを計算に入れ、新しい行のピクセルに進む前に 3 バイトをスキップしてもっとも近い 4 の倍数、48 バイトとする。このため、実際の画像のサイズは、幅と高さとピクセルサイズ（3 バイト）の積とは異なるだろう。

 画像ファイルはバイナリモードでオープンすること!

13.10.2 アーキテクチャ

拡張可能でモジュール化されたプログラムのアーキテクチャについて、考えてみたい。

1. ピクセル構造体 `struct pixel` を記述して、ラスタテーブルを直接扱わないようにする。まったく構造のないデータとして扱うのは、常に避けるべきだ。
2. 内部的な画像表現を、入力フォーマットから分離する。画像の回転は、内部画像フォーマットに対して行った後、シリアライズして BMP に書き戻す。BMP フォーマットに変更があるかもしれず、他のフォーマットをサポートしたいかもしれない。画像回転のアルゴリズムは、BMP と密に結合しないようにしたい。

そのために、内部的な（パディングがなく連続する）ピクセルの配列と、本当に持っている必要のある情報だけを格納する構造体 `struct image` を定義する。たとえば、ここに BMP シグネチャや、その他の一度も使われないヘッダフィールドを格納する必要は、まったくない。画像の幅と高さをピクセル単位で知っていれば、それだけで十分だ。

画像を BMP ファイルから読む関数と、BMP ファイルに書く関数を、作成する必要がある。内部表現から BMP ヘッダを生成するための関数も、たぶん必要になるだろう。

3. ファイルのオープンと読み出しは、分離させる。
4. エラー処理を一体化し、すべてのエラーを 1 箇所で扱う（少なくとも、このプログラムについては、それで十分だ）。

そのために、`from_bmp` 関数を定義する。これはストリームからファイルを読んで、その処理が正常に終了したか、あるいはエラーが発生したかを示すコードの 1 つを返す。

柔軟性について考慮するのを忘れないようにしよう。あなたのコードは、GUI（graphical user interface）アプリケーションでも、まったく GUI のないアプリケーションでも、使いやすいようにすべきだから、あちこちで `stderr` にプリントするのは良くない。それを行うのは、

エラー処理を行う部分に限定すべきだ。そして、あなたのコードは別の入力フォーマットにも簡単に対応できるようにしておくべきだ。

リスト 13-18 に、いくつか取りかかりのコード断片を示す。

リスト13-18：image_rot_stub.c

```c
#include <stdint.h>
#include <stdio.h>

struct pixel { uint8_t b,g,r; };

struct image {
    uint64_t width, height;
    struct pixel_t* data;
};


/*  deserializer 入力  */
enum read_status {
    READ_OK = 0,
    READ_INVALID_SIGNATURE,
    READ_INVALID_BITS,
    READ_INVALID_HEADER
        /* more codes */
};

enum read_status from_bmp( FILE* in, struct image* const read );

/*  image_t from_jpg( FILE* );... など、その他の deserializer 入力も可能とする。
 *  処理に必要な、すべての情報を image 構造体に格納する */

/* 回転させたコピーを作る */
struct image rotate( struct image const source );

/*  serializer 出力  */
enum write_status {
    WRITE_OK = 0,
    WRITE_ERROR
        /* more codes */
};

enum write_status to_bmp( FILE* out, struct image const* img );
```

- ■問題 260　　「ぼかし」(blurring) を実装しよう。これは非常に簡単だ。それぞれのピクセル（画素）について、その新しい色の値 (rgb) を、kernel と呼ばれる「3×3 画素のウィンドウ」の平均値として計算する。画像の端にある画素は、そのまま残せばよい。

- ■問題 261　　（90 度や 180 度だけでなく）任意の角度への回転を実装できるだろうか。

■問題262　「膨張」（dilate）と「浸食」（erode）の変換を実装しよう。これらは「ぼかし」と似ているが、ウィンドウ内の平均値を計算する代わりに、最小（erodeのとき）または最大（dilateのとき）のコンポーネント値を計算する必要がある[6]。

13.11　課題：カスタムメモリアロケータ

この課題では、mallocとfreeの独自のバージョンを、メモリマップを行うシステムコールmmapと、任意のサイズのチャンクによる連結リストをベースとして実装する。いわば標準Cライブラリの典型的なメモリマネージャーを単純化したようなものだから、その弱点のほとんどを共有している。

この課題では、malloc/calloc、free、reallocを使うのは禁じ手とする。

ご存じのように、これらの関数はヒープを操作する。**ヒープ**（heap）は、名前のないページで構成され、実際にチャンクの連結リストである。それぞれのチャンクは、ヘッダとデータそのもので構成される。ヘッダは、リスト13-19に示す構造体によって記述される。

リスト13-19：mem_str.c

```
struct mem {
    struct mem* next;
    size_t capacity;
    bool is_free;
};
```

このヘッダの直後に、利用可能な領域が続く。

ヘッダにサイズと次のブロックへのリンクの両方を格納する必要があるのは、この場合はヒープにギャップが生じるからで、それには2つの理由がある。

- ヒープの始まりが、すでにマップされた2つの領域の間に置かれるかもしれない。
- ヒープは任意のサイズに拡張できる。

ヒープ内の割り当ては、空いている最初のチャンク（ただし十分なサイズがあるもの）を2分割する。これによって、第1の部分に「使用中」のマークが付き、そのアドレスが返される。もし要求されたサイズを満足させる大きさの、空いているチャンクがなければ、アロケータはmmapを呼び出して、より多くのメモリをOSに求める。

1バイトや3バイトのブロックを割り当てるのは意味がない。それほど小さいと、ヘッダサイズのほうが大きくなるから、無駄が生じる。だから許容できる（ヘッダを含まない）最小ブ

---

[6] 訳者からのヒント：「eroding dilating transformation morph」などで検索すると情報が出てくる。詳しくは画像処理の教科書で、「モルフォロジー演算」を参照。

ロックサイズとして定数 BLOCK_MIN_SIZE を導入する。

query バイトの要求が与えられたとき、もし小さすぎれば、それを BLOCK_MIN_SIZE に変更する。次に、ブロックのチェインを巡回して、各ブロックに下記のロジックを適用する[7]。

- `query <= 空き容量 - sizeof(struct mem) - 最小のブロックサイズ`

これが成立したら、ブロックを 2 分して、最初の部分をメモリチャンクとして割り当て、第 2 の部分は空きのまま残す。

- 成立しなければ、そのブロックは要求されたバイト数のチャンクを格納できる大きさではない。
    - もし最後のブロックでなければ、次のブロックに進む。
    - そうでなければ、より多くのページをマップする必要がある。

そのためには、まず、そのブロックの直後にマップを試みる（mmap に MAP_FIXED フラグを使う）[8]。もし成功したら、現在のブロックを拡大して新しいページを合体させる。最後に、そのブロックを 2 分して最初の部分を使う。

もしヒープの終わりの直後に追加ページをマップできなければ、どこか別の場所（query バイトの割り当てに十分な大きさが必要）にマップを試みる。それを 2 分して、最初の部分を使う。

すべてのマッピングが失敗したら、malloc と同様に NULL を返す。

free は、もっと実装が簡単だ。ブロックの始まりを受け取ったら、それに対応するヘッダの先頭を計算する必要があり、その状態を「使用中」(allocated) から「空き」(free) に変更する。もし直後に空きブロックがあれば、両者をマージする。ただし、現在のブロックがメモリ領域の最後にあって、次のブロックがマップされた位置との間にギャップがある場合は例外である。

手始めとして、リスト 13-20 に示すヘッダファイルが使えるだろう。

リスト13-20：mem.h

```
#ifndef _MEM_H_
#define _MEM_H_

#define __USE_MISC
```

---

[7] 訳注：カーニハン/リッチー [18] の「8.7 例-記憶割り当て」に、malloc と free の実装例と解説がある。

[8] 訳注：mmap の詳細は、ラブ [144] の「4.3.1 mmap()」および「8 章 メモリ管理」、スティーブンス/ラゴ [166] の「14.8 メモリマップト入出力」と「7.8 メモリ割り付け」などを参照。

```
#include <stddef.h>
#include <stdint.h>
#include <stdio.h>

#include <sys/mman.h>

#define HEAP_START ((void*)0x04040000)

struct mem;

#pragma pack(push, 1)
struct mem {
    struct mem* next;
    size_t capacity;
    bool is_free;
};
#pragma pack(pop)

void* _malloc( size_t query );
void  _free( void* mem );
void* heap_init( size_t initial_size );

#define DEBUG_FIRST_BYTES 4


void memalloc_debug_struct_info( FILE* f,
        struct mem const* const address );

void memalloc_debug_heap( FILE* f,  struct mem const* ptr );

#endif
```

複雑なロジックは、よく考え、より小さな関数へと分割する必要があることを思い出そう。

ヒープの状態をデバッグするには、リスト13-21 に示すコードを使える。また、ユーザー入力を待って、/proc/<PID>/maps ファイルをチェックし、番号が<PID>のプロセスの実際のマッピングを見ることもできるだろう。

リスト13-21：mem_debug.c

```
#include "mem.h"

void memalloc_debug_struct_info( FILE* f,
        struct mem const* const address ) {

    size_t i;
    fprintf( f,
            "start: %p\nsize: %lu\nis_free: %d\n",
            (void*)address,
            address-> capacity,
            address-> is_free );
```

```
    for ( i = 0;
          i < DEBUG_FIRST_BYTES && i < address-> capacity;
          ++i )
        fprintf( f, "%hhX",
                ((char*)address)[ sizeof( struct mem_t ) + i ] );
    putc( '\n', f );
}

void memalloc_debug_heap( FILE* f,  struct mem const* ptr ) {
    for( ; ptr; ptr = ptr->next )
        memalloc_debug_struct_info( f, ptr );
}
```

コードの行数は、およそ 150 から 200 行と見積っている。Makefile を書くことを、お忘れなく。

13.12　まとめ

　この章では、コーディングのスタイルとプログラムのアーキテクチャについて考慮すべき、もっとも重要な事項を、いくつか学んだ。命名規約と、一般的なガイドラインを裏付けている理由を見た。コードを書くときは、そのプログラムと開発環境そのものについての要件を考慮し、それから導き出される制約に従うべきである。カプセル化のような重要なコンセプトも学んだ。最後に、高度な課題を 2 つ提供した。プログラムのアーキテクチャについて学んだ新知識を応用していただきたい。次の第 3 部では、変換処理の細部にもぐりこんで、言語の機能のなかでアセンブリのレベルに立つと理解しやすいものを見直すほか、性能とコンパイラの最適化についても語る。

第 3 部

C とアセンブラの間

第14章 変換処理の詳細

この章では「呼び出し規約」(calling convention) という概念を再考して理解を深め、コンパイラによる変換処理（translation）を詳しく見ていこう。それには、アセンブリのレベルでプログラムがどう機能するかについての理解と、ある程度 C に馴染んでいることの両方が要求される。また、不注意なプログラマが招きかねない、低いレベルにおけるセキュリティ脆弱性の古典的な例も、いくつか見ていく。低いレベルで行われる変換の詳細に関する、このような知識は、実行するたびに現れるとは限らない非常に微妙なバグを一掃するのに、ときには不可欠なものとなる。

14.1 関数コールのシーケンス

プロシージャの呼び出し方、値の返し方、引数の受け取り方については、第 2 章で学んだ。完全なコーリングシーケンス（ABI）は、[24] に記述されているので、一読を強く推奨する。これから第 1 部で学んだプロセスを再訪し、価値ある詳細を加えていこう。

14.1.1 XMM レジスタ

すでに述べたレジスタの他に、現在のプロセッサには、拡張に由来する特殊なレジスタセットが加わっている。**拡張**（extension）では、回路が追加されたり、命令セットが拡大されたりするが、ときに便利なレジスタも追加される。特筆すべき拡張は **SSE**（Streaming SIMD Extensions：ストリーミング SIMD 拡張命令）と呼ばれるもので、一群の **xmm レジスタ**（xmm0、xmm1…xmm15）が加わった。これらは 128 ビット幅で、通常は次の 2 つの用途に使われる。

- 浮動小数点演算

- SIMD 命令（複数のデータを並行処理する命令）[1]

通常の mov コマンドでは、xmm レジスタを扱えない。その代わりとなる movq コマンドは、xmm レジスタの下位 64 ビットと、xmm レジスタか汎用レジスタかメモリ（どれも 64 ビット）の間で、データをコピーするのに使われる。

128 ビットの xmm レジスタ全体に記入するには、movdqa か movdqu を使う。前者は「move aligned double quad word」の略、後者は、その "unaligned" バージョンである[2]。

ほとんどの SSE 命令には、アラインメント（メモリのオペランドが正しく境界調整されていること）が要求される。ただし、これらの命令の一部には無調整（unaligned）バージョンが別のニーモニックで存在し、境界調整されていない読み出しにかかる性能のペナルティを暗示している。SSE 命令は、性能に関わる場所で使われることが多いので、通常はオペランドにアラインメントを要求する命令だけを使うのが賢明だ。

これらの SSE 命令は、16.4.1 項で、高性能な計算を実行するときに使うことになる。

■問題 263　　[15] で、movq、movdqa、movdqu 命令について読んでおこう。

14.1.2　呼び出し規約

呼び出し規約（calling convention）は、関数を呼び出すシーケンスに関してプログラマが守るべきルールの集合である。誰もが同じ規約に従えば、円滑な相互運用性が保証される。けれども、いったん誰かが規則を破ると ─ たとえば関数のなかで rbp を変更したのに復元しなかったら ─ 何が起きるかわからない。何も起こらないかもしれず、遅れて、あるいは即座に、クラッシュが発生するかもしれない。他の関数は、ルールが守られて rbp が元のまま残されることを前提に、それを頼りに書かれているのだから。

呼び出し規約は、たとえば引数渡しのアルゴリズムを明確に示している。われわれが使っている*nix で模範となっている x86_64 の規約を見ると（それは ABI[24] で完全に記述されているが）どのように関数を呼び出すかは、以下に示す要約でも明らかなほど、精密に記述されている。

1. まず最初に保存が必要なレジスタ群を退避する。7 個の「呼び出し先退避レジスタ」（rbx、rbp、rsp および r12-r15）を除く全部のレジスタは、呼び出し先の関数によって変更されるかもしれない。だから、それらのうち重要な値を持つレジスタがあれば、

---

[1] **訳注**：SIMD とは、1 本の命令ストリームで複数のデータストリームを処理するという意味。詳しくは、パターソン/ヘネシー [152] の「6.3 SISD、MIMD、SIMD、SPMD、ベクトル」を参照。

[2] **訳注**：Intel の資料 [128] によれば、MOVDQA は「アラインメントの合ったダブル・クワッドワード」を、MOVDQU は「アラインメントの合わないダブル・クワッドワード」をコピーする。境界は 16 バイト。

(たぶんスタックに) 退避すべきだ。
2. レジスタとスタックに引数を記入する。

それぞれの引数のサイズは、8 バイト長に切り上げる。引数は 3 つのリストに分類する。

①　整数またはポインタの引数

②　float と double

③　スタックを介してメモリで渡される引数（以下"メモリ"と略す）

第 1 のリストに入った最初の 6 個の引数は、6 個の汎用レジスタ（rdi、rsi、rdx、rcx、r8、r9）に入れて渡す。第 2 のリストに入った最初の 8 個の引数は、レジスタ xmm0〜xmm7 に入れて渡す。これらのリストに、まだ渡すべき引数が残っていたら、それらはスタックで逆順に渡す。つまり、レジスタに入れて渡すものを除いた最初の引数が、呼び出し実行直前のスタックで一番上になる。

整数と浮動小数点数は扱い方が明白だが、構造体の場合は、いささかトリッキーだ。もし構造体 1 つが 32 バイトよりも大きいか、アラインされていないフィールドがあれば、メモリで渡す。

それより小さな構造体は、フィールド単位に分割し、それぞれのフィールドを別々に扱う（もしフィールドの内側に構造体があれば、それらも再帰的に処理する）。たとえば 2 個の要素からなる構造体は、2 個の引数と同じ方法で渡される。もし構造体の 1 つのフィールドが「メモリ」とみなされたら、その判断が構造体そのものに適用される。rbp レジスタは（後述するように）メモリで渡す引数とローカル変数のアドレッシングに使う。

戻り値はどうか。整数とポインタの値は、rax と rdx で返される。浮動小数点値は、xmm0 と xmm1 に入れて返される。大きな構造体はポインタを介して返されるが、そのポインタは「隠し引数」として、およそ次のような要領で渡す。

```
struct s {
    char vals[100];
};

struct s f( int x ) {
    struct s mys;
    mys.vals[10] = 42;
    return mys;
}

void f( int x, struct s* ret ) {
    ret->vals[10] = 42;
}
```

3. call 命令で呼び出しを実行する。パラメータは、呼び出す関数の先頭にある命令のアドレスだ。call 命令は、戻りアドレスをスタックにプッシュする。

どのプログラムも、同じ関数の複数のインスタンスを同時に起動できる。これは別スレッドに限らず、再帰による場合もある。それぞれの関数インスタンスはスタックに格納される。なぜならスタックの原則である LIFO（last in, first out：後入れ先出し）が、関数の起動と終了の順序に対応するからだ。もし関数 f が起動され、それが関数 g を呼び出したら、後で呼び出された g が先に終了し、先に呼び出された f が、その後で終了する。

スタックフレーム（stack frame）は、スタックのうち、1 個の関数インスタンス専用に割り当てられた部分である。これにはローカル変数の値、一時的な値、保存されたレジスタの値が格納される。

関数のコードは通常、どの関数でも似たような**プロローグ**と**エピローグ**のペアで囲まれる。プロローグはスタックフレームを初期化し、エピローグは、その初期化を打ち消す。

関数の実行中、rbp は変更されず、そのスタックフレームの先頭を指し続ける。ローカル変数と、スタックにある引数は、rbp 相対でアドレッシングされる。これを反映した関数プロローグをリスト 14–1 に示す。

リスト14–1：prologue.asm

```
func:
push rbp
mov rbp, rsp

sub rsp, 24     ; 24 はローカル変数の合計サイズに相当
```

rbp の古い値はプロローグで退避し、エピローグで復旧する。新しい rbp はスタックの一番上に設定するが、そこには現在、古い rbp の値が格納されている。それからローカル変数用のメモリをスタックに割り当てるために、その合計サイズを rsp から差し引く。これが C の自動的なメモリ割り当てだ。この技法は、本書の最初の課題でも、バッファをスタックに割り当てるのに使った。

関数の最後に置かれるエピローグを、リスト 14–2 に示す。

リスト14–2：epilogue.asm

```
mov rsp, rbp
pop rbp
ret
```

スタックフレームの先頭アドレスを rsp に代入することで、スタックに割り当てたすべてのメモリが、割り当て解除される。それから古い rbp の値を復旧すると、それは

前のスタックフレームの先頭を指している。最後に、retが戻りアドレスをスタックからripにポップする。

コンパイラによっては、これと完全に等価な別形式のエピローグが選ばれることもある。それをリスト14-3に示す。

リスト14-3：epilogue_alt.asm

```
    leave
    ret
```

leave命令は、スタックフレームを破棄するために特別に作られたものだ。これと対を成すenterは、必ずコンパイラが使うとは限らない。その理由は、リスト14-1に示す命令シーケンスよりも機能が多いからだ。これは「内部関数」(inner function)をサポートする言語に向けた機構である。

呼び出しを実行するとき、スタックは16ビット境界で調整されていなければならない。それを頼りにコンパイルされた関数もあるだろう。

4. 関数を離れたら仕事が完了するとは限らない。引数をメモリ（スタック）で渡した場合は、それらを始末する仕事が残っている。

14.1.3　例：単純な関数と、そのスタック

2つの値から最大値を算出する単純な関数を例とする（リスト14-4）。これを最適化なしでコンパイルし、そのアセンブリリストを見よう。

リスト14-4：maximum.c

```c
int maximum( int a, int b ) {
    char buffer[4096];
    if (a < b) return b;
    return a;
}

int main(void) {
    int x = maximum( 42, 999 );
    return 0;
}
```

リスト14-5に、objdumpが生成した逆アセンブリを示す。

リスト14-5：maximum.asm

```
00000000004004b6 <maximum>:
4004b6:        55                      push   rbp
4004b7:        48 89 e5                mov    rbp,rsp
4004ba:        48 81 ec 90 0f 00 00    sub    rsp,0xf90
4004c1:        89 bd fc ef ff ff       mov    DWORD PTR [rbp-0x1004],edi
4004c7:        89 b5 f8 ef ff ff       mov    DWORD PTR [rbp-0x1008],esi
4004cd:        8b 85 fc ef ff ff       mov    eax,DWORD PTR [rbp-0x1004]
4004d3:        3b 85 f8 ef ff ff       cmp    eax,DWORD PTR [rbp-0x1008]
4004d9:        7d 08                   jge    4004e3 <maximum+0x2d>
4004db:        8b 85 f8 ef ff ff       mov    eax,DWORD PTR [rbp-0x1008]
4004e1:        eb 06                   jmp    4004e9 <maximum+0x33>
4004e3:        8b 85 fc ef ff ff       mov    eax,DWORD PTR [rbp-0x1004]
4004e9:        c9                      leave
4004ea:        c3                      ret

00000000004004eb <main>:
4004eb:        55                      push   rbp
4004ec:        48 89 e5                mov    rbp,rsp
4004ef:        48 83 ec 10             sub    rsp,0x10
4004f3:        be e7 03 00 00          mov    esi,0x3e7
4004f8:        bf 2a 00 00 00          mov    edi,0x2a
4004fd:        e8 b4 ff ff ff          call   4004b6 <maximum>
400502:        89 45 fc                mov    DWORD PTR [rbp-0x4],eax
```

これを少し整理すると、リスト 14-6 に示すような読みやすいアセンブリコードになる。

リスト14-6：maximum_refined.asm

```
mov rsi, 999
mov rdi, 42
call maximum
...
maximum:
push rbp
mov rbp, rsp
sub rsp, 3984

mov [rbp-0x1004], edi
mov [rbp-0x1008], esi
mov eax, [rbp-0x1004]
...

leave
ret
```

■**レジスタへの代入**　esi を変更するだけで rsi 全体が変更される理由は、3.4.2 項で解説した。

では、この関数の呼び出しとプロローグ（リスト 14-6）をトレースして、スタックの内容が、それぞれ実行直後にどうなるかを見よう。

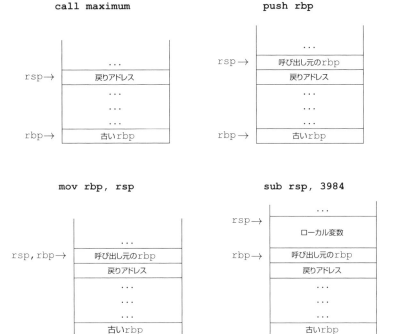

14.1.4 レッドゾーン

「レッドゾーン」というのは、rsp から下位アドレスに向けて広がる 128 バイトの領域のことだ[3]。これによって「rsp の下にデータを置くな」というルールが緩和される。ここにデータを割り当てるのは安全であり、システムコールや割り込みによって上書きされることはない。ただしこれは rsp を変えることなく rsp 相対アドレッシングで、このメモリに直接書き込むことがない、という話だ。関数コールは、レッドゾーンを上書きできる。

レッドゾーンは、ある最適化を可能にするために作られた。もし関数が他の関数を呼び出さないのなら、スタックフレームの作成（rbp の変更）を省略できる。その場合、ローカル変数と引数は、rbp 相対ではなく rsp 相対でアドレッシングされる。ただし、

- ローカル変数の合計サイズが 128 バイトより小さいこと。
- その関数が「葉」(leaf) 関数、つまり他の関数を呼び出さない関数であること。

---

[3] 訳注：ABI[24] の「3.2.2 The Stack Frame」と「Figure 3.3: Stack Frame with Base Pointer」の図解を参照。レッドゾーン一般については、BINARY HACKS[168] の「HACK#76」も参考になる。

- 関数が rsp を変更しないこと。

rsp を上にずらすことで、データの割り当て用に、より多くの空き領域を作り、128 バイトを超える領域をスタックに確保することも可能だ。「16.1.3 スタックフレームポインタの省略」で、この件を論じる。

14.1.5 可変引数リスト

われわれが使っている呼び出し規約は、個数が可変な引数（variable arguments count：可変個数引数）をサポートする。つまり関数は、いくつでも引数を受け取ることができる。これが可能なのは、引数を渡すのが（そして関数が終了したらスタックをクリーンアップするのも）呼び出し側の責任だからだ。

このような関数の宣言には、省略符号の**エリプシス**（ellipsis）が含まれる。これは最後の引数の代わりに、連続する 3 個のドットを並べるものだ。この可変引数リストを持つ典型的な関数は、われらの旧友、printf である。

```
void printf( char const* format, ... );
```

どうやって printf は、引数の正確な個数を知るのだろうか。少なくとも 1 個の引数 char const* format が、必ず渡される。その文字列を解析し、変換指定子を数えることで、引数の総数と、それらの型を（どのレジスタに渡されるかも）知ることができる。

 引数の数が可変なとき、al に、引数で使われる xmm レジスタの数を入れるというルールがある。

おわかりのように、実際にいくつの引数が渡されたかを知る方法は、まったく存在しない。関数にできるのは、たしかに存在する引数（この場合は format）から推定することだけだ。引数の数より多くの変換指定子があっても、printf にはそれがわからず、対応するレジスタやメモリから必要な数の内容を取り出すだけだ。

この機能をプログラマが C で直接コード化することはできない（レジスタを直接アクセスできないのだから）。けれども、標準ライブラリの一部として、可変引数リストを持つ関数を宣言するポータブルな機構がある（それぞれのプラットフォームで、この機構を独自に実装している）。この機構は stdarg.h ファイルをインクルードした後で使うことができ、下記の構成である[4]。

- va_list - 引数群の情報を格納する構造体。

---

[4] 訳注：詳しくはプリッツ/クロフォード [154] の「7.8 可変個数引数」と「16.3.15 stdarg.h」を参照。

- va_start - va_list を初期化するマクロ。
- va_end - va_list の初期化を終えるマクロ。
- va_arg - va_list と引数の型を受け取って、引数リストから次の引数を取り出すマクロ。

リスト14-7に例を示す。この printer 関数は、引数の個数と、可変個数の引数を受け取る。

リスト14-7：vararg.c

```c
#include <stdarg.h>
#include <stdio.h>

void printer( unsigned long argcount, ... ) {
    va_list args;
    unsigned long i;
    va_start( args, argcount );
    for (i = 0; i < argcount; i++ )
        printf(" %d\n", va_arg(args, int ) );

    va_end( args );
}

int main () {
    printer(10, 1, 2, 3, 4, 5, 6, 7, 8, 9, 0 );
    return 0;
}
```

最初に va_list を初期化するため、その名前を va_start マクロに、エリプシスの前の最後の引数名とともに渡す。その後、va_arg マクロを呼び出すたびに、次の引数が取り出される（第2のパラメータは、その新しい引数の型名である）。最後に va_end マクロを使って、va_list の初期化を終える。

マクロの引数が型名で、しかも構造体の va_list は名前で参照するのに内容を書き換えるのだから、この例を見ても、すぐにはわかりにくいかもしれない。

■問題 264　マクロではなく関数が、変数の値ではなく名前を受け取り、それを変更するような状況を想像できるだろうか。あるとしたら、そのような構文を持つ変数の型は何だろうか。

14.1.6　vprintf と仲間たち

printf、fprintf などの関数には、最後の引数として va_list を受け取る特別なバージョンがある。それらの名前は v という1文字のプリフィックスを持つ。たとえば、

```
int vprintf(const char *format, va_list ap);
```
これらはカスタム関数の内部で使用され、その関数が任意の数の引数を受け取ることになる。
リスト 14-8 に、その例を示す。

リスト14-8：vsprintf.c

```
#include <stdarg.h>
#include <stdio.h>

void logmsg( int client_id, const char* const str, ... ) {
    va_list args;
    char buffer[1024];
    char* bufptr = buffer;

    va_start( args, str );

    bufptr += sprintf(bufptr, "from client %d :", client_id );
    vsprintf( bufptr, str, args );
    fprintf( stderr, "%s", buffer );

    va_end( args );
}
```

14.2 volatile 変数

volatile キーワードは、コンパイラがコードを最適化する方法に大きな影響をおよぼす。

C の計算モデルはフォン・ノイマン型である。プログラムを並行して実行するためのサポートがない。そしてコンパイラは通常、プログラムの振る舞いを目に見えて変えることなく、できるだけ多くの最適化を試みる。これには命令の並び替えや、変数をレジスタにキャッシュする最適化が含まれるかもしれない。そして、どこにも書かれない値をメモリから読み出す演算は省略される。

けれども、volatile 変数の読み書きは、必ず発生する。演算の順序も変えずに維持される。主なユースケースを次にあげよう。

- **メモリマップト I/O**（memory mapped input/output）領域の読み書きで、外部デバイスとの通信を行うとき。たとえばビデオメモリに文字を書くのは、それがスクリーンに表示されるのだから、実際に意味がある。
- スレッド間のデータ共有。もし他のスレッドとの通信手段としてメモリを使うなら、そこでの読み書きは、決して省略されたくないはずだ。

もちろん、volatile にするだけでスレッド間の堅牢な通信を行えるわけではない。
ポインタの場合、const 修飾子と同じく volatile も、ポインタそのものだけでなく、そ

れが指し示すデータにも適用することができる。ルールも同じで、アスタリスクの左にある `volatile` は、ポインタが指すデータに作用し、右側にあればポインタそのものに作用する。

14.2.1 遅延メモリ割り当て

多くのオペレーティングシステムは、ページのマッピングを遅らせる。`mmap` コール（または、それと等価な操作）の直後にではなく、最初に使用されるときにマップされるのだ。

ページを使うときになって遅延が発生しては困る場合、それぞれのページを個別にアクセスしておけば、OS が本当にページを作成してくれるだろう。これをリスト 14-9 に示す。

リスト14-9：lma_bad.c

```
char* ptr;
for( ptr = start; ptr < start + size; ptr += pagesize )
    *ptr;
```

ところが、これをコンパイラから見れば何の効果もないコードだから、最適化で完全に略されるかもしれない。けれども、ポインタに `volatile` のマークを付けておけば、そうはならない（リスト 14-10）。

リスト14-10：lma_good.c

```
volatile char* ptr;
for( ptr = start; ptr < start + size; ptr += pagesize )
    *ptr;
```

■ **volatile ポインタと言語の標準**　　`volatile` ポインタが、もし `volatile` ではないメモリを指していたら、標準によれば結果は「保証されない」。保証されるのはポインタとメモリの両方が `volatile` のときだけだ。だから言語の標準によれば、上のサンプルは正しくない。けれどもプログラマは、まさにこの理由で `volatile` ポインタを使っているのだし、もっとも多く使われているコンパイラ (MSVC、GCC、clang) が、`volatile` ポインタのデリファレンスを最適化で省略しないのは事実だ。それと同じ処理を行う「標準に準拠した」方法はない[5]。

14.2.2　生成されるコード

これから見ていくのはリスト 14-11 に示すサンプルだ。

---

[5] **訳注**：詳細は C11 ドラフト [7] の「6.7.3 Type qualifiers」、プリッツ/クロフォード [154] の「11.1.3 型修飾子」を参照。

リスト14-11：volatile_ex.c

```
#include <stdio.h>

int main( int argc, char** argv ) {
    int ordinary = 0;
    volatile int vol = 4;
    ordinary++;
    vol++;
    printf( "%d\n", ordinary );
    printf( "%d\n", vol );
    return 0;
}
```

ここには 2 つ変数があって、片方は `volatile`、もう片方は普通（ordinary）の `int` だ。どちらもインクリメントされた後、`printf` に引数として渡される。GCC が（最適化のレベルが -O2 のとき）生成するのは、リスト 14-12 に示すコードである。

リスト14-12：volatile_ex.asm

```
; この2つは printf の引数
mov     esi,0x1
mov     edi,0x4005d4

; vol = 4
mov     DWORD PTR [rsp+0xc],0x4

; vol ++
mov     eax,DWORD PTR [rsp+0xc]
add     eax,0x1
mov     DWORD PTR [rsp+0xc],eax

xor     eax,eax

; printf( "%d\n", ordinary )
; ordinary はスタックフレームに作られてさえいない
; 最終的な値 1 が計算されて、最初の行で rsi に置かれている！
call    4003e0 <printf@plt>

; 第2の引数をメモリから取っている。volatile だ！
mov     esi,DWORD PTR [rsp+0xc]

; 第1引数は"%d\n"のアドレス
mov     edi,0x4005d4
xor     eax,eax

; printf( "%d\n", vol )
call    4003e0 <printf@plt>
xor     eax,eax
```

このように `volatile` 変数の内容は、C のコードに現れるたび、実際に読み書きされている。

普通の変数はメモリに作られることさえなく、コンパイル時に計算された最終的な値が `rsi` に格納され、呼び出しの第 2 引数として使われるのを待っている。

14.3　非局所的なジャンプと `setjmp`

標準 C ライブラリには、極めてトリッキーなハックを実行する機構が含まれている。これは計算のコンテクストを保存し、それを復元するのだ。コンテクストはプログラムの実行状態を記述するが、**次のものは例外である**[6]。

- 外の世界に関係するもの（たとえばオープンしたファイルのディスクリプタ）
- 浮動小数点演算のコンテクスト（状態フラグ）
- ローカル変数の値

これによって、先にコンテクストを保存しておき、後で戻りたくなったとき、そこに跳躍して戻ることが可能になる（ジャンプは、同じ関数のスコープに限定されない）。

`setjmp.h` をインクルードすると、下記の機構を利用できる。

- `jmp_buf` は、コンテクストを保存できる変数の型である。
- `int setjmp(jmp_buf env)` は、`jmp_buf` のインスタンスを受け取り、その中に現在のコンテクストを保存する関数だ。デフォルトでは 0 を返す。
- `void longjmp(jmp_buf env, int val)` は、`jmp_buf` 型の変数に保存されたコンテクストに戻るために使う。

`longjmp` から本当に戻るときに `setjmp` が返すのは 0 とは限らず、`longjmp` に与えられた引数 `val` の値が返される。

リスト 14–13 に、その例を示す。最初の `setjmp` はデフォルトによって 0 を返すので、それが `val` の値になる。ところが、`longjmp` は引数として 1 を受け取り、プログラムの実行は `setjmp` コールから継続される（なぜなら、この 2 つの呼び出しは `jb` を使ってリンクされているからだ）。このとき `setjmp` は 1 を返し、その値が `val` に代入される。

リスト14–13：longjmp.c

```
#include <stdio.h>
#include <setjmp.h>

int main(void) {
    jmp_buf jb;
```

---

[6] 詳細は、C11 ドラフト [7] の「7.13.2 Restore calling environment」を参照。

```
    int val;
    val = setjmp( jb );
    puts("Hello!");
    if (val == 0) longjmp( jb, 1 );
    else puts("End");
    return 0;
}
```

volatileマークのないローカル変数の値は、longjmp の後は未定義とされる。これはバグの元だが、メモリの解放に関する問題もそうだ。longjmp があると制御の流れを解析するのは困難であり、動的に割り当てたメモリのすべてが、必ず解放されるようにするのも難しくなる。

複雑な式の一部として setjmp を呼び出すのが許されるのは、事実上は稀なケースに限られる。ほとんどの場合、その結果は未定義の振る舞いとなるから、やめたほうが良い。

「これらすべての機構がスタックフレームを利用している」ということを覚えておこう。初期化が解消されたスタックフレームを持つ関数から longjmp を呼び出すことはできない。たとえばリスト 14-14 に示すコードは、まさにこの理由で、未定義の振る舞いを示すのだ。

リスト14-14：longjmp_ub.c

```
jmp_buf jb;
void f(void) {
    setjmp( jb );
}

void g(void) {
    f();
    longjmp(jb);
}
```

関数 f は、すでに終了しているのだが、そのなかに戻る longjmp を実行している。このプログラムの振る舞いが未定義なのは、壊れたスタックフレームの中にあるコンテクストを復元しようとしているからだ。

ロングジャンプできるのは、コンテクストを設定した（つまり setjmp を呼び出した）関数が終了するまでだ。つまり、その関数または、その中で呼び出した関数からでなければ、ジャンプで戻ることができない。

14.3.1 volatile と setjmp

コンパイラは setjmp が単なる関数だと思うのだが、実際は違う。そこは、プログラムの実行が再開される場所にもなるのだ。普通の条件では、setjmp を呼び出す前に、いくつかのローカル変数がレジスタにキャッシュされているかもしれず、一度もスタックに保存されないかもしれない。longjmp の呼び出しによって、その地点に戻ったとき、それらの値は復旧されない。

最適化をオフにすれば、この振る舞いは変化する。だから最適化をオフにすると、setjmp の使い方に関するバグの一部が隠されてしまう。

正しくコーディングするために、次のことを覚えておこう。longjmp の後は、volatile ローカル変数だけが、定義した値を格納している。元の値が書き戻されるわけではない。jmp_buf はスタックの変数を保存せず、longjmp までスタックに残っていた値が、そのまま使われるのだ。

リスト 14-15 に例を示す。

リスト14-15：setjmp_volatile.c

```c
#include <stdio.h>
#include <setjmp.h>

jmp_buf buf;

int main( int argc, char** argv ) {
    int var = 0;
    volatile int b = 0;
    setjmp( buf );
    if (b < 3) {
        b++;
        var ++;
        printf( "\n\n%d\n", var );
        longjmp( buf, 1 );
    }

    return 0;
}
```

これを、最適化なしで（gcc -O0）コンパイルしたリストと、最適化して（gcc -O2）コンパイルしたリストを見ていこう。まずは、最適化なし（リスト 14-16）の結果だ。

リスト14-16：volatile_setjmp_o0.asm

```
main:
push    rbp
mov     rbp,rsp
sub     rsp,0x20

; argc と argv をスタックに保存。rdi と rsi が利用可能になる。
mov     DWORD PTR [rbp-0x14],edi
mov     QWORD PTR [rbp-0x20],rsi

; var = 0
mov     DWORD PTR [rbp-0x4],0x0

; b = 0
mov     DWORD PTR [rbp-0x8],0x0

; 0x600a40 は（jmp_buf 型のグローバル変数）buf のアドレス
mov     edi,0x600a40
```

```
        call    400470 <_setjmp@plt>

        ; もし (b < 3) なら、続けて実行する
        ; もし (b > 2) なら以下の命令をスキップして.endlabel に飛ぶ
        mov     eax,DWORD PTR [rbp-0x8]
        cmp     eax,0x2
        jg      .endlabel

        ; 正直なインクリメント
        ; b++
        mov     eax,DWORD PTR [rbp-0x8]
        add     eax,0x1
        mov     DWORD PTR [rbp-0x8],eax

        ; var++
        add     DWORD PTR [rbp-0x4],0x1

        ; printf の呼び出し
        mov     eax,DWORD PTR [rbp-0x4]
        mov     esi,eax
        mov     edi,0x400684
        ; 浮動小数点型の引数はないので、rax = 0
        mov     eax,0x0
        call    400450 <printf@plt>

        ; longjmp の呼び出し
        mov     esi,0x1
        mov     edi,0x600a40
        call    400490 <longjmp@plt>

.endlabel:
        mov     eax,0x0
        leave
        ret
```

このプログラムは次のように出力する。

```
1
2
3
```

次のリスト 14-17 は、最適化を行った結果だ。

リスト14-17：volatile_setjmp_o2.asm

```
main:

        ; スタックにメモリを割り当てる
        sub     rsp,0x18
```

```
; setjmp の引数である、buf のアドレス
mov     edi,0x600a40

; b = 0
mov     DWORD PTR [rsp+0xc],0x0
; 命令の配置が C のステートメントの順序と異なるのは
; パイプラインなど CPU 内部の機構を活用するため
call    400470 <_setjmp@plt>

; b は正直に読み出されてチェックされる
mov     eax,DWORD PTR [rsp+0xc]
cmp     eax,0x2
jle     .branch

; 0 を返す
xor     eax,eax
add     rsp,0x18
ret

.branch:

mov     eax,DWORD PTR [rsp+0xc]

; printf の第 2 引数は var + 1
; これはメモリから読み出されず、スタックにも
; 割り当てられない、コンパイル時に計算した値
mov     esi,0x1

; printf の第 1 の引数
mov     edi,0x400674

; b = b + 1
add     eax,0x1
mov     DWORD PTR [rsp+0xc],eax

xor     eax,eax
call    400450 <printf@plt>

; longjmp( buf, 1 )
mov     esi,0x1
mov     edi,0x600a40
call    400490 <longjmp@plt>
```

このプログラムの出力は、

```
1
1
1
```

volatile 変数の b は、ご覧のように、期待どおりに振る舞う（そうでなければ無限に繰り

返されるだろう）。変数 var は、プログラムのテキストではインクリメントされているにもかかわらず、常に 1 に等しい。

■問題 265　　setjmp と longjmp を使って、「try - catch」風の構造を実装できるだろうか？

14.4　inline 関数

inline は、C99 で導入された関数修飾子である。これは C++ にある inline の振る舞いを模倣する。

説明を読む前に「このキーワードで関数のインライン化を**強制**できるんだ」と決めてかからないでほしい。そうでは**ない**のだから。

C99 より前からある static 修飾子が、しばしば次のシナリオで使われてきた。

- ヘッダファイルに関数の宣言ではなく、関数の完全な**定義**を入れるときに、static のマークを付ける。
- そのヘッダを、複数の変換単位にインクルードする。それぞれ生成されたコードのコピーを受け取るが、対応するシンボルが「オブジェクトローカル」なので、リンカはそれらを衝突する複数定義とみなさない。

これならコンパイラが関数のソースコードをアクセスできるので、大きなプロジェクトで必要なときは、本当に関数をインライン化できる。ただし当然ながらコンパイラは、関数をインライン化しないほうが有利だと判断するかもしれない。そうなると同じ関数のクローンが、そこら中にばらまかれる。それぞれの関数が独自のコピーを呼び出すのだから局所性が悪く、メモリ上のイメージだけでなく実行ファイル自身も膨張する。

inline キーワードは、この問題に対処するためにある。正しい使い型を、次に示す。

- inline 関数を、対応するヘッダの中で、たとえば次のように記述する。
  inline int inc(int x) { return x+1; }
- ただ 1 つの変換単位（すなわち、1 個の .c ファイル）の中に、次のような extern 宣言を追加する。extern inline int inc(int x) ;

このファイルに、その関数のコードが含まれ、それが他のファイルから参照される（そこでは、この関数がインライン化されなかった場合に）。

■ **セマンティクス（意味）の変更**　4.2.1 よりも前の GCC では、`inline` キーワードの意味が、わずかに異なっていた。[14] というポストに、深い分析がある。

14.5　restrict ポインタ

`restrict` は、`volatile` や `const` と同じカテゴリのキーワードで、C99 標準で最初に現れた。これはポインタに付けるマークだから、アスタリスクの右側に置かれる。たとえば次のように。

```
int x;
int* restrict p_x = &x;
```

オブジェクトを指す `restrict` ポインタを作ったら、それは「このオブジェクトに対する全部のアクセスは、このポインタの値を通じて行いますよ」という約束になる。コンパイラは、これを無視することもできるが、これを利用して、ある種の最適化を行うこともでき、それはしばしば可能である。

この約束は、言い換えると「他のポインタを使った書き込みのせいで、`restrict` ポインタで格納された値に影響がおよぶことはないですよ」ということなのだ。

この約束を破ると、微妙なバグが生じ、明らかに未定義の振る舞いとなる。

`restrict` がなければ、どのポインタも「別名のあるメモリ」(memory aliasing) の元になる。つまり、同じメモリセルを、異なった複数の名前を使って、アクセスできるようになるのだ。リスト 14–18 に示す、ごく単純な例を見ていただきたい。`f` の本体は、`*x += 2 * (*add);` と等しいだろうか？

リスト14–18：restrict_motiv.c

```
void f(int* x, int* add) {
    *x += *add;
    *x += *add;
}
```

驚くなかれ、答えは「いいえ」であって、両者は等価ではない。もし `add` と `x` が同じアドレスを指していたら？

その場合、`*x` を変更すれば`*add` も変更される。だから `x == add` の場合、この関数が`*x` を `*x` に足すことで、まず最初の値が 2 倍になる。それが再び行われて、最初の値の 4 倍になる。けれども、`x != add` のときは、たとえ`*x == *add` でも、最終的な`*x` は、最初の値の 3 倍になる。

コンパイラは、これをよく知っていて、たとえ最適化が ON になっていても、2 つの読み出しを最適化しない（リスト 14–19 に示すように正直なコードを生成する）。

リスト14–19：restrict_motiv_dump.asm

```
0000000000000000 <f>:
   0:   8b 06                   mov    eax,DWORD PTR [rsi]
   2:   03 07                   add    eax,DWORD PTR [rdi]
   4:   89 07                   mov    DWORD PTR [rdi],eax
   6:   03 06                   add    eax,DWORD PTR [rsi]
   8:   89 07                   mov    DWORD PTR [rdi],eax
   a:   c3                      ret
```

けれども、リスト14–20に示すように restrict を追加したものを逆アセンブルすると、リスト14–21に示すような最適化が見られる。第2の引数は1回だけ読み出され、それが2倍されて、デリファレンスされた第1の引数に加算される。

リスト14–20：restrict_motiv1.c

```
void f(int* restrict x, int* restrict add) {
    *x += *add;
    *x += *add;
}
```

リスト14–21：restrict_motiv_dump1.asm

```
0000000000000000 <f>:
   0:   8b 06                   mov    eax,DWORD PTR [rsi]
   2:   01 c0                   add    eax,eax
   4:   01 07                   add    DWORD PTR [rdi],eax
   6:   c3                      ret
```

restrict は、自分が何をしているのか本当に良くわかっているときにだけ使うべきだ。少し効率の劣るプログラムを書くのは、間違ったプログラムを書くよりも、ずっと良いことだ。

restrict を使うのは、コードの文書化という意味でも重要だ。たとえば memcpy は、ある開始アドレス s2 から始まる n バイトを、s1 から始まるブロックにコピーする関数だが、そのシグネチャは C99 で変更されている。

```
void*
memcpy(void*          restrict s1,
       const void* restrict s2,
       size_t              n );
```

これには「2つの領域に重複があってはならない」という事実が反映されている。そうでなければ、正しい結果が保証されない。

restrict ポインタから、もう1つの restrict ポインタへとコピーすることで、ポインタの階層構造を作ることは可能である。けれども標準は、コピーが元のブロックに入らないケースだけに限定している。リスト14–22に、その例を示す。

リスト14-22：restrict_hierarchy.c

```c
struct s {
    int* x;
} inst;

void f(void) {
    struct s* restrict p_s = &inst;
    int* restrict p_x = p_s->x;        /* だめ */
    {
        int* restrict p_x2 = p_s->x; /* 別ブロックのスコープなので問題なし */
    }
}
```

14.6 厳密な別名のルール

`restrict` が導入されるまで、プログラマはときどき別の構造体名を使うことで、それと同じ効果を達成できた。コンパイラは「データ型が違っていれば、それぞれのポインタが同じデータを指す可能性はない」と考える。これは**厳密な別名のルール**と呼ばれているものだ。

その前提には、以下のものが含まれる。

- 別の組み込み型への2つのポインタは、別名ではない。
- 別のタグ名を持つ構造体または共用体への2つのポインタは、別名ではない (`struct foo` が `struct bar` の代わりに使われることはないし、逆も同じ)。
- `typedef` を使って作られた同じ型の別名は、同じデータを参照できる。
- `char*`型は例外である (符号付きでも、なしでも)。コンパイラは常に、`char*`は他の型の別名として使えるものと想定する (その逆は不可)。つまり、データを取得するために使う char バッファのアドレスを、構造体によるパケットのインスタンスと同じにすることができる。

これらのルールを破ったら、未定義の振る舞いのトリガとなって、微妙な最適化のバグを招く可能性がある。リスト14-18で示した例は、`restrict` キーワードなしでも同じ効果が得られるように書き直せる。それは「厳密な別名のルールを利用して、両方のパラメータを別のタグ名を持つ構造体のメンバにする」というアイデアだ (リスト14-23)。

リスト14-23：restrict-hack.c

```c
struct a {
    int v;
};
struct b {
    int v;
};
```

```
void f(struct a* x, struct b* add) {
    x->v += add->v;
    x->v += add->v;
}
```

するとコンパイラは、期待どおりに読み出しを最適化してくれる。リスト14–24に逆アセンブルリストを示す。

リスト14–24：restrict-hack-dump

```
0000000000000000 <f>:
   0:   8b 06                   mov    eax,DWORD PTR [rsi]
   2:   01 c0                   add    eax,eax
   4:   01 07                   add    DWORD PTR [rdi],eax
   6:   c3                      ret
```

C99から後の標準で、最適化を目的として別名のルールを使うことは推奨されない。なぜなら restrict を使えば意図がより明確になり、不必要な型名が導入されることもないからだ。

14.7　セキュリティの問題

Cは、堅牢なソフトウェアを作るための言語として作られたのではない。Cではメモリを直接扱うことができるが、その扱いの正誤を制御する手段は、Rustのように静的なものも、Javaのように動的なものも、持っていない。これから見ていく古典的なセキュリティホールについて、今なら完全に詳細を説明できる。

14.7.1　スタックのバッファオーバーラン

プログラムが関数fとローカルバッファを、リスト14–25に示すように使う場合について考えてみよう。

リスト14–25：buffer_overrun.c

```c
#include <stdio.h>

void f( void ) {
    char buffer[16];
    gets( buffer );
}

int main( int argc, char** argv ) {
    f();
    return 0;
}
```

初期化が終わると、スタックフレームのレイアウトは、次のようになる。

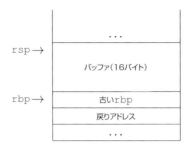

　gets 関数は、stdin から 1 行読んで、引数としてアドレスを渡されたバッファの中に置く。けれども困ったことに、この関数はバッファのサイズをまったく制御しないので、行がサイズを超えてしまうことがある。

　もし行が長すぎたら、バッファを上書きした後、次は保存した rbp の値を上書きし、さらに戻りアドレスを上書きする。この後 ret 命令を実行すると、プログラムはほぼ確実にクラッシュする。もっと悪いことに、もし攻撃者が行に細工を仕掛けたら、不正なアドレスを形成するバイト列で戻りアドレスを上書きすることも可能だ。

　さらに、もし攻撃者が、上書きされるバッファへ直接リダイレクトする戻りアドレスを選んだら、実行コードを直接このバッファに送り込むことができる。このようなコードが**シェルコード**（shellcode）と呼ばれる理由は、利用するリモートシェルをオープンするだけの小さなコードしか普通は入らないからだ。

　明らかにこれは、gets の欠陥に留まらず、言語そのものの性質によるものだ。この話の教訓は、決して gets を使わないこと、そして、転送先となるメモリブロックの境界をチェックする方法を、必ず提供することだ。

14.7.2　return-to-libc 攻撃

　すでに述べたように、悪意を持ったユーザーは、もしプログラムがスタックバッファのオーバーランを許していたら、戻りアドレスを書き換えることができる。「return-to-libc」攻撃は、その戻りアドレスを、標準 C ライブラリ内の関数のアドレスに書き換える。とくに注目すべき関数は、int system(const char* command) で、これを使えば任意のシェルコマンドを実行できる。さらに悪いことに、シェルコマンドは攻撃されたプログラムと同じ特権で実行される。

　現在の関数が ret 命令で終了したら、libc にある関数の実行が開始される。ただし、そのための有効な引数を、どうやって形成するか、という問題がある。

　後述する ASLR（address space layout randomization）があれば、この攻撃は容易ではない（が、可能である）。

14.7.3 整形出力の脆弱性

整形出力（書式付き出力）関数が、たちの悪いバグの元になる場合がある。表 14-1 に示すように、標準ライブラリには、そういう関数がいくつもある。

表14-1：文字列を整形する関数

関数	説明
printf	整形した文字列を出力する。
fprintf	printf をファイルに書く。
sprintf	文字列にプリントする。
snprintf	長さチェック付きで文字列にプリントする。
vfprintf	va_arg 構造体をファイルにプリントする。
vprintf	va_arg を stdout にプリントする。
vsprintf	va_arg を文字列にプリントする。
vsnprintf	長さチェック付きで va_arg を文字列にプリントする。

リスト 14-26 に示す例で、ユーザーからの入力が 100 文字未満であるとしよう。それでも、このプログラムをクラッシュさせるか、何か別の興味深い効果を産み出すことが可能だろうか。

リスト14-26：printf_vuln.c

```
#include <stdio.h>
int main(void) {
    char buffer[1024];
    gets(buffer);
    printf( buffer );
    return 0;
}
```

ここでの脆弱性は、gets を使うことではなく、ユーザーから受け取る文字列を「整形文字列」（format string）として使うことにある。ユーザーは「変換指定子」（format specifier）を含む文字列を提供でき、それが興味深い振る舞いをもたらすのだ。

可能性のある「予期せぬ振る舞い」を、いくつかあげていこう。

- "%x"指定子と、その同類は、スタックの内容を見るのに利用されるかもしれない。"%x"を十分に多く並べて書くと、最初の 5 つは引数をレジスタから取るが（rdi には、すでに整形文字列のアドレスが入っている）、それに続くものはスタックの内容を示すだろう。リスト 14-26 に示した例をコンパイルして、"%x %x %x %x %x %x %x %x %x"と入力したときの出力を観察しよう。

```
> %x %x %x %x %x %x %x %x %x
b1b6701d b19467b0 fbad2088 b1b6701e 0 25207825 20782520 78252078 25207825
```

ある種の類似性がありそうな4つの数と、1個のゼロと、さらに4つの数が見られる。どうやら最後の4つは、スタックから取った数ではないだろうか。

そこでgdbに入り、printfを呼び出した直後の、スタックのトップに近いメモリを調べてみると、どうやら思った通りの結果が得られる。リスト14–27に、その出力を示す。

リスト14–27：gdb_printf

```
(gdb) x/10 $rsp
0x7fffffffdfe0: 0x25207825    0x78252078    0x20782520    0x25207825
0x7fffffffdff0: 0x78252078    0x20782520    0x25207825    0x00000078
0x7fffffffe000: 0x00000000    0x00000000
```

訳者がGCCで、オプション指定なしでprintf_vuln.cをコンパイルしたときのstderr出力を、次に示す。

```
printf_vuln.c: In function 'main':
printf_vuln.c:4:5: warning: implicit declaration of function 'gets' [-Wimplicit-function-declaration]
     gets(buffer);
     ^
printf_vuln.c:5:13: warning: format not a string literal and no format arguments [-Wformat-security]
     printf( buffer );
            ^
/tmp/cc0nRYj0.o: 関数 'main' 内:
printf_vuln.c:(.text+0x2a): 警告: the 'gets' function is dangerous and should not be used.
```

このように警告は出るが、コンパイルされた。実行結果は本文の例と同様である。

- 変換指定子"%s"は、文字列をプリントするのに使われる。文字列は、その開始アドレスによって定義されるから、メモリをポインタでアドレッシングすることになる。もし有効なポインタが与えられなければ、無効なポインタがデリファレンスされてしまう。

■問題266　リスト14–26に示したコードを起動して、"%s %s %s %s %s"と入力したら、どんな結果になるだろうか?

- 変換指定子"%n"は、ちょっと異質なものだが、やはり落とし穴がある。これを使うと整数をメモリに書くことができる。printf関数は、これによって整数へのポインタ

を受け取り、それまでに書かれたシンボルの量を示す値で、その整数を上書きする。
リスト 14–28 に、その用例を示す。

リスト14–28：printf_n.c

```c
#include <stdio.h>

int main(void) {
    int count;
    printf( "hello%n world\n", &count);
    printf( "%d\n", count );
    return 0;
}
```

これが 5 を出力するのは、"%n" の前に 5 個のシンボルがあったからである。これが無害な「文字列の長さ」とも言えないのは、その前に他の整形指定子があると、出力の長さが変化するからだ（たとえば 1 個の整数をプリントする場合、7 個または 10 個のシンボルを出力する可能性がある）。リスト 14–29 に、その例を示す。

リスト14–29：printf_n_ex.c

```c
int x;
printf("%d %n", 10, &x);   /* x = 3 */
printf("%d %n", 200, &x);  /* x = 4 */
```

悪用を防ぐには、とにかくユーザーから受け取った文字列を整形文字列として使わないことだ。いつでも `printf("%s", buffer)` と書くことは可能であり、これなら、`buffer` が NULL ではなく、NULL で終わる有効な文字列であれば、安全である。また、`puts` や `fputs` のような関数があることを忘れてはいけない。これらのほうが、より高速なだけでなく、より安全でもある。

14.8　保護機構

戻りアドレスの上書きは、次の 2 つのうち、どちらかの事態を招く危険がある。

- プログラムが異常終了する
- 攻撃者が任意のコードを実行する

第 1 の場合、そのプログラムが提供していた特定のサービスが利用できなくなれば、DoS (Denial of Service) 攻撃の犠牲ということになるだろう。けれども、第 2 の場合は、もっと悪質だ。

14.8.1 セキュリティ Cookie

スタックガードとも、カナーリとも呼ばれる[7]。セキュリティ Cookie は、任意のコードが実行されるのを防ぐために、いったん戻りアドレスが書き換えられたらプログラムを強制終了させる。

セキュリティ Cookie は、スタックフレームの中で、保存された rbp と戻りアドレスの近くに置かれる、ランダムな値である。

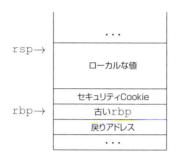

バッファがオーバーランしたら、セキュリティ Cookie が上書きされるはずである。ret 命令の前に、コンパイラは特別なチェックを置く。これはセキュリティ Cookie が損なわれていないか調べ、もし変更されていたらプログラムをクラッシュさせる（実行の流れが ret 命令に到達しない）。

MSVC も GCC も、この機構をデフォルトで有効にする。

14.8.2 アドレス空間配置のランダム化（ASLR）

プログラムの各セクションを、アドレス空間のランダムな場所に配置すれば、有効なジャンプを実行できる戻りアドレスの推測は、ほとんど不可能になる。一般に使われている OS のほとんどが、この ASLR 機構をサポートしている。ただし ASLR はコンパイル時に有効にしておく必要がある。そうすれば、ASLR のサポートに関する情報が実行ファイルそのものに格納され、ローダは正しい再配置の実行を強制される。

14.8.3 データ実行防止（DEP）

DEP（Data Execution Prevention）については、すでに第 4 章で論じた。このテクノロジーは、いくつかのページについて、それらのページに格納された命令が実行されるのを防止する。これを有効にするには、やはり、そのサポートを ON にしてプログラムをコンパイルする必要がある。

---

[7] **注記**：炭鉱で一酸化炭素中毒から労働者の身を守るため、警報装置として使われていた小鳥のカナリア（canary）に由来する言葉。

ところが悲しいことに、プログラムの実行時に実行コードが形成される「ジャストインタイム」方式でコンパイルされるプログラムでは、うまくいかない。しかもそれは、よく考えれば決して稀なケースではない。たとえば、ほとんどすべてのブラウザは、ジャストインタイムのコンパイルをサポートする JavaScript エンジンを使っているのだ。

14.9 まとめ

この章では、Intel 64 の*nix で使われている呼び出し規約を再訪した。今回は、より高度な C の機能である、型修飾子の volatile と restrict や、非局所的なジャンプなどの使い方を示すサンプルを見てきた。最後に、スタックフレームの構成によって可能になっている、いくつかの古典的な脆弱性について概要を述べるとともに、自動的に対策がとられるように設計されたコンパイラの機能を見た。次の章では、動的ライブラリの作成と利用に関連する低いレベルの詳細を、さらに学んで理解を深めていこう。

- ■問題 267　xmm レジスタとは何か。いくつあるのか。
- ■問題 268　SIMD 命令とは?
- ■問題 269　なぜ多くの SSE 命令で、メモリのオペランドをアラインする必要があるのか?
- ■問題 270　関数に引数を渡すために使われるレジスタは?
- ■問題 271　関数に引数を渡すとき、rax がときどき使われる理由は?
- ■問題 272　rbp レジスタの用途は?
- ■問題 273　スタックフレームとは?
- ■問題 274　なぜローカル変数を、rsp 相対でアドレッシングしないのか?
- ■問題 275　プロローグ (prologue)、エピローグ (epilogue) とは何か。
- ■問題 276　enter 命令と leave 命令の目的は何か。
- ■問題 277　関数の実行時にスタックフレームがどのように変化するか、詳しく記述せよ。
- ■問題 278　レッドゾーンとは何か。
- ■問題 279　引数の数に柔軟性のある関数を宣言し、使用する方法は?
- ■問題 280　va_list に格納されるコンテキストとは、どういうものか。
- ■問題 281　vfprintf のような関数を使う理由は?
- ■問題 282　volatile 変数の用途は?
- ■問題 283　volatile なローカル変数だけが longjmp で保存されるのはなぜか。
- ■問題 284　すべてのローカル変数がスタックに割り当てられるのか?
- ■問題 285　setjmp は何のために使われるのか。
- ■問題 286　setjmp の戻り値は何か。
- ■問題 287　restrict は何に使うのか。
- ■問題 288　コンパイラは restrict を無視できるか?

- ■問題 289　restrict キーワードを使わずに、それと同じ結果を達成するには?
- ■問題 290　スタックバッファのオーバーランが悪用されるメカニズムを説明せよ。
- ■問題 291　printf は、どんなときに使うと安全ではないのか?
- ■問題 292　セキュリティ Cookie とは何か。バッファオーバーフロー時にプログラムがクラッシュするのを解決できるのか?

第15章

共有オブジェクトとコードモデル

動的ライブラリ（共有オブジェクト）は，すでに第 5 章で簡単に紹介した。その動的ライブラリを再訪し、PLT（Program Linkage Table）と GOT（Global Offset Table）の概念を紹介することで、その知識を広げよう。そうすれば、純粋なアセンブリと C でライブラリを構築し、両者の結果を比較し、構造を調べることが可能になる。また、コードモデルのコンセプトも、この章で学べる。これは、めったに論じられないテーマだが、アセンブリコード生成の重要な詳細に関して、首尾一貫した見解を得ることができる。

15.1　動的なロードとリンク

まずは、ELF（Executable and Linkable Format）ファイルを思い出そう。これには、3 つのヘッダがある。

- オフセット 0 の位置にあるメインヘッダ（いわゆる ELF ヘッダ）は、ファイルに関する全般的な情報を定義する（エントリポイントや、以下に説明するテーブル 2 つのオフセットが含まれる）。
  メインヘッダは、`readelf -h` コマンドを使って見ることができる。
- セクションヘッダテーブルには、さまざまな ELF セクションについての情報が含まれる。
  このテーブルは、`readelf -S` コマンドで見ることができる。
- プログラムヘッダテーブルには、ファイルのセグメントに関する情報が含まれる。各セグメントは実行時の構造であり、なかに 1 個以上のセクションが含まれる（これらの定義がセクションヘッダテーブルにある）。
  このテーブルは、`readelf -l` コマンドを使って見ることができる。

実行ファイルをロードする第一段階の処理では、アドレス空間を作成し、プログラムヘッダテーブルに従って適切なパーミッションを付けながら、メモリのマッピングを行う。これを実行するのは OS のカーネルだが、いったん仮想アドレス空間が設定された後は、他のプログラムが（つまり動的リンカか動的ローダが）仕事をしなければならない。後者は完全にリロケータブルな実行プログラムでなければならない（どのアドレスにもロードして実行できなければいけない）[1]。

動的リンカ（dynamic linker）の仕事は、

- すべての**依存関係**（dependencies）を判定し、依存の対象となるオブジェクトをロードする。
- アプリケーションと依存対象の**再配置**（relocation）を実行する。
- アプリケーションと、その依存対象を初期化して、制御をアプリケーションに渡す。これでプログラムの実行が開始される。

依存関係を判定して、すべてのオブジェクトをロードするのは、比較的容易である。要は、再帰的な処理で依存関係を探索し、個々のオブジェクトがすでにロードされているか否かをチェックするだけだ。初期化にも、とくに謎めいたところはない。けれども再配置は、興味深い処理である。

再配置の対象には、次の 2 種類がある。

- 同じオブジェクト内の位置へのリンク。リンク時に位置が判明するので、これらの再配置は、すべて静的リンカが行う。
- シンボル参照による依存対象（通常は、別のオブジェクトファイルにある）。

後者の再配置は、よりコストが高く、動的リンカによって実行される。

再配置を行う前に、まずはリンクすべきシンボルを探し出す「ルックアップ」が必要だ。オブジェクトファイルのシンボルテーブルには、**ルックアップスコープ**（lookup scope：探索の有効範囲）という概念があって、それは、ロードされた他のオブジェクトを含む順序付きのリストで実装される。オブジェクトファイルの探索範囲は、必要なシンボルを解決するために使われる。その計算方法は [24] に記述されているし、かなり複雑なので、必要に応じてドキュメントを参照していただきたい。

---

[1] 訳注：プログラムに必要な共有ライブラリが、あらかじめ静的リンクしてあり、そのライブラリが実行時にメモリになければ自動的にロードされるのが動的リンク。アプリケーション自身が、特定のライブラリを(実行時にメモリになければ)`dlopen` などの DL API を使って明示的にロードするのが動的ロード。実装の詳細は ABI[24] の「Chapter 5 Program Loading and Dynamic Linking」を参照。原理については、Solaris のリンカとライブラリの解説 [164] が詳しい。

探索範囲は、3つの部分で構成され、それらは探索の逆順にリストされる。つまりシンボルは、第3の範囲で最初に探索される。

1. グローバルな探索範囲。これは、実行ファイルと、そのすべての依存対象で構成される（依存するオブジェクトに依存するオブジェクトなども含まれる）。これらは「場合わけ優先探索」（breadth-first search：横型探索）式に列挙される。
    - 実行ファイル自身。
    - その依存オブジェクト。
    - 第1の依存オブジェクトの依存オブジェクト、それから第2の、それから第3の……と続く。個々のオブジェクトは、ただ1度だけロードされる。
2. ELF 実行フィルのメタデータのなかで `DF_SYMBOLIC` フラグが立っていると構築される部分。これはレガシーとみなされ、使わないように勧告されているから、ここでは学習しない。
3. `dlopen` 関数の呼び出しによって動的にロードされたオブジェクトと、そのすべての依存関係。これらは通常のルックアップでは探索されない。

オブジェクトファイルは、それぞれ1個の「ハッシュ表」[2]を持っていて、それがルックアップに使われる。この表にシンボルの情報が格納されていて、シンボルを名前によって素早く探すことができる。探索範囲で、必要なシンボルを含む最初のオブジェクトを見つけたら、それをリンクする。シンボルのオーバーロードを（たとえば `LD_PRELOAD` 機構によって）許すことができるが、それについては 15.5 節で述べる。

ハッシュ表のサイズとエクスポートされるシンボルの数は、ルックアップに要する時間に影響を与える。リンカは、`-O` オプションが与えられると[3]、これらのパラメータの探索速度を優先した最適化を試みる。C++のような言語では、ハッシュにはシンボル名（たとえば関数名）だけでなく、すべての名前空間（およびクラス名）もエンコードされる。その結果、名前が数百文字におよぶことが珍しくない。ハッシュ表に衝突があるときには（これは通常、頻繁に発生する）、探しているシンボル名と、ハッシュ計算によって選択した候補に含まれる全部のシンボルとの間で、文字列の比較を行う。

---

[2] 本書では「ハッシュ表」(hash table) とは何か、どのように実装されるかについて詳細を示さないが、もしご存じでなければ、教科書でも読んで調べることを強くお勧めする。これはまったく古典的な、至る所で使われているデータ構造だ。良い説明が [10] で見つかる。訳注：近藤 [137] の「8 ハッシュ法」は各アルゴリズムの解説と C 言語による実装を示している。コンパイラが作成するシンボルテーブルについては、エイホ他 [101] の「7.6 記号表」を参照。

[3] コンパイラの`-O` スイッチではないので混同しないように。

最近の GNU スタイルのハッシュ表には、「このシンボルは、そもそもこのオブジェクトファイルで定義されているのか」という質問に素早く答えるために、ブルームフィルタ[4]を使う手法が追加されている。これによって、不必要なルックアップの発生頻度がずっと少なくなり、性能に良い影響を与えている。

15.2 再配置と PIC

どのような種類の再配置が実行されるのだろうか。静的リンクの際に行われる再配置の処理は、第 5 章で見た。それと同じことだろうか。つまり、すべてのコードとデータの要素を再配置するのだろうか。それは可能であり、実際、**PIC**（position-independent code：位置に依存しないコード。いわゆる「位置独立コード」）を書きやすくする特別な機能が一般的なアーキテクチャに追加されるまでは、広く使われていた。けれども、そのアプローチには下記の短所がある。

- 再配置は、とくに依存関係が多数あると、実行に時間がかかる。そのせいでアプリケーションの立ち上がりが遅くなる。
- .text セクションは、パッチを当てる必要があるので共有できない。静的なリンクで最終的なオブジェクトファイルを構築するとき、オブジェクトファイルの内容にパッチを当てるが、動的なリンクでは、メモリ内のオブジェクトファイルにパッチを当てることになる。この方法はメモリを浪費するだけでなく、セキュリティのリスクがある。なぜなら、たとえば「シェルコード」はメモリ内のプログラムを直接書き換えて、その振る舞いを変えることができるからだ。

今では PIC を書くのが推奨される方法であり、そうすれば .text をリードオンリーのままにしておくことができる（.data は、いずれにしても共有できない）。

PIC ならコードの再配置がなくなるので、再配置の総数が少なくなる。PIC では、GOT（Global Offset Table）と PLT（Program Linkage Table）という 2 つのユーティリティテーブルが使用される。

---

[4] Bloom filter は、広く使われている確率論的なデータ構造。ある集合に指定の要素が含まれている可能性を素早くチェックできる。単に要素が「ありそうだ」という "yes" のときはさらにチェックが必要だが、含まれて「いない」という "no" は常に確実である。

15.3　例：C の動的ライブラリ

GOT と PLT について学ぶ前に、サンプルとして、C で最小限の動的ライブラリを作っておこう。

これは本当に簡単なのだ。

このプログラムは 2 つのファイルで構成される。1 つは、リスト 15-1 に示す mainlib.c、もう 1 つは、リスト 15-2 に示す dynlib.c だ。

リスト15-1：mainlib.c

```c
extern void libfun( int value );

int global = 100;

int main( void ) {
    libfun( 42 );
    return 0;
}
```

リスト15-2：dynlib.c

```c
#include <stdio.h>

extern int global;
void libfun(int value) {
    printf( "param: %d\n", value );
    printf( "global: %d\n", global );
}
```

ご覧のように、メインファイルにはグローバル変数があって、それをライブラリと共有する。ライブラリでは、その変数が extern（外部）にあることを宣言している。メインファイルには、ライブラリ関数の宣言もある（これは通常、コンパイルされたライブラリとともにヘッダファイルに入れて出荷される）。

これらのファイルをコンパイルするには、次のコマンドを発行する。

```
> # メインのオブジェクトファイルを作る
> gcc -c -o mainlib.o mainlib.c
> # ライブラリのオブジェクトファイルを作る
> gcc -c -fPIC -o dynlib.o dynlib.c
> # 動的ライブラリを作成
> gcc -o dynlib.so -shared dynlib.o
> # 実行ファイルを作って動的ライブラリとリンクする
> gcc -o main mainlib.o dynlib.so
```

まずは通常通りに 2 つのオブジェクトファイルを作る。次に、-shared オプションを使っ

て動的ライブラリを構築する。実行ファイルをビルドするときは、それが依存する全部の動的ライブラリを提供する。理由は、ELFのメタデータに情報を入れるためだ。ここで使っている-fPICというオプションが、位置独立コード（PIC）の生成を強制する。これがアセンブリに与える影響は、後で見ることになる。

では、lddを使って、この実行ファイルの依存関係を調べよう。

```
> ldd main
    linux-vdso.so.1 => (0x00007fffcd428000)
    lib.so => not found
    libc.so.6 => /lib/x86_64-linux-gnu/libc.so.6 (0x00007ff988d60000)
    /lib64/ld-linux-x86-64.so.2 (0x00007ff989200000)
```

作ったばかりのわれわれのライブラリが、依存関係のリストに入っているが、lddは、それを見つけることができない。実行ファイルの起動を試みると、予想されたメッセージが出て失敗する。

```
./main: error while loading shared libraries:
    lib.so: cannot open shared object file: No such file or directory
```

ライブラリは、デフォルトの場所（たとえば/libなど）でサーチされる。われわれのライブラリは、そこにないのだが、コピーする必要はなく、他に選択肢がある。環境変数 LD_LIBRARY_PATH で、ライブラリの置き場所とするディレクトリを追加できるのだ。これにカレントディレクトリを設定すれば、lddが、このライブラリをすぐに見つけてくれる。サーチは LD_LIBRARY_PATH で定義されたディレクトリから開始され、次に標準ディレクトリへと進む。

```
> export LD_LIBRARY_PATH=${LD_LIBRARY_PATH}:.
> ldd main
    linux-vdso.so.1 => (0x00007ffff1315000)
    lib.so => ./lib.so (0x00007f3a7bc70000)
    libc.so.6 => /lib/x86_64-linux-gnu/libc.so.6 (0x00007f3a7b890000)
    /lib64/ld-linux-x86-64.so.2 (0x00007f3a7c000000)
```

起動すると、期待どおりの結果が得られる。

```
> ./main
param: 42
global: 100
```

15.4　GOTとPLT

15.4.1　外部変数をアクセスする

.textをリードオンリーにして、再配置のパッチを無用にしたい。そのため、そのオブジェクトで定義される保証のないシンボルを参照するときは、必ず1段階の間接参照（indirection）が追加される。言い換えれば、静的リンクを行った後の実行ファイルまたは共有オブジェクトファイルで定義されている全部のシンボルを間接参照するのだ。その参照は、特別な**グローバルオフセットテーブル:GOT**を介して行われる。

PIC（位置独立コード）の成立には、次の2つの事実が重要だ。

- Intel 64で、命令オペランドをripレジスタ相対でアドレッシングすることが可能になった。現在のripの値は、call命令とpop命令のペアを使えば取得できたが、性能面ではハードウェアのサポートがあるほうが確実に有利である。
- .textセクションと.dataセクションの間隔（オフセット）は、リンク時に（ライブラリの作成中に）判明する。また、ripから.dataセクションの先頭までの距離も判明する。だからGOTは.dataセクションの中に（あるいは、その近くに）置く。これにはグローバル変数の絶対アドレスが格納される。GOTのセルは、rip相対でアドレッシングし、その場所からグローバル変数の絶対アドレスを取得する（図15-1）。

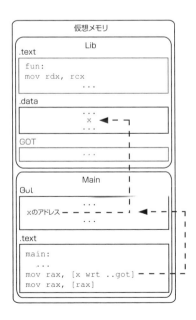

図15-1：GOTを介してグローバル変数をアクセスする

次に、メインの実行ファイル内に作られた変数 global を、どうやって動的ライブラリからアドレッシングするのかを見よう。そのために、`objdump -D -Mintel-mnemonic` の出力を調べる（断片をリスト 15–3 に示す）。

リスト15–3 : libfun

```
00000000000006d0 <libfun>:

# Function prologue
 6d0:    55                      push   rbp
 6d1:    48 89 e5                mov    rbp,rsp
 6d4:    48 83 ec 10             sub    rsp,0x10

# Second argument for printf( "param: %d\n", value );
 6d8:    89 7d fc                mov    DWORD PTR [rbp-0x4],edi
 6db:    8b 45 fc                mov    eax,DWORD PTR [rbp-0x4]
 6de:    89 c6                   mov    esi,eax

# First argument for printf( "param: %d\n", value );
 6e0:    48 8d 3d 32 00 00 00    lea    rdi,[rip+0x32]

# Printf call; zero XMM registers used
 6e7:    b8 00 00 00 00          mov    eax,0x0
 6ec:    e8 bf fe ff ff          call   5b0 <printf@plt>

# Second argument for printf( "global: %d\n", global );
 6f1:    48 8b 05 e0 08 20 00    mov    rax,QWORD PTR [rip+0x2008e0]
 6f8:    8b 00                   mov    eax,DWORD PTR [rax]
 6fa:    89 c6                   mov    esi,eax

# First argument for printf( "global: %d\n", global );
 6fc:    48 8d 3d 21 00 00 00    lea    rdi,[rip+0x21]

# Printf call; zero XMM registers used
 703:    b8 00 00 00 00          mov    eax,0x0
 708:    e8 a3 fe ff ff          call   5b0 <printf@plt>

# Function epilogue
 70d:    90                      nop
 70e:    c9                      leave
 70f:    c3                      ret
```

ソースコードは、リスト 15–2 に示した。ここではグローバル変数が、どのようにアクセスされているかに注目しよう。

まず、`printf` の第 1 引数は、`.rodata` に置かれた整形文字列のアドレスだが、これのアクセス方法は典型的なものではない。

こういう場合、アドレスの絶対値を使うのが典型的で、それは 5.3.2 で説明したように、リンカによる再配置で記入されるものだ。けれどもここでは、`rip` 相対のアドレスを使っている。

第 1 引数に使われる rdi レジスタに整形文字列のアドレスをロードするのだが、そのアドレスが、ここでは [rip + 0x32] というアドレスの**メモリに**格納されている。その場所は.rodataセクションの一部である。

次に、動的ライブラリのコードから global をアクセスする方法を見よう。その機構も、実はまったく同じで、メモリからの読み出しが 1 回余分に必要となる。まず、GOT の内容を読む。

```
mov rax,QWORD PTR [rip+0x2008e0]
```

これによって global のアドレスを取得し、それから、その変数の値を読むために、再びメモリをアクセスする。それが、次の命令だ。

```
mov eax,DWORD PTR [rax].
```

このようにグローバル変数のアクセスは単純だが、関数の場合、実装はもう少し複雑である。

15.4.2 外部の関数を呼び出す

関数についても、まったく同じアプローチを採用することは可能だが、遅延（オンデマンド）関数ルックアップを実装するために、機能が追加されている。まず、その理由を説明しよう。

シンボル定義のルックアップは、この章で見たように些細なことではない。関数は、エクスポートされるグローバル変数より、ずっと多いのが普通だが、そのうちプログラムの実行中に実際に呼び出される関数は、ごく少数である（たとえばエラー処理用の関数なども入っている）。一般にプログラマが動的ライブラリを、自分のプログラムで使うためにリンクするときは、しばしばサードパーティ製のライブラリが入る。それには実際に呼び出す必要のある関数より、ずっと多くの関数が入っているだろう。

そのため、特別な **PLT（プログラムリンケージテーブル）** を介した、もう 1 段階の間接参照が加わっている。このテーブルは.text セクションに置かれる。共有ライブラリから呼び出される個々の関数は、それぞれのエントリを PLT の中に持っている。各エントリは実行コードの小さなチャンクで、これらは静的にリンクされるから直接呼び出すことができる。関数を呼び出すには、そのアドレスを GOT に保存する必要があるが、最初はスタブのエントリが呼び出される。

具体的に例を示すため、リスト 15–4 に PLT のスケッチを描いた。

リスト15–4：plt_sketch.asm

```
    ; プログラムのどこかで
    call func@plt

    ; PLT
    PLT_0:              ; 共通部分
    call resolver
```

```
...
PLT_n:     func@plt:
jmp [GOT_n]
PLT_n_first:
; ここで resolver の引数が準備される
jmp PLT_0


GOT:
...
GOT_n:
dq  PLT_n_first
```

いったい、どうなっているのだろうか？

- 関数コールは（GOT を経由せずに）PLT のエントリを参照している。
- PLT のゼロ番目のエントリは、すべてのエントリの「共通コード」を定義する。すべてのエントリは、最後にこのエントリにジャンプする。
- n 番目のエントリは、GOT の n 番目のエントリに格納されているアドレスにジャンプする。後者のエントリのデフォルト値は、そのジャンプの次にある命令のアドレスだ！このスケッチでは、PLT_n_first というラベルが、それに該当する。したがって、その関数が最初に呼び出されたときは、その次の命令にジャンプするので実質的には NOP を実行するのと変わらない。
- そのコードが、動的ローダのための引数を準備し、それから PLT_0 の共通コードへとジャンプする。
- PLT_0 でローダが呼び出される。これがルックアップを実行して関数のアドレスを解決する。そして GOT_n に、実際の関数アドレスを記入する。

次回の関数コールでは、動的ローダが起動されない。PLT_n は、呼び出されると即座に解決済みの関数にジャンプする（そのアドレスは、すでに GOT に入っている）。

シンボル解決のプロセスによって、PLT がどのように変化するかを、図 15–2 と図 15–3 に示す。

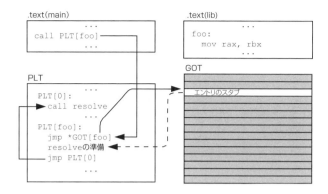

図15-2：実行時に関数をリンクする前の PLT

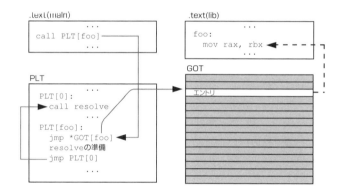

図15-3：実行時に関数をリンクした後の PLT

■問題 293　ローダの振る舞いを変えるかもしれない環境変数 (`LD_BIND_NOT` など) について、`man ld.so` を読んで調べよう[5]。

15.4.3　PLT の例

スケッチだけ示すのでは手抜きと思われるかもしれない。15.3 節で示したサンプルから実際に生成されるコードも調べよう。

`main` 関数から `libfun` を呼び出す関数コールは、期待どおり PLT を介して実行される。

---

[5]　**訳注**：JM による日本語訳 [140] を参照。

```
Disassembly of section .text:

00000000004006a6 <main>:
  push   rbp
  mov    rbp,rsp
  mov    edi,0x2a
  call   400580 <libfun@plt>
  mov    eax,0x0
  pop    rbp
  ret
```

次に、PLT がどうなっているかを見よう。libfun のための PLT エントリは、libfun@plt と呼ばれている。それをリスト 15-5 で探そう。

リスト15-5：plt_rw.asm

```
Disassembly of section .init:

0000000000400550 <_init>:
  sub    rsp,0x8
  mov    rax,QWORD PTR [rip+0x200a9d]        # 600ff8 <_DYNAMIC+0x1e0>
  test   rax,rax
  je     400565 <_init+0x15>
  call   4005a0 <__libc_start_main@plt+0x10>
  add    rsp,0x8
  ret
Disassembly of section .plt:

0000000000400570 <libfun@plt-0x10>:
  push   QWORD PTR [rip+0x200a92]        # 601008 <_GLOBAL_OFFSET_TABLE_+0x8>
  jmp    QWORD PTR [rip+0x200a94]        # 601010 <_GLOBAL_OFFSET_TABLE_+0x10>
  nop    DWORD PTR [rax+0x0]

0000000000400580 <libfun@plt>:
  jmp    QWORD PTR [rip+0x200a92]        # 601018 <_GLOBAL_OFFSET_TABLE_+0x18>
  push   0x0
  jmp    400570 <_init+0x20>

0000000000400590 <__libc_start_main@plt>:
  jmp    QWORD PTR [rip+0x200a8a]        # 601020 <_GLOBAL_OFFSET_TABLE_+0x20>
  push   0x1
  jmp    400570 <_init+0x20>


Disassembly of section .got:
0000000000600ff8 <.got>:
    ...
Disassembly of section .got.plt:

0000000000601000 <_GLOBAL_OFFSET_TABLE_>:
    ...
```

最初の命令は、GOT でこれに対応する 3 番目の要素へのジャンプである（個々のエントリが 8 バイト長なので、オフセットは 0x18 だ）。次に発行する push 命令のオペランドは、PLT 内の関数番号である。libfun の場合、その番号は 0x0 であり、libc_start_main の番号は 0x1 である。

libfun@plt の、その次の命令は、_init+0x20 へのジャンプだ。これは不思議に思われるが、実際に _init のアドレスを調べると、次のことがわかる。

- _init は、0x400550 にある。
- _init+0x20 は、0x400570 にある。
- libfun@plt-0x10 も、0x400570 にあるので、両者は同じである。
- このアドレスは、.plt セクションの先頭でもある。そして、先ほど説明したように、これは全部の PLT エントリで共有される「共通コード」に対応する。そのコードは、今度は GOT の値をスタックにプッシュし、GOT から動的ローダのアドレスを取って、そこにジャンプする。

objdump によって追加されたコメントを見ると、この 2 つの値は、0x601008 と 0x601010 というアドレスを参照している。これらは .got.plt セクションのどこかに格納されているはずだ。そのセクションは、GOT の一部で PLT エントリに関する部分である。リスト 15-6 に、このセクションの内容を示す。

リスト15-6：got_plt_dump_ex.c

```
Contents of section .got.plt:
0x601000    180e6000 00000000 00000000 00000000
0x601010    00000000 00000000 86054000 00000000
0x601020    96054000 00000000
```

これを注意して観察すると、0x601018 というアドレスに、下記のバイト列がある。

```
86 05 40 00 00 00 00 00
```

Intel 64 はリトルエンディアンなので、ここに格納されているクオドワードは 0x400586 であり、それは libfun@plt + 6 のアドレスである（言い換えれば、push 0x0 命令のアドレスだ）。このことは、GOT にある関数の初期値が、それぞれの PLT エントリの 2 番目の命令を指しているという事実を示している。

15.5　プリローディング

環境変数 LD_PRELOAD の設定によって、共有オブジェクトを（C 標準ライブラリを含む）他のどのライブラリよりも前にプリロードすることができる。そのライブラリからの関数は、ルッ

クアップでの優先順位が高いので、通常ロードされる共有オブジェクトで定義されている関数を、オーバーライドすることができる。

ただし実効 UID（effective User ID）と実 UID（real User ID）が一致しなければ、動的ローダは LD_PRELOAD の値を無視する。これはセキュリティ確保のためだ。リスト 15-7 に示す単純なプログラムを書いて、コンパイルしよう。

リスト15-7：preload_launcher.c

```c
#include <stdio.h>

int main(void) {
    puts("Hello, world!");
    return 0;
}
```

目立つことは何もしていないが、C 標準ライブラリで定義されている puts 関数を使っているのが重要なポイントだ。それを、われわれが書くダミー版の puts で上書きしようというのである。

コンパイルしたプログラムを実行すると、標準の puts 関数が実行される。

では次に、リスト 15-8 に示す内容を持つ単純な動的ライブラリを作ろう。これは puts 関数の代理となるが、渡された引数は無視して、常に固定の文字列を出力する。

リスト15-8：prelib.c

```c
#include <stdio.h>
int puts( const char* str ) {
    return printf("We took control over your C library! \n");
}
```

コンパイルには、次のコマンドを使う。

```
> gcc -o preload_launcher preload_launcher.c
> gcc -c -fPIC prelib.c
> gcc -o prelib.so -shared prelib.o
```

この実行ファイルを、動的ライブラリにリンクしないことに注意しよう。リスト 15-9 に、環境変数 LD_PRELOAD の設定による影響を示す。

リスト15-9：ld_preload_effect

```
> export LD_PRELOAD=
> ./a.out
Hello, world!
> export LD_PRELOAD=$PWD/prelib.so
> ./a.out
We took control over your C library!
```

ご覧のように、もし LD_PRELOAD に関数の定義を含む共有オブジェクトへのパスが含まれていたら、プロセスのアドレス空間に存在する関数を上書きすることができる。

- ■問題 294　　第 13 章の課題で作った malloc の実装をテストするために、このテクニックを使おう。coreutils にある標準ユーティリティにも、応用できるだろうか？
- ■問題 295　　dlopen、dlsym、dlclose という関数について調べよう[6]。

15.6　シンボル参照のまとめ

アセンブリと C の例に進む前に、シンボルのアドレッシングに関してどのようなケースがあるか、まとめておこう。メインの実行ファイルは、通常ならばリロケータブルでも PIC でもなく、固定の絶対アドレス（たとえば 0x40000）にロードされる[7]。動的ライブラリは，最近では PIC を使ってビルドされるから、その .text は、どこにでも置くことができる。ただし、他のセクションでは再配置が必要になるかもしれない。

シンボルには、次のケースがある。

1. 実行ファイルで定義され、そこでローカルに使われる場合。
   こういうシンボルは絶対アドレスに拘束されるので、何の問題もない。データは絶対アドレスで参照され、コードのジャンプとコールは、通常は rip 相対のオフセットとともに生成される。
2. 動的ライブラリで定義されるが、そこでだけローカルに使われる場合（外部のオブジェクトからは使えない）。
   PIC ならば、データのアクセスには rip 相対のアドレッシングを使い、関数コールは相対オフセットで行う。全般的なケースは、15.10 節で取り上げる。NASM では rip 相対アドレッシングを達成するのに rel キーワードを使う。これには GOT も PLT も使われない。
3. 実行ファイルで定義され、グローバルに使われる場合。
   もし外部で使うのなら、GOT を使う必要がある（関数には PLT も使う）。内部で使う場合のルールは変わらず、同じオブジェクトファイルの内側をアドレッシングする限り、GOT も PLT も不要である。
4. 動的ライブラリで定義され、グローバルに使われる場合。
   GOT を使って（関数には PLT も使って）行う。

---

[6] 訳注：IBM developerWorks の記事 [133] の「Linux での動的ロード」がわかりやすい。BINARY HACKS[168] の「#62 dlopen で実行時に動的リンクする」も参考になる。

[7] 常にそうとは限らない。たとえば OS X は、すべての実行ファイルを PIC にすることを推奨している。

15.7 サンプル

動的ライブラリをアセンブリ言語で書くことが、まったく可能であることを示そう。コードは位置に依存せず、GOT と PLT を使用する。

■ **gcc によるリンク** ライブラリをリンクする方法として推奨されるのは、GCC を使うことだ。ただし、この章ではときに、より原始的な ld を使う。それは実際に何が行われたかを詳細に示すためである。C のランタイムが関係するときは、ld を使ってはいけない。

いつものように Intel 64 に話を絞る。rip 相対のアドレッシングが導入される前は、PIC のコーディングは、もっと難しかったのだ[8]。

15.7.1 関数の呼び出し

最初のサンプルで、まず次の方法を示す。

- 動的ライブラリのデータを、同じライブラリの内側からアドレッシングする。
- 動的ライブラリの関数を、メインの実行ファイルから呼び出す。

このサンプルは、`main.asm`（リスト 15–10）と、`lib.asm`（リスト 15–11）で構成される。ビルドのプロセスを提供する `Makefile` をリスト 15–12 に示す。この場合は ld に対して明示的に動的リンカを与える必要があるが、ファイルのリンクに GCC を使う場合は不要である（適切な動的リンカのパスを使ってくれる）。それについては、15.7.2 項で説明する。

リスト15-10：ex1-main.asm

```
extern _GLOBAL_OFFSET_TABLE_
global _start

extern sofun

section .text
_start:
call sofun wrt ..plt

; exit システムコール
mov rdi, 0
mov rax, 60
syscall
```

---

[8] 訳注：レビン [138] の「8.3 位置独立コード」で歴史的な記述を読める。

最初に出てくる、extern _GLOBAL_OFFSET_TABLE_ は、通常は動的にリンクされる全部のファイルでインポートする[9]。

メインファイルは、sofun というシンボルをインポートする。その関数コールでは関数名に、wrt ..plt という修飾子が使われている。

このように wrt ..plt を使ってシンボルを参照すると、リンカが PLT エントリを作ってくれる。これに対応する式は、コードの現在位置から PLT エントリへの相対オフセットと評価される。静的リンクまで、このオフセットは不明だが、静的リンカによって記入される。call や jmp のような命令を再配置するには、rip 相対のアドレッシングでなければならない。ELF では構造的に、PLT エントリを絶対アドレスで参照する手段が提供されない。

リスト15-11 : ex1-lib.asm

```
extern _GLOBAL_OFFSET_TABLE_
global sofun:function

section .rodata
msg: db "SO function called", 10
.end:

section .text
sofun:
mov rax, 1
mov rdi, 1
lea rsi, [rel msg]
mov rdx, msg.end - msg
syscall
ret
```

このコードでは、グローバルシンボル sofun に、:function というマークが付けられていることに注目しよう（コロンの前にスペースがあってはいけない）。他のオブジェクトから動的にアクセスされる関数をエクスポートするとき、このマークを付けることは、とても重要である。

.end というラベルは、write システムコールに与える文字列の長さを静的に計算するために使っている。rel キーワードを使っているのが重要なポイントだ。

このコードは位置に依存しないのだから、msg の絶対アドレスは任意である。しかし、コードの現在位置（lea rsi, [rel msg] 命令）からのオフセットは固定される。そこで lea 命令を使って、そのアドレスを rip からのオフセットとして計算する。この行は lea rsi, [rip + offset] としてコンパイルされ、その offset 定数は、静的リンカによって記入される（ただし、[rip + offset] という記法は、NASM の構文としては正しくない）。

リスト 15-12 は、このサンプルをビルドするための Makefile である。これを起動する前に、カレントディレクトリが環境変数 LD_LIBRARY_PATH に入っていることを確認しよう。あ

---

[9] これは ELF で使う名前で、他のシステムでは異なる。NASM のマニュアル [27] の「9.2.1」を参照。

るいは（テスト用に）次のコマンドを打ち込むだけでもよい。

```
export LD_LIBRARY_PATH=${LD_LIBRARY_PATH}:.
```

それからビルドして実行しよう。

リスト15-12：ex1-makefile

```
main: main.o lib.so
    ld --dynamic-linker=/lib64/ld-linux-x86-64.so.2 main.o lib.so -o main

lib.so: lib.o
    ld -shared lib.o -o lib.so

lib.o: lib.asm
    nasm -felf64 lib.asm -o lib.o

main.o: main.asm
    nasm -felf64 main.asm -o main.o
```

■問題 296　　実験的に、関数呼び出しの wrt ..plt を削除して、すべてを再コンパイルする。ビルドされた main 実行ファイルに対して、objdump -D -Mintel-mnemonic を使って、それでも PLT が使われているかをチェックする。このファイルを起動できるだろうか。

15.7.2　さまざまな動的リンカ

動的リンカは固定のものではない。これはメタデータの一部として ELF ファイルにエンコードされ、ldd によって見ることができる。

どの動的リンカが選ばれるかを、リンクのときに制御できる。たとえば次のように。

```
ld --dynamic-linker=/lib64/ld-linux-x86-64.so.2
```

もしこれを指定しないと、ld はデフォルトのパスを選ぶが、設定によっては存在しないファイルに導かれるかもしれない。

もし動的リンカが存在しなければ、ライブラリをロードする試みは失敗し、意味のわからない謎のようなメッセージが出るだろう。たとえば、あなたがビルドする実行ファイル main が、ライブラリ so_lib を使っていて、LD_LIBRARY_PATH も正しく設定されているとしよう。

```
./main
bash: no such file or directory: ./main
> ldd ./main
```

```
linux-vdso.so.1 => (0x00007ffcf7f9f000)
so_lib.so => ./so_lib.so (0x00007f0e1cc0a000)
```

ここでの問題は、適切な動的リンカを提供せずにリンクを行ったことにある。だから ELF の
メタデータには、動的リンカへの正しいパスが入っていない。この問題は、適切な動的リンカ
のパスを付けてオブジェクトファイルをリンクし直すことで解決するだろう。たとえば本書の
ために提供している仮想マシンにインストールされている、Debain Linux ディストリビュー
ションにおいて、その動的リンカは/lib64/ld-linux-x86-64.so.2 である。

15.7.3 外部変数のアクセス

次のサンプルでは、メッセージ文字列をメイン実行ファイルの中に配置する。それ以外は同
じコードだ。これによって、外部変数のアクセス方法を示そう。

メインファイルをリスト 15–13 に、ライブラリのソースをリスト 15–14 に示す。

リスト15–13：ex2-main.asm

```
extern _GLOBAL_OFFSET_TABLE_
global _start

extern sofun

global msg:data (msg.end - msg)

section .rodata
msg: db "SO function called -- message is stored in 'main'", 10
.end:

section .text
_start:
call sofun  wrt ..plt

mov rdi, 0
mov rax, 60
syscall
```

リスト15–14：ex2-lib.asm

```
extern _GLOBAL_OFFSET_TABLE_
global sofun:func

extern msg

section .text
sofun:
mov rax, 1
mov rdi, 1
```

```
        mov rsi, [rel msg wrt ..got]
        mov rdx, 50
        syscall
        ret
```

動的に共有されるデータの宣言では、そのサイズを明示することが非常に重要だ。サイズは式として与える。式はラベルと、それを使った演算（引き算など）で表現できる。もしサイズがなければ、そのシンボルは静的リンカにはグローバル扱いされても（静的リンクの段階では他のモジュールから見ることができる）、動的リンカによってエクスポートされない。

変数が、そのサイズと型（:data）とともに global 宣言されていれば、ライブラリではなく実行ファイルの.data セクションに入る！だから、**たとえ同じファイルにあっても、必ず GOT を介してアクセスする必要がある**。

ご存じのように、GOT にはプロセスによってグローバルな変数の**アドレス**が格納される。だから、もし msg のアドレスを知りたければ、GOT のエントリを読む必要がある。ところが動的ライブラリは位置に依存しないコードなので、GOT も rip 相対でアドレッシングしなければならない。その値を読むためには、そのアドレスを GOT から読んだ後で、さらに、そのメモリからの読み出しが必要である。

逆に、もし変数が動的ライブラリのなかで宣言され、メイン実行ファイルのなかでアクセスされるとしたら、まったく同じ構造が必要になる。変数 varname のアドレスは、[rel varname wrt ..got] から読むことができる。GOT 変数 flobal_ver のアドレスを、どこかに格納する必要があれば、次の修飾子を使う。

```
        othervar: dq global_var wrt ..sym
```

wrt に関するその他の情報は、NASM マニュアル [27] の 7.9.3 を参照していただきたい。

15.7.4 完全なアセンブリの例

リスト 15–15 と リスト 15–16 で示すのは、動的ライブラリで一般に必要とされる機能を完備した完全な例である。

リスト15-15：ex3-main.asm

```
        extern _GLOBAL_OFFSET_TABLE_

        extern fun1

        global commonmsg:data commonmsg.end - commonmsg
        global mainfun:function
        global _start

        section .rodata
        commonmsg: db "fun2", 10, 0
```

```
.end:

mainfunmsg: db "mainfun", 10, 0

section .text
_start:
    call fun1 wrt ..plt
    mov rax, 60
    mov rdi, 0
    syscall

mainfun:
    mov rax, 1
    mov rdi, 1
    mov rsi, mainfunmsg
    mov rdx, 8
    syscall
    ret
```

リスト15-16 : ex3-lib.asm

```
extern _GLOBAL_OFFSET_TABLE_

extern commonmsg
extern mainfun

global fun1:function

section .rodata
msg: db "fun1", 10

section .text
fun1:
    mov rax, 1
    mov rdi, 1
    lea rsi, [rel msg]
    mov rdx, 6
    syscall
    call fun2
    call mainfun wrt ..plt
    ret

fun2:
    mov rax, 1
    mov rdi, 1
    mov rsi, [rel commonmsg wrt ..got]
    mov rdx, 5
    syscall
    ret
```

15.7.5　Cとアセンブリの混成

【おことわり】
これから提供する例は、コンパイラとアーキテクチャに依存するので、読者の環境ではプロセスが異なるかもしれない。ただし、コアとなるアイデアに変わりはないはずだ。

Cとアセンブリのコードを混ぜるプロセスが、どうして複雑かというと、Cの標準ライブラリを計算に入れて、すべてを正しくリンクするためだ。

もっとも簡単なのは、オブジェクトファイルを GCC と NASM で別々にビルドし、GCC を使って、それらをリンクするという方法で、これなら他に恐れるべきことは、あまりない。リスト 15–17 とリスト 15–8 に示すのは、C からアセンブリのライブラリを呼び出す例である。

リスト15-17：ex4-main.c

```c
#include <stdio.h>

extern int sofun( void );
extern const char sostr[];

int main( void ) {
    printf( "%d\n", sofun() );
    puts( sostr );
    return 0;
}
```

このメインファイルで呼び出す外部関数 `sofun` は、動的ライブラリに入っている。呼び出した結果は、`printf` で `stdout` にプリントする。次に、やはり動的ライブラリから取った文字列を、`puts` で出力する。その文字列が「グローバルな文字バッファ」であって、ポインタではないことに注目しよう。

リスト15-18：ex4-lib.asm

```
extern _GLOBAL_OFFSET_TABLE_

extern puts

global sostr:data (sostr.end - sostr)
global sofun:function

section .rodata
sostr: db "sostring", 10, 0
.end:

localstr: db "localstr", 10, 0
```

```
section .text
sofun:
    lea rdi, [rel localstr]
    call puts wrt ..plt
    mov rax, 42
    ret
```

ライブラリでは、sofun とともに、グローバル文字列 sostr が定義されている。sofun は、localstr のアドレスを引数として、標準 C ライブラリの関数 puts を呼び出す。このライブラリは位置に依存しないコードで書くのだから、アドレスは rip からのオフセットとして計算しなければならない。そのために lea 命令を使っている。この関数は常に 42 という値を返す。

リスト 15–19 に、この例の Makefile を示す。

リスト15–19：ex4-Makefile

```
all: main

main: main.o lib.so
    gcc -o main main.o lib.so

lib.so: lib.o
    gcc -shared lib.o -o lib.so

lib.o: lib.asm
    nasm -felf64 lib.asm -o lib.o

main.o: main.asm
    gcc -ansi -c main.c -o main.o

clean:
    rm -rf *.o *.so main
```

15.8　どのオブジェクトがリンクされるか

C の標準ライブラリは、通常は 1 個以上の静的ライブラリ（_start の定義などを含む）と、1 個の動的ライブラリ（われわれが呼び出す関数を含む）で構成される。ライブラリの構造はアーキテクチャに依存するが、それを調べるために、いくつかの実験を行う。

われわれのケースに関連する情報は、Drepper[13] にあるはずだ[10]。

GCC によって実行ファイルにリンクされるのは、どのライブラリだろうか。GCC の -v オプションを使って実験しよう。

次に示すのは、リスト 15–19 に示した Makefile に従って行われる最後のリンクで GCC が

---

[10] 訳注：翻訳記事では、Seebach[162] に、ライブラリのバージョン番号や、動的リンカのサーチパスなどの解説がある。書籍では、[158] の「第 11 章共有ライブラリの使い方」が参考になる。

暗黙のうちに受け取る引数のリストである。

```
/usr/lib/gcc/x86_64-linux-gnu/4.9/collect2
-plugin
/usr/lib/gcc/x86_64-linux-gnu/4.9/liblto_plugin.so
-plugin-opt=/usr/lib/gcc/x86_64-linux-gnu/4.9/lto-wrapper
-plugin-opt=-fresolution=/tmp/ccqEOGnU.res
-plugin-opt=-pass-through=-lgcc
-plugin-opt=-pass-through=-lgcc_s
-plugin-opt=-pass-through=-lc
-plugin-opt=-pass-through=-lgcc
-plugin-opt=-pass-through=-lgcc_s
--sysroot=/
--build-id
--eh-frame-hdr
-m elf_x86_64
--hash-style=gnu
-dynamic-linker /lib64/ld-linux-x86-64.so.2
-o main
/usr/lib/gcc/x86_64-linux-gnu/4.9/../../../x86_64-linux-gnu/crt1.o
/usr/lib/gcc/x86_64-linux-gnu/4.9/../../../x86_64-linux-gnu/crti.o
/usr/lib/gcc/x86_64-linux-gnu/4.9/crtbegin.o
-L/usr/lib/gcc/x86_64-linux-gnu/4.9
-L/usr/lib/gcc/x86_64-linux-gnu/4.9/../../../x86_64-linux-gnu
-L/usr/lib/gcc/x86_64-linux-gnu/4.9/../../../../lib
-L/lib/x86_64-linux-gnu
-L/lib/../lib
-L/usr/lib/x86_64-linux-gnu
-L/usr/lib/../lib
-L/usr/lib/gcc/x86_64-linux-gnu/4.9/../../..
main.o
lib.so
-lgcc
--as-needed -lgcc_s
--no-as-needed -lc
-lgcc
--as-needed -lgcc_s
--no-as-needed /usr/lib/gcc/x86_64-linux-gnu/4.9/crtend.o
/usr/lib/gcc/x86_64-linux-gnu/4.9/../../../x86_64-linux-gnu/crtn.o
```

3－4行目にある lto は「link-time optimizations」の略で、この話とは関係ない。それより注目すべきなのは、追加でリンクされている下記のライブラリだ。

- crti.o
- crtbegin.o
- crtend.o
- crtn.o

- `crt1.o`

ご存じのように、ELFファイルは数多くのセクションをサポートする。たとえば.initというセクションには、mainの前に実行されるコードが入る。また、.finiというセクションには、プログラムが終了するときに呼び出されるコードが入る。これらのセクションの内容が、複数のファイルに分割されているのだ。

crtiとcrtnに入るのは、__init関数のプロローグとエピローグを構成するコードだ（__fini関数についても同様である）。これら2つの関数は、プログラムの実行前と実行後に、それぞれ呼び出される。また、crtbeginとcrtendに入るのは、.initセクションと.finiセクションに含まれる、その他のユーティリティコードである。これらは常に存在するわけではないが、順序が大切だということを、ここでも強調したい。crt1.oには_start関数が含まれる。

以上の記述を証明するために、crti.o、crtn.o、crt1.oの3つのファイルを逆アセンブルしよう。それには、お馴染みの次のコマンドを使う。

```
objdump -D -Mintel-mnemonic.
```

リスト15–20、15–21、15–22に示すのは、見やすいように加工した逆アセンブリだ。

リスト15–20：da_crti

```
/usr/lib/x86_64-linux-gnu/crti.o:     file format elf64-x86-64

Disassembly of section .init:

0000000000000000 <_init>:
   0:   sub     rsp, 0x8
   4:   mov     rax, QWORD PTR [rip+0x0]        # b <_init+0xb>
   b:   test    rax, rax
   e:   je      15 <_init+0x15>
  10:   call    15 <_init+0x15>

Disassembly of section .fini:

0000000000000000 <_fini>:
   0:   sub     rsp, 0x8
```

リスト15–21：da_crtn

```
/usr/lib/x86_64-linux-gnu/crtn.o:     file format elf64-x86-64

Disassembly of section .init:

0000000000000000 <.init>:
   0:   add     rsp,0x8
```

```
   4:   ret

Disassembly of section .fini:

0000000000000000 <.fini>:
   0:   add     rsp,0x8
   4:   ret
```

リスト15–22：da_crt1

```
/usr/lib/x86_64-linux-gnu/crt1.o:     file format elf64-x86-64

Disassembly of section .text:

0000000000000000 <_start>:
   0:   xor     ebp,ebp
   2:   mov     r9,rdx
   5:   pop     rsi
   6:   mov     rdx,rsp
   9:   and     rsp,0xfffffffffffffff0
   d:   push    rax
   e:   push    rsp
   f:   mov     r8,0x0
  16:   mov     rcx,0x0
  1d:   mov     rdi,0x0
  24:   call    29 <_start+0x29>
  29:   hlt
```

おわかりのように、これらは実行ファイルに入る関数群を構成する。完全にリンクされ再配置されたコードを見るため、生成された実行ファイルの objdump -D -Mintel-mnemonic 出力を示す（リスト 15–23）。

リスト15–23：dasm_init_fini

```
Disassembly of section .init:

00000000004005d8 <_init>:
  4005d8:       sub     rsp,0x8
  4005dc:       mov     rax,QWORD PTR [rip+0x200a15]    # 600ff8 <_DYNAMIC+0x1e0>
  4005e3:       test    rax,rax
  4005e6:       je      4005ed <_init+0x15>
  4005e8:       call    400650 <__libc_start_main@plt+0x10>
  4005ed:       add     rsp,0x8
  4005f1:       ret

Disassembly of section .text:

0000000000400660 <_start>:
  400660:       xor     ebp,ebp
  400662:       mov     r9,rdx
```

```
400665:     pop     rsi
400666:     mov     rdx,rsp
400669:     and     rsp,0xfffffffffffffff0
40066d:     push    rax
40066e:     push    rsp
40066f:     mov     r8,0x400800
400676:     mov     rcx,0x400790
40067d:     mov     rdi,0x400756
400684:     call    400640 <__libc_start_main@plt>
400689:     hlt

Disassembly of section .fini:

0000000000400804 <_fini>:
400804:     sub     rsp,0x8
400808:     add     rsp,0x8
40080c:     ret
```

15.9 最適化

動的ライブラリを使うとき、性能に影響を与えるのは何だろうか。

まず最初に、コンパイラの-fPIC オプションを忘れてはいけない[11]。これがないと、.text セクションさえも再配置され、動的ライブラリを使う意味が、ずいぶん薄れてしまう。また、それでは動的ライブラリが正しく動作しないという理由で、一部の最適化が使えなくなるのも大損害だ。

すでに見たように、関数が動的ライブラリのなかで static 宣言されてエクスポートされないと、PLT のオーバーヘッドなしに直接呼び出すことが可能となる。1 個のファイルからだけ見えるようにするには、いつも static を使おう。

シンボルの可視性を制御するには、コンパイラに依存する方法もある。たとえば GCC は 4 種類の可視性を認識するが（default、hidden、internal、protected）、今注目したいのは最初の 2 つだ。すべてのシンボルの可視性を、まとめて制御するには、次のように-fvisibility オプションを使う。

```
> gcc -fvisibility=hidden ...  # 共有オブジェクトのすべてのシンボルを隠す
```

"default" レベルの可視性は、static を除くすべてのシンボルが共有オブジェクトの外から見えるという意味だ。__attribute__ディレクティブを使うと可視性をシンボルごとに細かく制御できる。リスト 15-24 に、その例を示す。

---

[11] 小文字による-fpic オプションは、一部のアーキテクチャでは、GOT サイズに制限があるという意味になる（それでしばしば高速になる）。

リスト15-24：visibility_symbol.c

```
int
__attribute__(( visibility( "default" ) ))
func(int x) { return 42; }
```

　このように、共有ライブラリの全部のシンボルを隠しつつ（hidden）、特定のシンボルだけは明示的に"default"のマークを付けられるのが、この機構の良いところだ。こうすればインターフェイスを完全に記述できる。とくに素晴らしいのは、他のシンボルが公開されないので、ライブラリの内部を変更してもバイナリ互換性を破る恐れが一切ないことだ。

　データの再配置によって、全体的に少し遅くなる。.dataセクションの変数に、他の変数のアドレスを格納するとしたら、後者の絶対アドレスが判明したとき、動的リンカはそれを初期化しなければならない。このような状況は可能な限り避けるべきだ。

　ローカルシンボルへのアクセスはPLTを経由しないから、コードの内側の隠された関数だけを参照するようにして、エクスポートしたい関数については、誰でも利用できるようにラッパーを作りたいかもしれない。つまりラッパーの呼び出しだけにPLTを使うのだ。リスト15-25に、その例を示す。

リスト15-25：so_adapter.c

```
static int _function( int x ) { return x + 1; }

void otherfunction( ) {
    printf(" %d \n", _function( 41 ) );
}

int function( int x ) { return _function( x ); }
```

　ラッパー関数にかかりそうなオーバーヘッドをなくすには、シンボルの別名を書くという技法も存在する（これもコンパイラ依存だ）。GCCではalias属性を使って処理することができる。リスト15-26に、その例を示す。

リスト15-26：gcc_alias.c

```
#include <stdio.h>

int global = 42;

extern int global_alias
__attribute__((alias ("global"), visibility ("hidden") ));

void fun( void ) {
    puts("1337\n");
}
```

```
extern void fun_alias( void )
__attribute__((alias ("fun"), visibility ("hidden" ) ));

int tester(void) {
    printf( "%d\n", global );
    printf( "%d\n", global_alias );

    fun();
    fun_alias();
    return 0;
}
```

これを gcc -shared -O3 -fPIC を使ってコンパイルし、逆アセンブルすると、tester 関数はリスト 15–27 に示すものになっている。

リスト15–27：gcc_aliased_gain.asm

```
; global -> rsi
787:    mov     rax,QWORD PTR [rip+0x20084a]    # 200fd8 <_DYNAMIC+0x1c8>
78e:    mov     eax,DWORD PTR [rax]
790:    mov     esi,eax

792:    lea     rdi,[rip+0x46]          # 7df <_fini+0xf>
799:    mov     eax,0x0
79e:    call    650 <printf@plt>

; global_alias -> rsi
7a3:    mov     eax,DWORD PTR [rip+0x20088f]    # 201038 <global>
7a9:    mov     esi,eax

7ab:    lea     rdi,[rip+0x2d]          # 7df <_fini+0xf>
7b2:    mov     eax,0x0
7b7:    call    650 <printf@plt>

; global の fun を呼び出す
7bc:    call    640 <fun@plt>

; 別名の fun を直接呼び出す
7c1:    call    770 <fun>
```

global と global_aliased は扱いが異なる。後者は、必要となるメモリの読み出しが 1 回少ない。また、fun 関数の呼び出しも、PLT を経由しないから余計なジャンプがなく、効率的に扱われる。

最後に、初期化が常に高速なのは、ゼロで初期化されるグローバルだ。ただしグローバル変数をむやみに使うことには、あくまで強く反対する。

共有オブジェクトと最適化についての、これ以外の情報は、[13] で見つかるはずだ。

> ライブラリとリンクする一般的な方法は、-l オプションを使って、たとえば gcc -lhello と指定するものだ。

- -lhello は、libhello.a という名前のライブラリをサーチする（このように、プリフィックスの lib と、拡張子の .a が付加される）。
- ライブラリはディレクトリの標準リストからサーチされる。また、-L オプションを使って提供したカスタムディレクトリでもサーチされる。たとえば、/usr/libcustom というディレクトリとカレントディレクトリをサーチパスに入れるには、次のようにタイプする。
  > gcc -lhello -L. -L/usr/libcustom main.c
  ライブラリを指定する順序に気をつけよう[12]。

15.10 コードモデル

コードモデルは、めったに論じられないトピックだ。これについては ABI[24] がリファレンスとなる。この節では、さまざまな**コードモデル**（code model）について述べる。

この議論の出発点は、rip 相対のアドレッシングには限界があるという事実だ。Intel[15] で詳細に書かれているが、オフセットは最大 32 ビットのイミディエート値でなければならない。したがって使えるのは、± 2GB のオフセットである。ほとんどのコードは、それで間に合うのだから、64 ビットのオフセットを直接使えるようにするのは浪費だろう。そのようなオフセットは命令そのものにエンコードされ、コードが占める空間が大きくなるから、命令キャッシュにも悪影響がある。だが、アドレス空間の広がりは 32 ビットよりも遥かに大きい。32 ビットで足りないときは、どうすればよいのか。

コードモデルは、プログラマとコンパイラの両者が守る規約だ。現在コンパイルされているオブジェクトファイルを使うことになるプログラムにかかる制約を記述するのがコードモデルで、そのコードの生成はコードモデルに依存する。簡単に言えば、プログラムが比較的小さいときは、32 ビットのオフセットを使うことに何も問題はないけれど、ある程度大きくなるのなら、より低速な（複数の命令で処理される）64 ビットのオフセットを使うべきである。

32 ビットのオフセットは、スモール small コードモデルに対応する。64 ビットのオフセットは、ラージ large コードモデルに対応する。ほかに、折衷案としてミディアム medium コードモデルもある。これらのコードモデルは、位置に依存するコード（非 PIC）と、位置に依存しないコード（PIC）では別の扱いを受けるので、組み合わせで合計 6 つの可能性について論

---

[12] **訳注**：[158] の「第 7 章 コマンド・ライン指定による動作の違いとリンカの利用法」に詳しい解説がある。

じることになる。

ほかにも、たとえばカーネル kernel コードモデルというのがあるが、それらは本書では扱わない。もしあなたがオペレーティングシステムを自作するのなら、自分でコードモデルを発明する楽しみがあるだろう。

これに対応する GCC のオプションは、-mcmodel であり、たとえば-mcmodel=large と指定する。デフォルトのモデルは、small モデルである[13]。

GCC のマニュアルには、-mcmodel オプションについて、次のように書かれている[14]。

-mcmodel=small

スモールコードモデル用にコードを生成します。プログラムと、そのシンボルは、アドレス空間の下位 2GB 内でリンクする必要があります。ポインタは 64 ビットです。プログラムは静的または動的にリンクできます。これがデフォルトのコードモデルです。

-mcmodel=kernel

カーネルコードモデル用にコードを生成します。カーネルは、アドレス空間の負の 2GB で実行されます。Linux カーネルコードには、このモデルを使う必要があります。

-mcmodel=medium

ミディアムコードモデル用にコードを生成します。プログラムは、アドレス空間の下位 2GB 内でリンクされます。小さなシンボルも、ここに置かれます。閾値-mlargedata-よりもサイズが大きなシンボルは、"large data"または BSS セクションに置かれ、2GB よりも上にある場合があります。プログラムは静的または動的にリンクできます。

-mcmodel=large

ラージコードモデル用にコードを生成します。このモデルでは、セクションのアドレスとサイズについて何も想定されません。

コードモデルを指定してコンパイルされたコードに、どんな違いが出るかを示すために、リスト 15-28 に示す単純な例を使う。

リスト15-28：cm-example.c

```
char glob_small[100] = {1};
char glob_big[10000000] = {1};
static char loc_small[100] = {1};
static char loc_big[10000000] = {1};

int global_f(void) { return 42; }
```

---

[13] すべてのコンパイラ、すべてのバージョンの GCC が large モデルをサポートするわけではない。

[14] これらの記述はアーキテクチャによって異なる。**訳注**：これらは [110] の「3.18.55 x86 Options」からの引用で、吉川による試訳。

```
static int local_f(void) { return 42; }

int main(void) {
    glob_small[0] = 42;
    glob_big[0] = 42;
    loc_small[0] = 42;
    loc_big[0] = 42;
    global_f();
    local_f();
    return 0;
}
```

コンパイルには、次のコマンドラインを使う。

```
gcc -O0 -g cm-example.c
```

-gオプションは、デバッグ情報を追加する。たとえば.lineセクションでは、アセンブリ命令とソースコード行との対応が記述される。

この例には大きな配列と小さな配列があるが、その違いが出るのはミディアムコードモデルだけなので、他のモデルの逆アセンブリからは大きな配列をアクセスする部分を省略する。

15.10.1　スモールコードモデル（非PIC）

スモールコードモデルでは、プログラムのサイズに制限がある。すべてのオブジェクトは互いに4GBの中でリンクされなければならない。リンクは静的にも動的にも行うことができる。これはデフォルトのコードモデルなので、とくに面白い見物にはならない。

objdumpに-Sオプションを指定すると、（そのファイルのコンパイルで-gオプションが指定されていたら）アセンブリコードに対応するソースのCの行を混ぜて出力される。完全なコマンドシーケンスは、次のとおり。

```
gcc -O0 -g cm-example.c -o example
objdump -D -Mintel-mnemonic -S example
```

リスト15-29に、コンパイルされたアセンブリの一部を示す。

リスト15-29：mc-small

```
;       glob_small[0] = 42;
4004f0: c6 05 49 0b 20 00 2a   mov     BYTE PTR [rip+0x200b49],0x2a

;       loc_small[0] = 42;
4004fe: c6 05 3b a2 b8 00 2a   mov     BYTE PTR [rip+0xb8a23b],0x2a
```

```
;       global_f();
40050c:    e8 c5 ff ff ff         call    4004d6 <global_f>

;       local_f();
400511:    e8 cb ff ff ff         call    4004e1 <local_f>
```

第2カラムは、それぞれの命令に対応する16進バイトコードを示している。配列のアクセスは明示的に rip 相対で行われている。call 命令のオフセットは、暗黙のうちに rip 相対となる。データをアクセスする命令のサイズは 7 バイトだ。最後の 1 バイトがデータの値（0x2a）で、rip 相対のオフセットは 4 バイトでエンコードされる。これでわかるように、スモールコードモデルの中心となるアイデアは、rip 相対のアドレッシングである。

15.10.2　ラージコードモデル（非 PIC）

次に、同じコードをラージコードモデルを指定して（-mcmodel=large）コンパイルした結果を見よう。

```
;       glob_small[0] = 42;
4004f0: 48 b8 40 10 60 00 00     mov     rax,0x601040
4004f7: 00 00 00
4004fa: c6 00 2a                 mov     BYTE PTR [rax],0x2a

;       loc_small[0] = 42;
40050a: 48 b8 40 a7 f8 00 00     mov     rax,0xf8a740
400511: 00 00 00
400514: c6 00 2a                 mov     BYTE PTR [rax],0x2a

;       global_f();
400524: 48 b8 d6 04 40 00 00     mov     rax,0x4004d6
40052b: 00 00 00
40052e: ff d0                    call    rax

;       local_f();
400530: 48 b8 e1 04 40 00 00     mov     rax,0x4004e1
400537: 00 00 00
40053a: ff d0                    call    rax
```

データアクセスとコールが、ともに一貫した方法で実行されている。常にイミディエート値を汎用レジスタの1つに入れ、そのレジスタに格納したアドレスを使ってメモリを参照している[15]。

より大きな場所をとる（そして、たぶん少し遅くなる）アセンブリコードというコストを払

---

[15] 逆アセンブリで movabs 命令に遭遇したら、mov 命令と同じだと考えてよい。**訳注**：Intel と AT&T でニーモニックの使い分けが異なるケース。GNU as ユーザーガイド [114] の「9.15.3.1 AT&T Syntax verses Intel Syntax」を参照。

えば、もっとも安全な道を進むことができる。つまり 64 ビットのアドレス空間の、どの部分でも参照できるのだ。

15.10.3　ミディアムコードモデル（非 PIC）

ミディアムコードモデルでは、コンパイラの-mlarge-data-threshold オプションで指定された閾値よりもサイズが大きい配列は、特別なセクション（.ldata と .lbss）に置かれる。これらのセクションは、2GB 境界の上に置くことができる。これは基本的にはスモールコードモデルと同じだが、データの大きなチャンクだけは、例外として別の場所に置くというものだ。すべてのものを 64 ビットポインタ経由でアクセスするより局所性が優れ、性能が良くなる。

ソースを-mcmodel=medium でコンパイルしたものの逆アセンブリを、次に示す。

```
;       glob_small[0] = 42;
400530: c6 05 09 0b 20 00 2a   mov     BYTE PTR [rip+0x200b09],0x2a

;       glob_big[0] = 42;
400537: 48 b8 40 11 a0 00 00   movabs  rax,0xa01140
40053e: 00 00 00
400541: c6 00 2a               mov     BYTE PTR [rax],0x2a

;       loc_small[0] = 42;
400544: c6 05 75 0b 20 00 2a   mov     BYTE PTR [rip+0x200b75],0x2a

;       loc_big[0] = 42;
40054b: 48 b8 c0 a7 38 01 00   movabs  rax,0x138a7c0
400552: 00 00 00
400555: c6 00 2a               mov     BYTE PTR [rax],0x2a

;       global_f();
400558: e8 b9 ff ff ff         call    400516 <global_f>

;       local_f();
40055d: e8 bf ff ff ff         call    400521 <local_f>
```

生成されたコードでは、このように、大きな配列のアクセスにはラージモデル、その他のアクセスにはスモールモデルの方法が使われる。これは、まったく賢明な折衷案であり、静的に割り当てた大きなチャンクだけを扱う必要があるのなら、ずいぶん節約になる。

15.10.4　スモール PIC コードモデル

以上 3 つのコードモデルについて、それぞれの PIC（位置独立コード）を調べてみる。前と同じく、スモールコードモデルに驚くべきところはない。これまで、そのモデルしか使わなかったのだから。とはいえ比較しやすいように、同じサンプルを gcc -g -O0 -mcmodel=small -fpic でコンパイルした結果を示そう。

```
  glob_small[0] = 42;
4004f0: 48 8d 05 49 0b 20 00   lea    rax,[rip+0x200b49]
  # 601040 <glob_small>

4004f7: c6 00 2a               mov    BYTE PTR [rax],0x2a

  glob_big[0] = 42;
4004fa: 48 8d 05 bf 0b 20 00   lea    rax,[rip+0x200bbf]
  # 6010c0 <glob_big>

400501: c6 00 2a               mov    BYTE PTR [rax],0x2a

  loc_small[0] = 42;
400504: c6 05 35 a2 b8 00 2a   mov    BYTE PTR [rip+0xb8a235],0x2a
  # f8a740 <loc_small>

  loc_big[0] = 42;
40050b: c6 05 ae a2 b8 00 2a   mov    BYTE PTR [rip+0xb8a2ae],0x2a
  # f8a7c0 <loc_big>

  global_f();
400512: e8 bf ff ff ff         call   4004d6 <global_f>
  local_f();
400517: e8 c5 ff ff ff         call   4004e1 <local_f>
```

ローカルな static 配列は、期待どおり rip 相対で容易にアクセスできる。グローバルな配列は GOT 経由でアクセスされるので、テーブルからアドレスを取り出すためのメモリリードが加わる。

15.10.5　ラージ PIC コードモデル

PIC にラージコードモデルを使うと、興味深い結果が現れる。この場合、GOT をアクセスするのに rip 相対アドレッシングを使えない。なぜなら GOT そのものが、アドレス空間で 2GB より上にあるかもしれないからだ。このため、そのアドレスを格納するレジスタ（この場合は rbx）を割り当てる必要が生じる。

```
# 標準のプロローグ
400594: 55                     push   rbp
400595: 48 89 e5               mov    rbp,rsp

# これは何だ?
400598: 41 57                  push   r15
40059a: 53                     push   rbx
40059b: 48 8d 1d f9 ff ff ff   lea    rbx,[rip+0xfffffffffffffff9]
# 40059b <main+0x7>
4005a2: 49 bb 65 0a 20 00 00   movabs r11,0x200a65
4005a9: 00 00 00
```

```
4005ac: 4c 01 db              add     rbx,r11

# グローバルシンボルのアクセス
  glob_small[0] = 42;
4005af: 48 b8 e8 ff ff ff ff  movabs  rax,0xffffffffffffffe8
4005b6: ff ff ff
4005b9: 48 8b 04 03           mov     rax,QWORD PTR [rbx+rax*1]
4005bd: c6 00 2a              mov     BYTE PTR [rax],0x2a

# ローカルシンボルのアクセス
  loc_small[0] = 42;
4005d1: 48 b8 40 97 98 00 00  movabs  rax,0x989740
4005d8: 00 00 00
4005db: c6 04 03 2a           mov     BYTE PTR [rbx+rax*1],0x2a

# グローバル関数の呼び出し
  global_f();
4005ed: 49 89 df              mov     r15,rbx
4005f0: 48 b8 56 f5 df ff ff  movabs  rax,0xffffffffffdff556
4005f7: ff ff ff
4005fa: 48 01 d8              add     rax,rbx
4005fd: ff d0                 call    rax

# ローカル関数の呼び出し
  local_f();
4005ff: 48 b8 75 f5 df ff ff  movabs  rax,0xffffffffffdff575
400606: ff ff ff
400609: 48 8d 04 03           lea     rax,[rbx+rax*1]
40060d: ff d0                 call    rax

  return 0;
40060f: b8 00 00 00 00        mov     eax,0x0
  }
400614: 5b                    pop     rbx
400615: 41 5f                 pop     r15
400617: 5d                    pop     rbp
400618: c3                    ret
```

このサンプルは注意深く研究する必要がある。最初に、関数のプロローグにある見慣れないコードを切り出してみよう。

```
400598: 41 57                 push    r15
40059a: 53                    push    rbx
40059b: 48 8d 1d f9 ff ff ff  lea     rbx,[rip+0xfffffffffffffff9]
# 40059b <main+0x7>
4005a2: 49 bb 65 0a 20 00 00  movabs  r11,0x200a65
4005a9: 00 00 00
4005ac: 4c 01 db              add     rbx,r11
```

rbx と r15 を使う理由は、これらが呼び出し先で退避されるからだ。ここでは GOT をアク

セスするために、これらのレジスタを使って下記の手順を行っている。

- 現在の命令のアドレスを、`lea rbx,[rip+0xfffffffffffffff9]` で計算する。このオペランドは-6 に等しく、命令のバイト長も 6 である。これを実行すると、rip の値は、この命令の次のアドレスになる。
- 次に、0x200a65 という数を rbx に加える。そのために、また別のレジスタを使う理由は、64 ビット幅のイミディエートオペランドの加算が add 命令でサポートされていないからだ（[15] で命令の記述をチェックしよう!）。
- この数は、`lea rbx,[rip+0xfffffffffffffff9]` 命令からの相対アドレスで GOT の位置を表現したディスプレースメント（オフセット）であり、その値は PIC のリンク時に必ず判明する[16]。

ABI によれば、r15 には、いつでも GOT のアドレスを入れておくべきである。GCC では、便宜のために rbx も同じ目的で使われている。

位置独立コードとして書かれているのだから、GOT の絶対アドレスはリンク時にも判明しない。

次にデータのアクセスを見よう。グローバルシンボルは、非 PIC のコードと同じように、GOT 経由でアクセスされる。ただし GOT のアドレスは rbx に入っているので、さらに命令を使ってエントリのアドレスを計算する必要がある。

```
# グローバルシンボルのアクセス
  glob_small[0] = 42;
4005af: 48 b8 e8 ff ff ff ff   movabs rax,0xffffffffffffffe8
4005b6: ff ff ff
4005b9: 48 8b 04 03            mov    rax,QWORD PTR [rbx+rax*1]
4005bd: c6 00 2a               mov    BYTE PTR [rax],0x2a
```

このエントリは rbx (r15) との相対値で、-24 という負のオフセットに位置する。このディスプレースメントの大きさは任意だから、32 ビットに入りきらない場合を考慮して、レジスタに格納する必要がある。それから GOT エントリを rax にロードし、そのアドレスを利用する（ここでは配列の先頭に値を格納する）。

他のオブジェクトに見せない変数も、GOT を使ってアクセスする。けれども、そのアドレスを GOT から読んではいない。その代わりに、（データセグメントのどこかを指している）rbx の値をベースとしている。どのグローバル変数も、このベースからのオフセットは固定されるので、そのオフセットによって、ベース＋インデックスのアドレッシングモードを使う。

---

[16] ここでの r15 と rbx は、明らかに GOT の先頭ではなく、実はその末尾のアドレスなのだが、それはこの際どうでもよい。

```
# ローカルシンボルのアクセス
  loc_small[0] = 42;
4005d1: 48 b8 40 97 98 00 00   movabs rax,0x989740
4005d8: 00 00 00
4005db: c6 04 03 2a            mov    BYTE PTR [rbx+rax*1],0x2a
```

このほうが高速なのは明らかだから、可能な限りシンボルの可視性を制限すべきである（これは 15.9 の最適化に関する話で説明した）。

ローカル関数も同じ方法で呼び出される。そのアドレスは GOT 相対で計算され、いったんレジスタに格納される。単純にコールできないのは、イミディエートオペランドが 32 ビットに制限されるからだ（Intel の [15] で解説されているように、`call` のオペランドの型は `rel16` と `rel32` で、`rel64` は使えない）。

```
# ローカル関数の呼び出し
  local_f();
4005ff: 48 b8 75 f5 df ff ff   movabs rax,0xffffffffffdff575
400606: ff ff ff
400609: 48 8d 04 03            lea    rax,[rbx+rax*1]
40060d: ff d0                  call   rax
```

グローバル関数の呼び出しは、より伝統的な方法で行われる。それに使う PLT エントリのアドレスは、既知の GOT 位置からの固定オフセットで計算される。

```
# グローバル関数の呼び出し
  global_f();
4005ed: 49 89 df               mov    r15,rbx
4005f0: 48 b8 56 f5 df ff ff   movabs rax,0xffffffffffdff556
4005f7: ff ff ff
4005fa: 48 01 d8               add    rax,rbx
4005fd: ff d0                  call   rax
```

15.10.6 ミディアム PIC コードモデル

ミディアムコードモデルは、非 PIC コードでもラージとスモールの混ぜ合わせだ。これは前述の「スモール PIC コードモデル」に、別の場所に位置する大きな配列を足したものと考えることができる。

```
int main(void) {
40057a: 55                     push   rbp
40057b: 48 89 e5               mov    rbp,rsp
```

```
# スモールモデルと違って、GOT のアドレスをローカルに保存する
40057e: 48 8d 15 7b 0a 20 00    lea     rdx,[rip+0x200a7b]

  glob_small[0] = 42;
400585: 48 8d 05 b4 0a 20 00    lea     rax,[rip+0x200ab4]
40058c: c6 00 2a                mov     BYTE PTR [rax],0x2a

  glob_big[0] = 42;
40058f: 48 8b 05 62 0a 20 00    mov     rax,QWORD PTR [rip+0x200a62]
400596: c6 00 2a                mov     BYTE PTR [rax],0x2a

  loc_small[0] = 42;
400599: c6 05 20 0b 20 00 2a    mov     BYTE PTR [rip+0x200b20],0x2a

  loc_big[0] = 42;
4005a0: 48 b8 c0 97 d8 00 00    movabs  rax,0xd897c0
4005a7: 00 00 00
4005aa: c6 04 02 2a             mov     BYTE PTR [rdx+rax*1],0x2a

  global_f();
4005ae: e8 a3 ff ff ff          call    400556 <global_f>

  local_f();
4005b3: e8 b0 ff ff ff          call    400568 <local_f>

  return 0;
4005b8: b8 00 00 00 00          mov     eax,0x0
}
4005bd: 5d                      pop     rbp
4005be: c3                      ret
```

GOT は rip 相対でアドレッシング可能な距離にあるので、そのアドレスは 1 個の命令でロードできる。

```
40057e: 48 8d 15 7b 0a 20 00    lea     rdx,[rip+0x200a7b]
```

したがって、専用に必ずレジスタを割り当てる必要性はない。このアドレスが、どこでも使われるわけではないからだ。

コード参照は、rip 相対の 32 ビットオフセットで届く範囲にあるのだから、関数の呼び出しは、どれも単純である。

```
  global_f();
4005ae: e8 a3 ff ff ff          call    400556 <global_f>

  local_f();
4005b3: e8 b0 ff ff ff          call    400568 <local_f>
```

データのアクセスを見ると、グローバル変数へのアクセスはサイズに関係なく一貫した方法で行われる。どの場合にも GOT が使われ、そこにはグローバル変数のアドレスが 64 ビットで含まれているのだから、なんでも自由にアドレッシングできるはずだ。

```
  glob_small[0] = 42;
400585: 48 8d 05 b4 0a 20 00   lea    rax,[rip+0x200ab4]
40058c: c6 00 2a               mov    BYTE PTR [rax],0x2a

  glob_big[0] = 42;
40058f: 48 8b 05 62 0a 20 00   mov    rax,QWORD PTR [rip+0x200a62]
400596: c6 00 2a               mov    BYTE PTR [rax],0x2a
```

ただしローカル変数は話が別だ。小さな配列は rip 相対でアクセスででる。

```
  loc_small[0] = 42;
400599: c6 05 20 0b 20 00 2a   mov    BYTE PTR [rip+0x200b20],0x2a
```

大きなローカル配列は、ラージモデルと同じく、GOT との相対アドレスで見つけることができる。

```
  loc_big[0] = 42;
4005a0: 48 b8 c0 97 d8 00 00   movabs rax,0xd897c0
4005a7: 00 00 00
4005aa: c6 04 02 2a            mov    BYTE PTR [rdx+rax*1],0x2a
```

15.11　まとめ

この章では、動的ライブラリをロードして利用するとき、その背後にある機構を理解するために必要となる知識を得た。アセンブリ言語と C でライブラリを書き、それをリンクして実行ファイルにすることができた。

もっと読みたいという人にお勧めするのは、Drepper の古典的な記事 [13] と、ABI の記述 [24] である。

次の章ではコンパイラによる最適化を扱い、それが性能に与える影響を語るほか、ある種の計算のスピードを上げるために作られた特殊な拡張命令セット（SSE/AVX）についても述べる。

- ■問題 297　　静的リンクと動的リンクの違いは？
- ■問題 298　　動的リンカは何をするものか。
- ■問題 299　　すべての依存性をリンク時に解決できるだろうか。それを可能にするには、どのようなシステムで開発すべきだろうか。
- ■問題 300　　.data セクションは、常に再配置すべきか？

15.11 まとめ

- ■問題 301 　　`.text` セクションは、常に再配置すべきか?
- ■問題 302 　　PIC とは何か。
- ■問題 303 　　`.text` セクションは、再配置されたら複数のプロセスで共有できるか?
- ■問題 304 　　`.data` セクションは、再配置されたら複数のプロセスで共有できるか?
- ■問題 305 　　`.rodata` セクションは、再配置されたら共有できるか?
- ■問題 306 　　動的ライブラリを `-fPIC` オプション付きでコンパイルする理由は?
- ■問題 307 　　C で単純な動的ライブラリを作成し、その関数を呼び出すデモを書こう。
- ■問題 308 　　`ldd` は何に使うのか。
- ■問題 309 　　ライブラリは、どこでサーチされるのか。
- ■問題 310 　　環境変数 `LD_LIBRARY_PATH` は、何のためのものか。
- ■問題 311 　　GOT とは何か。なぜ必要なのか。
- ■問題 312 　　効率よく GOT を使う方法は?
- ■問題 313 　　位置独立コードでは、GOT を直接アドレッシングできるのに、グローバル変数を直接アドレッシングできないのは、いったいなぜか。
- ■問題 314 　　GOT はプロセスごとにユニークなものか?
- ■問題 315 　　PLT とは何か。
- ■問題 316 　　別のオブジェクトにある関数を呼び出すのに、どうして GOT を使わないのか(それとも使うのか?)
- ■問題 317 　　GOT の関数エントリは、最初は何を指しているか。
- ■問題 318 　　ライブラリをプリロードする方法は? 何に使うのか?
- ■問題 319 　　アセンブリで、シンボルが実行ファイルで定義され、そこからアクセスされるとしたら、どのようにアドレッシングするか。
- ■問題 320 　　アセンブリで、シンボルがライブラリで定義され、そこからアクセスされるとしたら、どのようにアドレッシングするか。
- ■問題 321 　　アセンブリで、シンボルが実行ファイルで定義され、どこからもアクセスされるとしたら、どのようにアドレッシングするか。
- ■問題 322 　　アセンブリで、シンボルがライブラリで定義され、どこからもアクセスされるとしたら、どのようにアドレッシングするか。
- ■問題 323 　　動的ライブラリでシンボルの可視性を制御する方法は何か。ライブラリだけのプライベートなシンボルを、ライブラリのどこからでもアクセスしたいときは、どうするか。
- ■問題 324 　　ライブラリで使われる関数のために、ときどきラッパーが書かれる理由は?
- ■問題 325 　　ディレクトリ<libdir>に含まれるライブラリとリンクする方法は?
- ■問題 326 　　コードモデルとは何か。なぜコードモデルを気にするのか。
- ■問題 327 　　スモールコードモデルには、どのような制限があるのか。
- ■問題 328 　　ラージコードモデルにかかるオーバーヘッドは何か。

- ■問題 329　ラージとスモールの折衷的なコードモデルは?
- ■問題 330　ミディアムコードモデルは、どのような用途に最適か。
- ■問題 331　ラージコードモデルで、PIC と非 PIC は、どう違うのか。
- ■問題 332　ミディアムコードモデルで、PIC と非 PIC は、どう違うのか。

第16章 性能

　この章では、より高速なコードを書く方法を学ぶ。そのために、SSE（ストリーミング SIMD 拡張）命令、コンパイラの最適化、ハードウェアキャッシュの機能を見ていこう。

　ただし、この章の内容は、これらのトピックの紹介にとどまるもので、「最適化のエキスパートになれます」というわけではない。

　何もかも高速化してくれる「銀の弾丸」は存在しない。ハードウェアが複雑になりすぎたせいで、プログラムの実行を遅くしているのがどのコードなのかは、経験に基づく推測さえも間違うことがある。だからテストとプロファイリングを必ず実行し、再現可能な方法で性能を計測することだ。環境を詳細に記述して、同じ条件で追試すれば誰でも同様の結果を得られるように徹底しなければいけない。

16.1 最適化

　この節では、変換処理の間に発生する最適化のうちもっとも重要なものについて論じたい。高品質なコードを書く方法を理解するには欠かせない知識だ。なぜだろうか。プログラミングで、しばしば判断が必要となる事項の1つは、コードの読みやすさと性能のバランスをとることだ。よい判断を下すには、最適化を知っていることが必要だ。そうでなければ、コードの2つのバージョンのうち、どちらを選ぶかというときに、「実行する処理が少なそうに見える」という理由で、あまり読みやすくない方を選んでしまうかもしれない。しかし実際にはどうだろう。どちらのバージョンも最適化されたら、まったく同じアセンブリの命令シーケンスになるとしたら？　読みにくいコードを選ぶことに何のメリットもないのである。

16.1.1 「高速な言語」という神話

　言語によってプログラムの実行速度が決まるというような誤解があるが、それは間違っている。

正確で有益な性能テストは、特殊化されているのが普通だ。非常に特殊化されたケースで性能を測るのだから、おおまかな一般化はできない。性能について何かを語るときは、そのシナリオとテスト結果について、できるだけ詳細に記述するのが賢明だ。同様なシステムをビルドし、同様なテストを起動して、比較可能な結果を得ることができるように、十分な記述が必要なのである。

Cで書かれたプログラムよりも、同様な処理を行う（たとえばJavaで書かれた）別のプログラムのほうが、優れた性能を示す場合もあるだろう。けれども、それは言語そのものの性能とは関係のない理由によるのではないか。

たとえば典型的なmallocの実装には特有の性質があって、実行時間を予想するのが困難だ。一般に、それは現在のヒープの状態に依存する（いくつブロックが存在し、ヒープがどのくらい細分化されているか、など）。いずれにしても、単にメモリをスタックに割り当てるよりは時間がかかる。ところが典型的なJava仮想マシンの実装では、メモリの割り当てが速い。その理由は、Javaのほうがヒープの構造が単純だからである。そのヒープは1個のメモリ領域であり、その内側にある1個のポインタが、使用中の領域と空き領域とを分けている。メモリ割り当ては、そのポインタを空いているほうに向けて移動させるだけであり、したがって高速である。

けれども、これには別のコストがかかる。不要になったメモリチャンクを始末するために、ガベージコレクションが実行されるが、それによってプログラムの実行が止まる時間が予測できない。

ガベージコレクションが発生しない状況において、プログラムがメモリを割り当て、計算を実行して終了しても、ガベージコレクタを起動することなく全部のアドレス空間を破棄してしまうという事態は想像できる。その場合なら、Javaプログラムのほうが実行が速いという可能性はある。だがそれはmallocが慎重に行うアロケーションによるオーバーヘッドのおかげなのだ。カスタムのメモリアロケータを使って、ある特定のタスクのニーズにぴったり合わせれば、同じトリックをCで行うことは可能であり、結果は劇的に変わるだろう。

さらに、Javaは通常インタープリタによって実行時にコンパイルされ、仮想マシンは実行時の最適化を行うことができる。それはプログラムが実際にどう実行されたかに基づくものだ。たとえば、いくつかのメソッドが次々に実行されることが多いとしたら、まとめてキャッシュに入るように、それらをメモリ内で近い位置に置くことができるだろう。そのためには、プログラムの実行トレースに関する情報を集めなければならないが、それが可能なのは実行時だけだ。

Cが他の言語と本当に違うところは、その非常に透明なコストモデルだ。あなたが何を書くにしても、どんなアセンブリ命令が出力されるかを容易に想像できる。反対に、あるランタイム環境で動作することが最初から決まっている言語（JavaやC#）や、継承機構を持つC++のように多数の抽象を提供する言語では、その予想は困難だ。Cが提供する本物の抽象は、構造体／共用体と関数の2つだけである。

単純にマシン命令に変換されただけのCプログラムの動作は、まだまだ遅いものだ。優れた最適化を行うコンパイラが生成するコードとは比較にならない。通常のプログラマは、低いレ

ベルのアーキテクチャの詳細について、コンパイラより多くのことを知っているわけではない。低いレベルの最適化を行うのに不可欠な情報がなければ、プログラマはコンパイラとの競争に勝てないだろう。けれども、そういう知識があれば、ときには、ある特定のプラットフォームとコンパイラについて、通常は読みやすさと保守性を損ねることになるが、コードを高速化するようにプログラムを変更できるだろう。その場合も性能テストは不可欠だ。

16.1.2　一般的なアドバイス

普通にプログラムを書いているときは、直ちに最適化を考慮すべきではない。早まった最適化が良くないことには、数多くの理由がある。

- ほとんどのプログラムでは、ごく一部のコードが繰り返し実行される。プログラムの実行が、どのくらい速くなるかは、その部分のコードによって決まるだろう。あるいは、そのせいで他のすべてが遅くなっているのかもしれない。そんな状況で他の部分を高速化しても、たいして（あるいは、まったく）効果はないだろう。
  コードのなかでボトルネックになっている箇所を知るには、**プロファイラ**（profiler）を使うのが一番だ。これは、コードのさまざまな部分が、どのくらいの頻度で、どのくらい長く実行されるかを計測するユーティリティプログラムである。
- 手作業で最適化を行うと、ほとんど必ず、コードが読みにくく、保守が難しくなる。
- いまどきのコンパイラは、高いレベルの言語で書かれる一般的なパターンを意識している。そのようなパターンに、コンパイラ作家は多大な労力を傾けている（それだけの価値があるのだ）。だから、そういうパターンは良く最適化される。

最適化で重要なのは、正しいアルゴリズムの選択である。アセンブリのレベルで行う低いレベルの最適化が、それほど有益となるケースは稀だ。たとえば連結リストの要素をインデックス参照するのが遅いのは、最初の要素から、ノードからノードへと繰り返しジャンプして辿る必要があるからだ。インデックスによる要素参照をプログラムのロジックが要求しているときは、むしろ配列を使うのが効果的だ。けれども、要素の挿入に関しては、配列よりも連結リストのほうが有利である。配列の途中に要素を挿入するには、それに続く要素をすべて、先に移動する必要がある（あるいは新たにメモリを割り当てて、全部コピーすべきかもしれない）。

シンプルでクリーンなコードは、しばしばもっとも効果的である。

そのように書いても性能に満足できなければ、プロファイラを使ってもっとも多く実行されるコードを探し、それを手作業で最適化すればよい。重複する計算があれば、その結果を保存して再利用しよう。アセンブリリストを見て、使われている関数の一部にインライン化を強制したら良いことがあるか、チェックしよう。

そのときは、局所性やキャッシュの利用などハードウェアに関する一般的な配慮も、判断の材料に入れるべきだ。これらについては、16.2 節で述べる。

そうしてから、コンパイラによる最適化を考慮しよう。その基礎的なものは、この章で学習する。特別なファイルまたはコード領域にだけ、ある特別な最適化を ON/OFF することで、性能に良い影響があるかもしれない。-O3 オプションを指定してコンパイルすると、それらすべてがデフォルトで ON になるのが普通だ。

それから、ようやく低いレベルの最適化の出番である。つまり、SSE または AVX（Advanced Vector Extensions）命令の投入、アセンブリコードのインライン化、ハードウェアキャッシュをバイパスしてデータを書き、データを使う前にキャッシュにプリフェッチする、などの手法だ。

最適化は、GCC の-O オプションでグローバル（大域的）に制御できる。-O0、-O1、-O2、-O3、そして-Os（スペース利用のオプティマイズ。できる限り最小の実行ファイルを作成する）。-O の後に付く数字が大きいほど、有効化される最適化の集合が大きい。

特定のタイプの最適化だけ ON/OFF することもできる。それぞれの最適化タイプに、有効／無効の 2 つのコンパイラオプションがある（たとえば-fforward-propagate と -fno-forward-propagate）。

この節で示すリストでは、しばしば GCC の__attribute__((noinline))ディレクティブを使う。これを関数定義に付けると、その関数はインライン化されない。サンプルの関数は、しばしば小さくてコンパイラがインライン化の候補にしがちなものだが、さまざまな最適化の効果を示すには、インライン化されては困るのである。
あるいは、サンプルを-fno-inline オプション付きでコンパイルするのでもよい。

16.1.3　スタックフレームポインタの省略

●関連 GCC オプション：-fomit-frame-pointer

スタックに rbp の古い値を保存してから新しいベースの値で初期化する処理が、実際には不要なときがある。すなわち、

- ローカル変数がないとき。
- ローカル変数がレッドゾーンに収まり、しかも、その関数が関数呼び出しを行わないとき。

けれども、これには欠点もある。そうするとデバッグ実行時に得られる「プログラムの状態に関する情報」が少なくなってしまうのだ。どこからフレームが始まるかという情報がないので、呼び出しスタックの「巻き戻し」（unwinding）や、ローカル変数の値を見るのに不自由するだろう。

最大の問題は、プログラムがクラッシュして、その状態のダンプを分析する必要が生じたと

きだ。そのようなダンプは、重度な最適化のせいでデバッグ情報が欠けていることが多い。

性能的な観点からは、この最適化の効果は、しばしば取るに足らない [26]。

リスト 16-1 に示すコードで、unwind が呼び出されたとき、スタックを巻き戻して起動されたすべての関数についてフレームポインタのアドレスを表示する[1]。最適化を行わないよう、-O0 オプションを付けてコンパイルすること。

リスト16-1：stack_unwind.c

```c
void unwind();
void f( int count ) {
    if ( count ) f( count-1 ); else unwind();
}
int main(void) {
    f( 10 ); return 0;
}
```

リスト 16-2 に、unwind の例を示す。

リスト16-2：stack_unwind.asm

```
extern printf
global unwind

section .rodata
format : db "%x ", 10, 0

section .code
unwind:
    push rbx

; while (rbx != 0) {
    ;     print rbx; rbx = [rbx];
    ; }
    mov rbx, rbp
    .loop:
    test rbx, rbx    ; rbx が 0 になる条件は? 10 回繰り返しても 0 にならない!
    jz .end
    mov rdi, format
    mov rsi, rbx
    call printf
    mov rbx, [rbx]
    jmp .loop

    .end:
    pop rbx
    ret
```

---

[1] **訳注**：バグがあるらしく Segmentation fault が出た。デバッグを読者に委ねたい。付録 A を読みながら、gdb を使って調べよう。

使い方：これは、インライン化できない関数呼び出しが大量にあるコードで性能の改善を試みるときの「最後の手段」だ。

16.1.4　末尾再帰

●関連 GCC オプション：`-fomit-frame-pointer -foptimize-sibling-calls`

リスト 16-3 に示す関数を見よう。

リスト16-3：factorial_tailrec.c

```
__attribute__(( noinline ))
    int factorial( int acc, int arg ) {
        if ( arg == 0 ) return acc;
        return factorial( acc * arg, arg-1 );
    }

int main(int argc, char** argv) { return factorial(1, argc); }
```

この関数も自分自身を再帰的に呼び出すが、特殊なところがある。いったん呼び出しが完了したら、この関数は即座にリターンする。

関数を**末尾再帰**（tail recursive）と呼べるのは、次の条件のどちらかを満たすときである。

- 再帰呼び出しを伴わない値を返す（たとえば、`return 4;`）。
- 自分自身を別の引数とともに呼び出して、その結果を即座に（それ以上の計算を実行することなく）返す。たとえば、`return factorial( acc * arg, arg-1 );`。

関数が呼び出しの結果を計算に使うとき、その関数は末尾再帰ではない。

リスト 16-4 に、末尾再帰ではない階乗（factorial）計算の例を示す。ここでは再帰呼び出しの結果を返す前に、その値に `arg` を掛けているから、この関数は末尾再帰ではない。

リスト16-4：factorial_nontailrec.c

```
__attribute__(( noinline ))
    int factorial( int arg ) {
        if ( arg == 0 ) return acc;
        return arg * factorial( arg-1 );
    }

int main(int argc, char** argv) { return factorial(argc); }
```

第 2 章の「問題 20」で、この末尾再帰に関する解決策を提示した。関数が最後に行うのが他の関数の呼び出しで、その後すぐにリターンするのなら、その関数の先頭にジャンプしても良いはずだ。言い換えると、次のようなパターンの命令には、最適化の余地がある。

```
; どこか別の場所から
    call f
...
...

f:

    ...
    call g
    ret ; 1
g:

    ...
    ret ; 2
```

このリストでは2つのret命令を区別するため、1と2というマークを付けた。

call gを実行すると、戻りアドレスがスタックに積まれる。これが第1のret命令のアドレスだ。gが実行を終えると第2のret命令を実行するが、これは戻りアドレスをポップして、第1のret命令に戻る。だから、fを呼び出した関数に制御が戻る前に、2つのret命令が続けて実行されることになる。fを呼び出した関数に、直接戻ってはいけないのだろうか? そのためには、call gをjmp gに交換すれば良い。こうすればgは関数fに戻らず、無用な戻りアドレスをスタックに積むこともない。第2のretはcall fからの戻りアドレスを得て、その呼び出し元 (どこか別の場所) に戻る。

```
; どこか別の場所から
    call f
...
...

f:

    ...
    jmp g
g:

    ...
    ret ; 2
```

このgとfが同じ関数ならば、それこそまさに末尾再帰である。最適化されなければ、factorial(5, 1)は自分自身を5回呼び出して、スタックを5つのスタックフレームで圧迫する。最後の呼び出しが終わると、retを続けて5回呼び出すが、それは単に、すべての戻りアドレスをポップして捨てるだけなのだ。

いまどきのコンパイラは、たいがい末尾再帰の呼び出しを見つけて、それをループに最適化する方法を知っている。GCCによって、末尾再帰のfactorial (リスト16–3) から生成され

たアセンブリリストを、リスト 16-5 に示す。

リスト16-5：factorial_tailrec.asm

```
00000000004004c6 <factorial>:
  4004c6:       89 f8                   mov    eax,edi
  4004c8:       85 f6                   test   esi,esi
  4004ca:       74 07                   je     4004d3 <factorial+0xd>
  4004cc:       0f af c6                imul   eax,esi
  4004cf:       ff ce                   dec    esi
  4004d1:       eb f5                   jmp    4004c8 <factorial+0x2>
  4004d3:       c3                      ret
```

おわかりのように、末尾再帰呼び出しが、次の 2 ステップで実現されている。

- レジスタに新しい引数の値を書き込む。
- 関数の先頭にジャンプする。

ループのほうが再帰より高速だろう。後者はスタックに余分な空間が必要だ（スタックがオーバーフローする恐れもある）。では、なぜいつもループにしないのだろう。

再帰を使うと、ある種のアルゴリズムを、より明確でエレガントな方法で表現できることが多いからだ。もし関数を末尾再帰になるように書くことができれば、その再帰は最適化されて、性能に影響を与えないはずだ。

リスト 16-6 に、連結リストの要素をインデックスでアクセスする模範的な関数を示す。

リスト16-6：tail_rec_example_list.c

```c
#include <stdio.h>
#include <malloc.h>

struct llist {
    struct llist* next;
    int value;
};

struct llist* llist_at(
        struct llist* lst,
        size_t idx ) {
    if ( lst && idx ) return llist_at( lst->next, idx-1 );
    return lst;
}
struct llist* c( int value, struct llist* next) {
    struct llist* lst = malloc( sizeof(struct llist*) );
    lst->next = next;
    lst->value = value;
    return lst;
}
```

```
int main( void ) {
    struct llist* lst = c( 1, c( 2, c( 3, NULL )));
    printf("%d\n", llist_at( lst, 2 )->value );
    return 0;
}
```

これを-Osオプション付きでコンパイルすると、リスト16-7に示すように再帰のないコードが生成される。

リスト16-7：tail_rec_example_list.asm

```
0000000000400596 <llist_at>:
  400596:       48 89 f8                mov    rax,rdi
  400599:       48 85 f6                test   rsi,rsi
  40059c:       74 0d                   je     4005ab <llist_at+0x15>
  40059e:       48 85 c0                test   rax,rax
  4005a1:       74 08                   je     4005ab <llist_at+0x15>
  4005a3:       48 ff ce                dec    rsi
  4005a6:       48 8b 00                mov    rax,QWORD PTR [rax]
  4005a9:       eb ee                   jmp    400599 <llist_at+0x3>
  4005ab:       c3                      ret
```

使い方：それでコードが読みやすくなるのなら、末尾再帰は恐れずに使おう。性能に対するペナルティはないのだから。

16.1.5　共通部分式の除去

●関連GCCオプション：-fgcse および、部分文字列 cse を含む、その他のオプション[2]。

2つの式に共通する部分があるとき、その部分を2度計算しないように最適化される。ということは、その部分を先に計算して結果を変数に入れ、2つの式で使うようにプログラムを書いても、性能に差が出ない、ということなのだ。

リスト16-8に示す例では、$x^2 + 2x$ という部分式を1度だけ計算するのが、この最適化だ。素直なアプローチなら、わざわざそういう書き方をしないだろう。

リスト16-8：common_subexpression.c

```
#include <stdio.h>

__attribute__((noinline))
    void test(int x) {
        printf("%d %d",
                x*x + 2*x + 1,
                x*x + 2*x - 1 );
```

---

[2] **訳注**：CSE は、Common Subexpressions Elimination（共通部分式の除去）の略。詳細は、GCC ドキュメント [110] の「3.10 Options That Control Optimizations」を参照。

```
    }
    int main(int argc, char** argv) {
        test( argc );
        return 0;
    }
```

実証のため、コンパイルしたコードをリスト 16-9 に示す。たしかに $x^2 + 2x$ は 2 度計算されていない。

リスト16-9：common_subexpression.asm

```
0000000000400516 <test>:
; rsi = x + 2
400516:     8d 77 02                lea     esi,[rdi+0x2]
400519:     31 c0                   xor     eax,eax
40051b:     0f af f7                imul    esi,edi
; rsi = x*(x+2)
40051e:     bf b4 05 40 00          mov     edi,0x4005b4
; rdx = rsi-1 = x*(x+2) - 1
400523:     8d 56 ff                lea     edx,[rsi-0x1]
; rsi = rsi + 1 = x*(x+2) - 1
400526:     ff c6                   inc     esi
400528:     e9 b3 fe ff ff          jmp     4003e0 <printf@plt>
```

使い方：共通部分式を持つ美しい式は、効率よく計算されるのだから、恐れずに書こう。コードの読みやすさを優先しよう。

16.1.6　定数伝播（constant propagation）

●関連 GCC オプション：`-fipa-cp`、`-fgcse`、`-fipa-cp-clone` など。

　プログラムのある場所で変数が一定の値を持つことをコンパイラが立証できるとき、その変数からの読み出しを省略して、値をそこに直接置くことができる。

　関数に渡す引数値を完全に特定できるときは、定数を伝播できるように関数の特殊バージョンさえ生成できる（`-fipa-cp-clone` オプション）。たとえばリスト 16-10 に示す例は、関数 sum の特殊バージョンが作られる典型的なケースだ。そのバージョンでは、引数が 2 つではなく 1 つになり、もう片方の引数は 42 と等しい値に固定されるだろう。

リスト16-10：constant_propagation.c

```
__attribute__((noinline))
static int sum(int x, int y) { return x + y; }

int main( int argc, char** argv ) {
    return sum( 42, argc );
}
```

リスト 16–11 に、変換されたアセンブリコードを示す。

リスト16-11：constant_propagation.asm

```
00000000004004c0 <sum.constprop.0>:
  4004c0:       8d 47 2a                lea    eax,[rdi+0x2a]
  4004c3:       c3                      ret
```

コンパイラが複雑な式を（関数コールを含めて）計算してくれる場合は、さらに効果的だ。リスト 16–12 に、その例を示す。

リスト16-12：cp_fact.c

```c
#include <stdio.h>

int fact( int n ) {
    if (n == 0) return 1;
    else return n * fact( n-1 );
}

int main(void) {
    printf("%d\n", fact( 4 ) );
    return 0;
}
```

この `fact` 関数が受け取る値は、ユーザー入力に依存しないのだから、いつも同じ結果を出すことは明らかだ。賢い GCC は、その値をあらかじめ計算し、関数コールを省略して、`fact(4)` という式を 24 という値で置き換えてしまう。リスト 16–13 を見ると、`mov edx, 0x18` という命令で、$24_{10} = 18_{16}$ という定数を直接 `rdx` に入れている。

リスト16-13：cp_fact.asm

```
0000000000400450 <main>:
  400450:       48 83 ec 08             sub    rsp,0x8
  400454:       ba 18 00 00 00          mov    edx,0x18
  400459:       be 44 07 40 00          mov    esi,0x400744
  40045e:       bf 01 00 00 00          mov    edi,0x1
  400463:       31 c0                   xor    eax,eax
  400465:       e8 c6 ff ff ff          call   400430 <__printf_chk@plt>
  40046a:       31 c0                   xor    eax,eax
  40046c:       48 83 c4 08             add    rsp,0x8
  400470:       c3                      ret
```

使い方：名前付き定数が無害であるように、定数値も無害だから、それをコンパイラは、できる限り前もって計算する。その候補には、既知の引数で呼び出される副作用のない関数も含まれる。

ちなみに、同じ関数を何度も、それぞれ別の引数値で呼び出していると、局所性が悪くなり、実行ファイルが大きくなるだろう。もし性能に問題があれば、そのことを考慮しよう。

16.1.7　（名前付き）戻り値の最適化（RVO/NRVO）

「コピーの省略」（Copy Elision）と「戻り値最適化」（Return Value Optimization：RVO）は、不必要なコピー処理を排除するものだ[3]。

素直に考えれば、ローカル変数は関数のスタックフレームのなかに作られる。もし関数が構造体型のインスタンスを返すなら、最初にそれを自分のスタックフレームの中に作成し、それから外の世界にコピーするはずだ（ただし、2つの汎用レジスタ rax と rdx に収まる場合は例外）。

リスト 16–14 に、その例を示す。

リスト16–14：nrvo.c

```c
struct p {
    long x;
    long y;
    long z;
};

__attribute__((noinline))
    struct p f(void) {
        struct p copy;
        copy.x = 1;
        copy.y = 2;
        copy.z = 3;
        return copy;
    }

int main(int argc, char** argv) {
    volatile struct p inst = f();
    return 0;
}
```

copy という名前を持つ struct p のインスタンスが、関数 f のスタックフレーム内に作成される。そのフィールドに、1、2、3の値が記入されてから、外の世界にコピーされる（おそらく f は、隠し引数としてポインタを受け取るのだろう）。

リスト 16–15 に、最適化なしで生成されたアセンブリコードを示す。

リスト16–15：nrvo_off.asm

```
00000000004004b6 <f>:
; prologue
4004b6:    55                    push   rbp
4004b7:    48 89 e5              mov    rbp,rsp
; 隠し引数は結果が入る構造体のアドレス
```

---

[3]　訳注：NRVO の N は"Named"の略。コンストラクタを持つ C++ の文脈だが、[106] の「12.1.1c 関数の戻り値」に詳しい解説がある。

```
; スタックに保存される
4004ba:    48 89 7d d8              mov    QWORD PTR [rbp-0x28],rdi
; ローカル変数 copy のフィールドに値を記入
4004be:    48 c7 45 e0 01 00 00     mov    QWORD PTR [rbp-0x20],0x1
4004c5:    00
4004c6:    48 c7 45 e8 02 00 00     mov    QWORD PTR [rbp-0x18],0x2
4004cd:    00
4004ce:    48 c7 45 f0 03 00 00     mov    QWORD PTR [rbp-0x10],0x3
4004d5:    00
; rax = 転送先構造体のアドレス
4004d6:    48 8b 45 d8              mov    rax,QWORD PTR [rbp-0x28]
; [rax]     = 1 （copy.x から）
4004da:    48 8b 55 e0              mov    rdx,QWORD PTR [rbp-0x20]
4004de:    48 89 10                 mov    QWORD PTR [rax],rdx
; [rax + 8] = 2 （copy.y から）
4004da:    48 8b 55 e0              mov    rdx,QWORD PTR [rbp-0x20]
4004e1:    48 8b 55 e8              mov    rdx,QWORD PTR [rbp-0x18]
4004e5:    48 89 50 08              mov    QWORD PTR [rax+0x8],rdx
; [rax + 10] = 3  （copy.z から）
4004e9:    48 8b 55 f0              mov    rdx,QWORD PTR [rbp-0x10]
4004ed:    48 89 50 10              mov    QWORD PTR [rax+0x10],rdx
; rax =   構造体の内容をコピーした場所のアドレス
;        （隠し引数で渡されたもの）
4004f1:    48 8b 45 d8              mov    rax,QWORD PTR [rbp-0x28]
4004f5:    5d                       pop    rbp
4004f6:    c3                       ret

00000000004004f7 <main>:
4004f7:    55                       push   rbp
4004f8:    48 89 e5                 mov    rbp,rsp
4004fb:    48 83 ec 30              sub    rsp,0x30
4004ff:    89 7d dc                 mov    DWORD PTR [rbp-0x24],edi
400502:    48 89 75 d0              mov    QWORD PTR [rbp-0x30],rsi
400506:    48 8d 45 e0              lea    rax,[rbp-0x20]
40050a:    48 89 c7                 mov    rdi,rax
40050d:    e8 a4 ff ff ff           call   4004b6 <f>
400512:    b8 00 00 00 00           mov    eax,0x0
400517:    c9                       leave
400518:    c3                       ret
400519:    0f 1f 80 00 00 00 00     nop    DWORD PTR [rax+0x0]
```

RVO を有効にすれば、コンパイラは、ずっと効率の良いコードを生成できる（リスト 16–16 に示す）。

リスト16–16：nrvo_on.asm

```
00000000004004b6 <f>:
4004b6:    48 89 f8                 mov    rax,rdi
4004b9:    48 c7 07 01 00 00 00     mov    QWORD PTR [rdi],0x1
4004c0:    48 c7 47 08 02 00 00     mov    QWORD PTR [rdi+0x8],0x2
4004c7:    00
```

```
4004c8:      48 c7 47 10 03 00 00     mov     QWORD PTR [rdi+0x10],0x3
4004cf:      00
4004d0:      c3                       ret

00000000004004d1 <main>:
4004d1:      48 83 ec 20              sub     rsp,0x20
4004d5:      48 89 e7                 mov     rdi,rsp
4004d8:      e8 d9 ff ff ff           call    4004b6 <f>
4004dd:      b8 00 00 00 00           mov     eax,0x0
4004e2:      48 83 c4 20              add     rsp,0x20
4004e6:      c3                       ret
4004e7:      66 0f 1f 84 00 00 00     nop     WORD PTR [rax+rax*1+0x0]
4004ee:      00 00
```

ここでは、スタックフレームに copy の場所さえ割り当てていない。その代わりに、隠し引数で渡された構造体に、値を直接代入している。

使い方：特定の構造体に記入する関数を書くのなら、あらかじめ割り当てたメモリ領域へのポインタを直接渡してもメリットがないのが普通だ（malloc を使って割り当てる場合も同様で、しかも遅い）。

16.1.8 分岐予測の影響

マイクロコードのレベルで CPU が実行する処理は、マシン命令より原始的なものだが、CPU のリソースを有効に使うために、これらも並び替えが行われる。

「分岐予測」(branch prediction) はプログラムの実行速度を上げるためのハードウェア機構である。CPU が条件分岐命令（たとえば jg）を見つけると、次のどちらかを行うことができる。

- 分岐の両方の経路を同時に実行開始する。
- どちらに分岐するかを予測して、その経路の実行を開始する。

飛び先を決める計算の結果が出ていないとき（たとえば jg [rax] を実行するときのフラグ GF の値が不明ないとき）、このような状態になる。そこで時間の浪費を防ぐために、コードの投機的な実行を開始するわけだ。

分岐を予測するユニットが、予測に失敗するかもしれない。この場合、いったん計算が完了したら、CPU は間違った分岐の命令で行われた変更を元に戻すという、余計な処理を行うことになりそうだ。これは遅くなり、プログラムの性能に正真正銘の打撃を与えるが、こういう予測の失敗は、わりあい稀である。

分岐予測ロジックの詳細は CPU モデルに依存するが、一般に静的予測と動的予測という 2

種類がある[4]。

- もし CPU が、そのジャンプに関する情報を持たなければ（つまり最初に実行するときは）、静的なアルゴリズムを使う。これは単純なアルゴリズムで、次のようなものだ。
    - 後方へのジャンプならば、発生するだろうと予測する。
    - 前方へのジャンプならば、発生しないだろうと予測する。
  ループを実装するジャンプでは、こうなる確率が高いのだ。
- 過去の動作が記録されていれば、より複雑なアルゴリズムを使える。たとえばリングバッファにジャンプが起きたかどうかの情報を入れておくのだ。いわば分岐の履歴表である。このアプローチを使うときは、バッファのなかに小さなループの情報が多く入れば、予測が当たりやすい。

CPU に固有の関連情報は、Intel[16] が詳細なソースである。残念ながら CPU 内部に関する情報のほとんどは一般に公開されていない。

使い方：if-then-else や switch を使うときは、もっとも発生しそうなケースから書くのがよい。また、GCC の __builtin_expect ディレクティブのような、特別なヒントを提供することもできる。これはジャンプ命令のための特別な命令プリフィックスとして実装される[5]。

16.1.9 実行ユニットの影響

CPU は複数のユニットで構成される。個々の命令が複数の段階で実行され、それぞれの段階が、CPU のさまざまなユニットによって処理される。たとえば第 1 段階は通常「命令フェッチ」と呼ばれ、メモリから命令をロードする処理で構成される[6]。ここでは命令の持つ意味は、まったく考慮されない。

CPU のうち、内部処理を実行する部分を「実行ユニット」と呼ぶ。これは CPU が行うさまざまな種類の処理（命令フェッチ、算術計算、アドレス変換、命令のデコードなど）を実装する。実際 CPU は、このユニットを、ある程度独立したものとして扱うことができる。命令が違えば、それを実行する段階の数も異なり、それらの段階は、それぞれ別の実行ユニットによって実行される。このため、回路が次のように利用されるのが興味深いところだ。

- 命令のフェッチは次々に行われる（前の命令の実行完了を待たずに、次の命令が即座にフェッチされる）。

---

[4] **訳注**：原著は Andrews[6] を参照している。日本語の詳しい情報は、ヘネシー/パターソン [124] の「付録 C」(pp.636-539) など。

[5] **訳注**：プリフィックス 0x3E は分岐が発生するという予測、0x2E は発生しないという予測 [6]。Linux カーネルでは、likely と unlikely というマクロで __builtin_expect を使っている。

[6] キャッシュの話をすると長くなるので、ここでは略した。

- 複数の算術命令が、アセンブリコードではシーケンシャルに記述されていても、同時に実行される。

Pentium IV ファミリーの CPU でも、適切な状況では 4 つの算術命令を同時に実行できた。実行ユニットの存在に関する知識を、どう利用できるだろうか。リスト 16–17 に示す例を見ていただきたい。

リスト16–17：cycle_nonpar_arith.asm

```
looper:
    mov     rax,[rsi]
    ; 次の命令は前の命令に依存する。
    ; この 2 つを交換するとプログラムの振る舞いが
    ; 変化するので、交換することはできない。
    xor     rax, 0x1
    ; 次の命令も前の命令に依存する。
    add     [rdi],rax
    add     rsi,8
    add     rdi,8
    dec     rcx
    jnz     looper
```

これを高速化できるだろうか。命令の間に依存性があると、CPU マイクロコードの最適化が行われない。そこでループを展開（unroll）して、ループ 2 回の処理を 1 回で済ませるようにする。リスト 16–1 に、その結果を示す。

リスト16–18：cycle_par_arith.asm

```
looper:
    mov     rax, [rsi]
    mov     rdx, [rsi + 8]
    xor     rax, 0x1
    xor     rdx, 0x1
    add     [rdi],rax
    add     [rdi+8],rdx
    add     rsi, 16
    add     rdi, 16
    sub     rcx, 2
    jnz     looper
```

これで依存性は消え、ループ 2 回分の命令が組み合わされている。この順序ならば CPU の異なる実行ユニットを同時に使えるという利点が活用されて、実行が速くなる。依存関係にある 2 つの命令を連続させず、間に別の命令を実行させるのだ。

■問題 333　　命令パイプライン、およびスーパースカラーアーキテクチャとは何か？[7]

---

[7] 訳注：たとえばハリス/ハリス [123] の「7 マイクロアーキテクチャ」を参照。

ある CPU に、どんな実行ユニットがあるかは、もっぱらモデルに依存する。それぞれの CPU について、専用の最適化マニュアルがあるだけだ（たとえば [16]）。とはいえ、その他の資料も、しばしば役に立つ。たとえば Haswell プロセッサの詳しい解説が [17] にある[8]。

16.1.10　リード／ライトをグループ化する

リードとライトのシーケンスは、相互に並ぶより、それぞれが連続するほうがハードウェアの処理が速い。このため、リスト 16-19 に示すコードは、それと同等なリスト 16-20 のコードよりも遅くなるのが普通だ。後者のシーケンスは、リードとライトを相互に配置するのではなく、それぞれのグループにまとめている。

リスト16-19：rwgroup_bad.asm

```
    mov rax,[rsi]
    mov [rdi],rax
    mov rax,[rsi+8]
    mov [edi+4],eax
    mov rax,[rsi+16]
    mov [rdi+16],rax
    mov rax,[esi+24]
    mov [rdi+24],eax
```

リスト16-20：rwgroup_good.asm

```
    mov rax, [rsi]
    mov rbx, [rsi+8]
    mov rcx, [rsi+16]
    mov rdx, [rsi+24]
    mov [rdi], rax
    mov [rdi+8], rbx
    mov [rdi+16], rcx
    mov [rdi+24], rdx
```

16.2　キャッシング

16.2.1　キャッシュを有効に使うには

キャッシングは、性能を高めるうえでもっとも重要な機構の 1 つだ。キャッシング全般については第 4 章でも述べたが、この機能をどうすれば有効に使えるのかを調べていこう。

フォン・ノイマン・アーキテクチャの精神に反して、一般的な CPU は命令とデータで別々のキャッシュを、少なくとも 25 年間使ってきている。命令とデータが、ほとんど常に異なる

---

[8]　**訳注**：パターソン/ヘネシー第 5 版 [152] の「4.11 実例：ARM Cortex-A8 および Intel Core i7 のパイプライン」なども参考になる。

メモリ領域に置かれるという事実も、別のキャッシュを使う方が効率が良いことを物語っている。この項では、われわれが使うプロセッサのデータキャッシュに話を絞る。

デフォルトでは、すべてのメモリ操作にキャッシュが関わる。例外は、キャッシュの「Write Through」や「Disable」のビットが立っているページだけだ（4.7.2 項を参照）。

キャッシュの構成は、64 バイトの小さなチャンク（**ライン**または**ブロック**と呼ばれるもの）を、64 バイト境界のアラインメントで並べたものだ[9]。

キャッシュメモリは、回路のレベルでメインメモリと違っている。それぞれのキャッシュラインは**タグ**と呼ばれるアドレス情報によって識別される。これによって、それぞれのチャンクが、どのアドレスに対応するかを示すのだ。特殊な回路を使うと、キャッシュラインをタグによって非常に素早く取り出すことができる（ただし、プロセッサごとに 4MB 程度の小さなキャッシュでなければ、あまりにも高価になってしまう）。

値をメモリから読もうとするとき、CPU は最初にそれをキャッシュから読もうとする。もし失敗したら、それに対応するメモリチャンクがキャッシュにロードされる。この状況は**キャッシュミス**（cache-miss）と呼ばれ、しばしばプログラムの性能に巨大な影響を与える。

キャッシュには、小さくて速いもの（L1）から大きくて遅いものまで、何レベルかの階層があるのが普通だ。メインメモリにもっとも近い最終レベル（last level）のキャッシュは、**LL キャッシュ**と呼ばれる。

局所性の優れたプログラムなら、キャッシングは効果的である。けれども、一部のコードのせいで局所性が破れるときは、キャッシュをバイパスするのが合理的だ。たとえば大きなメモリチャンクに値を書くとして、それをすぐにアクセスしないのなら、その書き込みはキャッシュなしで行うのが適切だ。

CPU は、近い将来にどんなアドレスのメモリがアクセスされるかを予測して、それに近い部分のメモリをキャッシュにプリロードする。それにはシーケンシャルなメモリアクセスが好ましい。

したがってキャッシュを効率よく使うためのルールは、経験的に次の 2 つが重要だ。

- できるだけ局所性を守ること。
- シーケンシャルなメモリアクセスが望ましい。データ構造の設計も、その点を考慮すること。

---

[9] 訳注：キャッシュ機構の詳細な解説は、安藤 [102] の「キャッシュの構造 (基礎編)」（連載 6,7）、パターソン/ヘネシー [152] の「5.3 キャッシュの基礎」以降、ハリス/ハリス [123] の「8.3 キャッシュ」など。

16.2.2 プリフェッチ

「このメモリ領域を、もうすぐアクセスするぞ」という特別なヒントを、CPU に提供できる。Intel 64 では、prefetch[10]命令を使ってそれを行う。オペランドはメモリのアドレスで、CPU は可能な限り速く、そのメモリをキャッシュにプリロードしようと試みる。これはキャッシュミスを予防するために使える。

prefetch は十分な効果を発揮することが可能だが、必ずテストして使用すべきだ。プリフェッチというからには、データをアクセスするより前に実行すべきだが、直前ではいけない。キャッシュのプリローディングは非同期に実行される。つまり、それに続く命令の実行と同時に行われるのだ。もし prefetch がデータのアクセスと時間的に近すぎたら、CPU がデータをプリロードする十分な時間がなく、結局キャッシュミスが起きるかもしれない。

データのアクセスから「近い」とか「遠い」とかいうのは、実行トレースにおける命令の位置のことだ。この意味を理解するのが非常に重要だ。prefetch 命令を、必ずプログラムの構造で近い位置に（たとえば同じ関数の中に）置けという意味ではなく、データのアクセスに（時間的に）先立つ位置を選択するのだ。たまたま、そのデータアクセスの前に通常実行される命令が、まったく別のモジュール（たとえばロギング）の中にあるとしたら、そこに置くことになるかもしれない。もちろん、そういうのはコードの読みやすさを損ね、モジュール間に不明瞭な依存性をもたらすから、いわば「最後の手段」に類するテクニックである。

C でプリフェッチ命令を使うには、GCC の次のビルトインを使える。

void __builtin_prefetch (const void *addr, ...)

これはアーキテクチャ固有のプリフェッチ命令で置き換えられる。アドレスの他に 2 つのパラメータを受け取る（これらは整数型の定数でなければならない）。

1. そのアドレスからリードする（0:デフォルト）か、そこにライトする（1）か。
2. 局所性の強さ（3 が最大で 0 が最小）。0 の場合、その値は使ったらキャッシュからクリアされる。3 は、すべてのレベルのキャッシュが、その値を保持するという意味。

プリフェッチは CPU 自身によって実行されるが、それは次のメモリアクセスがどこで発生しそうなのかを、CPU が予想できるときに限られる。連続的なメモリアクセス（たとえば配列の巡回）ならうまくいくが、メモリアクセスのパターンが予想しにくいランダムなものになったら、即座に効率が落ち始める。

---

[10] 訳注：実際のニーモニックは prefetch0、prefetchw など。キャッシュレベル (局所性) の指定や、書き込みに対するキャッシュなどを特定できる。詳細は安藤 [102] の解説「データの局所性とプリフェッチ」(連載 9) と、Intel[15] を参照。

16.2.3 例：バイナリサーチとプリフェッチ

リスト 16-21 にあげるバイナリサーチの例を見ていただきたい。

リスト16-21：prefetch_binsearch.c

```c
#include <time.h>
#include <stdio.h>
#include <stdlib.h>

#define SIZE 1024*512*16

int binarySearch(int *array, size_t number_of_elements, int key) {
    size_t low = 0, high = number_of_elements-1, mid;
    while(low <= high) {
        mid = (low + high)/2;
#ifdef DO_PREFETCH
        // low path
        __builtin_prefetch (&array[(mid + 1 + high)/2], 0, 1);
        // high path
        __builtin_prefetch (&array[(low + mid - 1)/2], 0, 1);
#endif

        if(array[mid] < key)
            low = mid + 1;
        else if(array[mid] == key)
            return mid;
        else if(array[mid] > key)
            high = mid-1;
    }
    return -1;
}

int main() {
    size_t i = 0;
    int NUM_LOOKUPS = SIZE;
    int *array;
    int *lookups;

    srand(time(NULL));
    array =  malloc(SIZE*sizeof(int));
    lookups = malloc(NUM_LOOKUPS * sizeof(int));

    for (i=0;i<SIZE;i++) array[i] = i;
    for (i=0;i<NUM_LOOKUPS;i++) lookups[i] = rand() % SIZE;

    for (i=0;i<NUM_LOOKUPS;i++)
        binarySearch(array, SIZE, lookups[i]);
    free(array);
    free(lookups);
}
```

バイナリサーチ（2分探索）のメモリアクセスパターンは予想が困難だ。全然シーケンシャルではなく、先頭から末尾へ、それから中央へ、それから第4の場所へ、という具合にジャンプが続く。

実行時間の差を調べよう。リスト16-22は、プリフェッチをOFFした実行の結果を示している。

リスト16-22 : binsearch_prefetch_off

```
> gcc -O3 prefetch.c -o prefetch_off && /usr/bin/time -v ./prefetch_off

    Command being timed: "./prefetch_off"
    User time (seconds): 7.56
    System time (seconds): 0.02
    Percent of CPU this job got: 100%
    Elapsed (wall clock) time (h:mm:ss or m:ss): 0:07.58
    Average shared text size (kbytes): 0
    Average unshared data size (kbytes): 0
    Average stack size (kbytes): 0
    Average total size (kbytes): 0
    Maximum resident set size (kbytes): 66432
    Average resident set size (kbytes): 0
    Major (requiring I/O) page faults: 0
    Minor (reclaiming a frame) page faults: 16444
    Voluntary context switches: 1
    Involuntary context switches: 51
    Swaps: 0
    File system inputs: 0
    File system outputs: 0
    Socket messages sent: 0
    Socket messages received: 0
    Signals delivered: 0
    Page size (bytes): 4096
    Exit status: 0
```

リスト16-23は、プリフェッチをONにした実行の結果を示している。

リスト16-23 : binsearch_prefetch_on

```
> gcc -O3 prefetch.c -o prefetch_off && /usr/bin/time -v ./prefetch_off

    Command being timed: "./prefetch_on"
    User time (seconds): 6.56
    System time (seconds): 0.01
    Percent of CPU this job got: 100%
    Elapsed (wall clock) time (h:mm:ss or m:ss): 0:06.57
    Average shared text size (kbytes): 0
    Average unshared data size (kbytes): 0
    Average stack size (kbytes): 0
    Average total size (kbytes): 0
```

```
        Maximum resident set size (kbytes): 66512
        Average resident set size (kbytes): 0
        Major (requiring I/O) page faults: 0
        Minor (reclaiming a frame) page faults: 16443
        Voluntary context switches: 1
        Involuntary context switches: 42
        Swaps: 0
        File system inputs: 0
        File system outputs: 0
        Socket messages sent: 0
        Socket messages received: 0
        Signals delivered: 0
        Page size (bytes): 4096
        Exit status: 0
```

valgrindユーティリティのcachegrindモジュールを使うと、キャッシュミスの量をチェックできる[11]。リスト16–24に、プリフェッチなしの結果、リスト16–25にプリフェッチありの結果を示す。

Iは命令キャッシュに対応する。Dはデータキャッシュに対応する。LLはLast Levelキャッシュに対応する。

リスト16–24：binsearch_prefetch_off_cachegrind

```
==25479== Cachegrind, a cache and branch-prediction profiler
==25479== Copyright (C) 2002-2015, and GNU GPL'd, by Nicholas Nethercote et al.
==25479== Using Valgrind-3.11.0 and LibVEX; rerun with -h for copyright info
==25479== Command: ./prefetch_off
==25479==
--25479-- warning: L3 cache found, using its data for the LL simulation.
==25479==
==25479== I   refs:      2,529,064,580
==25479== I1  misses:              778
==25479== LLi misses:              774
==25479== I1  miss rate:         0.00%
==25479== LLi miss rate:         0.00%
==25479==
==25479== D   refs:        404,809,999  (335,588,367 rd   + 69,221,632 wr)
==25479== D1  misses:      160,885,105  (159,835,971 rd   +  1,049,134 wr)
==25479== LLd misses:      133,467,980  (132,418,879 rd   +  1,049,101 wr)
==25479== D1  miss rate:         39.7% (       47.6%      +       1.5% )
==25479== LLd miss rate:         33.0% (       39.5%      +       1.5% )
==25479==
==25479== LL refs:         160,885,883  (159,836,749 rd   +  1,049,134 wr)
==25479== LL misses:       133,468,754  (132,419,653 rd   +  1,049,101 wr)
==25479== LL miss rate:           4.5% (        4.6%      +       1.5% )
```

---

[11] 訳注：詳細はValgrindのドキュメント「5. Cachegrind: a cache and branch-prediction profiler」[171]を参照。

リスト16-25：binsearch_prefetch_on_cachegrind

```
==26238== Cachegrind, a cache and branch-prediction profiler
==26238== Copyright (C) 2002-2015, and GNU GPL'd, by Nicholas Nethercote et al.
==26238== Using Valgrind-3.11.0 and LibVEX; rerun with -h for copyright info
==26238== Command: ./prefetch_on
==26238==
--26238-- warning: L3 cache found, using its data for the LL simulation.
==26238==
==26238== I   refs:        3,686,688,760
==26238== I1  misses:                777
==26238== LLi misses:                773
==26238== I1  miss rate:           0.00%
==26238== LLi miss rate:           0.00%
==26238==
==26238== D   refs:          404,810,009  (335,588,374 rd   +  69,221,635 wr)
==26238== D1  misses:        160,887,823  (159,838,690 rd   +   1,049,133 wr)
==26238== LLd misses:        133,488,742  (132,439,642 rd   +   1,049,100 wr)
==26238== D1  miss rate:           39.7% (        47.6%     +         1.5% )
==26238== LLd miss rate:           33.0% (        39.5%     +         1.5% )
==26238==
==26238== LL refs:           160,888,600  (159,839,467 rd   +   1,049,133 wr)
==26238== LL misses:         133,489,515  (132,440,415 rd   +   1,049,100 wr)
==26238== LL miss rate:             3.3% (         3.3%     +         1.5% )
```

LL キャッシュのミスが改善されている。

16.2.4 キャッシュをバイパスする

　キャッシュをバイパスしてメモリに書き込む方法が存在する。ただし、Write Through ビットを持つページテーブルエントリをアクセスする方法は、ユーザーモードでは使えない。それを可能にするのが、Intel 64 の movntq、movntps などの命令である。

　メモリマップ I/O を行うとき（仮想メモリを外部デバイスとのインターフェイスとして使うとき）は、OS 自身がページテーブルの Write Through ビットをセットするのが普通だ。その場合、メモリのリード／ライトは、どれもキャッシュを無効にするので、性能が下がるだけで利益はない。

　GCC に固有のイントリンシック（intrinsic）関数には、キャッシュと関係なくメモリ操作を実行するマシン固有の命令に変換されるものがある。リスト 16-26 に、それらを示す。

リスト16-26：cache_bypass_intrinsics.c

```c
#include <emmintrin.h>
void _mm_stream_si32(int *p, int a);
void _mm_stream_si128(int *p, __m128i a);
void _mm_stream_pd(double *p, __m128d a);

#include <xmmintrin.h>
```

```
void _mm_stream_pi(__m64 *p, __m64 a);
void _mm_stream_ps(float *p, __m128 a);

#include <ammintrin.h>
void _mm_stream_sd(double *p, __m128d a);
void _mm_stream_ss(float *p, __m128 a);
```

キャッシュのバイパスは、その後しばらく関連メモリ領域に触れないことが確実なときに有効だ。詳しい情報は、Drepper[12] を参照していただきたい。

16.2.5　例：行列の初期化

メモリアクセスパターンの良い例を示すために、巨大な行列を使おう。値はすべて 42 であり、メモリ配置は「行優先」(row after row) である。

リスト 16–27 に示すプログラムは、それぞれの行を初期化し、もう 1 つのリスト 16–28 は、それぞれの列を初期化する。どちらが高速だろうか？

リスト16–27：matrix_init_linear.c

```
#include <stdio.h>
#include <malloc.h>
#define DIM (16*1024)

int main( int argc, char** argv ) {
    size_t i, j;
    int* mat = (int*)malloc( DIM * DIM * sizeof( int ) );
    for( i = 0; i < DIM; ++i )
        for( j = 0; j < DIM; ++j )
            mat[i*DIM+j] = 42;
    puts("TEST DONE");
    return 0;
}
```

リスト16–28：matrix_init_ra.c

```
#include <stdio.h>
#include <malloc.h>
#define DIM (16*1024)

int main( int argc, char** argv ) {
    size_t i, j;
    int* mat = (int*)malloc( DIM * DIM * sizeof( int ) );
    for( i = 0; i < DIM; ++i )
        for( j = 0; j < DIM; ++j )
            mat[j*DIM+i] = 42;
    puts("TEST DONE");
    return 0;
}
```

今回も time ユーティリティ（シェルのビルトインではない方）を使って、実行時間を計る（列初期化、行初期化の順）。

```
> /usr/bin/time -v ./matrix_init_ra
Command being timed: "./matrix_init_ra"
User time (seconds): 2.40
System time (seconds): 1.01
Percent of CPU this job got: 86%
Elapsed (wall clock) time (h:mm:ss or m:ss): 0:03.94
Average shared text size (kbytes): 0
Average unshared data size (kbytes): 0
Average stack size (kbytes): 0
Average total size (kbytes): 0
Maximum resident set size (kbytes): 889808
Average resident set size (kbytes): 0
Major (requiring I/O) page faults: 2655
Minor (reclaiming a frame) page faults: 275963
Voluntary context switches: 2694
Involuntary context switches: 548
Swaps: 0
File system inputs: 132368
File system outputs: 0
Socket messages sent: 0
Socket messages received: 0
Signals delivered: 0
Page size (bytes): 4096
Exit status: 0

> /usr/bin/time -v ./matrix_init_linear

Command being timed: "./matrix_init_linear"
User time (seconds): 0.12
System time (seconds): 0.83
Percent of CPU this job got: 92%
Elapsed (wall clock) time (h:mm:ss or m:ss): 0:01.04
Average shared text size (kbytes): 0
Average unshared data size (kbytes): 0
Average stack size (kbytes): 0
Average total size (kbytes): 0
Maximum resident set size (kbytes): 900280
Average resident set size (kbytes): 0
Major (requiring I/O) page faults: 4
Minor (reclaiming a frame) page faults: 262222
Voluntary context switches: 29
Involuntary context switches: 449
Swaps: 0
File system inputs: 176
File system outputs: 0
Socket messages sent: 0
Socket messages received: 0
```

```
Signals delivered: 0
Page size (bytes): 4096
Exit status: 0
```

列を初期化するバージョンの実行時間が、ひどく遅いのはキャッシュミスのせいだろう。それをチェックするには、やはり valgrind ユーティリティの cachegrind モジュールを使う（リスト 16-29 に示す）。

リスト16-29：cachegrind_matrix_bad

```
> valgrind --tool=cachegrind ./matrix_init_ra

==17022== Command: ./matrix_init_ra
==17022==
--17022-- warning: L3 cache found, using its data for the LL simulation.
==17022==
==17022== I   refs:      268,623,230
==17022== I1  misses:            809
==17022== LLi misses:            804
==17022== I1  miss rate:       0.00%
==17022== LLi miss rate:       0.00%
==17022==
==17022== D   refs:       67,163,682  (40,974 rd   + 67,122,708 wr)
==17022== D1  misses:     67,111,793  ( 2,384 rd   + 67,109,409 wr)
==17022== LLd misses:     67,111,408  ( 2,034 rd   + 67,109,374 wr)
==17022== D1  miss rate:        99.9% (   5.8%     +      100.0% )
==17022== LLd miss rate:        99.9% (   5.0%     +      100.0% )
==17022==
==17022== LL refs:        67,112,602  ( 3,193 rd   + 67,109,409 wr)
==17022== LL misses:      67,112,212  ( 2,838 rd   + 67,109,374 wr)
==17022== LL miss rate:         20.0% (   0.0%     +      100.0% )
```

データキャッシュのミスは、ほとんど100%の確率であり、非常に悪い。

```
==17023== Command: ./matrix_init_linear
==17023==
--17023-- warning: L3 cache found, using its data for the LL simulation.
==17023==
==17023== I   refs:      336,117,093
==17023== I1  misses:            813
==17023== LLi misses:            808
==17023== I1  miss rate:       0.00%
==17023== LLi miss rate:       0.00%
==17023==
==17023== D   refs:       67,163,675  (40,970 rd   + 67,122,705 wr)
==17023== D1  misses:     16,780,146  ( 2,384 rd   + 16,777,762 wr)
==17023== LLd misses:     16,779,760  ( 2,033 rd   + 16,777,727 wr)
==17023== D1  miss rate:        25.0% (   5.8%     +       25.0% )
```

```
==17023== LLd miss rate:          25.0% (    5.0%     +     25.0% )
==17023==
==17023== LL refs:            16,780,959  ( 3,197 rd  + 16,777,762 wr)
==17023== LL misses:          16,780,568  ( 2,841 rd  + 16,777,727 wr)
==17023== LL miss rate:            4.2% (    0.0%     +     25.0% )
```

ご覧のように、メモリをシーケンシャルにアクセスすればキャッシュミスは劇的に減る。

■問題 334　　GCC の `man` ページで、「Optimizations」のセクションを読もう。

16.3　SIMD 命令

フォン・ノイマンの計算モデルは本質的にシーケンシャルである。ある種の命令が並列（parallel）に実行されることは想定されていない。けれども時が経つにつれて、より良い性能を得るためには処理を並列に実行する必要があることが明らかになった。これは 2 つの計算が互いに依存しないときに可能である。たとえば百万個の整数を合計するには、それぞれ十万個の整数の和を 10 個のプロセッサで計算し、それらの結果を合算すればよい（並列和）。このようなタスクは、**map/reduce** の技法が得意とするものだ[12]。

並列実行（parallel execution）は、次の 2 つの方法で実装できる。

- いくつかの命令シーケンスを並列に実行する。これはプロセッサのコアを追加することによって実現できる。マルチコアを利用するマルチスレッドのプログラミングについては、第 17 章で論じる。
- 「1 個の命令」を完了させるのに必要な処理を並列に実行する。この場合は、プロセッサ回路のなかで並列に利用できるさまざまな部分にわたって、複数の独立した計算を実行させる命令を使う。そういう命令を実装し、実際に性能を向上させるためには、CPU に複数の ALU を持たせる必要があるが、「複数の命令」を同時に実行する能力は必要とされない。

後者の命令は、**SIMD**（Single Instruction, Multiple Data）命令と呼ばれる。この節では、**SSE**（Streaming SIMD Extension）命令と、その新種である **AVX**（Advanced Vector Extension）命令について、概要を示す。これまで本書で学んできた命令のほとんどは、SIMD ではなく、SISD（Single Instruction, Single Data）に分類されるものだ。

---

[12] **訳注**：MapReduce フレームワークについては、日本語ではプレッシャーズ [103] の 7 章に詳しい解説がある（原著の参考文献は IBM の [5]）。SIMD などアーキテクチャに関する考察は、ヘネシー/パターソン [124] の「4 ベクタ、SIMD、GPU におけるデータレベル並列性」で読むことができる。

16.4　SSE/AVX 拡張命令

SSE と AVX による命令セット拡張の基本は、SIMD 命令である。そのほとんどが、複数データのペアに対して演算を実行するために使われる。たとえば `mulps` は、4 対の 32 ビット浮動小数点数を一度に乗算する。ただし、すべての浮動小数点演算は、1 個のオペランドを取る命令（たとえば `mulss`）を使って行うことが、現在は推奨されている。

GCC はデフォルトにより、浮動小数点演算に SSE 命令を生成する。これらはオペランドを、xmm レジスタまたはメモリで受け取る[13]。

■**一貫性について**　長くならないように、スタック専用の伝統的な浮動小数点演算についての記述は省略する。ただし、プログラムのすべての部分は、スタック方式にも SSE 命令にも、同じ浮動小数点演算メソッドから変換できるはずだ[14]。

まずは、リスト 16–30 に示す例から見ていこう。

リスト16–30：simd_main.c

```
#include <stdlib.h>
#include <stdio.h>

void sse( float[static 4], float[static 4] );

int main() {
    float x[4] = {1.0f, 2.0f, 3.0f, 4.0f };
    float y[4] = {5.0f, 6.0f, 7.0f, 8.0f };

    sse( x, y );

    printf( "%f %f %f %f\n", x[0], x[1], x[2], x[3] );
    return 0;
}
```

この例では、どこか他の場所で定義されている `sse` という関数が、2 つの `float` 配列を受け取る。それらはいずれも、少なくとも 4 個の要素を持つはずだ。この関数は計算を実行して、第 1 の配列を書き換える。

1 個の xmm レジスタを埋め尽くす大きさの連続するメモリセルに複数の値を入れた状態を、**パックした**（packed）と形容する。リスト 16–30 の `float x[4]` は、単精度浮動小数点数を 4 つパックしたものである。

---

[13] 訳注：詳細な解説は、パターソン/ヘネシー [152] の「3.6 並列処理とコンピュータの算術演算：半語並列性」、「3.7 実例：x86 におけるストリーミング SIMD 拡張　およびアドバンスト・ベクトル・エクステンション」など。

[14] 訳注：基礎知識（IEEE 754）はパターソン/ヘネシー [152] の「3.5 浮動小数点演算」などで得られる。

sse 関数は、リスト 16-31 に示すアセンブリファイルで定義する。

リスト16-31：simd_asm.asm

```
section .text
global sse

; rdi = x, rsi = y
sse:
    movdqa xmm0, [rdi]
    mulps  xmm0, [rsi]
    addps  xmm0, [rsi]
    movdqa [rdi], xmm0
    ret
```

このファイルで定義している関数 sse は、次の 4 つの SSE 命令を実行する。

- movdqa（MOVe Double Qword Aligned）で、16 バイトのデータを、rdi が指すメモリから xmm0 レジスタにコピーする。この命令は、すでに 14.1.1 で見ている。
- mulps（MULtiply Packed Single-precision...）で、xmm0 の内容に、rsi が指すメモリアドレスから連続的に格納されている 4 個の float 値を乗算する。
- addps（ADD Packed Single-precision...）で、xmm0 の内容に、rsi が指すメモリアドレスから連続的に格納されている 4 個の float 値を加算する。
- movdqa で、xmm0 の内容を、rdi が指すメモリにコピーする。

言い換えると、4 対の float を乗算した後、それぞれのペアで第 2 の float が第 1 の float に加算される。

命名のパターンは共通している。動作の意味を示す mov、add、mul の後にサフィックスが付く。第 1 のサフィックスは、P（パック）か S（スカラー）だ。第 2 のサフィックスは、倍精度の D（ダブル）か、単精度の S（シングル：C の float）である。

繰り返しになるが、ほとんどの SSE 命令が受け取るメモリオペランドは、アラインメントが必要である。

本章の課題を完成させるには、下記のような命令のドキュメントを、Intel の Software Developer's Manual[15] で学ぶ必要がある（訳語は Intel の資料 [129] に準じる）。

- movsd – スカラー倍精度浮動小数点値を移動
- movdqa – アライメントの合ったダブル・クワッドワードを移動
- movdqu – アライメントの合わないダブル・クワッドワードを移動
- mulps – パックド単精度浮動小数点値の乗算
- mulpd – パックド倍精度浮動小数点値の乗算

- `addps` – パックド単精度浮動小数点数の加算
- `haddps` – パックド単精度浮動小数点数を水平方向に加算
- `shufps` – パックド単精度浮動小数点値をシャッフルして格納
- `unpcklps` – 単精度浮動小数点数値2つの下位をアンパックしてインターリーブ
- `packuswb` – 飽和処理を使用して、パックド符号付きワード整数を、パックド符号なしバイト整数に変換
- `cvtdq2pd` – 2つの符号付きパックドダブルワード整数を、2つのパックド倍精度浮動小数点数に変換

これらの命令はSSEエクステンションの一部である。IntelはAVXと呼ばれる新しいエクステンションを導入した。これには新しいレジスタ、`ymm0`、`ymm1`、……、`ymm15`がある。これらは256ビット幅で、その前半は、下位128ビットを古い`xmm`レジスタとしてアクセスできる。

新しい命令には、たいてい`v`というプリフィックスがある（`vbroadcastss`など）。

ただし理解しておくべき重要な点がある。あなたのCPUがAVX命令をサポートしていても、これらがSSEより高速だというわけではない！ 同じファミリーのプロセッサで差が付くのは、命令セットではなく回路の量である。安いプロセッサは、ALUの数が少ないのが普通だ。

たとえば`mulps`命令と`ymm`レジスタを例に取ろう。これは8ペアの`float`を乗算する。

高級なCPUは、8ペアすべてを同時に乗算できるだけのALU（算術論理ユニット）を持っているだろう。もっと安いCPUには、たとえば4個のALUしかないので、マイクロコードのレベルで繰り返しが必要になり、最初の4ペアを乗算してから次の4ペア、ということになるだろう。プログラマは、この命令を使っていて違いがわかるわけではない（セマンティクスは同じだ）が、性能の違いに気がつくだろう。`mulps`のAVXバージョン1つ、`ymm`レジスタ、8ペアの`float`による計算は、`mupls`のSSEバージョン2つ、`xmm`レジスタ、それぞれ4ペアの`float`による計算より、遅いかもしれない。

16.4.1 課題：セピアフィルタ

この課題では画像にセピア調のフィルタをかけるプログラムを作ろう。セピア調というのは、鮮明な色の画像を古い色あせた写真のように見せることで、ほとんどのグラフィカルエディタには、そういうフィルタが入っている。

フィルタそのもののコーディングは難しいものではない。これは、各ピクセルの赤、緑、青のコンポーネントを、元の赤、緑、青の値をもとに、計算し直すものだ。数学的に言うと、1個のピクセルが3次元のベクトルだと考えれば、その変換は、ベクトルに行列を掛ける乗算に他ならない。

新しいピクセルの値を、$(BGR)^T$とする（Tという添え字は"Transposition"を意味する)。

B、G、R は、青、緑、赤のレベルを表す。ベクトル形式で、この変換を表現すると、

$$\begin{pmatrix} B \\ G \\ R \end{pmatrix} = \begin{pmatrix} b \\ g \\ r \end{pmatrix} \times \begin{pmatrix} c_{11} & c_{12} & c_{13} \\ c_{21} & c_{22} & c_{23} \\ c_{31} & c_{32} & c_{33} \end{pmatrix}$$

スカラー形式では、次のように書ける。

$$B = bc_{11} + gc_{12} + rc_{13}$$
$$G = bc_{21} + gc_{22} + rc_{23}$$
$$R = bc_{31} + gc_{32} + rc_{33}$$

13.10 節で出した課題では、画像を回転するプログラムのコーディングを行った。よく考えてアーキテクチャを設計してあれば、そのコードのほとんどを再利用できるはずだ。

ここでは**飽和** (saturation) のある演算を使わなければならない。加算や乗算など、すべての計算の結果を、最小値と最大値の間の固定された範囲に限定するのだ。典型的な機械的演算はモジュラ算術 (modular arithmetic) で、もし結果が最大値より大きければ、(最大値 +1 を法とした) 剰余の値になる。たとえば unsigned char 型であれば、$200 + 100 = 300 \mod 256 = 44$ だ。飽和演算では、同じく 0 から 255 までの範囲で、たとえば $200 + 100 = 255$ となる (最大値に飽和する)。

C は、そのような算術を実装していないので、必ずオーバーフローをチェックする必要がある。SSE には飽和処理付きで浮動小数点値を 1 バイトの整数に変換する命令が含まれている。

変換を C で行うのは簡単だ。それには行列とベクトルの乗算を直接エンコードして、飽和を勘定に入れれば良いのである。リスト 16–32 に、そのコードを示す。

リスト16–32：image_sepia_c_example.c

```c
#include <inttypes.h>
struct pixel { uint8_t b, g, r; };

struct image {
    uint32_t width, height;
    struct pixel* array;
};

static unsigned char sat( uint64_t x ) {
    if (x < 256) return x; return 255;
}

static void sepia_one( struct pixel* const pixel ) {
    static const float c[3][3] = {
        { .393f, .769f, .189f },
        { .349f, .686f, .168f },
        { .272f, .534f, .131f } };
```

```
        struct pixel const old = *pixel;

    pixel->r = sat(
            old.r * c[0][0] + old.g * c[0][1] + old.b * c[0][2]
            );
    pixel->g = sat(
            old.r * c[1][0] + old.g * c[1][1] + old.b * c[1][2]
            );
    pixel->b = sat(
            old.r * c[2][0] + old.g * c[2][1] + old.b * c[2][2]
            );
}
void sepia_c_inplace( struct image* img ) {
    uint32_t x,y;
    for( y = 0; y < img->height; y++ )
        for( x = 0; x < img->width; x++ )
            sepia_one( pixel_of( *img, x, y ) );
}
```

ここでは uint8_t または unsigned char を使うことが非常に重要だ。

●読者への課題

- 別のファイルで、フィルタを画像の大部分に（たぶん最後に残る端数のピクセルを除いて）適用するルーチンを実装する。SSE 命令を使って、複数のピクセルに相当するチャンクを一度に処理すること。
  最後のチャンクに入らなかった端数のピクセルは、1 つ 1 つ、リスト 16–32 で提供する C のコードを使って処理できる。
- C とアセンブリの、どちらのバージョンでも同じ結果になることを確認すること。
- 2 つのプログラムをコンパイルする。1 つは C の単純なアプローチ、もう 1 つは SSE 命令を使ったアプローチとする。
- C と SSE の実行時間を比較する。これには十分に大きな（できれば 100 メガバイト単位の）画像を入力とする。
- 何度も比較を繰り返し、SSE と C の両方の平均値を求める。

違いを顕著にするには、できるだけ多くの並列処理が必要だ。個々のピクセルは 3 バイトで構成されるが、それらのコンポーネントを float に変換すると 12 バイトを占める。xmm レジスタは 16 バイト幅だから、効率を上げようとするなら、残りの 4 バイトも活用したい。そのためには 48 バイトのフレームを使おう。これは 3 個の xmm レジスタ、12 のコンポーネント、4 ピクセルに対応する。

添え字がピクセルのインデックスを表すとしたら、画像は次のように表現できる。

$$b_1 g_1 r_1 b_2 g_2 r_2 b_3 g_3 r_3 b_4 g_4 r_4 \cdots$$

まず最初の 4 個のコンポーネントを計算する。そのうち最初の 3 個が第 1 のピクセルに属し、4 個目は第 2 のピクセルに属する。

必要な変換を行うために、まず次に示す値をレジスタに格納するのが便利だ。

$$xmm_0 = b_1 b_1 b_1 b_2$$

$$xmm_1 = g_1 g_1 g_1 g_2$$

$$xmm_2 = r_1 r_1 r_1 r_2$$

係数行列は、xmm レジスタまたはメモリに格納するが、行ではなく**列**を格納することが重要だ。

アルゴリズムを示すため、次に示す値を使おう。これは元の値である。

$$xmm_3 = c_{11}|c_{21}|c_{31}|c_{11}$$

$$xmm_4 = c_{12}|c_{22}|c_{32}|c_{12}$$

$$xmm_5 = c_{13}|c_{23}|c_{33}|c_{13}$$

これらをパックした値に、mulps 命令を使って xmm0、……、xmm2 を掛ける。

$$xmm_3 = b_1 c_{11}|b_1 c_{21}|b_1 c_{31}|b_2 c_{11}$$

$$xmm_4 = g_1 c_{12}|g_1 c_{22}|g_1 c_{32}|g_2 c_{12}$$

$$xmm_5 = r_1 c_{13}|r_1 c_{23}|r_1 c_{33}|r_2 c_{13}$$

次のステップでは、addps 命令を使って、これらを加算する。

以上の処理と同様なものを、フレームの第 2、第 3 の 16 バイトに対して行う。これらは、$g_2 r_2 b_3 g_3$ と $r_3 b_4 g_4 r_4$ を含んでいる。

このように転置行列を係数に使えば、haddps のような水平加算（horizontal addition）命令を使わずに対処できる[15]。

時間の計測には、getrusage(RUSAGE_SELF, &r) を使う（まずは man getrusage を読もう [139]）。この関数は、struct rusage 型の struct r に結果を記入するもので、そのフィールド r.ru_utime に、struct timeval 型の値が入る。そして、この構造体には使われた時間が秒とミリ秒のペアで格納される。これらの値を、変換前と変換後で比較すれば、変換に費やされた時間を求めることができる。

リスト 16-33 に、1 回の時間計測例を示す。

---

[15] 訳注：原著の参考文献は Larsson/Palmer[19]。日本語の書籍では、北山/中田 [136] がある。C とアセンブリ言語による画像処理プログラミング、SIMD 命令による処理の高速化を、詳細に解説している。

リスト16–33：execution_time.c

```c
#include <sys/time.h>
#include <sys/resource.h>
#include <stdio.h>
#include <unistd.h>
#include <stdint.h>

int main(void) {
    struct rusage r;
    struct timeval start;
    struct timeval end;

    getrusage(RUSAGE_SELF, &r );
    start = r.ru_utime;

    for( uint64_t i = 0; i < 100000000; i++ );

    getrusage(RUSAGE_SELF, &r );
    end = r.ru_utime;

    long res = ((end.tv_sec - start.tv_sec) * 1000000L) +
        end.tv_usec - start.tv_usec;

    printf( "Time elapsed in microseconds: %ld\n", res );
    return 0;
}
```

unsigned char から float へと高速に変換するには、次のテーブルを用いる。

```c
float const byte_to_float[] = {
    0.0f, 1.0f, 2.0f, ..., 255.0f };
```

■問題 335 　　**信頼区間**（confidence interval）を計算するメソッドについて学習し、95%信頼区間を得るのに十分な回数の計測をしよう。

16.5 　まとめ

この章では、コンパイラの最適化について語り、なぜそれが必要なのかを述べた。最適化されたオブジェクトコードが、最初のバージョンと比べて、どれほど違うのかを見た。それから、キャッシングから最大の効果を得る方法、SSE 命令を使って命令レベルで浮動小数点演算を並列化する方法を学んだ。次の章では、命令シーケンスの実行を並列化する方法を調べ、マルチスレッドを作成する。メモリについてのわれわれの認識は、マルチスレッドの存在によって変革される。

- ■問題 336　最適化オプションをグローバルに制御する GCC オプションは何か。
- ■問題 337　もっとも大きな効果をもたらす可能性のある最適化は何だろうか。
- ■問題 338　フレームポインタの省略には、どのような利点と欠点があるのか。
- ■問題 339　末尾再帰する関数は、通常の再帰関数と、どう違うのか。
- ■問題 340　どのような再帰関数も、データ構造を追加することなく、末尾再帰に書き直せるだろうか。
- ■問題 341　共通部分式の除去とは何か。コーディングに対する影響は?
- ■問題 342　定数伝播（constant propagation）とは?
- ■問題 343　コンパイラの最適化を助けるために、できるだけ関数に static を付ける理由は?
- ■問題 344　名前付き戻り値の最適化（NRVO）には、どのような利点があるのか。
- ■問題 345　分岐予測とは何か。
- ■問題 346　動的分岐予測とは?　グローバル／ローカルな履歴表（History Table）とは?
- ■問題 347　あなたの CPU の分岐予測（Branch Prediction）について、Intel[16] の記述を読んでおこう。
- ■問題 348　実行ユニットとは何か。なぜ意識する必要があるのか。
- ■問題 349　AVX 命令のスピードと実行ユニットの数は、どう関係するのか。
- ■問題 350　どのようなメモリアクセスパターンが望ましいか。
- ■問題 351　なぜキャッシュが多段階に階層化されているのか。
- ■問題 352　どのような場合に prefetch で性能が高まる可能性があるのか。それはなぜか。
- ■問題 353　SSE 命令は何に使われるか。
- ■問題 354　ほとんどの SSE 命令でメモリオペランドにアラインメントが要求される理由は?
- ■問題 355　汎用レジスタから xmm レジスタにデータをコピーする方法は?
- ■問題 356　SIMD 命令は、どのようなケースで使う価値があるのか。

第17章
マルチスレッド

この章ではC言語が提供するマルチスレッド機能を探究する。マルチスレッドというテーマは、それだけで1冊の本になる。だからここでは具体的な使い方やプログラムのアーキテクチャに関する話題よりも、C言語の機能と、それに対応する抽象マシンの属性に重点を置く。

C11が登場するまで、マルチスレッドのサポートは言語そのものにはなく、外部のライブラリや非標準のトリックに限られていた。その一部（アトミック）は、今では多くのコンパイラで実装され、マルチスレッドアプリケーションを書く標準に準拠した方法を提供している。残念ながら、いまのところスレッド処理そのもののサポートは、ほとんどのツールチェインで実装されていない。このため、サンプルコードの記述には `pthreads` ライブラリを使う。ただし標準に準拠したアトミックは使用する。

この章は、マルチスレッドプログラミングの網羅的なガイドではないが（それだけでも、ずいぶん厚い本になるだろう）、もっとも重要なコンセプトと、それに関連する言語の機能を紹介する。熟練を望む読者には、とにかく経験を重ね、特集記事を読み、[34] のような本を読み、経験を積んだ同僚からコードレビューを受けることを推奨する。

17.1 プロセスとスレッド

マルチスレッドの話をすれば、たいがい出てくるキーワードがスレッドとプロセスだ。その違いを理解することが重要である。

プロセス（process）は、あるプログラムの実行に必要な、あらゆる種類の実行時の情報とリソースを集めた「リソースコンテナ」（resource container）である。プロセスは次のものを含む。

- アドレス空間。これには実行コード、データ、共有ライブラリ、その他のマップされたファイルなどが（部分的に）記入され、その一部は他のプロセスと共有できる。

- 関連のあるすべての状態（オープンされているファイルのディスクリプタ、レジスタなど）。
- 各種の情報（プロセス ID, プロセスグループ ID、ユーザー ID、グループ ID など）。
- プロセス間通信に使われる、その他のリソース（パイプ、セマフォ、メッセージキューなど）。

スレッド（thread）は OS が実行をスケジューリングできる命令の流れ（ストリーム）である。オペレーティングシステムがスケジューリングするのは、プロセスではなくスレッドだ。個々のスレッドはプロセスの一部として存在し、プロセスの状態の一部を自分自身の状態とする。それらは次のものだ。

- レジスタ。
- スタック（スタックポインタレジスタで定義される）。プロセッサのスレッドは、どれも同じアドレス空間を共有するのだから、その 1 つが他のスレッドのスタックをアクセスすることは（普通は推奨されないが）可能である。
- スケジューラにとって重要な属性（たとえば優先順位）。
- ペンディングまたはブロックされたシグナル。
- シグナルマスク。

プロセスがクローズされるとき、それに関連付けられていたリソースは、すべて解放される。リソースには、そのプロセスの全部のスレッド、オープンされたファイルディスクリプタなどが含まれる。

17.2　マルチスレッドは何が難しいのか

複数のスレッドを同時に実行すると、いくつものプロセッサコアを（あるいは、いくつものプロセッサを）利用できる。たとえば、あるスレッドがディスクからファイルを読むという非常に遅い処理を行う合間に、もう 1 つのスレッドが、もっぱら CPU を使う計算を実行でき、時間当たりの CPU の負荷を、より均一化することができる。もし利用できるのなら、マルチスレッドによる高速化が可能になるのだ。

複数のスレッドが同じデータを扱う場合が、しばしばある。どのような形式のデータでも、変更されない限り、同時に扱うことに何の問題もない。データの読み出しは他のスレッドの実行に何の影響も与えない。けれども、共有データが 1 本の（あるいは複数の）スレッドから書き換えられると、次にあげるような問題に直面する。

- スレッド A は、スレッド B による変更を、いつ見るのか。

- スレッドがデータを、どういう順番で変更するのか（第 16 章で見たように、命令の順序は最適化のために変更されるかもしれない）。
- どうすれば、他のスレッドによる干渉を受けずに、複雑なデータに対して演算を実行できるのか。

これらの問題が適切に対処されていないと、非常に難しいバグが生じる。なにしろ、そのバグは、さまざまなスレッドの命令が、ある不幸な順番で実行されたときにしか発現しないのだから。このような問題を理解し、研究して、解決方法を知ることが重要だ。

17.3 実行の順序

C の抽象マシンを学び始めたときに私たちが親しんだのは「C の命令シーケンスと、コンパイルされたマシン命令によって実行されるアクションとは，自然に同じ順序で対応する」という考え方だった。けれども今は、「現実にそうならないケースがあるのはなぜなのか」というプラグマティックな詳細に立ち入る必要がある。

われわれはアルゴリズムを、より理解しやすい方法で記述する傾向があり、それは、ほとんど常に良い方法である。けれどもプログラマが与えた順序が必ずしも性能的に最良とは限らない。

たとえばコンパイラは、コードの意味を変えることなく、**局所性**を改善しようとするかもしれない。リスト 17-1 に、その例を示す。

リスト17-1：ex_locality_src.c

```
char x[1000000], y[1000000];
...
x[4] = y[4];
x[10004] = y[10004];

x[5] = y[5];
x[10005] = y[10005];
```

リスト 17-2 に、考えられる結果の例を示す。

リスト17-2．ex_locality_asm1.asm

```
mov al,[rsi + 4]
mov [rdi+4],al

mov al,[rsi + 10004]
mov [rdi+10004],al


mov al,[rsi + 5]
mov [rdi+5],al
```

```
mov al,[rsi + 10005]
mov [rdi+10005],al
```

このコードを見れば、局所性を改善する書き換えが可能なことは明らかだろう。つまりリスト17-3 に示すように、まず x[4] と x[5] に代入してから、次に x[10004] と x[10005] への代入を行う。

リスト17-3：ex_locality_asm2.asm

```
mov al,[rsi + 4]
mov [rdi+4],al
mov al,[rsi + 5]
mov [rdi+5],al

mov al,[rsi + 10004]
mov [rdi+10004],al

mov al,[rsi + 10005]
mov [rdi+10005],al
```

上にあげた 2 つの命令シーケンスの効果は、**もし抽象マシンがシングル CPU だけを考慮するのなら**同じである。マシンの初期状態がどうであっても、これらの実行を終えた結果の状態は同じであるはずだ。そして第 2 の変換結果のほうが、しばしば性能が良いのだから、コンパイラは、そちらを選ぶかもしれない。ソースコードと比較してメモリアクセスの順序が入れ替わっている、この状況は、**メモリ操作の並び替え**（memory reordering）の単純なケースである。

「本当にシーケンシャルに」実行されるシングルスレッドのアプリケーションならば、観察できる振る舞いが変わらなければ、処理の順序が変わっても問題はないだろう。ところがスレッド間の通信を始めると、とたんに融通が利かなくなってしまう。

経験の浅いプログラマが、そのことをあまり考えずにいるのは、シングルスレッドのプログラミングしか頭にないからだ。しかしいまでは並列処理がどこにでもあり、プログラムの性能を本当に引き上げる唯一の手段であることも多いのだから、並列処理を考えずに済ますことは、もうできなくなっている。だから、メモリの並び替えと、その正しい設定について、これから語ることにする。

17.4　強弱のメモリモデル

メモリ操作の並び替えは、上記のようにコンパイラが行うこともあれば、プロセッサ自身がマイクロコードで行うこともある。通常はどちらも実行されるので、両方に注目しなければならない。それらすべてに一貫したクラス分けが可能である。

メモリモデル（memory model）は、ロード（load）とストア（store）の命令に、どのような種類の並び替えが予想されるかを教えてくれるものだ[1]。メモリのアクセスに通常使われるのが、どの命令か（mov、movq など）は、重要ではない。メモリへのストアと、メモリからのロードが実行されるという事実だけが重要である。

両極として、弱い（weak）メモリモデルと、強い（strong）メモリモデルがある。強い型付けと弱い型付けの場合と同じように、既存のモデルは、その間のどこかに（ただし両極端のどちらかに寄せた位置に）置かれる。私たちは Jeff Preshing による分類 [31] が便利だと思うので、本書ではそれに従う。

それによれば、メモリモデルは 4 つのカテゴリに分類される。これらをもっとも弱い（ゆるい）ものから、もっとも強い（強固な）ものまで、列挙しよう。

1. 本当に弱いモデル。これらのモデルでは、どのようなメモリ操作の並び替えも発生し得る（もちろん、シングルスレッドプログラムの観察可能な振る舞いが変更されない場合に限る）。

2. 弱いが、データ依存の順序が保たれる（たとえば ARM v7 のハードウェアメモリモデル）。

   ここで言うデータ依存とは、ロードとロードの間のデータ依存性だけだ。メモリからアドレスをフェッチする必要があり、それを使って、また別のフェッチを行うときが、これに当たる。たとえば、

   mov rdx, [rbx]

   mov rax, [rdx]

   C で構造体のフィールドをアクセスするのに、その構造体へのポインタを介して行う場合、すなわち->演算子を使う状況が、これに相当する。本当に弱いモデルは、データ依存の順序を保証しない。

3. 通常は強い（たとえば Intel 64 のハードウェアメモリモデル）。

   これは、どのストアも指定された順に実行される保証があるという意味だ。ただし、一部のロードは動くかもしれない。

   Intel 64 は通常このカテゴリに入る。

4. シーケンシャルな一貫性を保つ（sequentially consistent）。

   いわば「最適化されていないプログラムのデバッグを 1 個のプロセッサコアでステップ実行する」のと同様だ。メモリ操作の並び替えは決して発生しない。

---

[1] 訳注：このような意味で「メモリモデル」という言葉が使われる経緯については、JSR-133[134] や、Java 言語仕様第 3 版 [121] が参考になる。メモリコンシステンシモデル (memory consistency model) という言葉も使われる。詳しくは、パターソン/ヘネシー [152] の「5.10 並列処理と記憶階層：キャッシュ・コヒーレンス」、ヘネシー/パターソン [124] の「5.6 メモリコンテステンシモデル：導入」などを参照。

17.5 並び替えの例

リスト17–4に示すのは、メモリ操作の並び替えによって、われわれが痛い経験をする状況の例である。ここでは2つのスレッドが、関数 thread1 と thread2 に含まれるステートメントを、それぞれ実行する。

リスト17–4：mem_reorder_sample.c

```
int x = 0;
int y = 0;

void thread1(void) {
    x = 1;
    print(y);
}

void thread2(void) {
    y = 1;
    print(x);
}
```

両方のスレッドが、変数 x と y を共有している。片方のスレッドは、x へのストアを実行し、それから y の値をロードする。逆に、もう片方のスレッドは、y にストアしてから x をロードする。

注目したいのは、ロード（load）とストア（store）という2種類のメモリアクセスである。これらの例では、単純にするため、その他の動作を省略する場合が多い。

これらの命令は、まったく独立して別のデータを操作するのだから、各スレッドにおいて、観察可能な振る舞いの変化をもたらすことなく並び替えることが可能だ。それによって4つの選択肢が生じる。つまり2つのスレッドのそれぞれで、ストアしてロードか、ロードしてストアかを選べる。これはコンパイラが自分の判断で行えることだ。さらに、それぞれの選択肢について、6種類の実行順序が考えられる。これは、両方のスレッドが、もう片方のスレッドとの時間的な関係で、どのように進行するかを示すものだ。

これらを、1と2のシーケンスによって示すことにする。第1のスレッドが1ステップを実行したら、1と書く。2は、第2のスレッドが1ステップ実行したことを示す。

1. 1-1-2-2
2. 1-2-1-2
3. 2-1-1-2
4. 2-1-2-1
5. 2-2-1-1
6. 1-2-2-1

たとえば、1-1-2-2 というシーケンスは、第 1 のスレッドが 2 ステップを実行し、それから第 2 のスレッドが同じことをした、という意味だ。それぞれのシーケンスが、4 種類のシナリオに対応する。たとえば 1-2-1-2 というシーケンス 1 つが、表 17–1 に示すトレースのうち、どれかをエンコードする。

表17–1：スレッドの実行順序が 1-2-1-2 であったときの、命令実行シーケンスの可能性

スレッド ID	TRACE1	TRACE2	TRACE3	TRACE4
1	store x	store x	load y	load y
2	store y	load x	store y	load x
1	load y	load y	store x	store x
2	load x	store y	load x	store y

これら可能性のあるトレースを、それぞれの実行順序について観察すると、合計で 24 種類のシナリオがある（ただし 1 部は等価である）。このように小さな例でも順列の数は十分に大きい。

ただし、これらすべてをトレースする必要があるというのではない。私たちに関心があるのは、それぞれの変数についての、ロードとストアの相互関係である。表 17–1 だけでも、ずいぶん多くの順列が可能である。x と y のどちらについても、ストアした後にロードする場合と、ロードした後にストアする場合があり得る。そして明らかに、ロードの結果は、その前のストアの有無に依存する。

並び替えが発生しないのなら可能性は制限される。どのロードの前にも必ず 1 回のストアが行われているはずだ。その順序がソースコードに書かれているのだから、どのように命令実行がスケジューリングされても、それは変わらない。けれども、並び替えが存在すると、ときには驚くべき結末を迎える。この 2 つのスレッドの両方で、命令が並び替えられたら、リスト 17–5 に示す状況が発生する。

リスト17–5：mem_reorder_sample_happened.c

```
int x = 0;
int y = 0;

void thread1(void) {
    print(y);
    x = 1;
}

void thread2(void) {
    print(x);
    y = 1;
}
```

もし、1-2-*-*（*は任意のスレッド）という順序が選択されたら、まず load x と load y が

先に実行される。これらの変数からロードを行うのが、どちらのスレッドであろうと、その結果は 0 と等しくなる。

コンパイラが、これらの操作の順序を入れ替えると、本当にこうなってしまう。そういう最適化が十分に制御され、あるいは禁止されていても、CPU によって実行されるメモリ操作の並び替えによって、やはりこのような効果が生じてしまう。

そのようなプログラムの結果が、およそ予測不可能であることを、この例は示している。コンパイラと CPU による並び替えを制限する方法は、このあとで示す。また、ハードウェアでの並び替えを示すコードも提供する。

17.6　volatile の対象

われわれが使っている C のメモリモデルは、きわめて弱い。次のコードを考えてみよう。

```
int x,y;
x = 1;
y = 2;
x = 3;
```

すでに見たように、命令の順序はコンパイラが入れ替える可能性がある。それどころか、コンパイラは第 1 の代入が不要なコードだと考えるかもしれない。なぜならその後で、同じ変数 x に代入を行うからだ。それまで使われないのだから、コンパイラは、このステートメントを削除することさえ可能だ。

volatile キーワードで、この問題に対処できる。これはコンパイラに対して、指定する変数の読み書きを決して最適化しないように強制するだけでなく、あらゆる命令の並び替えも抑制させる。けれども、これによって強制される対象は 1 個の変数だけであり、他の volatile 変数への書き込みが発生する順序までは保証しない。たとえば上記のコードで、x と y の両方の型を volatile int に変えたら、個々の変数に対する代入の順序は保たれても、両方の変数に対する代入の順序は、次のように入れ替えの余地がある。

```
volatile int x, y;
x = 1;
x = 3;
y = 2;
```

または、次のように、

```
volatile int x, y;
y = 2;
x = 1;
x = 3;
```

これらの保証が、マルチスレッドのアプリケーションには不十分なことは明らかだ。volatile 変数は、共有データに対するアクセスを調整する役には立たない。それらのアクセスは、自由に移動できるからだ。

共有データを安全にアクセスするには、次の 2 つの保証が必要である。

- メモリの読み込みと書き込みが実際に行われること。コンパイラは、その値をレジスタにキャッシュするだけで、メモリに書き戻さないかもしれない。
  volatile が提供する保証が、これである。メモリマップト I/O を実行するには、これで十分だが、マルチスレッドアプリケーションには、十分ではない。
- メモリ操作の並び替えが発生しないこと。たとえば、あるデータを読み出す準備ができたことを示すフラグとして、volatile 変数を使うと仮定しよう。コードはデータを準備してからフラグをセットする。けれども並び替えが発生したら、データの準備が整う前に、その代入が行われてしまう。
  ここではハードウェアとコンパイラの、両方が行う並び替えが問題になる。そのような保証は、volatile 変数からは得られない。

この章では、そのような保証を提供する、次の 2 つの機構について学ぶ。

- メモリバリア
- C11 で導入されたアトミック変数

volatile 変数は、ごく稀にしか使われない。これは最適化を阻止するのだから、通常われわれが望むことではないのだ。

17.7　メモリバリア

メモリバリア（memory barrier）というのは、どのような並び替えが可能かについて制限を加える、特殊な命令またはステートメントである（フェンスとも呼ばれる）。第 16 章で見たように、コンパイラもハードウェアも、平均的なケースで性能を向上させるためにさまざまなトリックを使う。それには命令の並び替えや、メモリ操作の遅延、ロードやブランチの予測、変数をレジスタにキャッシュすることなどが含まれる。ある種の操作がすでに実行されていることに依存するスレッドが他にあるのなら、それを確実にする制御が必要不可欠である。

この節ではさまざまなメモリバリアを紹介し、それらを Intel 64 で、どのように実装できるか、その概略を理解できるようにしたい。

コンパイラが行う並び替えを防ぐメモリバリアの例としては、次の GCC ディレクティブがある [109]。

```
asm volatile("" ::: "memory")
```
asm ディレクティブは、アセンブリコードをインラインで C のプログラムに直接埋め込むのに使われる。volatile キーワードと、"memory"という特殊な clobber 引数 [108] との組み合わせは、この（空の）インラインアセンブリコードが、最適化も移動もされず、しかもメモリの読み書きを実行する、という記述である。このためコンパイラは、メモリに対する操作をコミットする（たとえばレジスタにキャッシュされていたローカル変数の値をストアする）コードを生成するよう強制される。これはプロセッサ自身に対するバリアではないので、このステートメントの後でプロセッサが投機的な read を実行するのは防げない。

相手がコンパイラでも CPU でも、メモリバリアは最適化を妨げるのだからコストが高い。個々の命令の後で、いちいちこれらを使いたくないのは、そのせいである。

メモリバリアにも、いくつかの種類がある。ここでは Linux カーネルのドキュメント [125] による定義を使うが、この分類は、ほとんどの状況に適用できるものだ。

書き込み（ストア）のメモリバリア

このバリアの前にあるコードで指定されたすべてのストア処理が、このバリアよりも後で指定されるすべてのストア処理よりも前に発生することを保証する。

GCC では全般的なメモリバリアとして、`asm volatile(""::: "memory")` を使う。Intel 64 では、sfence 命令を使う。

読み込み（ロード）のメモリバリア

同様に、このバリアの前にあるコードで指定されたすべてのロード処理が、このバリアよりも後で指定されるすべてのロード処理よりも前に発生することを保証する。これはデータ依存バリアよりも強い。

GCC では全般的なメモリバリアとして、`asm volatile(""::: "memory")` を使う。Intel 64 では、lfence 命令を使う。

データ依存バリア

このバリアでは、17.4 節で述べた「データ依存」が考慮される。読み込みのメモリバリアよりも弱いと考えることができ、依存性のあるロードと、あらゆるストアについては、保証が提供されない。

全般的なメモリバリア

これは最強のバリアで、この前にあるコードで指定されたメモリの変更が、すべてコミットされることを強制する。また、この後にあるすべての処理が、このバリアより前に実行されるよう並び替えられるのを防ぐ。

GCC では全般的なメモリバリアとして `asm volatile(""::: "memory")` を使う。Intel 64 では、mfence 命令を使う。

acquire 操作

これは、**acquire セマンティクス**と呼ばれるプロパティを持つ処理のことだ。ある処理が

共有メモリからの**読み込み**を実行するとき、ソースコードで**それに続くリードとライト**との順序が変更されない保証があれば、その処理は、このプロパティを持つ。

言い換えると、この操作に続くコードが、これより前に実行されるように並び替えられることはない、という点で、全般的なメモリバリアと似ている。

release 操作

release セマンティクスが、この操作のプロパティである。ある処理が共有メモリへの**書き込み**を実行するとき、ソースコードで**それより前のリードとライト**との順序が変更されない保証があれば、このプロパティを持つ。

言い換えると、これも全般的なメモリバリアと似ているが、より近い位置にある処理を、release 操作よりも前の位置に移すことは許可される。

したがって、acquire と release の操作は、並び替えに対する 1 方向のバリアとも言える。

次に、1 個のアセンブリ命令 `mfence` を GCC でインライン化する例を示す。

`asm ("mfence" )`

これとコンパイラのバリアを組み合わせると、コンパイラによる並び替えを防ぎ、全般的なメモリバリアも得られる、次の行になる。

`asm volatile("mfence" :::  "memory")`

関数コールのうち、その定義が現在の変換単位で得られず、イントリシック（特定のアセンブリ命令をクロスプラットフォームな形で置き換えるもの）以外は、どれも**コンパイラのメモリバリア**である。

17.8　pthreads の紹介

POSIX スレッド（pthreads）は、プログラムの実行モデルを記述する標準であり、コードを並列に実行する手段と、その実行を制御する手段を提供する。これらを実装した pthreads ライブラリを、この章を通じて使用する。

このライブラリには、C の型と定数と手続きが含まれる（これらは `pthread_` というプリフィックスを持つ）。これらの宣言は、pthread.h ヘッダで利用できる。このライブラリが提供する関数は、次にあげるカテゴリのどれかに属する。

- 基本的なスレッド管理（作成と破棄）
- ミューテックス管理
- 条件変数
- ロックとバリアを使う同期

この節ではいくつかのサンプルについて学びながら pthreads と親しむことにしたい。

マルチスレッドの計算を実行するには、次の2つの選択肢がある。

- 複数のスレッドを同じプロセスから産み出す。
  これらのスレッドは同じアドレス空間を共有するので、データ交換が比較的容易かつ高速である。プロセスが終了するとき、そのスレッドもすべて終了する。
- それぞれ独自のデフォルトスレッドを持つ、複数のプロセスを産み出す。
  これらのスレッドはオペレーティングシステムが提供する機構（パイプなど）を使って通信する。
  これは、それほど高速ではない。また、プロセスの作成はスレッドの作成よりも遅い。OSの構造が多く作成され、別のアドレス空間も必要だからだ。プロセス間通信では、しばしば（ときには暗黙の）コピー処理が必要になる。
  けれども、プログラムのロジックを複数のプロセスに分割することで、セキュリティや堅牢性に対するポジティブな影響が得られる場合もある。なぜなら、それぞれのスレッドから他のプロセスを見ると、相手が公開した部分しか見えないからだ。

Pthreadsを使うと、1個のプロセスから複数のスレッドを作成できる。たいがいは、これを行いたいはずだ。

17.8.1　いつマルチスレッドを使うか

マルチスレッドが、プログラムのロジックにとって好都合な場合がある。たとえばネットワークパケットの受信とGUIへの描画は、通常は同じスレッドのなかで行うべきではない。GUIでは、ボタンのクリックに対する応答などユーザーとのインタラクションが必要だし、ウィンドウが他のウィンドウによって隠され、それからまた現れたりするとき、常に再描画が必要である。ところがネットワーク処理では、実行中のスレッドが終了までブロックされるだろう。だから、この2つの処理を、ほとんど同時に実行するには、別々のスレッドに分けるのが便利である。

マルチスレッドでは性能が向上するのが自然だが、必ずそうなるわけではない。タスクには、「CPUバウンド」なものと、「入出力（I/O）バウンド」なものがある[2]。

- CPUバウンドなコードとは、より多くのCPU時間が与えられればスピードアップするものだ。ほとんどのCPU時間は（ディスクからデータを読んだり、デバイスと通信する処理ではなく）計算を行うことに費やされる。
- I/Oバウンドなコードは、より多くのCPU時間が与えられてもスピードアップしない。メモリまたは外部デバイスを大量に使うことによって遅くなっているからだ。

---

[2] 訳注：詳しくは、タネンバウム [169] の「2.5 スケジューリング」を参照。～バウンドとは「～に束縛された」という意味。

マルチスレッドは、CPU バウンドなプログラムの高速化に効果があるかもしれない。一般的なパターンは、リクエストのキュー（待ち行列）を使って、スレッドプールからワーカスレッドへのディスパッチを行うものだ。スレッドプールは作業中または作業待ちの作成済みスレッドの集合で、必要とされるたびに作られるのではない。詳しくは、[23] の Chapter 7 を参照されたい[3]。

いくつスレッドが必要かについて万能のレシピはない。スレッドを作るのも、切り替えるのも、スケジューリングも、オーバーヘッドがかかる。スレッドの仕事があまり多くなければ、かえってプログラム全体が遅くなるかもしれない。大量の計算を行うタスクならば、$n-1$ 個のスレッドを作るべきだとアドバイスする人がいる（n はプロセッサのコアの数）。処理の性質がシーケンシャルなとき（どのステップも、その前のステップに直接依存する場合）、複数のスレッドを作っても役に立たない。必ずさまざまなワークロードのもとで、スレッド数を変えて実験し、どの数がタスクにもっとも適しているかを判断することを推奨する。

17.8.2 スレッド作成

スレッドの作成は簡単だ。リスト 17–6 に、その例を示す。

リスト17–6：pthread_create_mwe.c

```c
#include <pthread.h>
#include <stdio.h>
#include <unistd.h>

void* threadimpl( void* arg ) {
    for(int i = 0; i < 10; i++ ) {
        puts( arg );
        sleep(1);
    }
    return NULL;
}

int main( void ) {
    pthread_t t1, t2;
    pthread_create( &t1, NULL, threadimpl, "fizz" );
    pthread_create( &t2, NULL, threadimpl, "buzzzz" );
    pthread_exit( NULL ),
    puts("bye");
    return 0;
}
```

pthread ライブラリを使うコードは、たとえば次のように、-pthread オプションを付けてコンパイルすべきだ。

---

[3] 訳注：同書の第 3 版では、「Chapter 8」の「Work Queues」が該当するようだ。タネンバウム [169] の「2.2.2 スレッドの利用」も参照。

```
> gcc -O3 -pthread main.c
```

-lpthreadと指定するだけでは、期待される結果が得られない。つまり、libpthread.aとリンクするだけでは不十分で、-pthreadオプションによって有効になる、他のオプションが必要になるのだ（たとえば、_REENTRANT）。だから、-pthreadオプションを使えるときは、いつもこれを使うべきである[4]。

最初はスレッドが1本しか存在しない。それはmain関数の実行を開始したスレッドである。pthread_t型には、他のスレッドに関するすべての情報が含まれるので、この型のインスタンスをハンドルとして、スレッドを制御することができる。そして、次に示すシグネチャを持つpthread_create関数によって、スレッドが初期化される。

```
int pthread_create(
    pthread_t *thread,
    const pthread_attr_t *attr,
    void *(*start_routine) (void *),
    void *arg);
```

第1の引数は、初期化するpthread_tインスタンスへのポインタだ。第2の引数は属性のコレクションへのポインタだが、これらについては後述する（いまのところ、代わりにNULLを渡しても安全である）。

スレッド起動時の関数start_routineは、ポインタを受け取りポインタを返す仕様である。受け取るのは引数へのvoid*型ポインタで、これでは1個の引数しか受け取れないが、構造体や配列で複数の引数をカプセル化し、それへのポインタを渡すことができる。start_routineの戻り値は、やはりポインタで、スレッドが仕事をした結果を返すのに使える[5]。最後の引数は、start_routine関数に渡す引数へのポインタである。

この例では、どのスレッドも同様に実装される（リスト17-6のthreadimpl）。この手続きは、1個の（ある文字列への）ポインタを受け取り、およそ1秒の間隔を置いて、繰り返しそれを出力する。unistd.hで宣言されているsleep関数は、与えられた秒数だけスレッドをサスペンドする。

10回繰り返すと、スレッドはリターンする。これは引数を付けてpthread_exitを呼び出すのと等価だ。戻り値は、そのスレッドが実行した計算の結果を返すのが普通だが、その必要がなければNULLを返す。この値を親スレッドで取得する方法は、後で見ることにしよう。

■ **voidへのキャスト** (void)argcのような構造は、使用されない変数または引数argcに

---

[4] このオプションはプラットフォーム依存とされているので、一部のプラットフォームでは利用できないかもしれない。

[5] ただしローカル変数のアドレスを返してはいけない！

関する警告が出ないようにすることが、唯一の目的である。これは、ときどきソースコードで見かけるものだ。

けれども、さっさと main 関数からリターンするのではプロセスが終了してしまう。まだ他のスレッドが存在していたら、どうするのか。メインスレッドは、それらが先に終了するのを待つべきなのだ。それが、**メインスレッドからの** `pthread_exit` が行うことである。このときは、他のスレッドが終了するのを待ってから、そのプログラムを終了させる。それに続くコードは実行されないから、"bye" というメッセージが stdout に出力されることはない。

このプログラムは、`buzzzz` と `fizz` という 1 対の行をランダムな順序で 10 回ずつ出力してから終了する。第 1 のスレッドと第 2 のスレッドの、どちらがスケジューリングされるかは予測不可能なので、実行するたびに順序が異なるだろう。リスト 17–7 に、出力の例を示す。

リスト17–7：pthread_create_mwe_out

bye という文字列がプリントされないのは、それに対応する `puts` の呼び出しが、`pthread_exit` コールの下にあるからだ。

■**引数はどこにある？**　スレッドにポインタで渡す引数は、そのスレッドがシャットダウンするまで必ず存続するデータでなければならない。スタックに割り当てられた変数へのポインタを渡すのはリスクがある。その関数のスタックフレームが廃棄された後で、割り当て解除された変数をアクセスしたら、未定義の振る舞いをもたらすからだ。

引数が一定であることを保証できなければ (あるいは同期を取る目的で使うのでなければ) 別のスレッドに渡してはいけない。

リスト 17-6 に示した例で、`threadimpl` が受け取る文字列は、グローバルなリードオンリーデータのセクション (`.rodata`) に割り当てられている。したがって、これへのポインタを渡すのは安全である。

産み出せるスレッドの最大数は、実装に依存する。Linux ではシェルの `ulimit -a` コマンドを使って関連情報を取得できる[6]。

スレッドは他のスレッドを作ることができ、それには制限がない。

`pthread_create` の呼び出しが、完全なコンパイラのメモリバリアとしても、完全なハードウェアのメモリバリアとしても働くことは、`pthreads` の実装によって保証される。

`pthread_attr_init` は、不透明な**不完全型** (incomplete type) として実装されている構造体 `pthread_attr_t` のインスタンス初期化に使われる。それらの属性は、たとえばスタックのサイズやアドレスなど、スレッドの追加パラメータを提供する。

属性の設定には、下記の関数を使う。

- `pthread_attr_setaffinity_np` — このスレッドは指定の CPU コアで実行することが望ましい (GNU による拡張：np は nonportable の略)。
- `pthread_attr_setdetachstate` — このスレッドで `pthread_join` を呼び出せるようにするか、あるいはデタッチする (join できなくする)。`pthread_join` の説明は、次の項で行う。
- `pthread_attr_setguardsize` — スタック末端以降の空間に、指定サイズのガードエリア (無効なアドレスの領域) を置いて、スタックのオーバーフローをキャッチする。
- `pthread_attr_setinheritsched` — 次の 2 つのパラメータを、親スレッド (作成側スレッド) から継承するか、それとも指定の属性から取るかを決める。
- `pthread_attr_setschedparam` — スケジューリングパラメータ (現在は優先順位の属性だが、将来はパラメータが追加されるかもしれない) を設定する。
- `pthread_attr_setschedpolicy` — スケジューリングポリシー (FIFO、ラウンドロビン、デフォルト) を設定する。個々のスケジューリングポリシーについては、`man sched` を参照。
- `pthread_attr_setscope` — CPU その他のリソースについて、このスレッドと競合するスレッドの集合を定義する「コンテンションスコープ」(contention scope) の設定。

---

[6] **訳注**：あらかじめ最大数が決められているわけではなく、利用できる仮想アドレス空間と、スレッドのデフォルトスタックサイズによって変わる。詳細はスティーブンス/ラゴ [166] の「12.3 スレッドの属性」p.401 の解説を参照。

- `pthread_attr_setstackaddr` — スタックのアドレス属性を設定（禁止の予定。代わりに `pthread_attr_setstack` を使うこと）。
- `pthread_attr_setstacksize` — スタックサイズ属性の設定（スレッドに割り当てられる最小サイズを決定できる。ただし `PTHREAD_STACK_MIN` 以上であること）。
- `pthread_attr_setstack` — スタックのアドレスとサイズの属性を設定する（スタック割り当ての責任を負う）。

これらすべてに対応する"get"関数が存在する（たとえば `pthread_attr_getscope` など）。

■問題 357　　上にあげた、それぞれの関数の man ページを読もう。[7]

■問題 358　　`sysconf(_SC_NPROCESSORS_ONLN)` は何を返すだろうか？[8]

17.8.3　スレッド管理

これまでに学んだ知識でも、並列処理を実行するには十分だ。ただし、まだ同期を取る手段が1つもない。したがって、仕事を複数のスレッドに分散しても、あるスレッドが計算した結果を、他のスレッドで使う方法がない。

もっとも単純な同期は、スレッドの**合流** (joining) である。これは単純なアイデアだ。ある `pthread_t` インスタンスについて `thread_join` を呼び出すと、現在のスレッドは、その別スレッドが終了するまで待ち状態に入る。リスト 17-8 に、用例を示す。

リスト17-8：thread_join_mwe.c

```
#include <pthread.h>
#include <unistd.h>
#include <stdio.h>

void* worker( void* param ) {
    for( int i = 0; i < 3; i++ ) {
        puts( (const char*) param );
        sleep(1);
    }
    return (void*)"done";
}

int main( void ) {

    pthread_t t;
    void* result;
```

---

[7] 訳注：JM プロジェクト [132] による翻訳を参照。

[8] 訳注：JM の訳によれば、「現在オンラインの (利用可能な) プロセッサ数」。

```
    pthread_create( &t, NULL, worker, (void*) "I am a worker!" );
    pthread_join( t, &result );
    puts( (const char*) result );
    return 0;
}
```

thread_join は 2 つの引数を受け取る。スレッドそのものと、そのスレッドの実行結果によって後に初期化される void*変数のポインタだ。

スレッドの合流は完全なバリアの役割を果たす（あとで発生するような読み書きを合流の前に置くことはできない）。

スレッドは、デフォルトでは「合流可能」(joinable) だが、合流できない「分離した」(detached) スレッドを作ることもできる。これにはメリットがあるかもしれない。分離したスレッドならば、終了したら即座にリソースが解放（release）されるからだ。反対に、合流可能なスレッドは、合流後でなければリソースを解放できない。分離したスレッドを作るには、次の手順に従う。

- 属性インスタンス pthread_attr_t attr を作る。
- その属性を pthread_attr_init(&attr) で初期化する。
- pthread_attr_setdetachstate(&attr, PTHREAD_CREATE_DETACHED) を呼び出す。
- 引数に&attrを指定して pthread_create を呼び出すことにより、そのスレッドを作成する。

現在のスレッドを合流可能から分離した状態へと明示的に変更するには、pthread_detach() を呼び出せばよい。ただし、その逆を行うのは不可能である。

17.8.4　例：約数の個数を分散処理で求める

CPU バウンドで単純なプログラムの例として、ある数の「約数の個数」（factors）を求めることにしよう。もっとも単純な力任せの数えあげを、まずはシングルコアで行う。リスト 17-9 に、そのコードを示す。

リスト17-9：dist_fact_sp.c

```
#include <pthread.h>
#include <unistd.h>
#include <inttypes.h>
#include <stdio.h>
#include <malloc.h>

uint64_t factors( uint64_t num ) {
```

```
    uint64_t result = 0;
    for (uint64_t i = 1; i <= num; i++ )
        if ( num % i == 0 ) result++;
    return result;
}

int main( void ) {
    /* 定数の伝播を防ぐための volatile */
    volatile uint64_t input = 2000000000;

    printf( "Factors of %"PRIu64": %"PRIu64"\n", input, factors(input) );
    return 0;
}
```

このコードは、まったくシンプルだ。1 から input までの整数を順に調べて、約数かどうか、すべてチェックする。input に volatile とマークしたのは、結果がコンパイル時に計算されるのを防止するためである。このコードは、次のコマンドでコンパイルする。

```
> gcc -O3 -std=c99 -o fact_sp dist_fact_sp.c
```

さて次に、並列化の手始めとして、マルチスレッドコードの「簡易バージョン」を作る。これは計算を常に 2 つのスレッドで実行するものだからアーキテクチャ的に美しくないが、ともあれ、リスト 17-10 に、それを示す。

リスト17-10：dist_fact_mp_simple.c

```
#include <pthread.h>
#include <inttypes.h>
#include <stdio.h>

int input = 0;

int result1 = 0;
void* fact_worker1( void* arg ) {
    result1 = 0;
    for( uint64_t i = 1; i < input/2; i++ )
        if ( input % i == 0 ) result1++;
    return NULL;
}

int result2 = 0;
void* fact_worker2( void* arg ) {
    result2 = 0;
    for( uint64_t i = input/2; i <= input; i++ )
        if ( input % i == 0 ) result2++;
    return NULL;
}
```

```c
uint64_t factors_mp( uint64_t num ) {
    input = num;
    pthread_t thread1, thread2;

    pthread_create( &thread1, NULL, fact_worker1, NULL );
    pthread_create( &thread2, NULL, fact_worker2, NULL );

    pthread_join( thread1, NULL );
    pthread_join( thread2, NULL );

    return result1 + result2;
}

int main( void ) {
    uint64_t input = 2000000000;
    printf( "Factors of %"PRIu64": %"PRIu64"\n",
            input, factors_mp(input ));
    return 0;
}
```

実際に起動すると、結果は同じである。良さそうだ。

```
Factors of 2000000000:   110
```

だが、このプログラムは、いったい何をしているのか。単に 0 から n までの範囲を 2 分しただけだ。2 本のワーカスレッドが、それぞれ分担する半分の領域で、約数を数える。そして、その両方と合流したら、それらが計算を完了していることが保証される。あとは結果を合計するだけだ。

次に、リスト 17-11 に示すのは、同じ結果を求めるのに任意の本数のスレッドを使うマルチスレッドプログラムである。このほうが、よく考えられたアーキテクチャと言えるだろう。

リスト17-11：dist_fact_mp.c

```c
#include <pthread.h>
#include <unistd.h>
#include <inttypes.h>
#include <stdio.h>
#include <malloc.h>

#define THREADS 4

struct fact_task {
    uint64_t num;
    uint64_t from, to;
    uint64_t result;
};

void* fact_worker( void* arg ) {
    struct fact_task* const task =  arg;
    task-> result = 0;
```

```c
    for( uint64_t i = task-> from; i < task-> to; i++ )
        if ( task->num % i == 0 ) task-> result ++;
    return NULL;
}

/* threads_count < num を前提とする */
uint64_t factors_mp( uint64_t num, size_t threads_count ) {

    struct fact_task* tasks = malloc( threads_count * sizeof( *tasks ) );
    pthread_t* threads = malloc( threads_count * sizeof( *threads ) );

    uint64_t start = 1;
    size_t step = num / threads_count;

    for( size_t i = 0; i < threads_count; i++ ) {
        tasks[i].num = num;
        tasks[i].from = start;
        tasks[i].to = start + step;
        start += step;
    }
    tasks[threads_count-1].to = num+1;

    for ( size_t i = 0; i < threads_count; i++ )
        pthread_create( threads + i, NULL, fact_worker, tasks + i );

    uint64_t result = 0;
    for ( size_t i = 0; i < threads_count; i++ ) {
        pthread_join( threads[i], NULL );
        result += tasks[i].result;
    }

    free( tasks );
    free( threads );
    return result;
}

int main( void ) {
    uint64_t input = 2000000000;
    printf( "Factors of %"PRIu64": %"PRIu64"\n",
            input, factors_mp(input, THREADS ) );
    return 0;
}
```

t 本のスレッドを使っていると考えよう。整数 n の約数を数えるために、1 から n までの範囲を t 個に等分する。それぞれの担当範囲で約数を数えてから、それらの結果を合算する。

1 つのタスクに関する情報を入れるタスクディスクリプタとして、struct fact_task という型を作る。この構造体のフィールドは、整数の num、範囲の境界を区切る from と to、そして結果を入れる result がある。結果には、from と to の間にある num の約数の数が入る。

約数を数えるワーカスレッドは、すべて同じように fact_worker ルーチンとして実装され

る。これは struct fact_task へのポインタを受け取り、約数を数え、その結果を result フィールドに記入する。

スレッドの起動と結果の収集を行うコードは、factors_mp 関数の中に含まれている。これはスレッドの本数を受け取って次の手順を実行する。

- タスクディスクリプタとスレッドインスタンスの割り当てを行う。
- タスクディスクリプタを初期化する。
- すべてのスレッドを始動する。
- ジョイン（合流）を使って、それぞれのスレッドの終了を待ち、その結果を合計 result に加算する。
- 割り当てたメモリをすべて解放する。

これでスレッドの作成はブラックボックスに入れたまま、マルチスレッドの恩恵を受けられる。このコードは、次のコマンドでコンパイルできる。

```
> gcc -O3 -std=c99 -pthread -o fact_mp dist_fact_mp.c
```

この CPU バウンドなタスクを行うマルチスレッドは、マルチコアシステムにおける全体の実行時間を減らす。

実行時間をテストするために、再び time ユーティリティ（シェルのビルトインコマンドではない方）を使う。シェルのビルトインではなく、必ずそのプログラムが実行されるよう、頭にバックスラッシュを 1 個付けておくこと。

```
> gcc -O3 -o sp -std=c99 dist_fact_sp.c && \time ./sp
Factors of 2000000000: 110
21.78user 0.03system 0:21.83elapsed 99%CPU (0avgtext+0avgdata 524maxresident)k
0inputs+0outputs (0major+207minor)pagefaults 0swaps
> gcc -O3 -pthread -o mp -std=c99 dist_fact_mp.c && \time ./mp
Factors of 2000000000: 110
25.48user 0.01system 0:06.58elapsed 387%CPU (0avgtext+0avgdata 656maxresident)k
0inputs+0outputs (0major+250minor)pagefaults 0swaps
```

マルチスレッド化されたプログラム（後者の mp）は、実行に 6.5 秒かかったが、シングルスレッドのバージョン（前者の sp）は、22 秒近くかかっている。これは大きな改善だ。

性能について語るために、スピードアップの概念を説明しよう。**スピードアップ** (speedup) とは、あるプログラムを、リソースが異なる 2 つの同様なアーキテクチャで実行したとき、実行速度が向上したことを意味する。より多くのスレッドを導入することによって、より多くの

リソースが利用できるようになる。ゆえに、改善が見込まれる[9]。

この最初の例は、言うまでもなく簡単なタスクで、しかも並列なら効率よく解決できるタスクを選んだ。スピードアップは常に得られるとは限らず、たいして差が出ないかもしれない。けれども、コード全体の量は十分にコンパクトである（拡張性を考慮しなければ、たとえばスレッド数をパラメータではなく定数化するなどで、さらに小さくなる）。

- ■問題 359　　スレッド数を変えて実験し、あなたの環境に最適な数を見つけよう。[10]
- ■問題 360　　関数 pthread_self と pthread_equal についてドキュメントを読もう。なぜスレッドは単純な等号演算子（==）で比較できないのだろうか?

17.8.5　ミューテックス

スレッドのジョイン（合流）は使いやすいテクニックだが、スレッドの実行を「その場で」制御する手段を提供してくれない。あるスレッドが実行する処理 A は、他のスレッドが処理 B を実行し終わるまで、行わずに待つ必要があるかもしれない。そうしなければ、そのシステムは一定の秩序を保って動作できず、プログラムの出力は、2 つのスレッドの命令が実際にどんな順序で実行されたかに依存するだろう。これは 2 つのスレッドが可変のデータを共有して動作するときに発生する。このような状況が**データ競合**（data race）と呼ばれるのは、複数のスレッドがリソースを競い合い、どのスレッドにも先にリソースを勝ち取る機会があるからだ。

このような状況を防ぐために数多くの機構があるが、まずはミューテックスから始めよう。

ミューテックス（mutex：相互排除）は、ロックされた状態（locked）と、アンロックされた状態（unlocked）の、どちらかを持つオブジェクトである。操作には、2 つの指令（クエリ）が使える。

- ロック（lock）は、状態をアンロックからロックに変える。ロックされた状態のミューテックスをロックしようと試みるスレッドは、そのミューテックスを他のスレッドがアンロックするまで待つことになる。
- アンロック（unlock）は、ロック状態のミューテックスをアンロック状態にする。

ミューテックスは、しばしば（共有データのような）共有リソースへの排他的なアクセスを提供するのに使われる。リソースを使いたいスレッドは、そのリソースへのアクセス制御だけ

---

[9] **訳注**：スピードアップと効率について詳しくは、インテル [130] の「マルチスレッド開発ガイド: 1.1 並列パフォーマンスの予測と測定」を参照。

[10] **訳注**：参考までに、訳者の古典的な Dual Core 環境（Pentium 4 CPU 3Ghz *2、Ubuntu 16.04 LTS x86_64、memory 2.0GB）で実行した結果は、sp が 38.95 秒（99%CPU）、mp は THREADS=4 で 38.01 秒（198%CPU）、THREADS=2 で 37.70 秒（199%）だった。

に使われるミューテックスをロックする。そのリソースを使う処理が終わったら、そのスレッドがミューテックスをアンロックする。

ミューテックスのロックとアンロックは、コンパイラでもハードウェアでも完全なメモリバリアを提供する。したがってロック前とアンロック後で、書き込みも読み込みも、順序が入れ替わることはない。

リスト 17-12 に、ミューテックスを必要とするプログラムの例を示す。

リスト17-12：mutex_ex_counter_bad.c

```c
#include <pthread.h>
#include <inttypes.h>
#include <stdio.h>
#include <unistd.h>

pthread_t t1, t2;

uint64_t value = 0;

void* impl1( void* _ ) {
    for (int n = 0; n < 10000000; n++) {
        value += 1;
    }
    return NULL;
}

int main(void) {
    pthread_create( &t1, NULL, impl1, NULL );
    pthread_create( &t2, NULL, impl1, NULL );

    pthread_join( t1, NULL );
    pthread_join( t2, NULL );
    printf( "%"PRIu64"\n", value );
    return 0;
}
```

このプログラムには、関数 impl1 によって実装されるスレッドが 2 本ある。どちらのスレッドも、共有する変数 value を 10000000 回、ひたすらインクリメントする。

このプログラムは最適化を禁止してコンパイルしないと、そのインクリメントのループが、1 個の value += 10000000 というステートメントに変えられてしまう（value を volatile にしても良い）。

```
>gcc -O0 -pthread mutex_ex_counter_bad.c
```

その結果だが、出力されるのは、たぶん意外なことに、20000000 ではない。その数は実行するたびに異なる。

```
> ./a.out
11297520
> ./a.out
10649679
> ./a.out
13765500
```

問題は、この型の変数をインクリメントする処理が、C ではアトミックな（atomic：不可分な）演算ではない、ということにある。生成されたアセンブリコードを見ると、この記述を裏付けるように複数の命令を使って、まず値を読み、次に 1 を加え、それから書き戻している。だからスケジューラは、インクリメント演算を行っている最中に、CPU を他のスレッドに委ねてしまう可能性がある。ちなみに最適化されたコードでも同じ結果が得られるかもしれず、そうならないかもしれない。

この混乱を防ぐためにミューテックスを使って、値を自分だけが使う優先権をスレッドに与えよう。こうすれば正しい振る舞いを強制できる。リスト 17–13 に、書き換えたプログラムを示す。

リスト17-13：mutex_ex_counter_good.c

```c
#include <pthread.h>
#include <inttypes.h>
#include <stdio.h>
#include <unistd.h>

pthread_mutex_t m;  // ミューテックス m を定義

pthread_t t1, t2;

uint64_t value = 0;

void* impl1( void* _ ) {
    for (int n = 0; n < 10000000; n++) {
        pthread_mutex_lock( &m );       // m をロック

        value += 1;

        pthread_mutex_unlock( &m );    // m をアンロック
    }
    return NULL;
}

int main(void) {
    pthread_mutex_init( &m, NULL );    // m を初期化

    pthread_create(  &t1, NULL, impl1, NULL );
    pthread_create(  &t2, NULL, impl1, NULL );
```

```
    pthread_join( t1, NULL );
    pthread_join( t2, NULL );
    printf( "%"PRIu64"\n", value );

    pthread_mutex_destroy( &m );      // m を破棄する
    return 0;
}
```

その出力は一定である (ただし計算に時間がかかる)。

```
> ./a.out
20000000
```

ミューテックス m を共有変数 value に結び付けるのはプログラマ自身である。m のロックとアンロックの間のコードセクションの外では、value の更新を実行してはいけない。この制限が、もし守られたら、いったんロックをかけた後で、value を他のスレッドから変更できる方法はない。ロックはメモリバリアとしての役割も果たす。だから value はロックをかけた後で再び読み出すが、その後はレジスタにキャッシュしても安全である。変数 value を volatile にする必要は、まったくない。それはただ最適化を防ぐだけであり、どちらにしてもプログラムは正しい。

ミューテックスは、使う前に pthread_mutex_init で初期化する必要がある (main 関数で行っている)。これも pthread_create と同じように属性を受け取り、それによって再帰的なミューテックスの作成や、デッドロックを検出するミューテックスの作成、堅牢性の制御 (ミューテックスを所有するスレッドが死んだらどうなるか) などを行うことができる。

ミューテックスを破棄するには、pthread_mutex_destroy を使える。

■問題 361　　再帰的ミューテックス (recursive mutex) とは何か。普通のミューテックスと、どこが違うのか。[11]

17.8.6 デッドロック

1 個のミューテックスが問題になることは少ないが、複数のミューテックスを同時にロックすると、何種類もの奇妙な状況が発生し得る。まずはリスト 17–14 を見ていただきたい。

---

[11] 訳注：オンラインドキュメントでは、たとえば Sun[167] の「第 4 章同期オブジェクトを使ったプログラミング」に「mutex の型属性」の説明がある。書籍ではスティーブンス/ラゴ [166] の「12.4.1 ミューテックス属性」に用例を含む詳しい解説がある。検索のキーワードは、PTHREAD_MUTEX_RECURSIVE。

リスト17-14：deadlock_ex

```
mutex A, B;

thread1 () {
    lock(A);
    lock(B);
    unlock(B);
    unlock(A);
}

thread2() {
    lock(B);
    lock(A);
    unlock(A);
    unlock(B);
}
```

この擬似コードが示す状況では、両方のスレッドが永久にハングする可能性がある。スケジューリングの運が悪くて、たまたま次のシーケンスが発生したら、どうなるだろうか。

- スレッド1がAをロックする。制御がスレッド2に渡る。
- スレッド2がBをロックする。制御がスレッド1に渡る。

この後、2つのスレッドは次のことを試みるだろう。

- スレッド1はBのロックを試みるが、Bはスレッド2によってロックされている。
- スレッド2はAのロックを試みるが、Aはスレッド1によってロックされている。

どちらのスレッドも永遠に、この状況から抜け出せない。2つのスレッドが、ともにロック状態に陥って、もう片方のスレッドがアンロックするのを待っている。この状況は**デッドロック**（deadlock）と呼ばれるものだ。

このデッドロックの原因は、個々のスレッドがロックを行う順序が一定しないことだ。そこで、複数のミューテックスを同時にロックする必要があるときに、たいがいうまくいく単純なルールが導き出される。

■**デッドロックを予防する**　あなたのプログラムのすべてのミューテックスを、ある仮想のシーケンスに並べる。ミューテックスのロックは、そのシーケンスと必ず同じ順序で行う。

たとえば、4個のミューテックス、A、B、C、Dがあるとしよう。自然な順序として、$A < B < C < D$を定める。もしDとBの両方をロックする必要があれば、必ず2つを同じ順序でロックする。つまり、Bを先に、Dをその次にロックする。

この**不変性**が保たれたら、2つのスレッドが1対のミューテックスを、異なる順序でロック

することはなくなる。

- ■問題 362　コフマン（Coffman）の条件とは何か。デッドロックの診断に、どう使えるのか。[12]
- ■問題 363　デッドロックの検出に Helgrind を使う方法は？[13]

17.8.7　ライヴロック

ライヴロック（livelock）も、2 つのスレッドが手詰まりになる状況だが、ミューテックスのアンロックを待つ状態に陥るわけではない。スレッドの状態は変化し続けるが、実は進捗しないのだ。たとえば pthreads では、あるミューテックスがロックされているかどうかをチェックすることができない。ミューテックスの状態についての情報を提供したところで、意味を成さない。いったんその情報を取得したときには、もう他のスレッドによって状況が変更されているかもしれないからだ。

```
if ( mutex はロックされていない ) {
    /* その mutex がロックされているかどうか、わからない。
       すでに他のスレッドがロックとアンロックを何度も行っているかもしれない */
}
```

けれども、pthread_mutex_trylock は行うことができる。これはミューテックスをロックするか、あるいは（すでに誰かがロックしていたら）エラーを返す。つまり pthread_mutex_lock と違って、現在のスレッドがアンロックを待ってブロックする結果には、ならないのだ。けれども、この pthread_mutex_trylock を使ってライヴロック状態に陥る可能性がある。リスト 17–15 に、単純な例を擬似コードで示す。

リスト17–15：livelock_ex

```
mutex m1, m2;

thread1() {
    lock( m1 );
    while ( mutex_trylock m2 が LOCKED を返す ) {
        unlock( m1 );
        しばらく待つ;
        lock( m1 );
    }
```

---

[12] **訳注**：書籍ではタネンバウム [169] の「第 3 章 デッドロック」を参照。
[13] **訳注**：Valgrind のドキュメント [172] を参照。

```
        // 両方ロックできた
    }
    thread2() {
        lock( m2 );
        while ( mutex_trylock m1 が LOCKED を返す ) {
            unlock( m2 );
            しばらく待つ;
            lock( m2 );
        }
        // 両方ロックできた
    }
```

この2つのスレッドは「複数のロックは必ず同じ順序で実行せよ」という原則に違反している。そして、どちらも2つのミューテックス、m1 と m2 をロックしようとしている。

第1のスレッドは、次のように実行される。

- ミューテックス m1 をロックする。
- ミューテックス m2 のロックを試みる。失敗したら、m1 をアンロックし、しばらく待ち、それからミューテックス m1 をロックする。

このポーズ（pause：一時停止）の目的は、もう片方のスレッドに、m1 と m2 をロックして自分の処理を行う時間を与えることだ。ところが、次の場合にループに陥る。

1. スレッド1が m1 をロックし、スレッド2が m2 をロックする。
2. スレッド1は m2 がロックされているのを見て、しばらく m1 をアンロックする。
3. スレッド2は m1 がロックされているのを見て、しばらく m2 をアンロックする。
4. 1. に戻る。

このループは永遠に終わらないかもしれず、かなりの遅延をもたらすかもしれない。どうなるかは、まったく OS のスケジューラ次第である。このコードの問題は、2つのスレッドの進捗を永遠に妨げるような実行レースが存在することだ。

17.8.8　条件変数

条件変数（condition variable）も、ミューテックスと併用される。これは、ある条件が満たされるのを待って眠っているスレッドに、起床の信号を送るために繋ぐ電線のようなものだ[14]。

---

[14] 訳注：pthreads における条件変数とミューテックスの併用については、スティーブンス/ラゴ [166] の「11.6.6 条件変数」が詳しい。C11 標準のミューテックスと条件変数については、プリッツ/クロフォード [154] の「14 章 マルチスレッド処理」に詳しい記述がある。

ミューテックスは、スレッドからリソースへのアクセスを制御することで同期を実装する。これに対して条件変数は、ルールを追加することでスレッドが同期できるようにする。たとえば共有データの場合、そのデータの実際の値が、そのようなルールの一部になるだろう。

条件変数を使うときは、次にあげる 3 つのエンティティが、新たな構成要素となる。

- 条件変数そのもの。これは `pthread_cond_t` 型の変数である。
- 条件変数を通じて起床シグナルを送る、`pthread_cond_signal` 関数。
- 条件変数を通じて起床シグナルが送られるまで待つ、`pthread_cond_wait` 関数。

上の 2 つの関数は、必ず同じミューテックスの、ロックとアンロックの間で使う。

`pthread_cond_wait` の前に `pthread_cond_signal` を呼び出すのは間違いであり、プログラムが立ち往生する恐れがある。

リスト 17-16 に示す最小限の実例を、これから研究しよう。

リスト17-16：condvar_mwe.c

```c
#include <pthread.h>
#include <stdio.h>
#include <stdbool.h>
#include <unistd.h>

pthread_cond_t condvar = PTHREAD_COND_INITIALIZER;
pthread_mutex_t m;

bool sent = false;
void* t1_impl( void* _ ) {
    pthread_mutex_lock( &m );
    puts( "Thread2 before wait" );

    while (!sent)
        pthread_cond_wait( &condvar, &m );

    puts( "Thread2 after wait" );
    pthread_mutex_unlock( &m );
    return NULL;
}

void* t2_impl( void* _ ) {
    pthread_mutex_lock( &m );
    puts( "Thread1 before signal" );

    sent = true;
    pthread_cond_signal( &condvar );

    puts( "Thread1 after signal" );
    pthread_mutex_unlock( &m );
```

```
        return NULL;
}

int main( void ) {
    pthread_t t1, t2;

    pthread_mutex_init( &m, NULL );
    pthread_create( &t1, NULL, t1_impl, NULL );
    sleep( 2 );
    pthread_create( &t2, NULL, t2_impl, NULL );

    pthread_join( t1, NULL );
    pthread_join( t2, NULL );

    pthread_mutex_destroy( &m );
    return 0;
}
```

このコードを実行すると、次の出力が得られるだろう。

```
./a.out
Thread2 before wait
Thread1 before signal
Thread1 after signal
Thread2 after wait
```

条件変数の初期化は、特別なプリプロセッサ定数 PTHREAD_COND_INITIALIZER を代入するか、あるいは pthread_cond_init の呼び出しによって、行うことができる。後者が引数として受け取るのは、pthread_condattr_t 型の属性へのポインタだ。これは、pthread_create や pthread_mutex_init の場合と同様である。

この例では2つのスレッドが作成される。スレッド t1 は、t1_impl の命令を実行し、スレッド t2 は、t2_impl の命令を実行する。

第1のスレッドはミューテックス m をロックする。次にこのスレッドは、条件変数 condvar を通じて送信されるはずのシグナルを待つ。この pthread_cond_wait が、現在ロックされているミューテックスへのポインタも受け取ることに注意しよう。

これで t1 は信号が来るのを待ってスリープした状態になる。このときミューテックス m は、即座にアンロックされる！ このスレッドがシグナルを受け取ると、そのミューテックスが自動的に再びロックされ、スレッドは pthread_cond_wait 呼び出しの次のステートメントから実行を続ける。

もう片方のスレッドは、同じミューテックス m をロックし、condvar を通じてシグナルを発行する。pthread_cond_signal が、condvar を通じてシグナルを送信すると、condvar でブロックしていたスレッドのうち、少なくとも1つが、ブロック解除される。

pthread_cond_broadcast 関数を使えば、その条件変数を待っていたすべてのスレッドがブ

ロック解除され、それらすべてのスレッドが、pthread_mutex_lock を発行したのと同様に、それぞれミューテックスに対して競合する。どのスレッドが CPU をアクセスできるかは、スケジューラの決定に委ねられる。

このように、条件変数を使うスレッドは、シグナルが到着するまでブロックする。その代わりに、「ビジーウェイト」することもできるだろう。つまり次のように、変数の値をひっきりなしにチェックするのだが、それでは性能が無駄に使われ、電力消費も不必要に嵩んでしまう。

```
while (somecondition == false);
```

もちろんスレッドをしばらくスリープさせることも可能だが、それでは起床したときイベントに反応できる機会があまりにも少なすぎるか、あまりにも頻繁に起床しすぎるか、どちらかになりそうだ。

```
while (somecondition == false)
    sleep(1); /* あるいは別の何かで、もっと短期間スリープする */
```

条件変数を使えば、ちょうど十分な時間だけ待つことができ、スレッドの実行をロック状態で継続できる。

ここで重要なのは、次の疑問に答えることだ。なぜ共用変数 sent を導入したのだろうか? なぜそれを、条件変数とともに使っているのか? そしてなぜ while (!sent) のループの中で待ち状態に入るのか?

もっとも重要な理由は、この実装では待ちスレッドに対して「偽の」(spurious) 起床を発行することが許されているからだ。つまり、スレッドがシグナル待ちの状態から起床するタイミングは、それを受け取った後に限らず、いつでも可能なのである。けれどもこの場合に sent がセットされるのは、シグナルを送る前に限られる。だから、偽の起床かどうかは sent の値をチェックすれば判断でき、まだ false に等しければ、再び pthread_cond_wait を発行している。

17.8.9 スピンロック

ミューテックスは、同期を行う確実な方法である。すでに他のスレッドに取られているミューテックスをロックしようとしたら、現在のスレッドはスリープ状態に入る。スレッドをスリープさせ、それから起床させるにはコストがかかる。つまりコンテキスト切り替えのコストだが、もし待ち状態が長く続けば、そのコストは正当になる。スリープと起動に少し時間がかかっても、長いスリープ状態で、そのスレッドは CPU を使わないのだから。

代替手段は何だろう。アクティブなアイドル状態、つまり次の単純な擬似コードが示すものだろうか。

```
while ( locked == true ) {
    /* 何もしない */
}
locked = true;
```

変数 locked は、スレッドにロックを取られたかどうかを示すフラグだ。もし他のスレッドがロックを取っていたら、現在のスレッドは、その値が元に戻るまで絶えずポーリングで監視し続ける。もしそうでなければ自分でロックを取る。これは CPU 時間を浪費し、電力も消費する。悪いことには違いない。けれども待ち時間が非常に短いと予期されるときは、性能を向上させる場合がある。これが**スピンロック**（spinlock）と呼ばれる機構だ。

スピンロックを行う意味があるのは、マルチコアまたはマルチプロセッサのシステムに限られる。シングルコアでスピンロックを行うのは、まったく無意味だ。スレッドがスピンロックのループに入ったらどうなるか想像しよう。他のスレッドが locked の値を変えるのを待っているのだが、そのとき他のスレッドは実行されない。スレッドからスレッドへと切り替えられるコアが 1 個しかないのだから。いつかはスケジューラが現在のスレッドをスリープさせて、他のスレッドが実行可能になるとしても、それまで何の理由もなく空のループを実行して CPU サイクルを浪費する。この場合は、即座にスリープするのが常に正解であり、したがってスピンロックに用はない。

もちろん、同じシナリオはマルチコアシステムでも発生するが、現在のスレッドに与えられた分量の時間を使い果たす前に、他のスレッドがスピンロックをアンロックしてくれるチャンスも、通常は十分にあるだろう。

要するにスピンロックを使うのは、有益か無益かの、どちらかである。それはシステムの構成とプログラムのロジックと負荷とに依存する。迷ったときはテストして、できればミューテックスを使おう（まずはスピンロックを、繰り返しの回数を決めて実行し、それでもアンロックが発生しなければスリープ状態に入るという実装も、しばしば使われる）。

高速で、しかも正しいスピンロックを実装することは、実際にはそれほど簡単ではない。たとえば次のような質問に答えなければいけない。

- ロックまたはアンロック（あるいは、その両方）に、メモリバリアは必要だろうか。もしそうなら、どのバリアが必要か。たとえば Intel 64 には、`lfence` と `sfence` と `mfence` がある。
- フラグの変更がアトミックであることを確証できるか。たとえば Intel 64 では、`xchg` 命令で足りるだろう（マルチプロセッサの場合は、`lock` プリフィックスを付ける）。

`pthreads` は、慎重に設計されたポータブルな機構でスピンロックを提供してくれる。詳しくは、次にあげる関数の `man` ページを見ていただきたい。

- `pthread_spin_lock`
- `pthread_spin_destroy`
- `pthread_spin_unlock`

17.9　セマフォ

セマフォ（semaphore）は、共有される整数型のカウンタ変数で、次の3つの演算を実行できる。

- `init`：初期化する。引数 N を取り、値を N にセットする。
- `wait(enter)`：もし値がゼロでなければデクリメントする。ゼロなら、誰かがインクリメントするまで待ってから、デクリメントする。
- `post(leave)`：値をインクリメントする。

この変数の値は、直接アクセスできないが、当然ながら負の値にはならない。

セマフォは、`pthreads` 仕様の一部ではない。ここで使うのは POSIX 標準によってインターフェイスが記述されているセマフォだ。ただし、セマフォを使うコードは、`-pthread` スイッチを付けてコンパイルしなければいならない。

UNIX ライクなオペレーティングシステムのほとんどは、標準の `pthreads` 機能とセマフォの両方を実装する。セマフォは、スレッド間の同期を取るのに、ごく一般的に使われる。リスト 17-17 に、セマフォの使い方を示す。

リスト17-17：semaphore_mwe.c

```c
#include <semaphore.h>
#include <inttypes.h>
#include <pthread.h>
#include <stdio.h>
#include <unistd.h>

sem_t sem;

uint64_t counter1 = 0;
uint64_t counter2 = 0;

pthread_t t1, t2, t3;

void* t1_impl( void* _ ) {
    while( counter1 < 10000000 ) counter1++;
    sem_post( &sem );
    return NULL;
}
```

```c
void* t2_impl( void* _ ) {
    while( counter2 < 20000000 ) counter2++;
    sem_post( &sem );
    return NULL;
}

void* t3_impl( void* _ ) {
    sem_wait( &sem );
    sem_wait( &sem );
    printf("End: counter1 = %" PRIu64 " counter2 = %" PRIu64 "\n",
            counter1, counter2 );
    return NULL;
}

int main(void) {
    sem_init( &sem, 0, 0 );
    pthread_create( &t3, NULL, t3_impl, NULL );

    sleep( 1 );
    pthread_create( &t1, NULL, t1_impl, NULL );
    pthread_create( &t2, NULL, t2_impl, NULL );

    sem_destroy( &sem );
    pthread_exit( NULL );
    return 0;
}
```

sem_init 関数でセマフォを初期化する。第 2 の引数はフラグで、0 はプロセスローカルなセマフォ（複数のスレッドで使える）、ゼロ以外の値は複数のプロセスから見えるセマフォを設定する[15]。第 3 の引数はセマフォの初期値を設定する。セマフォは sem_destroy 関数を使って削除する。

この例では 2 つのカウンタと 3 本のスレッドを作る。スレッドの t1 と t2 は、それぞれのカウンタを 1000000 および 20000000 までインクリメントしてから、sem_post を呼び出してセマフォ sem の値をインクリメントする。スレッド t3 は、そのセマフォの値を sem_wait で 2 回デクリメントすることで自分をロックする。次に、そのセマフォが他のスレッドによって 2 回インクリメントされると、t3 はカウンタを stdout にプリントする。

pthread_exit の呼び出しによって、メインスレッドの終了は、他のすべてのスレッドが仕事を完了するまで待たされる。

セマフォが便利なのは、次のようなタスクである。

- あるコードセクションを n 個以上のプロセスが同時に実行しないようにする。

---

[15] その場合、セマフォ自身が共有されるページに置かれ、fork() システムコールが発行された後も物理的に複製されない。

- あるスレッドを、別のスレッドが特定の処理を終えるまで待たせ、それらの処理の順序を強制する。
- あるタスクを、一定数以上のワーカスレッドが並行処理しないように制限する（必要以上のスレッドを使うと性能が低下するかもしれない）。

2つの状態を持つセマフォが、まったくミューテックスと同じということにはならない。ミューテックスは、それをロックしたスレッドしかアンロックできないが、セマフォは、どのスレッドでも自由に更新できる。

セマフォを使う、もう1つの例を、リスト17–18で見る。これは2本のスレッドがループの繰り返しを同時に起動するもので、ループの本体を実行し終わると、他のループが繰り返しを終えるのを待つ。

セマフォを使った操作は、明らかにコンパイラとハードウェアの、両方のバリアとして機能する。

セマフォについて、もっと情報を知るには、下記の関数の man ページを読んでいただきたい。

- sem_close
- sem_destroy
- sem_getvalue
- sem_init
- sem_open
- sem_post
- sem_unlink
- sem_wait

■問題 364　　名前付きセマフォとは何か。なぜそれは、たとえプロセスが終了しても強制的にアンリンクする必要があるのか。

17.10　Intel 64は、どのくらい強いのか

ゆるい（弱い）メモリモデルを持つ抽象マシンは、トレースするのが難しい。順序を入れ替えられた書き込み、未来からの戻り値、投機的な読み込みなど、本当に混乱する。Intel 64のモデルは、普通は強いものと考えられる。ほとんどの場合、かなり多くの制約が満たされる保証がある。その一部を次にあげる。

- ストアは、より古いストアと、並び替えられない。

17.10 Intel 64 は、どのくらい強いのか

- ストアは、より古いロードと、並び替えられない。
- ロードは、他のロードと、並び替えられない。
- マルチプロセッサシステムで、あるプロセッサからのストアは、すべてのプロセッサから見て同じ順序を保つ。

ただし例外もある。たとえば次のようなものだ。

- `movntdq` などの命令で、キャッシュをバイパスして行われるメモリへの書き込みは、他のストアと並び替えられることがある。
- `rep movs` のようなストリング命令は、他のストアと並び替えられることがある。

これがすべてではない。完全なリストは、[15] の volume 3, section 8.2.2 にある。

ただし [15] によれば「読み込みは、他の場所へのより古い書き込みと、並び替えられることがあるが、同じ場所へのより古い書き込みと、並び替えられることはない」。だから、間違ってはいけない。メモリ操作の並び替えは、やはり発生するのだ。

リスト 17–18 の単純なプログラムは、メモリ操作の並び替えがハードウェアによって実際に行われることを示す。これが実装する例は、すでにリスト 17–4 で示したもので、2 本のスレッドと、2 つの共有変数 x と y を使う。第 1 のスレッドは、store x と load y を実行し、第 2 のスレッドは store y と load x を実行する。コンパイラのバリアによって、これら 2 つのステートメントが、アセンブリになっても同じ順序であることが保証される。前述したように、それぞれ別の場所へのストアとロードは、並び替えられることがある。そして x と y は別の変数なのだから、ハードウェアによるメモリ操作の並び替えを、ここでは排除できない!

リスト17-18：reordering_cpu_mwe.c

```
#include <pthread.h>
#include <semaphore.h>
#include <stdio.h>
#include <inttypes.h>
#include <stdint.h>
#include <stdlib.h>
#include <time.h>

sem_t sem_begin0, sem_begin1, sem_end;

int x, y, read0, read1;

void *thread0_impl( void *param )
{
    for (;;) {

        sem_wait( &sem_begin0 );
```

```c
        x = 1;
        // コンパイラによる並び替えだけを防ぐ
        asm volatile("" ::: "memory");
        // 次の行はハードウェアによる並び替えも防ぐ
        // asm volatile("mfence" ::: "memory");
        read0 = y;

        sem_post( &sem_end );
    }
    return NULL;
};

void *thread1_impl( void *param )
{
    for (;;) {

        sem_wait( &sem_begin1 );

        y = 1;
        // コンパイラによる並び替えだけを防ぐ
        asm volatile("" ::: "memory");
        // 次の行はハードウェアによる並び替えも防ぐ
        // asm volatile("mfence" ::: "memory");
        read1 = x;

        sem_post( &sem_end );
    }
    return NULL;
};

int main( void ) {

    sem_init( &sem_begin0, 0, 0);
    sem_init( &sem_begin1, 0, 0);
    sem_init( &sem_end, 0, 0);

    pthread_t thread0, thread1;
    pthread_create( &thread0, NULL, thread0_impl, NULL);
    pthread_create( &thread1, NULL, thread1_impl, NULL);

    for (uint64_t i = 0; i < 100000; i++)
    {
        x = 0;
        y = 0;
        sem_post( &sem_begin0 );
        sem_post( &sem_begin1 );

        sem_wait( &sem_end );
        sem_wait( &sem_end );
```

```
        if (read0 == 0 && read1 == 0 ) {
            printf( "reordering happened on iteration %" PRIu64 "\n", i );
            exit(0);
        }
    }
    puts("No reordering detected during 100000 iterations");
    return 0;
}
```

チェックには複数の実験が必要だ。`main` 関数は次のように動作する。

1. スレッドと、開始用のセマフォ 2 つと、終了用のセマフォを初期化する。
2. `x = 0, y = 0`
3. スレッド 2 本に対して、トランザクション処理の開始を指示する。
4. 両方のスレッドがトランザクションを完了するのを待つ。
5. メモリ操作の並び替えが発生したかチェックする。これは、`load x` と `load y` の両方がゼロを返したときに見られる現象だ（ストアの前にロードが実行されている）。
6. もしメモリ操作の並び替えを検出したら、それを通知してプロセスは終了する。さもなければステップ (2.) に戻ることを、最大で 100000 回繰り返す。

どちらのスレッドも、`main` からの開始シグナルを待つ。それからトランザクションを実行し、`main` に終了を知らせる。それから、また同じことを繰り返す。

これを起動すると、100000 回の繰り返しはメモリ操作の並び替えを観察するのに十分であることがわかる[16]。

```
> gcc -pthread -o ordering -O2 ordering.c
> ./ordering
reordering happened on iteration 128
> ./ordering
reordering happened on iteration 12
> ./ordering
reordering happened on iteration 171
> ./ordering
reordering happened on iteration 80
> ./ordering
reordering happened on iteration 848
> ./ordering
reordering happened on iteration 366
> ./ordering
reordering happened on iteration 273
```

---

[16] **訳注**：訳者の古い Dual Core 環境では、この現象が発生せず、無事に終了した。こういう「再現しない」バグは、本文に書かれているように要注意である。

```
> ./ordering
reordering happened on iteration 105
> ./ordering
reordering happened on iteration 14
> ./ordering
reordering happened on iteration 5
> ./ordering
reordering happened on iteration 414
```

魔法のように見えるかもしれない。これはアセンブリ言語のレベルよりも下で行われることだが、それでも見ることができる。めったに観察されない（ただし繰り返し発生する）バグが、これによってソフトウェアに入ってしまう。マルチスレッド化されたソフトウェアにおける、このようなバグは、捕捉するのが非常に難しい。たとえばバグが4か月にわたる連続運用の末に現れることを想像してほしい。そのとき、このバグによってヒープが壊れ、プログラムがクラッシュするのは、なんとトリガから42回目のメモリ割り当てだ。結局、高性能なマルチスレッドのソフトウェアを「ロックしない」ように書くには、相当な熟練を要する。

このプログラムに必要なのは、mfence命令を追加することだ。コンパイラによるバリアを、完全なメモリバリアである asm volatile("mfence":::"memory"); で置き換えれば、この問題は解決し、並び替えは完全に消失する。そうなれば、何度繰り返しても並び替えが検出されることはない。

17.11　ロックしないプログラミングとは

マルチスレッド環境でも演算の一貫性を保つ方法が存在することは、すでに見たとおりだ。共有されるデータやリソースに対して、他のスレッドに割り込まれることなく複雑な演算を行う必要があるときは、そのリソースあるいはメモリチャンクに割り当てたミューテックスをロックすればよい。

次に示す2つの条件が満たされるコードは、**ロックフリー**だ（lock-free：ロックしない）。

- ミューテックスが使われていない。
- システムが無期限にロックされない（ライヴロックも含めて）。

言い換えるとロックフリーなコーディングは、ミューテックスを使わずに共有データを必ず安全に操作できる一群の技法である。

ロックフリー属性が要求されるのは、ほとんど常に、プログラムのコードの一部だけだ。たとえば、あるデータ構造（たとえばキュー）がロックフリーとみなされるのは、その操作に使う関数がロックしない場合である。つまり、ロックの可能性が完全に排除されるわけではないが、enqueueとかdequeueとかいう関数を呼び出している限り進捗が得られるということだ。

プログラマから見ると、ロックフリーなプログラミングでは、伝統的なミューテックスを使う手法と違って、次にあげる 2 つの難題に取り組む必要がある。これらは通常ミューテックスで解決されるものだ。

1. 並び替え。ミューテックスの操作はコンパイラとハードウェアのメモリバリアを意味するが、ミューテックスを使わないのなら、どこにメモリバリアを置くかを決める必要がある。個々のステートメントの後に、いちいちバリアを置くのでは性能が失われる。
2. アトミックではない演算。ミューテックスのロックとアンロックの間にある演算は、安全であり、ある意味ではアトミックである（分断されない）。つまり、他のスレッドから、そのミューテックスに割り当てられたデータを変更することはできない（そのロック／アンロック・セクションの外側に、安全ではないデータ操作が存在する場合は例外である）。だが、ミューテックス機構なしでは、使えるアトミック演算の数は限られてしまう（これらは本章で後に学ぶ）。

いまどきの、たいがいのプロセッサでは、自然なアラインメントに置かれたネイティブな型の読み書きはアトミックである。**自然なアラインメント**（natural alignment）とは、変数が、そのサイズに対応する境界に調整されているという意味だ。

Intel 64 では、8 バイトより大きな読み書きにはアトミックになる保証がない。その他のメモリ操作も、通常はアトミックではない。これには、たとえば次の操作が含まれる（他にも存在する）。

- SSE（ストリーミング SIMD 拡張）命令によって実行される 16 バイトの読み書き。
- ストリング操作（movsb 命令など）。
- たとえば inc 命令など、多くの演算はシングルプロセッサシステムではアトミックだが、マルチプロセッサシステムではアトミックではない。

これらの命令をアトミック化するには、特別な lock プリフィックスが使われる。これは他のプロセッサが、その命令の各段階の間で、独自の「リード・モディファイ・ライト」シーケンスを実行することを防止する。たとえば inc <addr>命令は、メモリから数バイトを読み、それをインクリメントした値を書き戻さなければならない。もし lock プリフィックスがなければ、その間に割り込まれ、その結果として値が損なわれる可能性がある。

どのような演算がアトミックではないかを示す例を、いくつかあげておく。

```
char buf[1024];
uint64_t* data = (uint64_t*)(buf + 1);
/* アラインメントが自然でなければ、アトミックではない */
*data = 0;
```

```
/* インクリメントにリードとライトが必要ならば、アトミックではない */
++global_aligned_var;

/* アトミックな書き込み */
global_aligned_var = 0;

void f(void) {
/* アトミックな読み込み */
int64_t local_variable = global_aligned_var;
}
```

　これらのケースはアーキテクチャ固有のものだ。

　より複雑な演算（たとえばカウンタのインクリメント）も、やはりアトミックに実行したい。それらをミューテックスを使うことなく安全に実行するため、CAS（compare-and-swap：比較して交換）などの興味深い基本演算が発明されている。この演算がマシン命令として、ある特定のアーキテクチャに実装されたら、比較的単純だが非アトミックな読み書きとの組み合わせで、多くのアルゴリズムとデータ構造をロックフリーに実装できる。

　CAS 命令はアトミックな命令シーケンスとしての役割を果たす。これと等価な機能を C の関数で書くと、次のようになる。

```
bool cas(int* p , int old, int new) {
    if (*p != old) return false;
    *p = new;
    return true;
}
```

　もし共有されるカウンタの値を読んで更新して書き戻しているなら、それは CAS 命令が必要とされる典型的なケースだ（CAS 命令でアトミックなインクリメントやデクリメントを行えばロックフリーになる）。リスト 17–19 に、そのような操作を行う関数の例を示す。

リスト17-19：cas_counter.c

```
int add(int* p, int add ) {
    bool done = false;
    int value;
    while (!done) {
        value = *p
            done = cas(p, value, value + add );
    }
    return value + add;
}
```

　この例は、CAS をベースとする多くのアルゴリズムに見られる典型的なパターンの 1 つを示している。このパターンは、ある位置のメモリから読み出しを行い、新しい値と比較し、もし現在のメモリの値が古い値と等しければ、新しい値との交換を繰り返し試みる。そのメモリが

他のスレッドによって書き換えられた場合は「リード・モディファイ・ライト」のサイクル全体が繰り返される。

Intel 64 は、CAS 命令の `cmpxchg`、`cmpxchg8b`、`cmpxchg16b` を実装している。マルチプロセッサの場合は、`lock` プリフィックスとの併用が求められる。

`cmpxchg` 命令に注目しよう。これは 2 つのオペランドを取り（レジスタまたはメモリと、1 個のレジスタ）、`rax`[17]と第 1 オペランドを比較する。もし等しければ ZF がセットされ、第 2 オペランドの値が第 1 オペランドにロードされる。そうでなければ、第 1 オペランドの実際の値が `rax` にロードされ、ZF はクリアされる。

これらの命令は、ミューテックスやセマフォの実装の一部としても使える。

後に 17.12.2 項で見るように、いまでは CAS（compare-and-set）演算を使う「標準に準拠した方法」が存在する（アトミック変数を操作する方法も同様だ）。コードをポータブルにして、できるだけアトミックを使うために、その標準に従うことを推奨する。複雑な演算をアトミックに実行する必要があるときは、ミューテックスを使うか、あるいは専門家によって実装されたロックフリーなデータ構造を使おう。ロックフリーなデータ構造を書くのが難題であることは、すでに証明されている。

- ■問題 365　ABA 問題とは何か?
- ■問題 366　`cmpxchg` 命令の記述 (Desription) を Intel のドキュメント [15] で読んでおこう。

17.12　C11 のメモリモデル

17.12.1　概要

たいがいの場合、私たちは、どのアーキテクチャでも正しく動くコードを書きたい。それを達成するために、私たちは C11 標準で記述されているメモリモデルを基準とする。そうすれば、実際のハードウェアアーキテクチャのメモリモデルが弱いとき、コンパイラは一部の演算の実装を単純に実装する代わりに、ある種の保証を確実にする特殊な命令を使ってくれるだろう。

Intel 64 と違って、C11 のメモリモデルは、どちらかといえば弱いものだ。データ依存の順序は保証されるが、それより多くは保証されない。17.4 節で述べたクラス分けでは第 2 のカテゴリの「弱いが、データ依存の順序が保たれる」モデルに属するものだ。これと同様な弱い保証を提供するハードウェアアーキテクチャは、ARM の他に、いくつかある。

C のメモリモデルが弱いので、ポータブルなコードを書くには、Intel 64 のように「通常は強い」アーキテクチャで実行されることは想定できない。これには 2 つの理由がある。

---

[17] あるいは `eax` か `ax` か `al`。オペランドのサイズに依存する。

- 他の、もっと弱いアーキテクチャのために再コンパイルされると、ハードウェアによる並び替えの違いによって、観察可能なプログラムの振る舞いが変わることがある。
- 同じアーキテクチャのために再コンパイルされるときでも、標準によって決められている「弱い並び替えのルール」を破らない程度の、コンパイラによる並び替えが発生するかもしれない。それによって、少なくとも実行トレースの一部では、観察可能なプログラムの振る舞いが変わる可能性がある。

17.12.2 アトミック

高速なマルチスレッドプログラムを書くのに利用できる、C11 の重要な特徴が「アトミック」(atomics) である[18]。特別な型の「アトミックオブジェクト」を使い、メモリのアトミックな書き換えを可能にする、この機能を使うには、ヘッダ stdatomic.h をインクルードする。

当然ながら、これらを効率よく実装するにはアーキテクチャの援助が必要だ。最悪のケースとして、アーキテクチャが、アトミックな演算をまったくサポートしないときは、書き換えを（あるいは読み出しさえも）ロックするために、どの変数もミューテックスと組み合わせることになってしまうだろう。

C11 のアトミック機能は、各種のマルチスレッド処理で一般的な「データへのスレッド安全な演算」を実行可能にする。それらを、しばしばミューテックスが関わる重量級の機構なしで行うことができるのだ。ただし、キューのようなデータ構造をロックフリーに書く仕事は、まったく容易ではない。既存の実装を「ブラックボックス」として使うことを、強く推奨する。

C11 では、新しい型指定子 _Atomic() が定義されている。アトミックな整数は、次のように宣言できる。

```
_Atomic(int) counter;
```

_Atomic は、型名をアトミックな型名に変換する型修飾子だが、個々のアトミックな型名を次のように使うこともできる。

```
atomic_int counter;
```

_Atomic(T) と、個々の型名 atomic_T との完全な対応は、[7] の 7.17.6 にある (stdatomic.h に定義がある)。

アトミックなローカル変数は、直接初期化しないで、代わりにマクロ ATOMIC_VAR_INIT を使わなければいけない。なぜかというと、ハードウェアの機能に制限のある一部のアーキテク

---

[18] インテル [7] の 7.17 を参照。**訳注**：書籍では、プリッツ/クロフォード [154] を参照（まずは索引で「アトミック」を見よう）。パターソン/ヘネシー [152] の「2.11 並列処理と命令：同期」にも解説がある。

チャでは、そのような変数にミューテックスを割り当てる必要があり、その作成と初期化が必要になるからだ。グローバルなアトミック変数は、正しい初期状態が保証される。初期化を含む変数宣言には `ATOMIC_VAR_INIT` を使うべきである。あとで変数を初期化したい場合は、`atomic_init` マクロを使う。

```
void f(void) {
    /* 宣言時の初期化 */
    atomic_int x = ATOMIC_VAR_INIT( 42 );
    atomic_int y;

    /* あとで初期化 */
    atomic_init( &y, 42 );
}
```

アトミック変数の初期化を、それ以外のどの処理よりも先に終わらせるのは、あなたの責任となる。言い換えると、初期化中の変数に対する並列アクセスは「データ競合」である。

アトミック変数は、言語の標準によって定義されているインターフェイスだけを使って操作しなければならない。これは、load、store、exchange など、いくつかの「アトミック演算」(atomic operation) で構成される。それぞれの演算には、次に示す２つのバージョンがある。

- 「メモリオーダリング」(memory ordering) を記述する追加の引数を取る、明示的なバージョン。名前は_explicit で終わる。たとえばロード演算は、
  `T atomic_load_explicit( _Atomic(T) *object, memory_order order );`
- もっとも強い（シーケンシャルな一貫性を保つ）メモリオーダリングを意味する暗黙のバージョン。名前に_explicit のサフィックスが付かない。たとえば、
  `T atomic_load( _Atomic(T) *object );`

17.12.3 C11 のメモリオーダリング

C11 のメモリオーダリング（memory ordering：メモリ操作の順序）は、次にあげる列挙定数の１つで記述される（厳密さが増す順に並べてある）。

- `memory_order_relaxed` は、もっとも弱いモデルを意味する。シングルスレッドプログラムの観察可能な振る舞いが変更されない限り、どのようなメモリ操作の並び替えも可能である。
- `memory_order_consume` は、`memory_order_acquire` の、さらに弱いバージョンである。
- `memory_order_acquire` は、ロード演算が「acquire セマンティクス」を持つことを意味する。

- `memory_order_release` は、ストア演算が「release セマンティクス」を持つことを意味する。
- `memory_order_acq_rel` は、acquire と release のセマンティクスを併せ持つ。
- `memory_order_seq_cst` は、どのアトミック変数を参照する場合も、**これに対応するすべての演算で**メモリ操作の並び替えが行われないことを意味する。

明示的なメモリオーダリング定数を与えることによって、演算に対する観察可能な並び替えを、どのように許したいかを制御できる。その制御には、コンパイラによるものと、ハードウェアによるものとの両方が含まれる。「コンパイラによる並び替えの制御」ではユーザーに必要なすべての保証が得られないと知ったコンパイラは、たとえば sfence など、プラットフォーム固有の命令も発行することになる。

`memory_order_consume` というオプションは、めったに使用されない。これは「消費」(consume) という概念に依存する。ある値をメモリから読んだ後に、いくつかの演算でその値を使うことによってデータ依存性が生じる場合を、消費処理（consume operations）と呼ぶ。

PowerPC や ARM のように、比較的弱いアーキテクチャでは、これを使うことによって、より良い性能を得られる場合がある。それは、データ依存性だけでも、メモリアクセスの並び替えに、ある程度の制限を加えられるからだ。そうすれば高価なハードウェアメモリバリア命令を節約できる（このアーキテクチャでは、明示的なバリアなしにデータ依存のオーダリングが保証されるのだから）。とはいえ、このオーダリングは、コンパイラで効率よく、しかも正確に実装するのが困難なのは事実であり、たいがいは、これより少し強い `memory_order_acquire` へと直接マップされてしまう。私たちは、この定数を使うことを推奨しない。その他の情報は [30] を参照。

acquire と release のセマンティクスは、17.7 節で学んだ。acquire と release のメモリオーダリングは、この 2 つの概念に直接対応するオプションである。

`memory_order_seq_cst` は、17.4 節で学んだ「シーケンシャルな一貫性」の概念に対応する。アトミック変数に対するすべての暗黙の演算は、デフォルトのメモリオーダリング値として、これを受け取るのだから、C11 のアトミック機能はデフォルトでシーケンシャルな一貫性を持つ。これはもっとも安全なルートであり、しかも通常はミューテックスよりも高速である。これより弱いオーダリングを正しく実現させることは難しいが、よい高い性能が得られるはずだ。

`atomic_thread_fence(memory_order order)` を使うと、指定されたメモリオーダリングに対応する強さを持つメモリバリア（コンパイラによるものとハードウェアによるもの）を挿入できる。この処理は、たとえば `memory_order_relaxed` では何の効果もないが、Intel 64 のシーケンシャルに一貫したオーダリングでは、mfence 命令が（コンパイラバリアとともに）生成される。

17.12.4 アトミック演算

アトミック変数に対して、下記の演算を実行できる。T は、非アトミック型を意味する。U は、算術演算のための、他の引数の型を意味する（ポインタ以外の型では、これも T と同じだが、ポインタの場合は ptrdiff_t 型である）。

```
void atomic_store(volatile _Atomic(T)* object, T value);

T atomic_load(volatile _Atomic(T)* object);

T atomic_exchange(volatile _Atomic(T)* object, desired);

T atomic_fetch_add(volatile _Atomic(T)* object, U operand);
T atomic_fetch_sub(volatile _Atomic(T)* object, U operand);
T atomic_fetch_or (volatile _Atomic(T)* object, U operand);
T atomic_fetch_xor(volatile _Atomic(T)* object, U operand);
T atomic_fetch_and(volatile _Atomic(T)* object, U operand);

bool atomic_compare_exchange_strong(
    volatile _Atomic(T)* object, T * expected, T desired);

bool atomic_compare_exchange_weak(
    volatile _Atomic(T)* object, T * expected, T desired);
```

これらの演算は、どれも _explicit サフィックスを付けたバージョンがあり、追加の引数でメモリオーダリングを指定できる。

load と store の関数は、これ以上の説明を必要としない。他の関数を簡単に説明しよう。

atomic_exchange は、ロードとストアを組み合わせたものだ。これはアトミック変数の値を desired で置き換え、その古い値を返す。

fetch_op ファミリーの演算は、アトミック変数の値をアトミックに変更するために使う。たとえばアトミックなカウンタをインクリメントする必要があるとしよう。fetch_add がなければ、それを行うことができない。インクリメントするためには古い値に 1 を足さなければいけないが、そのためには、まず古い値を読む必要がある。この演算は、読んで、足して、書くという 3 段階で実行される。他のスレッドが、これらの間に割り込んだら、アトミックな性質（アトミシティ）が失われるのだ。

atomic_compare_exchange_strong は、それより弱い atomic_compare_exchange_weak より望ましい。その理由は、weak バージョンが「間違って失敗する」（fail spuriously）ことがあるからだ。ただし後者はプラットフォームによっては、より良い性能を示す。

atomic_compare_exchange_strong 関数は、次に示す擬似コードと、おおよそ等価である。

```
if ( *object == *expected )
    *object = desired;
else
```

```
    *expected = *object;
```

おわかりのように、これは 17.11 節で述べた CAS 命令の典型的な例である。

`atomic_is_lock_free` マクロは、指定のアトミック変数がロックするかどうかをチェックするのに使う。

メモリオーダリングを明示的に指定しないと、これら**すべて**の演算は、シーケンシャルな一貫性を持つことになる。それは Intel 64 では mfence 命令がコード全体にかかるという意味なので、性能に大きなダメージを与えるかもしれない。

ブール型の共有フラグには、`atomic_flag` という名前の特別な型がある。その状態は、セットとクリアの 2 つだ。これに対する演算はアトミックでロックが使われないという保証がある。

このフラグは `ATOMIC_FLAG_INIT` マクロを使って、次のように初期化すべきだ。

```
atomic_flag is_working = ATOMIC_FLAG_INIT;
```

対応する関数は、`atomic_flag_test_and_set` と `atomic_flag_clear` で、どちらにもメモリオーダリングの記述を受け取る `_explicit` 付きバージョンがある。

■問題 367　　`atomic_flag_test_and_set` と `atomic_flag_clear` の man ページを読もう。[19]

17.13　まとめ

この章ではマルチスレッドプログラムの基礎を学んだ。さまざまなメモリモデルを見て、コンパイラとハードウェアによる最適化が命令の実行順序を並び替えるという事実から生じる問題を知った。それらを制御する方法として、さまざまなメモリバリアを置く方法を学び、なぜ volatile ではマルチスレッド特有の問題を解決できないのかを見た。次に紹介した pthreads は、Unix ライクなシステムでマルチスレッドアプリケーションを書くための、もっとも一般的な標準である。そのスレッド管理を見て、ミューテックスと条件変数を使い、なぜスピンロックがマルチコアかマルチプロセッサのシステムでなければ無意味なのかを知った。Intel 64 のように「通常は強いアーキテクチャ」で実行するときでさえ、メモリ操作の並び替えを考慮に入れなければいけないが、それにはどのようにすべきかを学び、その厳密さの限界を知った。最後にアトミック変数について学んだ。これは C11 の非常に便利な機能で、明示的にミューテックスを使わずに済み、多くの場合は性能を上げながら、動作の正しさを保持できる。ミューテックスは、複雑な操作を、配列など大きなデータ構造に対して実行したいときは、いまでも

---

[19] 訳注：C11 ドラフト [7] の「7.17.8.1」と「7.17.8.2」を参照。

重要である。

- ■問題 368　マルチスレッドを使うと、どんな問題が生じるのか。
- ■問題 369　マルチスレッドを行う価値があるのは、どうしてか。
- ■問題 370　たとえプログラムが多くの計算を実行しなくても、マルチスレッドを使うべきだろうか。もしそうなら、ユースケースを1つあげること。
- ■問題 371　コンパイラによる並び替えとは何か。なぜ行われるのか。
- ■問題 372　なぜシングルスレッドのプログラムでは、コンパイラによるメモリ操作の並び替えを観察する手段がないのか。
- ■問題 373　メモリモデルには、どのようなものがあるのか。
- ■問題 374　2つの共有変数に関して、シーケンシャルに一貫するコードを、どうすれば書けるのか。
- ■問題 375　`volatile` 変数はシーケンシャルに一貫するだろうか。
- ■問題 376　メモリ操作の並び替えで、プログラムが予期せぬ振る舞いを示す例を1つあげよう。
- ■問題 377　`volatile` 変数を使うことに反対する根拠は何か。
- ■問題 378　メモリバリアとは?
- ■問題 379　どのような種類のメモリバリアを知っているだろうか。
- ■問題 380　acquire セマンティクスとは?
- ■問題 381　release セマンティクスとは?
- ■問題 382　データ依存性とは何か。データ依存性で演算の順序が強制されないコードを書けるだろうか。
- ■問題 383　`mfence` と `sfence` と `lfence` の違いは?
- ■問題 384　なぜ `mfence` 以外の命令が必要なのか?
- ■問題 385　どんな関数コールがコンパイラバリアの役割を果すのか。
- ■問題 386　`inline` 関数コールはコンパイラバリアだろうか?
- ■問題 387　スレッドとは何か。
- ■問題 388　スレッドとプロセスの違いは?
- ■問題 389　プロセスの状態を構成するのは何だろうか。
- ■問題 390　スレッドの状態を構成するのは何だろうか。
- ■問題 391　なぜ `pthreads` を使うコンパイルで、`-pthread` スイッチを使う必要があるのか。
- ■問題 392　`pthreads` は静的ライブラリか、それとも動的ライブラリか。
- ■問題 393　複数のスレッドを、スケジューラがどの順番で実行するのか、知ることはできるだろうか。
- ■問題 394　あるスレッドから、他のスレッドのスタックを、アクセスできるだろうか。

- ■問題 395　　pthread_join は何をするのか。何に使うのか。
- ■問題 396　　ミューテックスとは何か。なぜ必要なのか。
- ■問題 397　　共有される不変の変数は、どれもミューテックスに関連付けるべきなのか？
- ■問題 398　　共有される可変の変数で、決して変更されないものは、どれもミューテックスに関連付けるべきなのか？
- ■問題 399　　共有される可変の変数で、変更されるものは、どれもミューテックスに関連付けるべきなのか？
- ■問題 400　　共有される変数を、ミューテックスを使わずに扱うことは可能か？
- ■問題 401　　デッドロックとは何か。
- ■問題 402　　どうすればデッドロックを予防できるか。
- ■問題 403　　ライヴロックとは何か。デッドロックと、どう違うのか。
- ■問題 404　　スピンロックとは何か。ライヴロックやデッドロックと、どう違うのか。
- ■問題 405　　スピンロックはシングルコアシステムで使うべきだろうか。その理由は？
- ■問題 406　　条件変数とは何か。
- ■問題 407　　ミューテックスがあるとき、なぜ条件変数が必要なのか。
- ■問題 408　　メモリオーダリングで、Intel 64 が保証するのは何か？
- ■問題 409　　メモリオーダリングで、Intel 64 によって提供されない重要な保証とは？
- ■問題 410　　リスト 17–18 に示したプログラムを、メモリオーダリングが発生しないように書き直そう。
- ■問題 411　　リスト 17–18 に示したプログラムを、アトミック変数を使って、メモリオーダリングが発生しないように書き直そう。
- ■問題 412　　ロックフリーなプログラムとは何か。ロックを使う伝統的なマルチスレッドプログラミングと比べて、なぜ難しいのか。
- ■問題 413　　CAS 演算とは何か。Intel 64 では実装する方法は？
- ■問題 414　　C のメモリモデルは、どのくらい強いのか。
- ■問題 415　　C のメモリモデルは、強さを制御できるのか。
- ■問題 416　　アトミック変数とは何か。
- ■問題 417　　どんな型のデータでもアトミックにできるのか？
- ■問題 418　　どういうアトミック変数を、明示的に初期化すべきか。
- ■問題 419　　C11 が認識するメモリオーダリングは、どれか。
- ■問題 420　　アトミック変数を操作する関数で、_explicit というサフィックスを持つものと持たないものの違いは何か。
- ■問題 421　　アトミック変数に対してアトミックなインクリメントを行う方法は？
- ■問題 422　　アトミック変数に対してアトミックな XOR を行う方法は？
- ■問題 423　　compare_exchange の "weak" バージョンと "strong" バージョンは、どう違うのか。

第4部

付録

第18章
付録A：gdbを使う

　デバッガは、あなたが自由に使える非常に強力なツールだ。これを使えばプログラムをステップごとに実行し、レジスタの値やメモリの内容を含む状態を監視することができる。本書で使っているデバッガは gdb と呼ばれるものだ。この付録は、gdb を使う最初の一歩を楽に踏み出せることを目標としている。

　デバッグは、バグを見つけ、プログラムの振る舞いを調査するプロセスだ。そのために、通常はシングルステップ実行を行いながら、プログラムの状態で注目すべき部分を観察する。また、ある条件が満たされるまで、あるいは、コードの特定の位置に到達するまで、プログラムを実行する場合もある。そのようなコードの位置を**ブレークポイント**（breakpoint）と呼ぶ。

　まずは、リスト 18-1 に示すサンプルを調べよう。これは、すでに第 2 章で見たものだ。このコードは、rax レジスタの内容を、stdout にプリントする。

リスト18-1：print_rax_2.asm

```
section .data
codes:
db         '0123456789ABCDEF'

section .text
global _start
_start:
mov rax, 0x1122334455667788

mov rdi, 1
mov rdx, 1
mov rcx, 64
.loop:
push rax
sub rcx, 4
sar rax, cl
and rax, 0xf
```

```
        lea     rsi, [codes + rax]
        mov     rax, 1

        push    rcx
        syscall
        pop     rcx

        pop     rax
        test    rcx, rcx
        jnz     .loop

        mov     rax, 60         ; exit システムコールを呼び出す

        xor     rdi, rdi
        syscall
```

これをコンパイルして、実行ファイル print_rax を作り、gdb を起動する。

```
> nasm -o print_rax.o -f elf64 print_rax_2.asm
> ld -o print_rax print_rax.o
> gdb print_rax
...
(gdb)
```

gdb には独自のコマンド体系があり、これらのコマンドを介して対話処理を行う。だから gdb を起動すると、常にそのコマンドプロンプト (gdb) が現れ、そこであなたがコマンドをタイプすると、gdb が、それに応答する。

実行ファイルをロードするには、上記のように引数として渡すほかに、file コマンドにファイル名を付けて、次のようにタイプする方法がある。

```
(gdb) file print_rax
Reading symbols from print_rax...(no debugging symbols found)...done.
```

[TAB] キーを押すと、gdb のコマンドプロンプトで自動補完が実行される。多くのコマンドには省略形が存在する[1]。とりあえずもっとも重要なコマンドは次の 2 つだ。

- quit — gdb を終了。
- help cmd — cmd というコマンドのヘルプを表示。

---

[1] 訳注：たとえば print の省略形 (alias) は p。help aliases コマンドで表示される。『DEBUG HACKS』[174] の pp.39-40 や、『GDB ハンドブック』[175] の p.21 に一覧表がある。

gdb の起動時には、~/.gdbinit ファイル（初期化ファイル）に入っているコマンドが自動的に実行される[2]。このようなファイルはカレントディレクトリに作ることも可能だが、セキュリティ上の理由により、その機能はデフォルトで禁止されている。

.gdbinit ファイルのローディングを、どのディレクトリからでも可能にするには、次の行を、あなたのホームディレクトリにある~/.gdbinit ファイルに追加すればよい。

```
set auto-load safe-path /
```

デフォルトでは、gdb は AT&T のアセンブリ構文を使う。この本では一貫して Intel の構文を使っている。アセンブリ構文に関する gdb のデフォルトを変更するには、次のような行を ~/.gdbinit ファイルに追加すればよい。

```
set disassembly-flavor intel
```

他にも便利なコマンドとして、たとえば次のものがある。

- `run` － プログラムの実行を開始。
- `break x` － ラベル x の近くにブレークポイントを作る。`run` または `continue` を実行すると、最初にヒットしたブレークポイントで実行が停止するので、そのときのプログラムの状態を調べることができる。
- `break *address` － 指定のアドレスにブレークポイントを置く。
- `continue` － プログラムの実行を続ける。
- `stepi` または `si` － 命令1個だけのステップ実行を行う。
- `ni` または `nexti` － これも1命令を実行するが、その命令が `call` ならば、関数の中に入らず、その代わりに、呼び出された関数を終わるまで実行させ、その次の命令でブレークする。

では、次のコマンドを実行してみよう。

```
(gdb) break _start
Breakpoint 1 at 0x4000b0
(gdb) start
Function "main" not defined.
```

---

[2] 訳注：$HOME/.gdbinit には、全般的に便利な機能設定やコマンドの別名定義などを入れておき、プロジェクトごとの初期ファイルに、プロジェクトに固有な設定を入れるのが便利だ。ストールマン [1] の「15.3 コマンドファイル」、スピネル [165] の「項目 36:デバッグツールを整備する」などを参照。

```
Make breakpoint pending on future shared library load? (y or [n]) n
Starting program: /home/stud/test/print_rax

Breakpoint 1, 0x00000000004000b0 in _start ()
```

ラベル_start に置いたブレークポイントで実行が停まった。次のコマンドを使って、疑似グラフィカルモードに切り替えよう。

```
layout asm
layout regs
```

結果を図 18-1 に示す。このレイアウトは 3 つのウィンドウで構成されている。

- 一番上の部分には、レジスタ群の現在の値が表示される。
- 中央の部分で、逆アセンブリコードが見える。
- 一番下の部分に、対話処理のプロンプトがある。

このうち、どれか 1 つにフォーカスが当たる。切り替えには〔Ctrl〕-〔X〕と〔Ctrl〕-〔O〕を使う。矢印キーで、現在のウィンドウのスクロールアップ／ダウンができる。

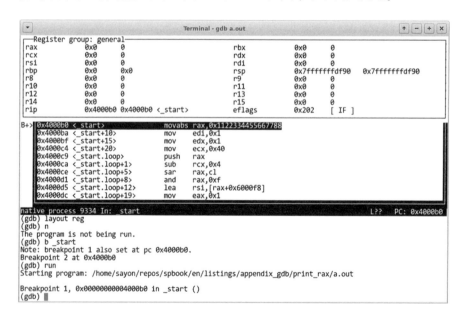

図18-1：gdb のユーザーインターフェイス：asm + regs layout

print /FMT <val>コマンドで、レジスタまたはメモリの値を参照できる。レジスタ名はドルマークをプリフィックスとする。たとえば、$rax。

x /FMT <address>も、メモリの内容をチェックするのに非常に便利なコマンドだ。これはprintと違って、間接参照を期待する（つまり、ポインタを受け取る）。

printとxのコマンドで使うFMTは、フォーマットを記述するコードだ。メモリの内容を正しく解釈するには、これを使ってデータ型を明示的に選択する。

FMTは、1文字のフォーマット（と、1文字のサイズ）で構成される。もっとも便利なフォーマットは、

- x（16進表示）
- a（アドレス）
- i（命令：逆アセンブリを試みる）
- c（文字）
- s（ヌルで終わる文字列）

もっとも便利なサイズは、b（バイト）と、g（ジャイアント：8バイト）だろう。

変数のアドレスを取るには、&記号を使う。これは今後の例で出てくる。

以下に、リスト18-1に示したプログラムでの例を、いくつか示す。

- raxの内容を表示

```
(gdb) print $rax
$1 = 1234605616436508552
```

- codesの最初の1文字を表示

```
(gdb) print /c codes
$2 = '0'
```

- _startの命令を逆アセンブル

```
(gdb) x /i &_start
0x4000b0 <_start>: movabs rax,0x1122334455667788
```

- 現在の命令を逆アセンブル

```
(gdb) x /i $rip
=> 0x4000e9 <_start.loop+32>: jne 0x4000c9 <_start.loop>
```

- codes の内容を調べる。x コマンドの /FMT 部は、要素数から始めることができる。ここで /12cb は、「12 文字を 1 バイトごとに」表示せよ、という意味。

```
(gdb) x /12cb &codes
0x6000f8 <codes>: 48 '0' 49 '1' 50 '2' 51 '3' 52 '4' 53 '5' 54 '6' 55 '7'
0x600100: 56 '8' 57 '9' 65 'A' 66 'B'
```

- スタックのトップから 8 バイト（qword）を調べる

```
(gdb) x /xg $rsp
0x7fffffffde00: 0x0000000000000001
```

- スタックに格納されている第 2 の qword を調べる

```
(gdb) x/xg $rsp+8
0x7fffffffde08: 0x00007fffffffe1b0
```

■問題 424　　help x コマンドの出力を調べよう。

　C のプログラムで gdb を活用するには、必ずコンパイラオプションの -ggdb を指定することだ。これによって、gdb が利用できる追加情報（たとえば .line セクションや、ローカル変数のシンボル）が生成される。

　C のコードに適したレイアウトは、src だ。これに切り替えるには、layout src とタイプする。図 18-2 に、このレイアウトを示す。

　もう 1 つの便利なオプションは、コールスタックの調査とナビゲーションだ。どの関数も呼び出されるたびに、スタックの一部に自分のローカル変数をストアする。ナビゲーションの例を示すために、これからリスト 18-2 に示す単純なプログラムを使う。

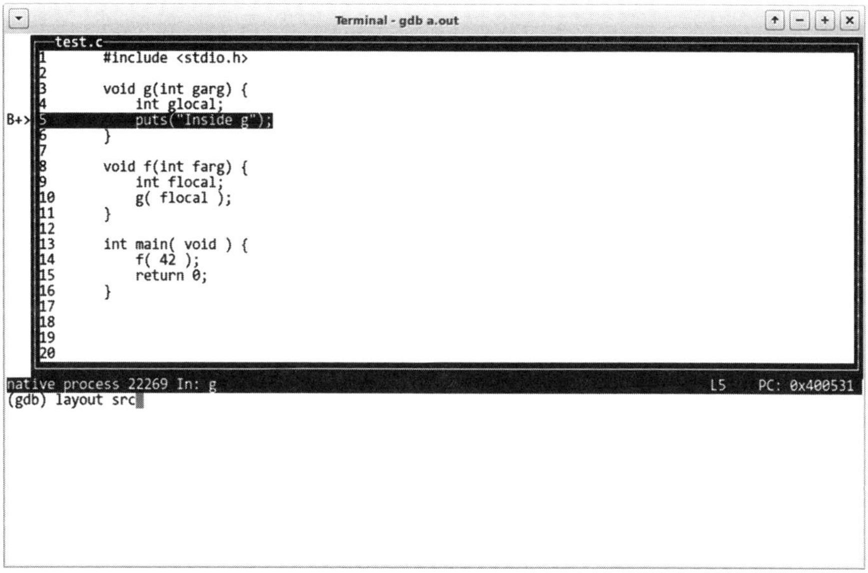

```
            Terminal - gdb a.out
   ┌─test.c────────────────────────────────────┐
   │ 1     #include <stdio.h>                  │
   │ 2                                         │
   │ 3     void g(int garg) {                  │
   │ 4         int glocal;                     │
 B+│ 5         puts("Inside g");               │
   │ 6     }                                   │
   │ 7                                         │
   │ 8     void f(int farg) {                  │
   │ 9         int flocal;                     │
   │10         g( flocal );                    │
   │11     }                                   │
   │12                                         │
   │13     int main( void ) {                  │
   │14         f( 42 );                        │
   │15         return 0;                       │
   │16     }                                   │
   │17                                         │
   │18                                         │
   │19                                         │
   │20                                         │
native process 22269 In: g             L5  PC: 0x400531
(gdb) layout src
```

図18-2：gdb のユーザーインターフェイス： src layout

リスト18-2：call_stack.c

```
#include <stdio.h>

void g(int garg) {
    int glocal = 99;
    puts("Inside g");
}

void f(int farg) {
    int flocal = 44;
    g( flocal );
}

int main( void ) {
    f( 42 );
    return 0;
}
```

このプログラムをコンパイルした実行ファイルについて gdb を起動する。

```
> gcc -ggdb call_stack.c -o call_stack
> gdb call_stack
```

次にブレークポイントを関数 g に置いて、プログラムを実行する。

```
(gdb) break g
Breakpoint 1 at 0x400531: file call_stack.c, line 5.
(gdb) run
Starting program: .../call_stack
Breakpoint 1, g (garg=0) at call_stack.c:5
5 puts("Inside g");
```

このとき表示を変えたければ、`layout src` を発行できる。

プログラムは実行を開始して、行番号 4 の、関数 g の先頭で停止する。ローカル変数や引数は、`print` コマンドを使って調べることができる。gdb は、たいがい正しい型を推測してくれる。

```
(gdb) print garg
$1 = 44
```

どの関数が現在起動されているのか調べるには、`backtrace` コマンドを使う。

```
(gdb) backtrace
#0  g (garg=44) at call_stack.c:4
#1  0x0000000000400561 in f (farg=42) at call_stack.c:10
#2  0x0000000000400572 in main () at call_stack.c:14
```

いま gdb が認識しているスタックフレームは 3 つある。これらは `frame <idx>` コマンドを使って切り替えることができる。

現在は、図 18-3 に示す状態だ。バックトレースが言うように、関数 f が、関数 g を呼び出している。だから f のインスタンスにはローカル変数 `flocal` があるはずだ。その値を知りたい。このとき即座にプリントを指令すると「そのシンボルは現在のコンテクストにありません」と gdb に断られてしまう。けれども、先に `frame 1` コマンドを使って適切なスタックフレームを選択すれば、そのすべてのローカル変数をアクセスできる。図 18-4 に、変更後の画面を示す。

```
(gdb) print farg
No symbol "farg" in current context.
(gdb) frame 1
#1  0x0000000000400561 in f (farg=42) at call_stack.c:10
(gdb) print farg
$3 = 42
```

■問題 425　　`info locals` は、何をするコマンドか?

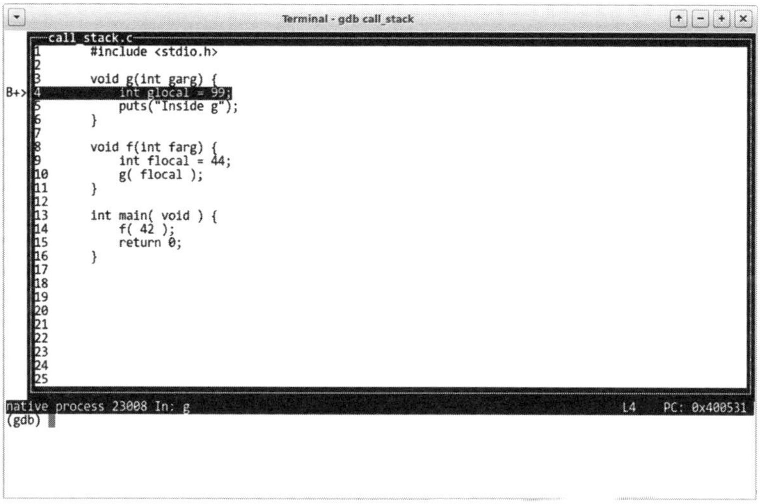

図18-3：関数 g の内側

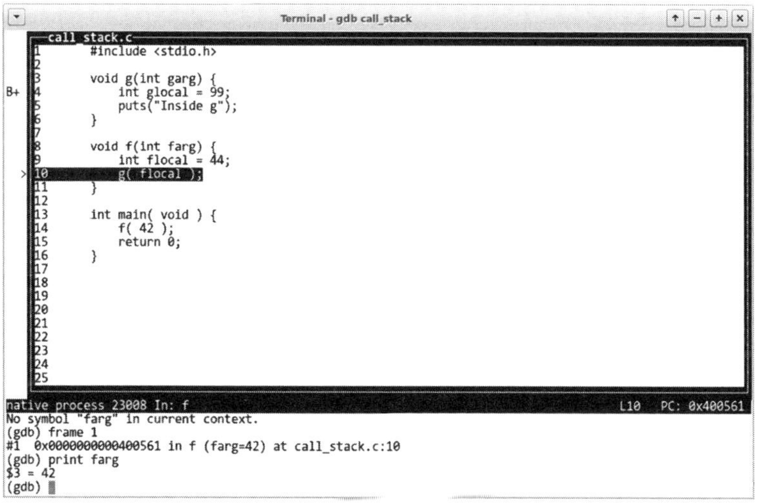

図18-4：関数 f の内側

　その他 gdb では、一般的な算術演算の式を評価したり、関数を起動したり、Python でオートマトンのスクリプトを書いたり、実にさまざまなことができる。
　さらに詳しく知るには、[1] を読んでいただきたい。

第19章

付録B：makeを使う

この付録では、`Makefile` のもっとも基本的な概念を紹介する。もっと詳しい情報は、[2] を参照していただきたい。

プログラムをビルドするには、いくつもの操作を行う必要がある。正しいオプションを付けてコンパイラを起動しなければならず、それがソースファイルごとに繰り返されるだろうし、リンカも使うことになるだろう。ソースコードファイルを生成するために書かれたスクリプトを起動する必要があるかもしれない。ときには1本のプログラムが、それぞれ別々のプログラミング言語で書かれたパーツによって構成されるかもしれない。

さらに、プログラムの一部を変更しただけなら、すべてを再ビルドするのではなく、書き換えたソースファイルに依存する部分だけをビルドしたいだろう。巨大なプログラムのビルドには、何時間もの CPU タイムが必要になるのだから。

この本で使う GNU Make は、実行ファイル、動的ライブラリ、リソースファイルなどの生成を制御するために一般に使われているツールだ。

19.1 単純な Makefile

プログラムを書くときは、それ専用の `Makefile` も書くべきだ。そうすれば Make によってプログラムをビルドできるようになる。このテキストファイルは、オブジェクトファイルとソースファイルの依存関係を、宣言する形式で記述する。そうすれば `make` が、それぞれのファイルを処理するとき、必要な依存関係がすでに処理を終えているように、これらのファイルを処理する正しい順序を判断してくれる。

ビルドのプロセスを開始するには、その `Makefile` を作ったディレクトリで `make` を実行する。これは通常、あなたのプロジェクトのルートディレクトリである。

ほかの `Makefile` を明示的に選択するときは、`-f` を使ってファイル名を指定できる（たとえば `make -f Makefile_other` と書く）。

基礎的な Makefile は、次に示すブロックの集合で構成される。個々のブロックは「ルール」と呼ばれる。

```
<ターゲット> : <必須項目>
[tab] <レシピ>
```

1 つのルールは、ある特定のファイルを生成する方法を記述する。そのファイルが、そのルールの<ターゲット>だ。<必須項目>には、その前に生成しなければならない、その他のターゲット群を記述する。

<レシピ>は、そのターゲットを生成するために make が実行すべき 1 個以上のコマンドである[1]。レシピの行は TAB キャラクタで始まる必要がある！

たとえば、ある単純なプログラムが、2 つのアセンブリファイル、main.asm と lib.asm で構成されるとしよう。それぞれのオブジェクトファイルを作り、それから 2 つのオブジェクトファイルをリンクして、1 個の実行ファイルを作りたい。

リスト 19-1 に、そのためのシンプルな Makefile を例示する。

リスト19-1：Makefile_simple

```
program: main.o lib.o
    ld -o program main.o lib.o

lib.o: lib.asm
    nasm -f elf64 -o lib.o lib.asm

main.o: main.asm
    nasm -f elf64 -o main.o main.asm

clean:
    rm main.o lib.o program
```

このような内容で Makefile を作っておけば、同じディレクトリで make を実行するだけで、最初に記述されたターゲットのレシピが起動される。もし all という名前のターゲットがあれば、代わりにそのレシピが実行される。また、make targetname というコマンドにすれば、targetname という名前のターゲットのレシピが実行される。

ターゲットが program なら、program というファイルを作成しなければいけない。そのために、まずは main.o と lib.o という 2 つのファイルをビルドしておく必要がある。もし main.asm ファイルを変更してから、再び make を起動したら、main.o だけが再構築され、lib.o はそのままで program が更新される。同様に、lib.asm が変更されたら、やはり同じ機構で lib.o の再構築が強制される。

---

[1] **訳注**：ここで言う「レシピ」は、簡潔に「コマンド」と呼ばれることが多い。なお「必須項目」(prerequisite) は「依存項目」、「前提条件」など、文献によってさまざまな呼び名がある。

このように、レシピが起動されるのは、<ターゲット>のファイルが存在しないか、更新する必要があるとき（つまり、<ターゲット>が依存するファイルのどれかが更新されているとき）である。

どの Makefile にも clean というターゲットのルールを入れる伝統がある。これは生成されたファイルをすべて消してしまい、ソースだけを残したいときに使う。この clean のようなターゲットは、特定のファイルに対応しないので、**擬似ターゲット**（phony target）と呼ばれる。これらは次のように、特別な .PHONY ターゲットのためのレシピとして列挙しておくのが良策である。

```
clean:
    rm -f *.o

help:
    echo 'This is the help'

.PHONY:
    clean help
```

19.2　変数を導入する

Makefile のなかで、大量のテキストが重複しているのは良くないことだ。同じようにコンパイルされるソースファイルが多くなると、同様なコンパイルオプションを繰り返しコピーするのは面倒だ。こういった問題は変数で解決しよう。

変数は次のように宣言する。

```
variable = value
```

これらは PWD のような環境変数とは**無関係**だ。これらの値は、ドルマークと丸カッコのペアを使って、次のように書くと置換される。

```
$(variable)
```

まずは、少なくとも下記のケースで変数を使うようにしよう。

- コンパイラを抽象化する。これによって、Clang でも、GCC でも、MSVC でも何でも、同じオプション集合をサポートしているコンパイラである限り、容易に切り替え可能になる。
- コンパイラのオプション（フラグ）を抽象化する。

伝統的に、C の場合は、次の名前の変数が使われる。

- `CC` は、C コンパイラ。
- `CFLAGS` は、C コンパイラのフラグ群。
- `LD` は、リンカ（リンケージエディタ）。
- `AS` は、アセンブラ（アセンブリ言語のコンパイラ）。
- `ASFLAGS` は、アセンブラのフラグ群。

こうしておけば、コンパイルに使うフラグ群を変更するときも、一箇所の修正で済む。リスト 19-2 に、変数を使って書き換えた `Makefile` を示す。

リスト19-2：Makefile_vars

```
AS = nasm
LD = ld
ASFLAGS = -f elf64

program: main.o lib.o
    $(LD) -o program main.o lib.o

lib.o: lib.asm
    $(AS) $(ASFLAGS) -o lib.o lib.asm

main.o: main.asm
    $(AS) $(ASFLAGS) -o main.o main.asm

clean:
    rm main.o lib.o program

.PHONY: clean
```

変数の値を空のままにしておけば、空の文字列として展開される。

```
EMPTYVAR =
```

変数に、他の変数の値を入れることもできる。

```
INCLUDEDIR = include
CFLAGS = -c -std=c99 -I$(INCLUDEDIR) -ggdb -Wno-attributes
```

ターゲット名に 1 個だけワイルドカード記号（`%`）を使う書き方がサポートされている。`%` にマッチする部分文字列は**ステム**（stem）と呼ばれ、必須項目で使われる `%` はステムで置換される。たとえば次のルールを例としよう。

```
%.o : %.c
    echo "Building an object file"
```

これは、オブジェクトファイルを、それと同じ名前の.cファイルからビルドする方法の指定だが、いまのところ、どのようなコマンドを使うかは不明である。ファイルをコンパイルするレシピのコマンドを、実際に書いてみればわかるが、その中で具体的なファイル名を使うわけにはいかないし、レシピの中ではステムを引用できないのだ。このような問題を解決するのが自動変数である。

19.3 自動変数

自動変数は、make の特別な機能だ。これらは実行される個々のルールについて新規に計算され、その値はターゲットと必須項目に依存する。自動変数を使えるのはレシピの中だけであり、必須項目やターゲットの中では使えない。

それぞれの.cファイルを、.oファイルへと、同じフラグ群を使ってコンパイルしたいとしよう。すべてのルールを重複して書く必要があるだろうか。その必要はなく、ワイルドカードと自動変数を併用すればよいのだ。

自動変数の数は多いが、もっともよく使われるのは、次のものだ。

- $* ステム。
- $@ このルールのターゲットであるファイルの名前。
- $< 最初の必須項目の名前。
- $~ すべての必須項目の名前を空白で区切ったリスト。
- $? ターゲットより新しい、すべての必須項目のリスト。

リスト19-3 に、このチュートリアルで得た知識をフルに使った Makefile の例をあげる。

リスト19-3：makefile_autovars

```
CC = gcc
CFLAGS = -std=c11 -Wall
LD = gcc

all: main

main: main.o lib.o
    $(LD) $~ -o $@

%.o: %.c %.h
    $(CC) $(CFLAGS) -c $< -o $@

clean:
    rm -f *.o main

.PHONY: clean
```

これは、下記のプロジェクトツリーを前提としている。

```
.
 lib.c
 lib.h
 main.c
 main.h
 Makefile

0 directories, 8 files
```

クリーンな状態での`make`は、下記のコマンドを実行する。

```
> make
gcc -std=c11 -Wall -c main.c -o main.o
gcc -std=c11 -Wall -c lib.c -o lib.o
gcc main.o lib.o -o main
```

これ以上のことは、素晴らしい GNU Make Manual[2] を読んでいただきたい[2]。

---

[2] 訳注：make の使い方は、Unix プログラミングやシステム管理、ツールの紹介など、いろいろな本に書かれている。たとえば、プリッツ/クロフォード [154] の「20 章 make で C プログラムをビルドする」や、古いところでは、坂元 [159] の「第 3 章 開発工程管理 make」、金崎 [135] の「16 make によるコンパイル手順の自動化」などに比較的詳しい説明がある。GNU Make について詳細な情報が欲しい人は、[2] かメクレンバーグ [145] を読んでいただきたい。

第20章
付録C：システムコール

本書を通じて、いくつかのシステムコールを使ってきた。それらについての情報を、この付録にまとめる。

 いつでも、最初にmanページを読むのが良いことだ。たとえばman -s 2 write。

実際に使用されるフラグやパラメータの値はシステムごとに異なるから、決してイミディエート値で指定してはいけない。もしCで書くのなら、使用するシステムコールのmanページに書かれているヘッダファイルを使おう。もしアセンブリで書くのなら、たぶん注釈付きカーネルコードのLXRクロスリファレンス（または、その他のオンラインシステム）を使うか、自分でCのヘッダを見て、対応する%defineを含むヘッダを自作する必要があるだろう。

ここで提供する値は、次のシステムで有効なものである。

```
> uname -a
Linux 3.16-2-amd64 #1 SMP Debian 3.16.3-2 (2014-09-20) x86_64 GNU/Linux
```

システムコールをアセンブリで発行するのは簡単だ。対応するレジスタを正しいパラメータ値に初期化して、syscall命令を実行するだけである。使用するフラグ（flags）は、ここで記述している値に、自分で定義しよう。NASMでも、たとえばO_TRUNC|O_RDWRのような定数式を計算できる。

システムコールをCで発行するのは、関数呼び出しと同様に行われるのが普通で、その宣言はインクルードファイルに入れて提供されている。

> C では、決してフラグの値を直接書いてはいけない。つまり、O_APPEND を 0x1000 に変えてはいけない。必ずヘッダファイルで提供されている#define の定義を使うことだ。意味があって読みやすく、しかも移植性がある。これに対応するアセンブリ用のヘッダは存在しないので、手作業によってアセンブリファイルの中で定義する必要がある。

20.1 read

ssize_t read(int fd, void *buf, size_t count);

説明：ファイルディスクリプタ fd から読み込む。

rax	rdi	rsi	rdx	r10	r8	r9
0	int fd	void* buf	size_t count			

引数

fd　読み込みに使うファイルディスクリプタ。stdin は 0。ファイルを名前でオープンするには、システムコール open を使う。

buf　バイトシーケンスの先頭バイトのアドレス。読んだバイトデータが、ここに入る。

count　このバイト数の読み出しを試みる。

戻り値

rax = 成功した場合は読んだバイト数。エラーのときは-1 で、グローバル変数 errno にエラーコードが入る。

C のヘッダファイル

#include <unistd.h>

20.2 write

ssize_t write(int fd, const void *buf, size_t count);

説明：ファイルディスクリプタ fd に書き込む。

rax	rdi	rsi	rdx	r10	r8	r9
1	int fd	const void* buf	size_t count			

引数

fd　書き込みに使うファイルディスクリプタ。stdout は 1、stderr は 2。ファイルを名前でオープンするには、システムコール open を使う。

buf　書き込むバイトシーケンスの先頭バイトのアドレス。

count　このバイト数の書き込みを試みる。

戻り値

rax = 成功した場合は書いたバイト数。エラーのときはで-1、グローバル変数 errno にエラーコードが入る。

C のヘッダファイル

#include <unistd.h>

20.3　open

int open(const char *pathname, int flags, mode_t mode);

説明：名前で指定するファイルを開く。

rax	rdi	rsi	rdx	r10	r8	r9
2	const char* filename	int flags	int mode			

引数

filename　開きたいファイルのパス名（ヌルで終わる文字列）。

flags　下記。これらは、|で組み合わせることができる。例：O_CREAT| O_WRONLY| O_TRUNC

mode　新規作成するファイルのアクセス許可（パーミッション）。ユーザー、グループ、その他の3つをコード化した整数値。これらは chmod コマンドで使う値と同様である。

Flags

- O_APPEND = 0x1000

  追加モード。毎回の write はファイルの末尾に追加される。

- O_CREAT = 0x40

  新規作成モード。

- O_TRUNC = 0x200

  ファイルがすでに存在し、それが通常のファイルで、アクセスモードで書き込みが許可されている場合、その長さを0に切り詰める。

- O_RDWR - 2

  アクセスはリードライト。

- O_WRONLY = 1

  アクセスはライトオンリー。

- O_RDONLY = 0

  アクセスはリードオンリー。

戻り値

rax = 指定したファイルの新しいファイルディスクリプタ。エラーのときは、-1 で、グローバル変数 errno にエラーコードが入る。

C のヘッダファイル

```
#include <sys/types.h>
#include <sys/stat.h>
#include <fcntl.h>
```

20.4　close

```
int close(int fd);
```

説明：ファイルディスクリプタ（fd）のファイルを閉じる。

rax	rdi	rsi	rdx	r10	r8	r9
6	int fd					

引数

fd　クローズすべき有効なファイルディスクリプタ。

戻り値 rax = 成功したとき 0、エラーのとき-1 で、グローバル変数 errno にエラーコードが入る。

C のヘッダファイル

```
#include <unistd.h>
```

20.5　mmap

```
void *mmap(
    void *addr, size_t length,
    int prot, int flags,
    int fd, off_t offset);
```

説明：仮想アドレス空間のページを何かにマップする。それは「ファイル」と呼ばれるもの（デバイス、ディスク上のファイル、その他）でも、単なる物理メモリでもよい。後者の場合、ページは無名であり、ファイルシステムに存在するものとの関係はない。このようなページにはプロセスのヒープとスタックが置かれる。

rax	rdi	rsi	rdx	r10	r8	r9
9	void* addr	size_t len	int prot	int flags	int fd	off_t off

引数

- `addr` 新たにマップする領域の開始仮想アドレス（のためのヒント）。このアドレスへのマッピングが試みられるが、もし不可能ならば、OS の選択に任せる。もし 0 ならば、OS が選択する。
- `len` マップする領域の長さ（バイト数）。
- `prot` 保護フラグ（後記）。| シンボルでの組み合わせが可能。
- `flags` 動作フラグ（後記）。| シンボルでの組み合わせが可能。
- `fd` マップするファイルの有効なファイルディスクリプタ。もし `MAP_ANONYMOUS` 動作フラグが使われたら、この値は無視される。
- `off` `fd` で指定されるファイルの開始オフセット。この位置までのバイトはスキップされ、ここから始まるファイルがマップされる。もし `MAP_ANONYMOUS` 動作フラグが使われたら、この値は無視される。

保護フラグ

- `PROT_EXEC = 0x4` ページは実行可能。
- `PROT_READ = 0x1` ページは読み込み可能。
- `PROT_WRITE = 0x2` ページは書き込み可能。
- `PROT_NONE = 0x0` ページにはアクセスできない。

動作フラグ

- `MAP_SHARED = 0x1` ページはプロセス間で共有できる。
- `MAP_PRIVATE = 0x2` ページは他のプロセスと共有できない。
- `MAP_ANONYMOUS = 0x20` ページは、ファイルシステムのどのファイルにも対応しない。
- `MAP_FIXED = 0x10` `addr` をヒントと解釈せず、そのまま使うことを強要する。指定のアドレスを使えなければ失敗。

戻り値

`rax` = マップした領域へのポインタ。エラーのとき -1 で、グローバル変数 `errno` にエラーコードが入る。

C のヘッダファイル

`#include <sys/mman.h>`

 `MAP_ANONYMOUS` フラグを使うためには、関連ヘッダをインクルードする直前に、`_DEFAULT_SOURCE` を `#define` する必要があるかもしれない。

```
#define _DEFAULT_SOURCE
#include <sys/mman.h>
```

20.6　munmap

`int munmap(void *addr, size_t length);`

説明：メモリ領域を、長さ（`length`）だけアンマップ（マップ解消）する。いったん `mmap` で巨大な領域をマップした後、その一部を `munmap` を使ってアンマップできる。

rax	rdi	rsi	rdx	r10	r8	r9
11	void* addr	size_t len				

引数

　addr　　アンマップすべき領域の先頭アドレス。

　length　アンマップすべき領域の長さ（バイト数）。

戻り値 `rax` = 0 ならば成功、-1 ならばエラーで、グローバル変数 `errno` にエラーコードが入る。

C のヘッダファイル

`#include <sys/mman.h>`

20.7　exit

`void _exit(int status);`

説明：プロセスを終了する。

rax	rdi	rsi	rdx	r10	r8	r9
60	int status					

引数

　status　終了コード。これは環境変数 `$?` に格納される。

戻り値

なし

C のヘッダファイル

`#include <unistd.h>`

第21章 付録D：性能テストの情報

本書の性能テストは、すべて下記のシステムで行った。

```
> uname -a

Linux perseus 3.16-2-amd64 #1 SMP Debian 3.16.3-2 (2014-09-20) x86_64 GNU/Linux

> cat /proc/cpuinfo

processor       : 0
vendor_id       : GenuineIntel
cpu family      : 6
model           : 69
model name      : Intel(R) Core(TM) i5-4210U CPU @ 1.70GHz
stepping        : 1
microcode       : 0x1d
cpu MHz         : 2394.458
cache size      : 3072 KB
physical id     : 0
siblings        : 1
core id         : 0
cpu cores       : 1
apicid          : 0
initial apicid  : 0
fpu             : yes
fpu_exception   : yes
cpuid level     : 13
wp              : yes
flags           : fpu vme de pse tsc msr pae mce cx8 apic
sep mtrr pge mca cmov pat pse36 clflush dts mmx fxsr sse
sse2 ss syscall nx pdpe1gb rdtscp lm constant_tsc arch_perfmon
pebs bts nopl xtopology tsc_reliable nonstop_tsc aperfmperf
pni pclmulqdq ssse3 fma cx16 pcid sse4_1 sse4_2 x2apic movbe
popcnt aes xsave avx f16c rdrand hypervisor lahf_lm ida arat
epb pln pts dtherm fsgsbase smep

bogomips        : 4788.91
clflush size    : 64
```

```
cache_alignment  : 64
address sizes    : 40 bits physical, 48 bits virtual
power management:

processor        : 1
vendor_id        : GenuineIntel
cpu family       : 6
model            : 69
model name       : Intel(R) Core(TM) i5-4210U CPU @ 1.70GHz
stepping         : 1
microcode        : 0x1d
cpu MHz          : 2394.458
cache size       : 3072 KB
physical id      : 2
siblings         : 1
core id          : 0
cpu cores        : 1
apicid           : 2
initial apicid   : 2
fpu              : yes
fpu_exception    : yes
cpuid level      : 13
wp               : yes
flags            : fpu vme de pse tsc msr pae mce cx8 apic
sep mtrr pge mca cmov pat pse36 clflush dts mmx fxsr sse
sse2 ss syscall nx pdpe1gb rdtscp lm constant_tsc arch_perfmon
pebs bts nopl xtopology tsc_reliable nonstop_tsc aperfmperf
pni pclmulqdq ssse3 fma cx16 pcid sse4_1 sse4_2 x2apic movbe
popcnt aes xsave avx f16c rdrand hypervisor lahf_lm ida arat
epb pln pts dtherm fsgsbase smep
bogomips         : 4788.91
clflush size     : 64
cache_alignment  : 64
address sizes    : 40 bits physical, 48 bits virtual
power management:

> cat /proc/meminfo

MemTotal:        1017348 kB
MemFree:          516672 kB
MemAvailable:     565600 kB
Buffers:           32756 kB
Cached:           114944 kB
SwapCached:        10044 kB
Active:           376288 kB
Inactive:          49624 kB
Active(anon):     266428 kB
Inactive(anon):    12440 kB
Active(file):     109860 kB
Inactive(file):    37184 kB
Unevictable:           0 kB
Mlocked:               0 kB
SwapTotal:        901116 kB
SwapFree:         868356 kB
```

```
Dirty:                    44 kB
Writeback:                 0 kB
AnonPages:            270964 kB
Mapped:                43852 kB
Shmem:                   648 kB
Slab:                  45980 kB
SReclaimable:          29016 kB
SUnreclaim:            16964 kB
KernelStack:            4192 kB
PageTables:             6100 kB
NFS_Unstable:              0 kB
Bounce:                    0 kB
WritebackTmp:              0 kB
CommitLimit:         1409788 kB
Committed_AS:        1212356 kB
VmallocTotal:       34359738367 kB
VmallocUsed:          145144 kB
VmallocChunk:       34359590172 kB
HardwareCorrupted:         0 kB
AnonHugePages:             0 kB
HugePages_Total:           0
HugePages_Free:            0
HugePages_Rsvd:            0
HugePages_Surp:            0
Hugepagesize:           2048 kB
DirectMap4k:           49024 kB
DirectMap2M:          999424 kB
DirectMap1G:               0 kB
```

第22章 付録E：参考文献

22.1 原著

1. *Debugging with gdb*（2017）
   http://sourceware.org/gdb/current/onlinedocs/gdb/
   邦訳：リチャード・ストールマン/ローランド・ペシュ『GDB デバッギング入門』（アスキー）1997 年［絶版］

2. *Gnu make manual*（2016）
   https://www.gnu.org/software/make/manual/
   新堂安孝「GNU Make 3.79.1 ドキュメント」（2009）
   http://quruli.ivory.ne.jp/document/make_3.79.1/make-jp_toc.html

3. *How initialization functions are handled*（2017）
   https://gcc.gnu.org/onlinedocs/gccint/Initialization.html

4. *Using ld the GNU linker*（1994）
   http://www.math.utah.edu/docs/info/ld_toc.html

5. *What is map-reduce?*（2017）
   https://www.ibm.com/analytics/us/en/technology/hadoop/mapreduce/

6. Jeff Andrews. *Branch and loop reorganization to prevent mispredicts*（2011）
   https://software.intel.com/en-us/articles/branch-and-loop-reorganization-to-prevent-mispredicts

7. *C11 language standard - commitee draft*（2011）
   http://www.open-std.org/jtc1/sc22/wg14/www/docs/n1570.pdf

8. Luca Cardelli and Peter Wegner. *On understanding types, data abstraction, and*

        polymorphism. ACM Comput. Surv.17(4):471-523.（1985）[1]

        http://lucacardelli.name/Papers/OnUnderstanding.A4.pdf

9   Ryan A. Chapman. *Linux 3.2.0-33 syscall table, x86 64.*

        http://www.cs.utexas.edu/~bismith/test/syscalls/syscalls64_orig.html

10   Thomas H. Cormen, Clifford Stein, Ronald L. Rivest, and Charles E. Leiserson. *Introduction to algorithms*. New York: McGraw-Hill Higher Education, 2nd ed., 2001.

        邦訳：トーマス・H・コルメン/ロナルド・L・リベスト/クリフォード・シュタイン/チャールズ・E・ライザーソン『アルゴリズムイントロダクション 第 3 版 総合版』分冊版もある（近代科学社）、2013 年

11   Russ Cox. *Regular expression matching can be simple and fast*（2007）

        https://swtch.com/~rsc/regexp/regexp1.html

12   Ulrich Drepper. *What every programmer should know about memory*（2007）

        https://people.freebsd.org/~lstewart/articles/cpumemory.pdf

13   Ulrich Drepper. *How to write shared libraries*（2011）

        https://software.intel.com/sites/default/files/m/a/1/e/dsohowto.pdf

14   Jens Gustedt. *Myth and reality about inline in c99*（2010）

        https://gustedt.wordpress.com/2010/11/29/myth-and-reality-about-inline-in-c99/

15   Intel Corporation. *IntelR 64 and IA-32 Architectures Software Developer's Manual* [2]

16   Intel Corporation. *IntelR 64 and IA-32 Architectures Optimization Reference Manual* [3]

17   David Kanter. *Intel's Haswell CPU microarchitecture*

        https://www.realworldtech.com/haswell-cpu/

18   Brian W. Kernighan and Dennis M. Ritchie. *The C Programming Language*. Prentice Hall, 2nd edition（1988）

        邦訳：ブライアン・W・カーニハン/デニス・M・リッチー『プログラミング言語 C 第

---

[1] 訳注：この論文の「1.3 Kinds of Polymorphism」に、4 種類の多相性が示されている。universal に、parametric と inclusion があり、ad-hoc に overloading と coercion がある。

[2] 訳注：https://software.intel.com/en-us/articles/intel-sdm から、1 巻本（Combined Volume Set）、4 巻本（Four-Volume Set）、10 巻本（Ten-Volume Set）のどれかの PDF を選択して閲覧／ダウンロードできる。

[3] 訳注：https://software.intel.com/en-us/articles/intel-sdm#optimization から PDF を閲覧／ダウンロードできる。

2 版』（共立出版）、1989 年

http://www.kyoritsu-pub.co.jp/bookdetail/9784320026926

19　Petter Larsson and Eric Palmer. *Image processing acceleration techniques using intel streaming simd extensions and intel advanced vector extensions*（2010）
https://software.intel.com/en-us/articles/image-processing-acceleration-techniques-using-intel-streaming-simd-extensions-and-intel-advanced-vector-extensions

20　Doug Lea. *A memory allocator*（2000）
http://g.oswego.edu/dl/html/malloc.html

21　Michael E. Lee. *Optimization of computer programs in C*
http://leto.net/docs/C-optimization.php

22　Lomont, Chris. "Fast inverse square root." Tech-315 nical Report (2003):32（2003）

23　Love, Robert. *Linux Kernel Development* Novell Press（2005）[4]
https://www.pearson.com/us/higher-education/program/Love-Linux-Kernel-Development-3rd-Edition/PGM202532.html

24　Michael Matz, Jan Hubicka, Andreas Jaeger, and Mark Mitchell. *System V Application Binary Interface. AMD64 Architecture Processor Supplement*
https://www.uclibc.org/docs/psABI-x86_64.pdf

25　McKenney, Paul E. "Memory barriers: a hardware view for software hackers." Linux Technology Center, IBM Beaverton（2010）
http://www.rdrop.com/~paulmck/scalability/paper/whymb.2010.06.07c.pdf

26　Pawell Moll. *How do debuggers (really) work?* In Embedded Linux Conference Europe（2015）
http://events.linuxfoundation.org/sites/events/files/slides/slides_16.pdf

27　*NASM - The Netwide Assembler*
http://www.nasm.us/doc/

28　N.N.Nepeyvoda and I.N.Skopin. *Foundations of programming.* RHD Moscow-Izhevsk（2003）

29　Benjamin C. Pierce. *Types and programming languages.* Cambridge, MA: MIT Press, 1st ed.（2002）

---

[4] 訳注：Third Edition, Pearson Education, 2010

https://mitpress.mit.edu/books/types-and-programming-languages

邦訳：ベンジャミン・C・ピアース『型システム入門 – プログラミング言語と型の理論』(オーム社)、2013 年

30. Jeff Preshing. *The purpose of memory order consume in c++11* (2014)

    http://preshing.com/20140709/the-purpose-of-memory_order_consume-in-cpp11/

31. Jeff Preshing. *Weak vs. strong memory models* (2012)

    http://preshing.com/20120930/weak-vs-strong-memory-models/

32. Brad Rodriguez. *Moving forth: a series on writing Forth kernels* The Computer Journal #59 (1993)

    http://www.bradrodriguez.com/papers/

33. Uresh, Vahalia. *UNIX Internals: The New Frontiers* (2005). Dorling Kindersley Pvt. Limited (2008)

34. Anthony Williams. *C++ concurrency in action: practical multithreading.* Shelter Island, NY: Manning (2012)

    https://www.manning.com/books/c-plus-plus-concurrency-in-action

35. Glynn Winskel. *The formal semantics of programming languages: an introduction.* Cambridge, MA: MIT Press (1993)

    https://mitpress.mit.edu/books/formal-semantics-programming-languages

22.2 訳者による追加の参考文献

100. アルフレッド・V・エイホ／ジェフリー・D・ウルマン／ジョン・E・ホップクロフト『データ構造とアルゴリズム』(培風館) 1987 年

101. アルフレッド・V・エイホ／ラビ・セシィ／ジェフリー・D・ウルマン／モニカ・S・ラム『コンパイラ – 原理・技法・ツール』(サイエンス社) 2009 年

102. 安藤壽茂「コンピュータアーキテクチャの話」(マイナビニュース「テクノロジー」連載コラム)

     http://news.mynavi.jp/column/architecture/

103. クレイ・ブレッシャーズ『並行コンピューティング技法 – 実践マルチコア／マルチスレッドプログラミング』(オライリー)、2009 年

104. 「連載：C 言語の最新事情を知る」(Build Insider)、2014 年

     http://www.buildinsider.net/language/clang

105. 「C 言語 FAQ 日本語訳」

```
http://www.kouno.jp/home/c_faq/c_faq.html
```

106 マーガレット・A・エリス/B. ストラウストラップ『注解 C++ リファレンスマニュアル』（トッパン）、1992 年 [絶版]

107 ジェフリー・E.F. フリーデル『詳説 正規表現 第 3 版』（オライリー）、2008 年

108 GCC Online Document「Clobbers and Scratch Registers」
```
https://gcc.gnu.org/onlinedocs/gcc/Extended-Asm.html#Clobbers-and-Scratch-Registers
```

109 GCC Online Document「Extended Asm - Assembler Instructions with C Expression Operands」
```
https://gcc.gnu.org/onlinedocs/gcc/Extended-Asm.html
```

110 GCC「Using the GNU Compiler Collection」
```
https://gcc.gnu.org/onlinedocs/gcc/
```

111 GDB: The GNU Project Debugger - GDB Documentation
```
https://sourceware.org/gdb/documentation/
```
version 4.18 マニュアル日本語訳（日本語 GNU Info）
```
http://www.hariguchi.org/info/ja/gdb-4.18/gdb-ja.html
```
version 5.0 マニュアル日本語訳（Kazuhisa Ichitawa's）
```
http://www.asahi-net.or.jp/~wg5k-ickw/html/online/gdb-5.0/gdb-ja_toc.html
```

112 Gforth マニュアル（version 0.7.0, November 2, 2008）
```
http://www.complang.tuwien.ac.at/forth/gforth/Docs-html/
```

113 GNU Binary Utilities version 2.29 Documentation
```
https://sourceware.org/binutils/docs/binutils/index.html
```
version 2.11 マニュアル日本語訳（日本語 GNU Info）
```
http://www.hariguchi.org/info/ja/binutils-2.11/binutils-ja.html
```

114 GNU binutils「user guide to the GNU assembler as」
```
https://sourceware.org/binutils/docs/as/
```

115 GNU「The C Preprocessor」（cpp online document）
```
https://gcc.gnu.org/onlinedocs/cpp/
```

116 GNU coreutils man(1)「false」日本語訳（JM）
```
https://linuxjm.osdn.jp/html/GNU_coreutils/man1/false.1.html
```

117 GNU coreutils version 8.26 info 日本語版（JM）
```
https://linuxjm.osdn.jp/info/GNU_coreutils/coreutils-ja.html
```

118 GNU Development Tools(1)「ld - GNU リンカ」日本語訳（JM）
```
https://linuxjm.osdn.jp/html/GNU_binutils/man1/ld.1.html
```

119 GNU User Command(1)「bash」日本語訳（JM）

https://linuxjm.osdn.jp/html/GNU_bash/man1/bash.1.html

120　GNU User Commands(1)「GREP」日本語訳 (JM)

http://linuxjm.osdn.jp/html/GNU_grep/man1/egrep.1.html

121　ジェームズ・ゴスリン/ビル・ジョイ/ガイ・スティール/ギラッド・ブラーハ『Java 言語仕様 第 3 版』(ピアソン)、2006 年［絶版］

122　ヤン・ゴイバエツ/スティーブン・レビサン『正規表現クックブック』(オライリー) 2010 年

123　ディビッド・M・ハリス/サラ・L・ハリス『ディジタル回路設計とコンピュータアーキテクチャ 第 2 版』(翔泳社) 2017 年

124　ジョン・L・ヘネシー/ディビッド・A・パターソン『コンピュータアーキテクチャ 定量的アプローチ 第 5 版』(翔泳社)、2014 年

125　Howells/McKenny/Deacon/Zijlstra. *Linux Kernel Memory Barriers*

https://www.kernel.org/doc/Documentation/memory-barriers.txt

126　ロバート・L・ハンメル『80x86/80x87 ファミリー・テクニカルハンドブック』(技術評論社)、1993 年［絶版］

127　iMops-forth@Wiki「Forth 実装について – スレッディング技術」

https://www18.atwiki.jp/imops-forth/pages/20.html

128　Intel『エクステンデッド・メモリ 64 テクノロジー・ソフトウェア・デベロッパーズ・ガイド』全 2 巻

(1) https://www.intel.co.jp/content/dam/www/public/ijkk/jp/ja/documents/developer/EM64T_VOL1_30083402_i.pdf

(2) https://www.intel.co.jp/content/dam/www/public/ijkk/jp/ja/documents/developer/EM64T_VOL2_30083502_i.pdf

129　iSUS「インテル 64 アーキテクチャーおよび IA-32 アーキテクチャー最適化リファレンス・マニュアル」参考訳 July 2017 rev.2

https://www.isus.jp/others/64-ia-32-architectures-optimization-manual-ja/

130　iSUS「マルチスレッド・アプリケーション開発のためのガイド」

https://www.isus.jp/products/psxe/intelguide-index/

131　イバー・ヤコブソン/ジェームズ・ランボー/グラディ・ブーチ『UML による統一ソフトウェア開発プロセス』(翔泳社)、2000 年［絶版］

132　JM プロジェクト

https://linuxjm.osdn.jp/index.html

133　M. ティム・ジョーンズ「Linux 動的ライブラリーの徹底調査」(IBM developerWorks チュートリアル)、2008 年

https://www.ibm.com/developerworks/jp/linux/library/l-dynamic-librar

ies/index.html

134 JSR-133: *Java Memory Model and Thread Specification*（August 24, 2004）
http://www.cs.umd.edu/~pugh/java/memoryModel/jsr133.pdf

135 金崎克己『UNIX プログラミング実践編 – シェル・C 言語・開発ツールを使いこなす』（CQ 出版）、1987 年［絶版］

136 北山洋幸/中田潤也『アセンブラ画像処理プログラミング – SIMD による処理の高速化』（カットシステム）、2006 年

137 近藤嘉雪『定本 C プログラマのためのアルゴリズムとデータ構造』（ソフトバンク）、1992 年

138 ジョン・R・レビン『Linkers & Loaders』（オーム社）、2001 年
原稿：http://www.iecc.com/linker/

139 Linux Programmer's Manual(2)「GETRUSAGE」日本語訳 (JM)
https://linuxjm.osdn.jp/html/LDP_man-pages/man2/getrusage.2.html

140 Linux Programmer's Manual(8)「LD.SO」日本語訳 (JM)
https://linuxjm.osdn.jp/html/LDP_man-pages/man8/ld.so.8.html

141 Linux Programmer's Manual(2)「MMAP」日本語訳 (JM)
https://linuxjm.osdn.jp/html/LDP_man-pages/man2/mmap.2.html

142 Linux Programmer's Manual(5)「PROC」日本語訳 (JM)
https://linuxjm.osdn.jp/html/LDP_man-pages/man5/proc.5.html

143 Linux Programmer's Manual(3)「SCANF」日本語訳 (JM)
https://linuxjm.osdn.jp/html/LDP_man-pages/man3/scanf.3.html

144 ロバート・ラブ『LINUX システムプログラミング』（オライリー）、2008 年

145 ロバート・メクレンバーグ『GNU Make 第 3 版』（オライリー）、2005 年
https://www.oreilly.co.jp/library/4873112699/

146 バートランド・メイヤー『オブジェクト指向入門 第 2 版』2 分冊（翔泳社）、2007 年/2008 年

147 スコット・メイヤーズ『Effective C++ 改訂 2 版』（アスキー）、1998 年［絶版］

148 クラウス・ミチェルヤン『C#で始めるプログラミング』全 2 冊（アスキー）、2002 年［絶版］

149 Microsoft .NET「C#プログラミングガイド」-「ステートメント、式、および演算子」-「ラムダ式」
https://docs.microsoft.com/ja-jp/dotnet/csharp/programming-guide/statements-expressions-operators/lambda-expressions

150 Microsoft Support「DLL について」
https://support.microsoft.com/ja-jp/help/815065/what-is-a-dll

151 OpenBoot 2.x コマンドリファレンスマニュアル（Oracle）、2010 年
https://docs.oracle.com/cd/E19455-01/805-5646/index.html

152 デイビッド・A・パターソン/ジョン・L・ヘネシー『コンピュータの構成と設計 第 5 版』2 分冊（日経 BP 社）、2014 年

153 チャールズ・ペゾルド『プログラミング WINDOWS Version3』（アスキー）、1991 年［絶版］

154 ピーター・プリッツ/トニー・クロフォード『C クイックリファレンス 第 2 版』（オライリー）、2016 年

155 Ritchie "The Development of the C Language"（ACM）、1993 年
https://sites.harvard.edu/~lib113/reference/c/c_history.html

156 マーク・ロックカインド『UNIX システムコール・プログラミング』（アスキー）、1987 年［絶版］

157 Rosetta Code "First-class functions"- 11 C
http://rosettacode.org/wiki/First-class_functions#C

158 坂井弘亮『リンカ・ローダ実践開発テクニック』（CQ 出版）、2010 年

159 坂元文『UNIX ツールガイドブック』（共立出版）、1986 年［絶版］

160 seclan「プログラミング言語 C の新機能」、2014 年
http://seclan.dll.jp/c99d/c99d00.htm

161 ロバート・セジウィック『アルゴリズム C ［原書第 2 版］<第 2 巻> 探索・文字列・計算幾何』（近代科学社）、1992 年

162 ピーター・シーバック『共有ライブラリーを解剖する』（IBM developerWorks チュートリアル）、2005 年
https://www.ibm.com/developerworks/jp/linux/library/l-shlibs/

163 新屋良麿/鈴木勇介/高田謙『正規表現技術入門』（技術評論社）、2015 年

164 Solaris ドキュメント「リンカーとライブラリ」（Sun Microsystems）、2000 年
https://docs.oracle.com/cd/E19455-01/806-2734/index.html

165 ディオミディス・スピネル『Effective Debugging ソフトウェアとシステムをデバッグする 66 項目』（オライリー）、2017 年

166 W. リチャード・スティーブンス/スティーブン・A・ラゴ『詳解 UNIX プログラミング 第 3 版』（翔泳社）、2014 年

167 Sun Microsystems/Oracle「マルチスレッドのプログラミング」
http://docs.oracle.com/cd/E19253-01/819-0390/

168 高林哲/鵜飼文敏/佐藤祐介/浜地慎一郎/首藤一幸『BINARY HACKS – ハッカー秘伝のテクニック 100 選』（オライリー）、2006 年

169 アンドリュー・S・タネンバウム『モダンオペレーティングシステム 原書第 2 版』（ピアソン）、2004 年［絶版］

170　ニゲール・トンプソン『Win32 アニメーションプログラミング』（アスキー）、1995 年［絶版］

171　Valgrind User Manual 5. *"Cachegrind: a cache and branch-prediction profiler"* http://valgrind.org/docs/manual/cg-manual.html

172　Valgrind User Manual 7. *"Helgrind: a thread error detector"* http://valgrind.org/docs/manual/hg-manual.html

173　ピーター・ウェグナー『はやわかりオブジェクト指向』（共立出版）、1992 年

174　吉岡弘隆/大和一洋/大岩尚宏/安部東洋/吉田俊輔『DEBUG HACKS – デバッグを極めるテクニック&ツール』（オライリー）、2009 年

175　Arnold Robbins『GDB ハンドブック』（オライリー）、2005 年

索 引

■記号

=	172
::=	277
++	167
~	175
*	187
*演算子	251
`	175
#	215
#define	178
#pragma	294
#BP	119
#DE	118
#DF	118
#GP	118
#PF	64, 71, 119
#UD	119
-fpic	387
-fvisibility	387
-g	392
-Iオプション	179
-L	390
-l	390
-mcmodel	391
-O	406
-O0	407
-O3	406
-S	392
.bss	95
.data	95
.dataセクション	24
.debug	95
.dll	93, 102
.dynsym	104
.Fdynstr	104
.hash	104
.lib	102
.line	95
.o	92, 102
.rel.data	95
.rel.text	95
.rodata	95
.so	93, 102
.strtab	95
.symtab	95
.text	95
.textセクション	24
<expr>	279
<notzero>	277
<raw>	277
%assign	87
%d	163
%define	80, 87
%endrep	88
%error	86
%exitrep	88
%f	163
%fatal	86
%if	83
%ifdef	84
%ifid	85
%ifidn	84
%ifidni	85
%ifnum	85
%ifstr	85
%rep	88
%xdefine	87
%zu	297
&	187
&演算子	251
__attribute__	296
_Alignas	297
_Alignof	297
_Bool	185
_Generic	219
_start	24
_t	191

■数字

1バイト	5
2項	174
2項演算	279
3項	174
8ビット	5

■A

ABI	331
accumulator	11
acquire操作	448
add	38, 43
addps	431
ad hoc多相性	214
alias	388
alignas	297

索引

■A

alignof	297
ALU	4, 432
AMD64	7
argc	193
argv	193
ASLR	353, 357
asm	448
ax	50
axiomatic方法	287

■B

BNF	277
bool	185
bp	50
break文	167, 169
BUFSIZ	268
Bus error	69
bx	50

■C

CAS	480
C	230
C言語	212
cachegrind	428
call	33, 43
call命令	120
char*	197
char	182
char型	197
char型要素	261
CISC	58
clobber	448
cmp	31, 43
COFF	80
const T	195
const	196
continue文	167
CPL	114
CPU	4
CPUバウンド	450, 460
cr0	16, 53
cr2	16
cr3	16
cr4	16
cr8	16
crt0	233
crti	385
crtn	385
cs	16, 17, 50
CSE	411
cx	50

■D

D	230
D/Bフラグ	55
dbディレクティブ	24
dec	43
define	74
Denial of Service攻撃	356
denotational方法	287
DEP	72, 357
DFA	133
di	50
div	43
DoS攻撃	356
double	183
Doxygen	309
DRAM	10
ds	16, 50
dx	50

■E

eax	51
ebx	51
ecx	121
edi	51
edx:eax	121
efer	16
ELF	50, 80, 92, 227, 361
ELFヘッダ	361
else	165
enum	164
EOF	268
errno	316
es	16, 50
esi	51
EXBビット	72
exit	44
exitシステムコール	27, 40
extern	229

■F

F	32
fclose	266
fflush	269
FILE型	266
flags	50
float	183
foldl	270
fopen	266
for文	167
foreach	269
Forth	135

```
fread ....................................... 266
free .................................. 240, 324
fs ......................................... 16, 50
fseek関数 ................................... 268
fwrite ...................................... 266
```

■G
```
gdb .......................................... 22
GDT ................................ 52, 56, 115
gdtr ...................................... 16, 53
GDTR ........................................ 52
general purpose register ................. 11
global宣言 ................................... 24
GOT ......................................... 364
goto ........................................ 317
goto文 ...................................... 168
gs ........................................ 16, 50
```

■I
```
I/Oアドレス空間 ............................ 113
I/O許可ビットマップ ........................ 114
I/O特権レベルフィールド .................. 114
I/Oバウンド ................................ 450
I/Oポート ................................... 113
idiv .......................................... 43
IDT ..................................... 16, 116
idtr .............................. 16, 116, 119
IFフラグ .................................... 117
if文 .......................................... 165
imul .......................................... 43
inc ........................................... 43
inline ...................................... 348
int ........................................... 117
Intel 64アーキテクチャ ...................... 7
intrinsic関数 .............................. 425
IOPLフィールド ............................. 114
ip ............................................ 50
IR ............................................ 91
iretq命令 .................................. 120
IST ......................................... 116
ISTフィールド .............................. 117
```

■J
```
ja ....................................... 32, 43
jae .......................................... 32
JavaScript ................................ 213
jb ........................................... 32
jg ........................................... 32
jl ............................................ 32
jle .......................................... 32
jmp .......................................... 43
```

■L
```
L ........................................... 183
ld ........................................... 92
ldd .................................... 233, 366
LD_LIBRARY_PATH ...................... 366
LD_PRELOAD ............................. 373
LDT ..................................... 52, 56
ldtr .......................................... 16
lea ..................................... 30, 377
Least Recently Used法 .................. 65
leave ...................................... 335
LIFO ...................................... 334
LLP64 .................................... 183
lit .......................................... 145
LLキャッシュ ............................... 420
locality of reference ................... 10
long ...................................... 182
Longモード ............................. 7, 49
long double ............................. 183
long long ............................... 183
longjmp .................................. 317
LRU法 ...................................... 65
LSTAR .................................... 121
ltr ......................................... 115
lvalue .................................... 172
```

■M
```
main memory ............................. 10
malloc ............................... 240, 324
map ....................................... 269
map_mut ................................. 270
mfence ................................... 478
mmap .......................... 73, 324, 341
MMU ........................................ 63
mov ................................ 30, 43, 50
mov命令 .................................. 26
movdqa .............................. 332, 431
movdqu .................................. 332
movntps ................................. 425
movntq .................................. 425
movq ..................................... 332
MSR .................................. 16, 121
mul ..................................... 38, 43
mulps .................................... 431
```

■N
```
neg .......................................... 43
NFA ....................................... 133
NFU法 ...................................... 65
nm ................................... 96, 229
NMI ................................. 116, 118
```

Not Frequentry Used法 65
NRVO 414
NULL 187, 252
NX 72

■O
objdump 96
OCaml 212
open 266
openシステムコール 23, 74
operational方法 287

■P
parse_int 44
parse_uint 44
PDP 72
pop 17, 43
pop rip 33
PIC 103, 364
PLT 364, 369
PML4 70
PML4E 70
POSIX 191
POSIXスレッド 449
prefetch 421
Presentフラグ 119
print_char 44
print_int 44
print_newline 44
print_string 44
print_uint 44
procfs 66
PROT_EXECページ 74
PROT_NONEページ 75
PROT_READページ 75
PROT_WRITEページ 75
prot引数 74
pthreads 449
push 17, 43
puts 163
Python 213

■R
r0 11
r1 11
r10 .... 11, 35
r12-r15 33
r15 11
r2 11
r3 11
r4 11
r5 11
r6 11
r7 11
r8 .... 11, 33, 333
r9 .... 33, 333
rax 11, 13, 34
rbp 11–13, 33, 34
rbx 11, 13, 33
rcx 11, 13, 33, 35, 333
rdi 11, 13, 33, 333
rdmsr 121
rdx 11, 13, 33, 34, 333
read_char 44
read_word 44
readシステムコール 43
readelf 97
rel 375
releaseセマンティクス 449
release操作 449
resb 95
restrict 349
resw 95
ret 33, 43, 353
return文 176
return-to-libc攻撃 353
rflags 15, 114, 118
rip 15, 27
rip相対 375
RISC 58
RPL 52, 117
rsi 11, 13, 33, 333
rsp 11–13, 17, 33, 34, 116, 117, 337
rvalue 172
RVO 414

■S
setbuf() 268
setjmp.h 343
SFMASK 121
shared 365
short int 182
short 182
si 50
signed short int 182
signed short 182
signed 182
SIMD 332, 429
sizeof()演算子 192
sizeof 194
sizeof演算子 259
sp 50
SRAM 10

spatial locality	10
ss	16, 17, 50, 117
SSE	331, 429, 479
STAR	121
static	308
stderr	23, 111, 269
stdin	23, 269
stdout	23, 269
string_copy	44
string_equals	44
string_length	44
strip	101
strlen関数	42
strongメモリモデル	443
struct	164, 206
sub	43
switch文	169
syscall	120
syscall命令	26, 121
sysret	120

■T

T const型	195
temporal locality	10
test	31
times	88
TLB	61, 68
TOS	151
tpr	16
tr	115
TSS	114, 115
TSSディスクリプタ	115
Typeフィールド	119
typedef	191

■U

UL	183
union	164
unsigned	182

■V

valgrind	424
vdso	234
Virtualモード	49
void*	188
void*型	252
void	176
voidへのキャスト	452
volatile	340

■W

weakメモリモデル	443
while文	166

working set法	65
writeシステムコール	23, 24
wrmsr	121

■X

x64	7
x86_64	7
XD	72
xmm	331
xor	43
xt	139

■あ

アキュムレータ	11, 270
アクセスモード	267
アサート	314
アセンブリ言語	5
アソシアティブキャッシュ	68
値を返す	34
アドホック多相性	214
アトミック	463, 482
アトミック演算	483
アトミックではない演算	479
アトミックな記号	276
アトミックなローカル変数	482
アトミック変数の初期化	483
アドレス	24, 380
アドレス演算子	187
アドレス空間	63, 439
アドレス変換	70
アドレス変換バッファ	62
アラインメント	107, 293, 332
アラインメントを制御	297
アルゴリズム	3
暗黙の型付け	212
暗黙の変換	184, 185
アンロック	461

■い

位相が揃う	291
依存関係	362
位置独立コード	364
一貫性	303
一般保護例外	118
意味	275
イミディエイト	39
イミディエイトフラグ	145
イミディエイトワード	145
インクリメント	43, 174
インクリメント演算子	167
インクルードガード	237, 303
因数分解	281

索引

■い
インスタンス ……………………………… 81
インスタンスを変更 ……………………… 314
インターフェイス ………………………… 310
インデックス ……………………………… 5, 70
イントリシック関数 ……………………… 425
インライン化 ……………………………… 262

■う
内側のインタープリタ ……………… 141, 151
右辺値 ……………………………………… 172

■え
エイリアス ………………………………… 181
エピローグ ………………………………… 334
エラーコード ………………………… 118, 315
エラー処理 ………………………………… 315
エリプシス ………………………………… 338
演算 ………………………………………… 172
演算子 ……………………………………… 174
演算式 ………………………………………… 38
エントリポイント …………………………… 24

■お
オブジェクトファイル ……………………… 92
オフセット ………………………………… 39
オペランドを比較 ………………………… 43

■か
カーネルコードモデル …………………… 391
開始記号 ……………………………… 277, 278
開始状態 …………………………………… 125
解析木 ……………………………………… 286
外部定義 …………………………………… 230
外部リンケージ …………………………… 246
書き込みのメモリバリア ………………… 448
拡張 ………………………………………… 331
数 …………………………………………… 85
仮想アドレス ……………………………… 63
仮想メモリ ………………………………… 8, 64
型 ……………………………………… 163, 192, 380
型キャスト ………………………………… 184
型強制 ……………………………………… 214
型付けの弱い ……………………………… 185
型のないエンティティ …………………… 211
型変換 ……………………………………… 184
カナリア …………………………………… 357
カプセル化 ………………………………… 310
ガベージコレクション …………………… 404
可変staticグローバル変数 ……………… 307
可変個数引数 ……………………………… 338
可変長配列 …………………………… 259, 318
可変なオブジェクト ……………………… 314
可変な引数 ………………………………… 338
関数 …………………………………… 33, 161, 175
関数型 ………………………………… 181, 197
関数プロトタイプ ………………………… 224
関数ポインタ ……………………………… 254
関数ポインタの宣言 ……………………… 254
間接参照 ……………………………… 251, 255
間接スレッディング ……………………… 139
間接的なアドレッシング ………………… 30

■き
記憶しやすい名前 ………………………… 81
記号 ………………………………………… 276
擬似命令 …………………………………… 24
記述子 ……………………………………… 23
基本的な演算 ……………………………… 4
逆アセンブル ……………………………… 98
キャスト …………………………………… 188
キャッシュ ………………………………… 61
キャッシュミス …………………………… 420
キャッシング ……………………………… 419
キャラクタ ………………………………… 182
強制 ………………………………………… 220
共通バス …………………………………… 4
共通部分式の除去 ………………………… 411
行末キャラクタ …………………………… 266
共有オブジェクトファイル ………………… 93
行優先 ……………………………………… 426
共用体 ………………………………… 164, 208, 209
局所性 ………………………………… 62, 68, 441

■く
空間的局所性 ……………………………… 10
クオドワード ……………………………… 26
具象構文 …………………………………… 286
グローバルコモンシンボル ……………… 230
グローバルディスクリプタテーブルレジスタ ……… 52
グローバル変数 ……………………… 24, 161, 306
グローバルラベル ………………………… 30

■け
計算モデル ……………………………… 4, 125
形式文法 ……………………………… 275, 276, 285
決定木 ……………………………………… 4
決定性有限オートマトン …………… 125, 133
決定性有限状態マシン …………………… 125
言語の構造体 ……………………………… 275
現在の特権レベル ………………………… 114
厳密な別名のルール ……………………… 351

■こ
語彙素 ……………………………………… 287
高階関数 ……………………………… 269, 270
構造体 ………………………………… 164, 181, 205

後置	174
構文	275
構文解析ルーチン	279
公理的方法	287
合流可能	456
コード	5, 256
コードモデル	390
コーリングシーケンス	331
コールバック	316
コスト	4
コピーの省略	414
コヒーレント	291
コピーを作る	314
コメント	24, 161
コロン（:）	137
コロンワード	151
コントロールユニット	4
コンパイラ	80, 91
コンピュータアーキテクチャ	4

■さ

再帰	282
サイズ	380
再定義	81
最適化	344, 403
再入可能	307
再配置	93, 362, 364
再配置可能なオブジェクトファイル	92
再配置の対象	362
再配置表	99
再利用	301
サブタイピング	215
サブルーチンスレッディング	139
左辺値	172
算術演算	38
算術演算子	174
算術フラグ	32
算術論理演算装置	4
算術論理ユニット	432
参照の局所性	10

■し

シーケンスポイント	291
シェルコード	353
時間の局所性	10
式	172
式文	172
識別子	85, 211
字句解析	286
シグナル	64
辞書	109, 138
システム管理モード	49
システムコール	26, 120
システムコールの引数	35
自然数	277
自然なアラインメント	479
四則演算	43
実UID	374
実効UID	374
実効アドレスをロード	30
実行可能なオブジェクトファイル	93
実行トークン	139
実行のトレース	127
実行ユニット	417
実装定義の振る舞い	291
指定アドレス	23
指定ディスクリプタ	23
指定バイト数	23
自動的なメモリ割り当て	256
シャドーレジスタ	54, 115, 122
ジャンプ	43
終端	276
柔軟な配列	318
柔軟な配列メンバ	259
終了コード	40
終了状態	125
終了ステータス	40
受理状態	125
条件ジャンプ	31
条件文	83
条件変数	467
条件変数の初期化	469
状態	128
状態遷移図	126
初期状態	125
書式付き出力	354
シンボル	375
シンボルテーブル	96
シンボルの解決	93

■す

数値型	181
スカラー積	204
スコープ	176
スタック	117, 256
スタックガード	357
スタックダイアグラム	137
スタックの一番上	151
スタックのプッシュ／ポップ	43
スタックフレーム	334, 344
スタックポインタ	34
スタブ（stub）ファイル	111

ステートメント … 162
ストア … 444
ストアのメモリバリア … 448
ストリーミングSIMD拡張命令 … 331
ストリーム … 280
スピードアップ … 460
スピンロック … 471
スモールコードモデル … 390, 392, 394
スレッド … 440
スレッドの合流 … 455
スワップファイル … 64

■せ
正規アドレス … 69
正規表現 … 131, 285
正規文法 … 285
制御する文 … 173
制御装置 … 4
整形出力 … 354
整形文字列 … 354
制限のない文法 … 285
整数 … 163, 182
整数の昇格 … 185
生成規則 … 277
静的な型付け … 163, 212
静的な部分 … 233
静的なメモリ割り当て … 256
静的ライブラリ … 102
セクション … 24
セクションヘッダテーブル … 361
セグメンテーションフォールト … 72
セグメント … 49
セグメントセレクタ … 52
セグメントディスクリプタテーブル … 52
セグメントレジスタ … 16
絶対アドレッシング … 62
セマフォ … 472
セマンティクス … 287, 349
セル … 5
セルサイズ … 136
宣言 … 224
宣言が必須 … 258
前置 … 174
センテンス … 287
全般的なメモリバリア … 448
前方宣言 … 224

■そ
総合的言語 … 276
相互再帰 … 224
相互排除 … 461

操作的方法 … 287
総称型マクロ … 219
総称関連 … 219
相対アドレス … 97
即時ワード … 145
外側のインタープリタ … 151
ソフトウェア割り込み … 117

■た
第一級オブジェクト … 255
代入演算子 … 172, 174
タグ … 205, 420
多重定義 … 214, 219
タスクレジスタ … 115
多相性 … 214, 215
多態性 … 214
ダブルワード … 26
単項 … 174
単項演算子 … 175
探索範囲 … 363

■ち
中央処理装置 … 4
中間的な表現 … 91
抽象化 … 205, 310
抽象機械 … 4, 163
抽象構文 … 286
抽象構文木 … 286
抽象マシン … 125
チューリング完全 … 130, 285
直接の値 … 39
直接スレッディング … 139
調整された … 292

■つ
通用範囲 … 176
強い型付け … 212
強いメモリモデル … 443

■て
定義 … 224
定数 … 38
定数型 … 181
定数データ … 256
ディスクリプタ … 23
ディスクリプタ・キャッシュ … 54
ディスクリプタ特権レベル … 52, 117
ディレクティブ … 24
データ … 5, 256
データ依存バリア … 448
データキャッシュ … 61
データ競合 … 461
データ構造のパディング … 293

データスタック	136
データストリーム	266
データ転送	43
データの型定義	161
データモデル	264
テキストストリーム	266
デクリメント	43, 174
手作業で最適化	405
手順	3
デッドロックを予防	465
デリファレンス	251
展開	81

■と

投影	73
動的な型付け	212
動的な部分	233
動的なメモリ割り当て	257
動的ライブラリ	93, 102
動的リンカ	378
動的リンク	362
トークン	287
特定のタイプの最適化	406
匿名関数	272
匿名ページ	64
特権モード	16
特権レベル	52
トラップゲート	119

■な

名前空間	206
名前のないページ	64
生データ	278
並び替え	479
ナルポインタ	252

■に

ニーモニック	6, 81, 92
偽の起床	470
入出力バウンド	450
入出力ポート	113

■ぬ

ヌルで終わる文字列	38

■の

ノイマン型コンピュータ	4
ノード	279

■は

パーサ	279
パーサ組み合わせ機構	282
パーサコンビネータ	282
ハードウェアスタック	7
パーミッション	67

排他的論理和	43, 175
バイトストリーム	22
バイナリサーチ	423
バイナリストリーム	266
配列	181, 188, 189, 258
配列の初期化	190
派生型	214
バッカス・ナウア記法	277
ハッシュ表	363
パディング	305
パディング値	295
早まった最適化	405
パラメータ多相	214
汎用レジスタ	11, 13, 333

■ひ

ヒープ	64, 256, 324
ヒープの崩壊	289
比較演算子	174
引数	82
引数がない	176
非決定性有限オートマトン	133
非終端	276, 279
非終端記号	277
非終端で複雑な構造	277
左結合	173
左再帰	282
ビッグエンディアン	37
ビット	5
ビット演算子	174
評価順序	86
表示的方法	287

■ふ

ファージャンプ	53
ファーストクラスのオブジェクト	255
ファイル	22
フィボナッチ数列	170
ブール型	185
フェンス	447
フォーマット指定子	162
フォールスルー	318
深いコピー	314
不可分	463
不可分な記号	276
不完全型	226, 312, 454
副作用完了点	291
複数処理のリカバリー	318
符号拡張	69
符号付き	182
符号なし	182

■ふ

項目	ページ
符号の反転	43
プッシュ	7, 17
物理アドレス	63
浮動小数点数	163, 183
不変staticグローバル変数	307
不変データへのポインタ型	308
ぶら下がりelse	165
プラットフォームに依存しない型	265
プリプロセッサ	79, 177, 235
プリプロセッサシンボル	81
プリプロセッサ定数	252
プリプロセッサディレクティブ	80
ブルームフィルタ	364
プログラムヘッダテーブル	361
プログラムリンケージテーブル	369
プロシージャ	24, 175
プロシージャ呼び出し／復帰	43
プロセス	439
プロセス識別子	66
ブロック	162
ブロック文	173
プロテクションリング	8, 17
プロテクションリング番号	17
プロテクトモード	49, 51
プロファイラ	405
プロローグ	334
文	162, 172
分岐命令	15
分岐予測	416
文の構成規則	275
文法	277
文脈依存文法	285
文脈自由文法	285
分離したスレッド	456

■へ

項目	ページ
並列実行	429
ページ	64
ページサイズ	72
ページディレクトリポインタテーブルのエントリ	70
ページフレーム	69
ベース	39
ベースアドレス	116
ベクトル	204
ヘッダファイル	230
変換	91
変換指定子	162, 265, 354
変換単位	310
変更が容易	302
変更不可能	195
変数	24

■ほ

項目	ページ
ポインタ	38, 181, 249, 258
ポインタを差し引く	251
ポインタを比較	251
包含	214, 215, 218
飽和	433
ポーズ	467
ポップ	8, 17
ボトルネック	7
ポリモーフィズム	214

■ま

項目	ページ
マイクロコード	58
前処理	80
マクロ	81
マクロローカルなラベル	90
マシンコード	6
マシンワード	25
末尾再帰	408
マッピング	73
マルチスレッド	450

■み

項目	ページ
未加工のデータ	278
右結合	173
短く簡潔な関数	303
未指定の振る舞い	290
ミディアムコードモデル	390, 394, 398
未定義	126
未定義の振る舞い	126, 197, 288, 289
ミドルエンディアン	38
ミューテックス	461

■む

項目	ページ
無効	64
無効なポインタ	252
無調整	332
無名の構造体	210
無名ページ	64

■め

項目	ページ
明示的な型付け	212
命名	302
命名規約	303
命令キャッシュ	61
命令デコーダ	58
命令の集合	58
命令フェッチ	417
メインヘッダ	361
メインメモリ	10
メモリアロケータ	189
メモリオーダリング	483
メモリバリア	447

メモリマップ ………………………………… 66
メモリマップI/O ………………… 64, 114, 340
メモリモデル ……………………………… 443
メモリリーク ……………………………… 257
メモリ割り当て …………………………… 256

■も
文字 ………………………………… 163, 182
モジュール ………………………………… 92
文字列 ……………………………… 38, 85, 197
文字列のインターン ……………………… 263
文字列へのポインタ ……………………… 163
モデル検査 ………………………………… 131
モデル固有レジスタ ………………… 16, 121
戻りアドレスの上書き …………………… 356
戻り値 ……………………………………… 34
戻り値最適化 ……………………………… 414

■や
約数の個数 ………………………………… 456

■ゆ
有限状態マシン …………………………… 168
優先順位 …………………………………… 283
ユニバーサル多相性 ……………………… 214

■よ
容易にテスト ……………………………… 303
要求特権レベル …………………………… 52, 117
呼び出し規約 ……………………… 331, 332
呼び出し先退避レジスタ ………… 33, 332
呼び出し元退避 …………………………… 33
読み込みのメモリバリア ………………… 448
読みやすく ………………………………… 302
予約 ………………………………………… 117
弱い型付け ………………………………… 164
弱い片付け ………………………………… 212
弱い特権 …………………………………… 117
弱いメモリモデル ………………………… 443

■ら
ラージコードモデル …………… 390, 393, 395
ライヴロック ……………………………… 466
ラベル ……………………………………… 24, 90
ラベル付き有向グラフ …………………… 126
ランダム法 ………………………………… 65

■り
リアルモード ……………………………… 49, 50
リージョン ………………………………… 65
リソース …………………………………… 6
リソースコンテナ ………………………… 439
リターンアドレス ………………………… 33
リターンコード …………………………… 315
リターンスタック ………………… 136, 141
リテラル …………………………………… 163
リトルエンディアン ……………… 37, 373
リンカ ………………………………… 80, 92, 363
リンク ……………………………………… 233
リング0 ……………………………… 17, 117
リング3 ……………………………… 17, 117
リングプロテクション …………………… 8
リンケージ ………………………………… 245
リンケージなし …………………………… 246

■る
ルーチン ………………………… 3, 33, 175
ルックアップスコープ …………………… 362

■れ
例外 ………………………………………… 245
例外を処理 ………………………………… 118
レジスタ …………………………………… 9
レジスタ群 ………………………………… 7
列挙 ……………………………… 164, 181, 210
レッドゾーン ……………………………… 337
連結リスト ………………………………… 109
連想キャッシュ …………………………… 68

■ろ
ローカル …………………………………… 30
ローカル変数 …………………………… 177, 400
ローカルラベル …………………………… 30
ローダ ……………………………… 80, 106
ロード ……………………………………… 444
ロードのメモリバリア …………………… 448
ロック ……………………………………… 461
ロックフリー ……………………………… 478
論理アドレス ……………………………… 63
論理演算 …………………………………… 83
論理演算子 ………………………………… 174
論理和 ……………………………………… 29

■わ
ワーキングセット法 ……………………… 65
ワード ……………………………… 26, 136
割り当て …………………………………… 65
割り込み ………………………… 8, 113, 116
割り込みゲート …………………………… 119
割り込みスタックテーブル ……………… 116
割り込みディスクリプタテーブル ……… 16, 116
割り込みハンドラ ………………………… 116

装丁　山口了児（ZUNIGA）

低レベルプログラミング

2018年01月19日　初版第1刷発行
2018年08月10日　初版第2刷発行

著　者　Igor Zhirkov（イゴール・ジルコフ）
監　訳　吉川邦夫（よしかわ・くにお）
発行人　佐々木幹夫
発行所　株式会社翔泳社（http://www.shoeisha.co.jp/）
印刷・製本　凸版印刷株式会社

本書は著作権法上の保護を受けています。本書の一部または全部について（ソフトウェアおよびプログラムを含む）、株式会社翔泳社から文書による許諾を得ずに、いかなる方法においても無断で複写、複製することは禁じられています。

本書へのお問い合わせについては、iiページに記載の内容をお読みください。

落丁・乱丁はお取り替えいたします。03-5362-3705までご連絡ください。

ISBN978-4-7981-5503-6　　　　　　　　　　　　　　　　Printed in Japan